磁耦合无线能量传输技术及应用

主　编：王旭东

副主编：王长富　徐万里　陈今茂

参　编：周友杰　熊春华　王耀辉　周维贵
黄　龙　苏　醒　李　盼　阮　曼
郑路敏　王　锋　张春林　杨丰硕
张　犇　杨莎莎

北京理工大学出版社
BEIJING INSTITUTE OF TECHNOLOGY PRESS

图书在版编目（CIP）数据

磁耦合无线能量传输技术及应用 / 王旭东主编. --
北京 ：北京理工大学出版社，2024. 5
ISBN 978 -7 -5763 -4018 -1

Ⅰ. ①磁… Ⅱ. ①王… Ⅲ. ①无线传输技术 Ⅳ.
①TN919. 3

中国国家版本馆 CIP 数据核字（2024）第 100374 号

责任编辑：钟 博　　　文案编辑：钟 博
责任校对：周瑞红　　　责任印制：施胜娟

出版发行 / 北京理工大学出版社有限责任公司
社　　址 / 北京市丰台区四合庄路 6 号
邮　　编 / 100070
电　　话 / （010）68914026（教材售后服务热线）
（010）68944437（课件资源服务热线）
网　　址 / http://www.bitpress.com.cn

版 印 次 / 2024 年 5 月第 1 版第 1 次印刷
印　　刷 / 唐山富达印务有限公司
开　　本 / 787 mm × 1092 mm　1/16
印　　张 / 21. 25
彩　　插 / 2
字　　数 / 470 千字
定　　价 / 175. 00 元

前　　言

无线能量传输（Wireless Power Transfer，WPT）技术是一种借助空间无形软介质（如电场、磁场、声波等）将电能由电源端传递至用电设备的一种传输技术。无线能量传输技术实现了供电电源与用电设备之间的完全电气隔离，具有安全、可靠、灵活等特点。无线能量传输技术是多学科多领域交叉的技术，21 世纪以来，无线能量传输技术促进了大量新型应用技术的产生。伴随着智能电网和能源互联网的发展，无线能量传输技术将极大地促进移动电动设备产业的发展。在军事领域，无线能量传输技术可以有效地提高军事装备和器械的灵活性和战斗力。

磁耦合谐振式无线能量传输技术具有传输效率高、传输距离远、介质依赖性小、环境适应性强等优势，是国内外科研工作者的研究热点之一。磁耦合谐振式无线能量传输由电能发射装置和电能接收装置组成，当两个装置调整在一个特定的频率上共振时，就可以通过空间传输电能。磁耦合谐振式无线能量传输技术在短短的十多年时间内获得了突破性的发展，取得了许多阶段性的成果，在一些领域和产品方面已有实际的应用，具有广阔的市场前景。

本书的主要内容如下：第 1 章介绍了无线能量传输技术的研究背景和研究历史，并对国内外无线能量传输技术的研究进展进行了分析；第 2 章介绍高功率密度轻量化无线能量传输技术，对磁耦合无线能量传输系统耦合模块的磁芯材料、传能线圈进行了优化设计，分析了不同磁芯材料对耦合模块的影响，并对高频逆变电源、整流电路、补偿拓扑等进行了设计；第 3 章对一对多无线能量传输系统的磁耦合机构设计、传能线圈共形化设计、拓扑结构及参数进行了研究，并进行了样机研制和性能测试；第 4 章介绍了抗偏移无线能量传输技术，研究了接收线圈轴向距离、径向偏移对线圈互感、系统效率的影响规律，最后探究接收线圈轴向距离、径向偏移对系统效率的影响规律，提出了基于切换发射线圈与阻抗匹配方法的系统抗偏移优化方法；第 5 ~ 8 章介绍了磁耦合无线能量传输技术在无人机、无人车、便携式电源、潜航器中的应用研究成果，并对相关应用的关键子部件设计和样机设计进行了研究。

本书根据编者团队近年来的部分研究成果整理而成，在此对为本书内容做出贡献的所有团队成员表示衷心的感谢。

由于时间仓促、编者学识水平及试验条件有限，疏漏和不当之处在所难免，敬请专家、读者不吝指正。

编 者

2024 年 3 月

目　录

第 1 章 绪论

1.1 无线能量传输技术的研究背景

无线能量传输（Wireless Power Transfer，WPT）技术是一种借助空间无形软介质（如电场、磁场、声波等）将电能由电源端传递至用电设备的一种传输技术。这种传输方式与传统利用导线传输电能的方式相比更加安全、便捷和可靠，被认为是能源传输和接入的一种革命性进步。

无线能量传输技术也称为无接触能量传输（Non－Contact Power Supply，NCPS）、感应耦合电能传输（Inductive Coupled Power Transfer，ICPT）或松耦合电能传输（Loosely Coupled Inductive Power Transfer，LCIPT）。

1.1.1 研究背景

随着社会的发展，人们对电力设备的需求逐渐增多，电力设备的种类变得多种多样，可是现有电力设备的充电方式大部分仍然是传统的有线电能传输方式。有线电能传输具有传输效率高等优点，但在一些特殊的应用场景中，有线电能传输所存在的问题越来越明显，例如以下所示。

（1）有线电能传输需要电线来传输电能，当电器设备比较多时，电线会相互缠绕，给人们带来不便，而且长时间使用后，电线破损处容易产生电火花，影响电气设备的寿命，同时存在安全隐患。

（2）有线电能传输在特定的场景中存在安全隐患，例如煤矿、油田等。

（3）在生物医疗领域中，许多使用电池的设备需要植入体内，而当电池耗尽时，更换电池会对病人造成二次伤害。

无线能量传输技术真正实现了供电端与用电端的完全分离，相比于传统的有线电能传输技术具有无可比拟的优势和应用前景。无线能量传输系统功能性、可靠性、柔性、安全性、可靠性好及使用寿命较长，加上无接触无磨损的特性，能够满足多种条件下不同设备的用电需求，同时兼顾了信息传输功能的需求。该技术特别适用于不同部件之间需要相对独立运动的设备——小到精密仪表，大到工厂中的操作臂、机器人，城市交通中的电车、地铁，尤其适用于空间受限或需要完全封闭的特殊应用场合。无线能量传输技术被美国《技术评论》杂志评选为未来的十大科研方向之一；2008 年 12 月 15 日，在纪念中国科协成立 50 周年大会上，无线能量传输技术被中国科协评选为“10 项引领未来的科学技术”之一。

1.1.2 研究意义

无线能量传输具有以下优点。

（1）没有裸露导体存在，能量传输能力不受环境因素，如尘土、污物、水等的影响，因此比起通过导线连接传输能量，不存在机械磨损和摩擦，更为可靠、耐用。

（2）系统各部分之间相互独立，可以保证电气绝缘，且不发生火花；

（3）变压器初、次级可以相互分离，能够采用多个次级绕组，接收能量时可为多个用电负载传输电能，配合自由，可以处于相对静止或运动状态，组织形式灵活多样，适用范围广泛。

无线能量传输技术的发展必将引起能源传输的革命性进步，其成果将以惊人的速度改变医疗、工农业、环境、能源等许多领域的发展水平。“第三届轨道交通供电系统技术大会”于 2016 年 12 月 23 日在北京举办，哈尔滨工业大学的朱春波教授具体介绍了无线能量传输技术的未来发展方向：电动汽车、便携式电子产品、家用电器、微小功率应用、移动式机器人和无人机、水下应用、特种应用等。在 2017 年 2 月举行的世界移动通信世界大会上，华为公司联合中国移动展示了利用基站为无人机无线充电的概念［图 1－1（a）］，在华为展示的解决方案中，无人机在飞过无线基站时就能实现无线充电。借助这样的基站，无人机将获得更加准确的 GPS 数据，并且能够拥有几乎无限的续航能力，而智能手机用户也能够随时随地让手机获得持续的电力补充。无线充电机器人如图 1－1（b）所示。

（a）

（b）

图1-1　无线充电应用示例

（a）华为无线充电基站；（b）无线充电机器人

1.2　无线能量传输技术的分类

根据传输机理不同，无线能量传输技术可以分为基于磁场耦合的无线能量传输（Magnetic Coupling Wireless Power Transfer，MC-WPT）[1,2]、基于电场耦合的无线能量传输（Electric-field Coupled Power Transfer，ECPT）[3,4]、基于激光的无线能量传输（Laser Power Transfer，LPT）[5,6] 以及基于微波的无线能量传输（Microwave Power Transfer，MPT）[7]等。基于磁场耦合的无线能量传输可以分为工作在数十千赫兹的中低频的电感耦合式无线能量传输和工作在数兆赫兹的高频的磁耦合谐振式无线能量传输两种方式，这两种方式本质相同，都是利用电磁场的近场区耦合进行能量传输。

1.2.1　电感耦合式无线能量传输

电感耦合式无线能量传输（Inductively Coupled Power Transfer，ICPT或IPT）主要是利用电磁感应原理，通过采用松耦合变压器或者可分离变压器的方式实现功率无线传输（图1-2）。当原边发射机构中流过高频交流电流与电压时，副边接收机构会相应感生出同频的电压与电流。由于原边与副边之间存在较长的空气磁路，其磁阻远大于传统变压器铁芯

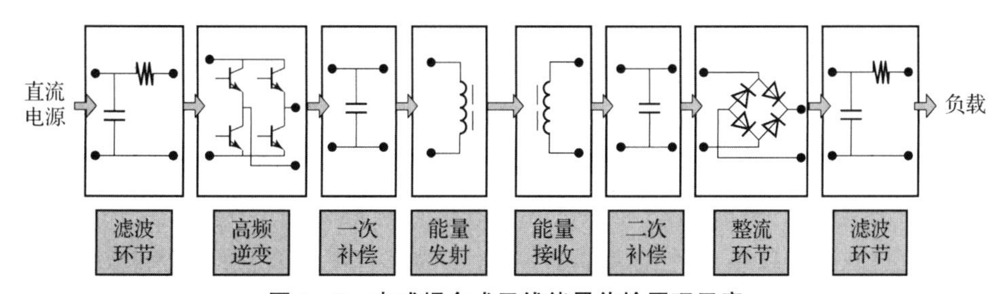

图1-2　电感耦合式无线能量传输原理示意

磁阻，所以可分离变压器的耦合性能对系统的传输效率至关重要。直流电源滤波后经高频逆变环节加载到补偿后的原边，然后以感应耦合方式从原边传输到副边，再经过副边侧二次补偿、整流环节后使负载终端得到所需能量。

1.2.2 磁耦合谐振式无线能量传输

磁耦合谐振式无线能量传输（Magnetically Coupled Resonant Wireless Power Transfer，MCR－WPT）是基于近场强耦合的概念，它利用两个具有相同谐振频率且具有高品质因数的电磁系统，当发射线圈以某一特定频率工作时，在与之相距一定的距离的接收线圈通过分布式电容与电感的耦合作用产生电磁耦合谐振，高频电磁能量在两线圈之间发生大比例交换，当接收线圈上接有负载时，负载会将一部分能量吸收，从而实现电能的无线传输。两个具有相同谐振频率的物体之间可以实现高效的能量交换，而非谐振物体之间能量交换很微弱。图1－3所示为磁耦合谐振式无线能量传输系统原理示意。能量接收器与发射源采用具有相同谐振频率的感应线圈，发射源由振荡电路激发感应线圈产生交变磁场，当具有相同谐振频率的接收端感应线圈进入磁场时，在接收端感应线圈上产生磁谐振，在接收装置中不断集聚能量，提供给负载使用，从而实现能量传输。

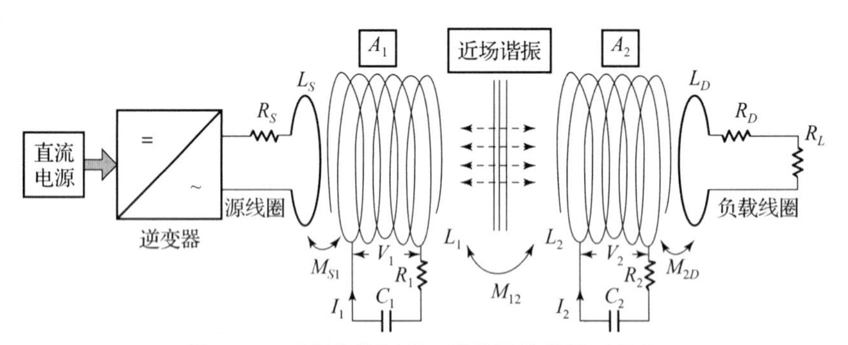

图1－3 磁耦合谐振式无线能量传输原理示意

1.2.3 电场耦合式无线能量传输

电场耦合式无线能量传输系统构成如图1－4所示，其能量发射机构和能量接收机构分别为电容的电极，从而利用电容间的准静电场进行能量传输。电场耦合式无线能量传输具有功率小、距离近、效率低、成本低的特点，相较于电感耦合式无线能量传输涡流损耗小并且拥有穿越金属的能力，但因为电场泄露比磁场泄露具有更明显的危险性且功率容量小得多，所以目前电场耦合式无线能量传输仅用于小功率、短距离的无线能量传输。在具体的典型实现上，日本丰桥技术大学利用该技术实现了功率5～50 W，效率50%～80%的能量传输。西南交通大学利用CLLC－CL拓扑在工作频率1 MHz、输入电压350 V、传输距离35 mm、负载150 Ω条件下实现了1.4 kW、最高直流－直流效率91.67%的样机研制。总体来说，电场耦合式无线能量传输技术已经拥有了一定的应用基础。

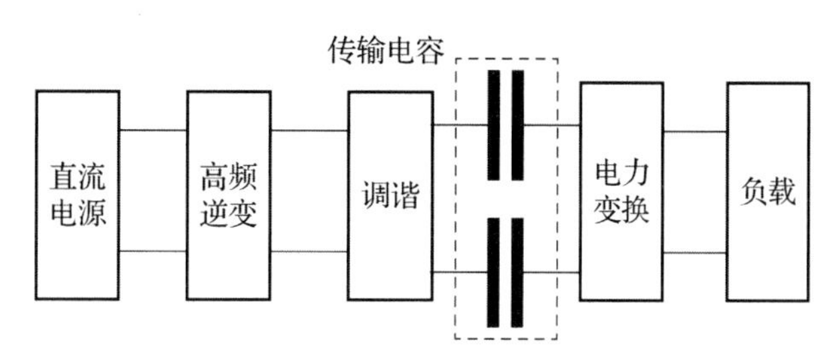

图1-4　电场耦合式无线能量传输系统构成

1.2.4　微波无线充电技术

微波无线充电系统构成如图1-5所示，其主要由微波功率变换器和天线两部分组成。其中，微波功率变换器负责将直流电能变换为射频范围内的电磁波；天线主要分为发射天线和接收天线两部分，通过天线实现电能从电源端到负载端的定点无线传输。负载端采用硅二极管整流和天线将微波能量转换回电能。由于微波对大气、云层穿透效果好，所示微波充电技术在空间太阳能电站研究中较为重要。

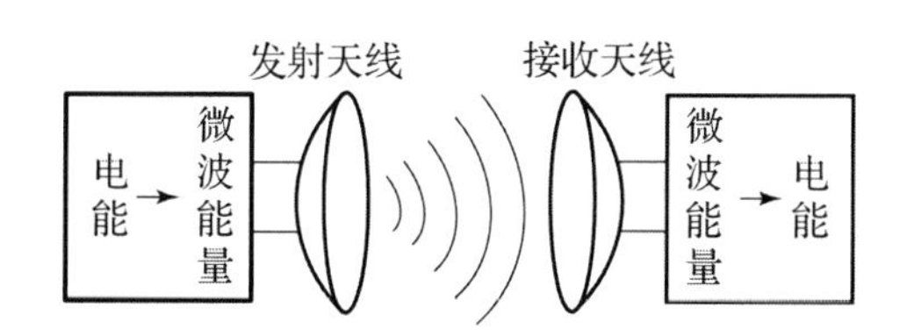

图1-5　微波无线充电系统构成

微波无线充电技术的特点为：工作频率高，输出功率低，发射和接收设备尺寸大、质量大。因此，该技术不适合应用在能量传输距离较短的场景。第二次世界大战后，由于高功率微波发射器的成功研制，人们开始研究利用微波传输功率。通过微波辐射的方式实现电能的“无线化”这一设想是由美国人率先构思的。后来美国相关领域的工程师又大胆设想将微波辐射这一技术应用到人类对太阳能的开发和利用上。目前人们已经提出了利用微波将太阳能量从太空中传递到地球，并考虑将太阳能量传递给离开飞行轨道的航天器。但是，在大多数空间站的应用中，对于微波辐射式无线电能传输技术，其射频天线方向性的限制导致其所需要的天线孔径非常大。虽然射频天线的尺寸可以通过使用较短的波长有所减小，但短波长的微波可能存在被大气吸收或者被雨水堵塞等方面的问题，导致能量在无线传输过程中大量损失。

1.2.5　激光无线充电技术

激光具有发散角小、相干性好、能量密度高、发射接收设备尺寸小等优点，激光无线充电技术就是以激光为能量载体进行远距离的无线能量传输。如图1-6所示，发射端的激光器把电能转换成激光束后传输到负载端即实现了电能的无线化传输。为了减小激光发散角，增大传输距离，还需要对其进行扩束准直。在能量接收部分，光电池将激光转化为电能，为负载供电。

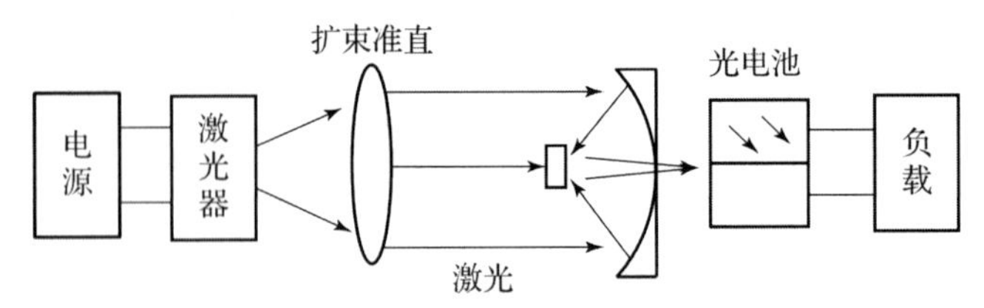

图 1－6　激光无线充电系统构成

激光无线充电技术的特点为：传输距离远、传输功率低、效率低、容易受遮挡物的影响而中断能量传输。激光辐射存在一定的危险性，低功率的激光辐射可以致盲，高功率的激光辐射则可以致亡。

1.2.6　小结

不同技术原理的供电方式在功率等级、系统效率及传能距离等方面各有不同，几种典型的无线能量传输技术特点比较如表 1－1 所示。

表 1－1　几种典型的无线能量传输技术特点比较

特点	磁场耦合式		电场耦合式	电磁辐射式（微波/激光）
	电感耦合式	磁耦合谐振式		
功率等级	W～kW	W～kW	W～百 W	W～GW
系统效率/%	80～90	80～90	60～90	20
传能距离等级	mm～cm	cm～m	mm～cm	m～km
工作频率	kHz	kHz～MHz	kHz～MHz	GHz
技术状态	较成熟	较成熟	不成熟	不成熟

工作在数十千赫兹的中低频的电感耦合式无线能量传输，和工作在数兆赫兹的高频的磁耦合谐振式无线能量传输本质相同，都是利用电磁场的近场区耦合进行能量传输，因此其发射与接收装置距离限制在电磁波的一个波长范围内。电磁场的近场区范围受到发射与接收装置尺寸的限制，因此感应耦合式无线能量传输的工作距离远远小于辐射式无线能量传输。然而，感应耦合式无线能量传输对空间环境的要求不高，在没有磁性物质干扰的情况下能够高效地传输能量。

近年来，基于磁耦合（感应式和谐振式）的近距离无线能量传输技术在以无线智能终端设备、人体植入医疗器械、消费电子设备、电动汽车等为代表的民用领域获得了应用，成为科技发展的新方向。特别是电力电子技术与器件的发展使这种传输技术的传输形式和控制方法变得更加灵活和多样化，从而使其脱颖而出，成为如今应用最为广泛的无线能量传输技术。因此，国内外越来越多的研究机构正在研究如何实现高效磁耦合无线供电。

1.3 磁耦合无线能量传输技术的发展历史

18 世纪 70 年代，麦克斯韦建立了著名的麦克斯韦方程，预言了利用电磁波可实现电能在空气中的传播，为无线能量传输的实现提供了理论基础。18 世纪 80 年代，赫兹通过试验验证了麦克斯韦方程的正确性。随后，在 1914 年，尼古拉·特斯拉通过对电磁耦合的研究，利用磁场共振耦合在人类历史上首次实现了电能的无线传输并分析了其基本原理。尼古拉·特斯拉致力于探索无线传输信号及能量的可能性试验，在他的特斯拉塔设想中，他将地球当作内导体，将距地球表面约 60 km 的大气电离层作为外导体，通过所设置的放大发射机特有的径向电磁波振荡模式，在地球与大气电离层之间产生 8 Hz 的低频共振，并利用在地球表面传播的电磁波来传输能量。虽然最终特斯拉塔［图 1－7（a)］因为缺乏后续资金而没能成为现实，但是尼古拉·特斯拉提出的利用电磁波进行能量与信号传输的思想却成了现代通信技术与无线能量传输技术的鼻祖。受限于当时的科技水平，这一技术并未得到广泛深入的研究，且在此后相当长的一段时期内，由于转换效率低、能量定向传输控制复杂及应用对象受限等原因，其相关研究一度沉寂。

（a）

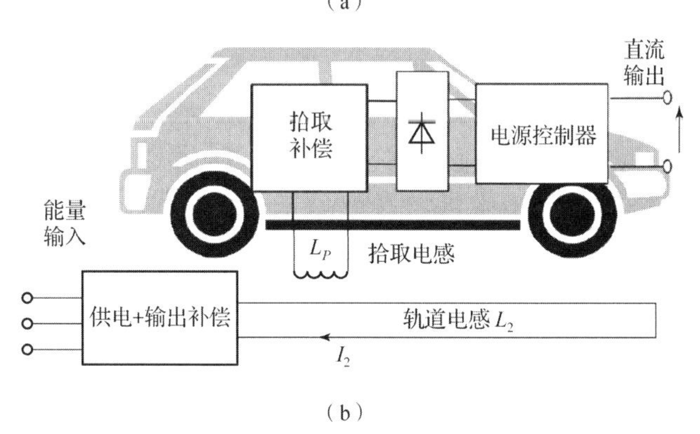

（b）

图 1－7 特斯拉塔与 John T. Boys 设计的感应耦合式电能传输系统

（a）特斯拉塔；（b）John T. Boys 设计的感应耦合式电能传输系统示意

随着现代电力电子技术的高速发展，20 世纪 90 年代，新西兰奥克兰大学的 John T. Boys 教授提出了感应耦合式电能传输技术的基本原理并对系统设计、耦合机构设计、频率分析及频率稳定性控制策略、能量和信号同步传输问题以及系统稳定性问题展开了研究[8]，并取得了一系列研究成果[9-12]，这些研究成果引起了全世界范围内无线能量传输技术领域的快速发展。John T. Boys 教授所设计的感应耦合式电能传输系统的基本结构如图 1-7（b）所示，其工作原理如下：三相电源经整流后，得到稳定的直流电，经 DC-AC 变换器产生高频电压并激励发射线圈产生高频磁场，接收线圈通过与发射线圈之间的互感产生感应电动势，并通过二极管整流环节输出直流电能，最后通过 DC-DC 变换器调节输出电压值后将电能传递给负载使用。这种无线传输电能的方式具有传输功率较高、效率较高的特点，但其能量传输距离较小，一般为毫米级别至厘米级别。

进入 21 世纪后，无线能量传输技术的研究再次取得了突破性的进展。2006 年，美国麻省理工学院的 Karalis A 等人［图 1-8（a）］提出一种磁耦合谐振式无线能量传输技术，并从电磁学角度深刻剖析了系统的机理，得出了磁耦合谐振式无线能量传输系统工作在强耦合区域可以实现高效率中程距离的电能无线传输的结论。他们于 2007 年利用磁耦合谐振原理成功实现了中距离的无线能量传输，在 2 m 多的距离内将一个 60 W 的灯泡点亮，传输效率达到 40% 左右，其试验装置如图 1-8（b）所示。该研究成果得到了世界顶级科学期刊 *Science* 的认可，这不仅大大提高了无线能量传输技术的实用性，也成功引起了全球众多高校和科研机构越来越多的重视与关注。

（a）

（b）

图 1-8 麻省理工学院无线能量传输试验

（a）Karalis A 等人；（b）试验装置

Karalis A 分析了共轴中继谐振器对系统传输效率的影响，分别以高品质因数介质盘与分布式电感电容圈为例，对比分析了不同模态下不同距离时的一个周期内的本征态耦合情况。该研究团队将这项技术命名为“WiTricity”（Wireless Electricity），并使其在家庭用消费电子产品的无线供电方面有了一定应用，同时积极与汽车制造商德尔福公司合作，共同开发混合动力汽车与电动汽车所用的无线充电设备，从而掀起一轮对无线能量传输技术研究的热潮。

2008 年 8 月，美国英特尔公司首席技术官 Joshua R. Smith 基于同样的原理设计了适用于手机或笔记本电脑等电器充电的平面疏松螺旋盘式振荡线圈，并在英特尔开发者论坛上展示了有关无线能量传输的研发成果（图 1-9）。在演示过程中，该系统以 75% 的效率传输了 60 W 的电力，点亮了一盏电灯。在 2009 年英特尔采用同样的技术展示了在传输电能的同时传输声音数据的情况。

图1-9　英特尔盘式无线能量传输样机

美国匹兹堡大学的孙民贵教授课题组对生物体内植入器件的无线供电进行了深入研究，课题组成员通过将厚 2×10^{-4} m 的铜带材粘在圆筒形树脂绝缘材料表面构成平面电感，在背面粘贴薄膜铜片以增加分布电容，从而设计出多种工作于7 MHz左右的铜带薄膜谐振线圈，并完成了多个小功率传输试验［图1-10（a）］，试验结果显示当间距为20 cm传时电能传输效率可保持在50%。同时，该课题组设计了带铁心的接收器并放入生物体头模型与动物体，由外部高频振荡电源提供能量，通过直径为165 mm的可调发射线圈对接收器进行无线供电。测量结果表明，当电能传输间距为9 cm时传输效率保持在22.3%，且系统性能不会受到生物体的影响。

日本东京大学Takehiro Imura所在的课题组对kHz~GHz频带内不同频点的电磁谐振式无线能量传输系统进行了建模与仿真，并对三维空间内松耦合螺旋线圈谐振器的传输效率与相对位置之间的函数关系进行了分析与试验［图1-10（b）］。试验表明，当系统在间距为9 cm、谐振频率为13.56 MHz的条件下工作时，如果系统参数满足由等效电路分析所得出的阻抗匹配条件，则传输效率提高1.4倍，即由50%达到70%。2011年12月，美国斯坦福大学华裔教授Fan Shanhui领导的科研小组通过FDTD数值模拟方法证明了即使线圈间距达到6.5 ft（约1.98 m），无线充电效率仍能达到97%，并设想将该结论应用于电动汽车在高速公路上一边行驶一边充电的工作模式。

（a）

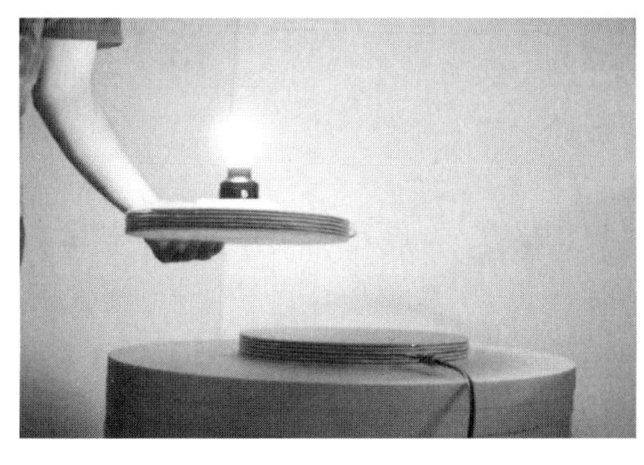

（b）

图1-10　磁耦合谐振式无线能量传输的相关试验

（a）美国匹斯堡大学的试验；（b）东京大学的试验

2009 年，美国高通公司研发了频率为 13.56 MHz、充电电流为 500～600 mA 的向多部手机进行充电的充电台，即使终端稍微脱离充电台也可进行充电［图 1－11（a）］。

2012 年，韩国三星公司已经在全球多个市场上市了支持磁耦合谐振式无线充电的 3D 电视专用眼镜［图 1－11（b）］与充电器，通过这种工作方式可以避免以往必须一对一地对用电设备进行充电的限制，从而实现了一个供电线圈同时向多个受电线圈供电。

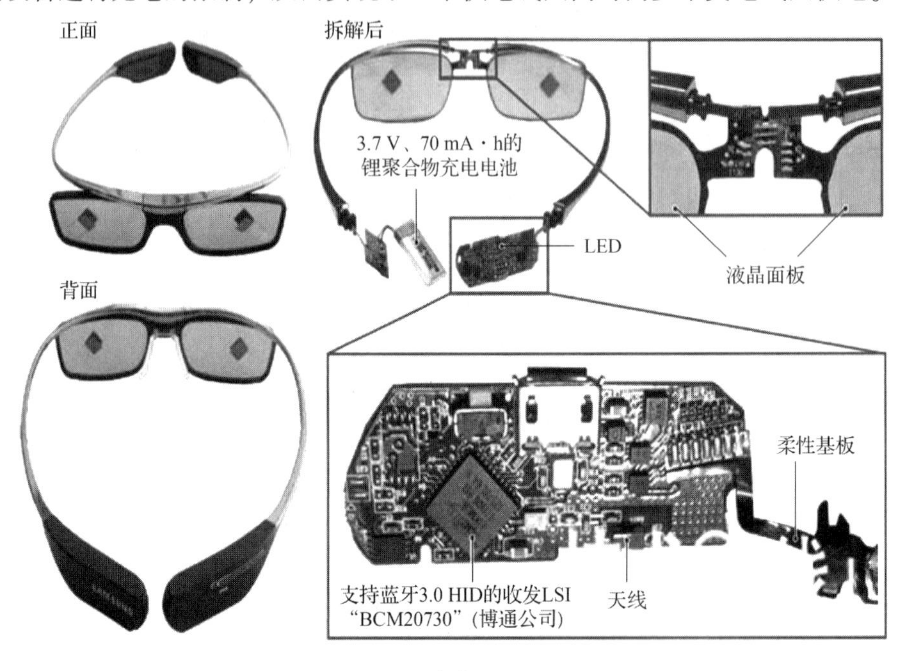

（a）

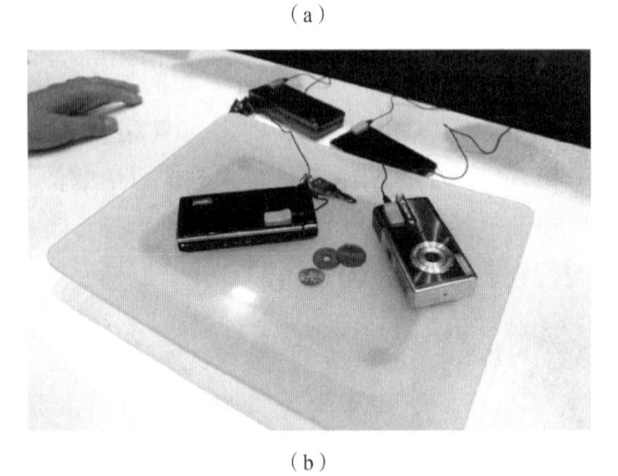

（b）

图 1－11　磁耦合谐振式无线能量传输相关产品

（a）高通公司多终端充电台；（b）三星公司 3D 电视专用眼镜

2012 年年初，韩国 LS 电缆集团宣布完成了磁耦合谐振式无线能量传输系统的研发，并展出了韩国国内首个已验证过的磁耦合谐振式无线输电系统模型，该模型以磁耦合谐振方式，最大可在 2 m 范围内进行无线电力输送；同年 5 月，韩国三星公司和美国高通公司宣布成立无线供电技术业界团体“Alliance for Wireless Power（A4WP）”。该团体将推进受电器与供电器间的位置自由度大、能为汽车和台式产品供电，而且可同时为多个产品供电的无线供电技术。

2014年，David S. Ricketts等设计了一种具有高品质因数的阻抗－频率高准确度匹配三线圈结构，并通过无线电能最小功率传输试验证明了该三线圈结构的优越性，其传输性能在原来基础上提高了约30%。

近年来，世界各国研究人员对磁耦合无线能量传输技术进行了深入研究，在理论和实践上都取得了很大进展。

1.4 国内外磁耦合无线能量传输技术研究现状

磁耦合无线能量传输技术具有无限的发展前景。近年来，国内外许多研究机构都在积极探索磁耦合无线能量传输技术。

1.4.1 国外磁耦合无线能量传输技术研究现状

磁耦合无线能量传输技术比较复杂，它涉及面较广，包含了电磁场理论、电力电子技术、自动控制等多个研究领域。当前，在科研人员的努力与实践下，磁耦合无线能量传输技术研究进展迅速，形成了坚实的理论基础，并且在一系列有助于提升传输功率和距离的关键技术问题上取得了卓有成效的进展。磁耦合无线能量传输技术的研究工作包括系统建模和电路分析[13-18]、稳定性分析[19]、耦合线圈结构和磁场成型设计[20-23]、负载识别与参数优化[24-27]、频率追踪策略[28-32]、功率控制策略[33,34]、发射端与接收端通信方法[35,36]以及尚处于理论阶段的无线电能传输网[37-39]等多个方面。

在国外方面，新西兰奥克兰大学的John T. Boys教授作为了磁耦合无线能量传输技术的领军人物，率先带领课题组对磁耦合无线能量传输技术进行了广泛和深入的研究。该课题组发表了大量学术论文，在磁耦合无线能量传输系统的基本原理[40]、设计思路[41]、发射与接收线圈设计[11,42-44]、发射与接收电路设计[45-48]以及输出功率控制[49]等方面提出了大量切实可行的方案，有效提升了磁耦合无线能量传输系统的实用性，极大地促进了磁耦合无线能量传输技术的发展。

美国麻省理工学院Marin Soljacic教授带领的研究小组极具创造性地提出了磁耦合谐振式无线能量传输系统[50,51]。该系统抛弃了传统系统中由集总元件构成的谐振网络，直接通过线圈耦合的形式实现谐振网络的阻抗匹配和补偿，从而将磁耦合无线能量传输技术的有效传输距离拓展到了线圈半径的8倍之远。随后他们成立了专门从事无线充电技术研发的WiTricity公司来将这一先进技术实用化并推向市场，目前已经取得了不少成果。

新西兰奥克兰大学Thrimawithana教授所在的研究团队从2009年开始便对双向磁耦合无线能量传输系统进行了深入的研究。他们发表了数十篇论文，详细介绍了双向磁耦合无线能量传输系统的基本拓扑结构、稳态和动态建模，以及最优PID控制等方面的一系列研究成果[52,53]。他们的研究实现了用电设备与电网之间的能量交换，为车载无线充电系统融入智能电网体系奠定了坚实的基础。

荷兰代尔夫特理工大学 Van der Pijl 所在的课题组从控制的角度对磁耦合无线能量传输系统进行了研究，他们将定量控制和滑膜控制应用于磁耦合无线能量传输系统，力图在无通信的情况下实现多负载条件下发射端电流的稳定，取得了不错的成果。

此外，韩国[54]、新加坡[55]、印度[56,57]、英国[58]、比利时[59]、伊朗[60]、泰国[61]、意大利[62]、加拿大[63]等国家的研究机构和学者也都在磁耦合无线能量传输技术领域开展了一定的研究，为推进磁耦合无线能量传输技术的实用化做出了贡献。

另外，美国、日本等国的众多企业或研究机构竞相研发磁耦合无线能量传输技术，探索磁耦合无线能量传输系统在不同领域的应用，致力于将其实用化，目前已获得了一定的技术突破，相应产品也陆续面世。美国电子信息企业对短距离电力传输技术给予极大投入。PowerCast 公司利用电磁波损失小的天线技术，借助二极管、非接触 IC 卡和无线电子标签等实现了效率较高的无线电力传输，将无线电波转化成直流电，并在约 1 m 的范围内为不同电子装置的电池充电。Palm 公司将无线充电应用在手机上，推出充电设备“触摸石”，利用电磁感应原理为手机进行无线能量传输。Powermat 公司推出的充电板有桌面式和便携式等多种，主要由底座和无线接收器组成。在 Fulton 公司开发的 eCoupled 无线充电技术中，充电器能够自动地通过超高频电波寻找待充电电器，动态调整发射功率。Visteon 公司计划为摩托罗拉手机和苹果公司的 iPod 生产 eCoupled 无线充电器。PowerCast 公司开发的电波接收型电能储存装置以美国匹兹堡大学研发的无源型 RFID 技术为基础，通过射频发射装置传递电能。WildCharge 公司开发的无线能量传输系统，其充电板的外观像一个鼠标垫，能够放置在桌椅等任何平坦表面上，可提供高达 90 W 的功率，足以同时为多数笔记本电脑以及各种小型设备充电。

日本企业与研究机构也在无线电力传输技术领域投入了很多研发力量。2011 年，日本宽带无线论坛的无线能量传输工作小组以实现无线能量传输技术的早期实用化为目的，制定了无线能量传输的相关指南，确保用户能够安全利用无线能量传输技术。在企业方面，日本村田制作所采用电场结合型无线电力传输技术，与 TMMS 公司共同开发的无线电力传输系统，具有高效性和较大的位置自由度。NTT DoCoMo 等移动通信运营商积极采用无线能量传输技术，松下联手 NTT DoCoMo 开发无线充电器。昭和飞机工业公司研制出基于电磁感应原理无线传输电力的非接触式电源供应系统。富士通公司利用磁铁实现了设备在距离充电器最远可达几米的地方进行无线充电。松下公司推出了内置太阳能板的桌子，其可为移动设备提供电力。

在研究机构方面，日本邮政省通信综合研究所和神户大学工学部开发的 5 kW 微波电力无线能量传输系统可准确地为飞艇输电。东京大学产学研国际中心开发的家用电器无线供电塑料膜片可贴在桌子、地板、墙壁上，为小型电动机供电。

从研究领域看，新西兰在供电理论和实际应用方面均有多项成就，引领了该项技术的发展方向；美国和新西兰相似，日本则侧重于实用设计方案；德国在结构分析和优化领域有研究论文发表；加拿大将该技术应用于电力机车；南非研究了系统优化和变压器设计；韩国涉及非接触变压器理论分析；中国在分离式变压器、系统电路和应用领域均有所涉及。

从质量上看，新西兰和美国研究水平较高，尤其是新西兰在非接触供电理论领域具有领先地位，提出了多种有价值的原创电路拓扑，美国则技术与应用并重；日本在该领域的实际应用方面具有较大优势，开发出了多种实际供电系统；德国和荷兰分别在交通和电器领域有所成就。

1.4.2 国内磁耦合无线能量传输技术研究现状

国内对于磁耦合无线能量传输技术的研究起步并不晚，从 20 世纪 90 年代初开始便相继有机构和研究人员对磁耦合无线能量传输技术开展研究，目前已经取得了不少有意义的成果。

哈尔滨工业大学朱春波教授课题组率先对磁耦合无线能量传输技术展开研究[22,33,64-70]，研究了磁耦合无线能量传输的距离特性，分析验证了传输距离与线圈线径、线圈尺寸、谐振频率等之间的关系[64]，提出了增大传输距离的方法，如加入中继线圈、提高电源电压、线圈采用多股导线并联等；利用耦合模公式建立了其数学模型，研究了不同类型干扰源对系统的影响[33]，提出了系统设计方案；分析了四谐振线圈系统的传输特性，对传输能量的 4 个线圈进行了优化设计，在很大程度上减小了接收端的尺寸，推导了多个接收负载时接收端之间互不干扰的条件。

香港大学许树源教授领导的团队主要进行多中继线圈的研究，通过加入多个中继线圈，增加传输距离[71-73]，传输距离可达几米远，并且对中继线圈的方向、位置、大小对传输功率的影响进行了分析，通过理论分析与试验验证得出在有多个中继线圈的情况下，系统的最佳频率点需要偏离系统固有频率[74,75]。

东南大学黄学良教授课题组针对大功率磁耦合无线能量传输技术的实现及其在电动汽车中的应用进行了深入研究[76-79]，以耦合模理论为基础，分析了发射与接收线圈之间的转换效率，得到了线圈参数与传输效率的关系，提出了共振条件下频率稳定性控制策略及能量接收装置的设计方法，并对磁耦合无线能量传输技术的发展历史及现状进行了总结分析。

天津工业大学以杨庆新教授为首的研发团队研究磁耦合无线能量传输技术[80-84]，取得了很大进展。他们通过耦合模理论建立了磁耦合无线能量传输系统的高阶数学模型，分析了模式耦合因数和品质因数对谐振频率的影响，设计了盘式振荡器耦合系统，研究了系统的频率分裂特性；通过引入漏感变量，建立了磁耦合无线能量传输系统的等效二端口，根据二端口传输方程分析了电能传输的动态特性，并推导了负载的最佳工作条件，设计了大功率高频电源。目前该团队正在积极推进磁共振模式无线能量传输技术在产业中的应用。

华南理工大学张波教授课题组针对效率的优化及多负载供电进行了深入研究[85-87]，分析了磁耦合无线能量传输系统中失谐对传输效率的影响以及导致失谐的因素，制作了一台 1 MHz 频率跟踪式磁耦合无线能量传输试验装置系统（可实现频率的自动跟踪，使发射端始终工作在谐振状态，提高了传输效率）；分析了多负载磁耦合无线能量传输系统的传输特性，推导了其输出功率和效率公式，分析了两负载不同侧、同侧重叠、同侧不重叠 3 种情况下的系统特性，并通过试验进行了验证，对实现多负载的无线充电具有很好的指导意义。

重庆大学孙跃教授非接触电能传输课题组近年也开始研究磁耦合无线能量传输技术。他们主要围绕高频谐振软开关变换器的建模方法及非线性行为分析、频率稳定性控制、传输功率的控制与调节、多谐振点及频率分叉现象、负载识别技术、磁共振模式电能传输特性、系统模型建立、系统效率分析等问题进行了深入研究[88-96]，为系统的传输效率或输出功率的优化提供了良好的理论基础。

此外，大连理工大学、北京交通大学、上海交通大学、北京中科院自动化研究所、中科院沈阳自动化研究所、南京理工大学、太原理工大学、南京航空航天大学和中国矿业大学[84,97-104]都对磁耦合无线能量传输技术进行了比较深入的研究。

1.5 磁耦合无线能量传输技术的应用领域

1.5.1 水下航行器

运用磁耦合无线能量传输技术在水下利用海底基站的电能直接对航行器进行无线电能补给是磁耦合无线能量传输技术最重要，也是当前最热门的应用领域。Bradly 等[105]研发了水下无线能量传输系统，为自主水下航行器 MIT/WHOIOdysseyII 进行水下充电，该系统可在 2 000 m 水深为航行器传输 200 W 的电能，传输效率为 79%。日本东北大学和 NEC 公司[106]联合研发了为水下航行器充电的无线电能传输系统，该系统传输功率可达 1 kW，效率在 90% 以上。Assaf 等[107]研制了水下机器鱼无线输电的磁耦合无线能量传输系统。Pyle 等[108]研发了在海底为无人水下航行器（Unmanned Undersea Vehicle，UUV）平台 Proteus 进行电能补给的无线充电坞站系统（图 1-12）。当 UUV 侧舱内的小型航行器需要电能补给时，UUV 释放小型航行器，通过导航控制使其进入海底的坞站进行无线充电，完成充电后，小型航行器又重新回到 UUV 侧舱内继续执行任务。该系统电能传输功率为 450 W。

德国 MESA 公司[109]针对不同水深环境，为水下设备研发出了一系列水下无线能量传输装置，如图 1-13 所示。这些装置可装载于水下航行器上运用于水下环境。磁耦合机构发射端和接收端允许 2 500 r/min 的旋转速度，当两侧间隙为 0.5~0.9 mm 时，输出功率可达 100 W，效率可达 90%。

西北工业大学的学者针对实际应用提出多种磁耦合装置。图 1-14（a）所示为一种安装在水下航行器腹部形状不对称的铁氧体磁芯，其发射端磁芯为环形，而接收端磁芯为工字形[110]。设计者考虑到可能存在的轴向偏移情况，令发射端磁芯长度稍大于接收端磁芯长度，并且由于磁芯为环形，所以旋转错位时对系统传输性能影响不大，但是环状磁芯的质量较大，不利于水下航行器长时间工作。图 1-14（b）所示为紧密贴合圆弧的磁耦合装置，这种装置耦合系数更大，但错位适应性较差[111]。

浙江大学陈鹰教授团队[112-114]成功研发了多套利用海底基站电能为水下航行器进行电能补给的磁耦合无线能量传输系统，并分别完成了实验室测试、湖试和海试。该系统电能传输功率和传输效率不断提升，目前功率已达 700 W，效率在 90% 左右。而后，有浙江大学学者提出一种罐形磁芯的水下无线充电系统，其对传输机理、水中的涡流场以及磁耦合装置对深海的适应性做了大量分析，磁耦合装置采用 P48 罐形磁芯，传输功率超过 400 W，效率达到 93% 以上，磁耦合装置如图 1-15（a）所示[115]。此外，浙江大学学者还提出了

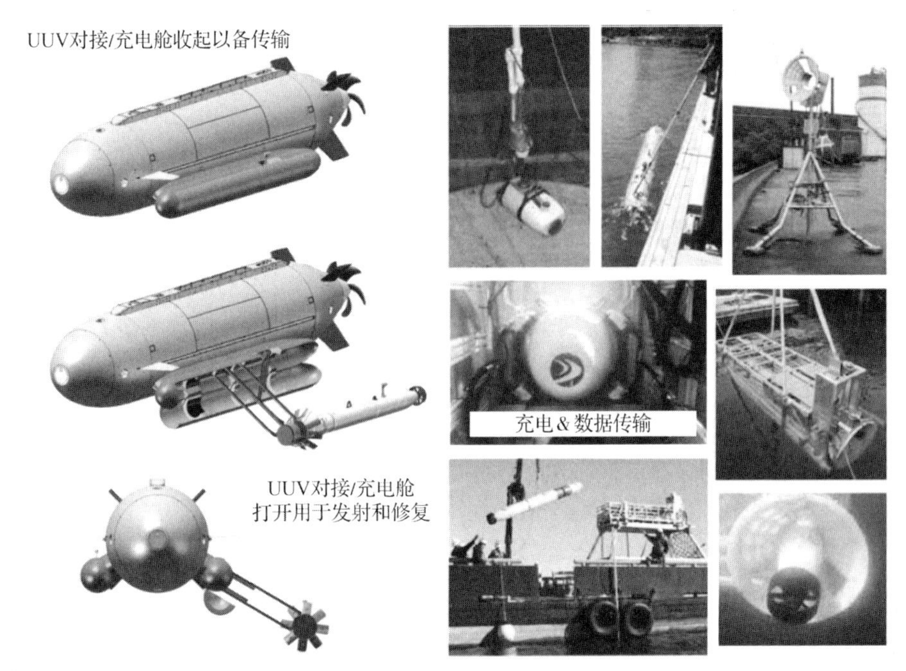

图 1-12　UUV 无线充电坞站系统

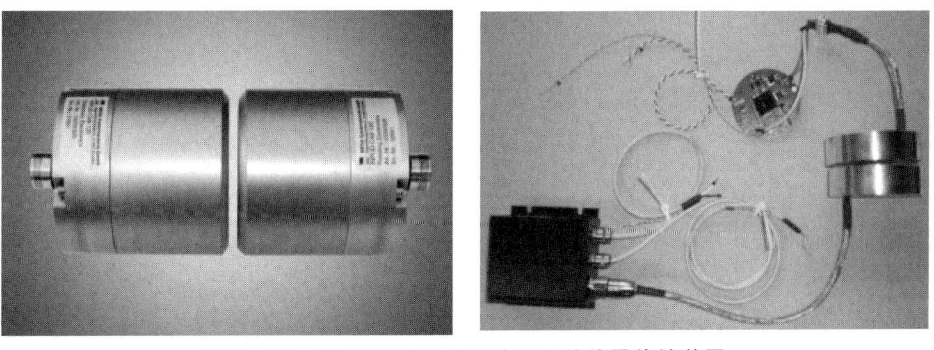

图 1-13　德国 MESA 公司水下无线能量传输装置

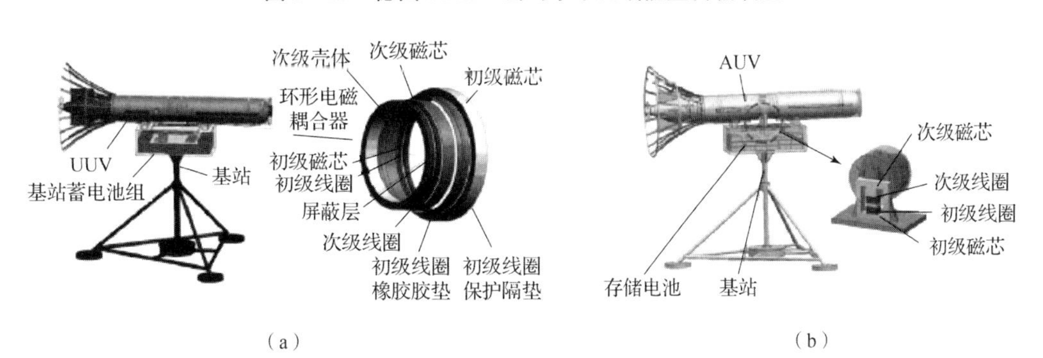

图 1-14　西北工业大学学者设计的磁耦合装置

(a) 不对称磁耦合装置；(b) 贴近圆弧的磁耦合装置

用于水下无线充电系统的耐压腔体，并于千岛湖进行水下传输性能测试，其整体结构如图 1-15（b）所示。在水深 10 m 处，该装置以试验仪器和照明设备为负载，进行了 35 W 的电能传输，效率约为85%[116,117]。然而，相关研究更适用于静态充电，当一端装置受水流冲击时，会对耐压腔体造成较大的应力。

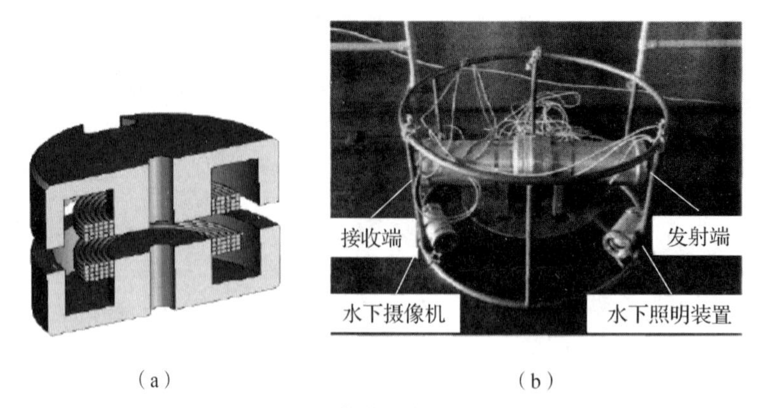

（a） （b）

图1－15 浙江大学学者设计的相关装置

（a）罐形磁芯磁耦合装置；（b）水下无线充电系统的耐压腔体

1.5.2 海洋观测浮标系统

海洋观测浮标系统中密集分布着许多传感器。传统传感器主要依靠自身携带的电池工作，电池的体积、质量较大且电能有限，直接限制了传感器的移动灵活性和工作持续时间。磁耦合无线能量传输技术的发展为其电能补给提供了较好的解决方案。

McGinnis等[118]在阿罗哈（夏威夷）－蒙特利海湾海底观测网（Aloha－Monterey Accelerated Research System，ALOHA－MARS）的基础上，为锚系海洋剖面观测器研发了无线电能补给系统，该系统在2 mm间隙时传输功率为250 W，效率在70%以上。

Yoshiok等[119]研究了对三角跨海洋观测浮标系统（Triangle Trans－Oceanbuoy Network，TRITON）中水下传感器进行无线供电的装置。其电能发送线圈和接收线圈同时绕在锚泊线上，该装置可同步传输电能和数据，工作频率为100 kHz，接收线圈可得到180 mW的功率。

李醒飞等[120,121]利用海洋观测浮标系统无线供电装置给水下设备进行无线供电，如图1－16所示。该装置中海洋观测浮标的钢缆构成电能发送线圈，钢缆外套着铁氧体磁芯，构成圆形电磁耦合器，电磁耦合器的接收线圈完成钢缆和水下设备之间的能量传输。该装置的工作频率为40 kHz，传输功率约为23 W，传输效率约为60%，可同步传输电能和数据。

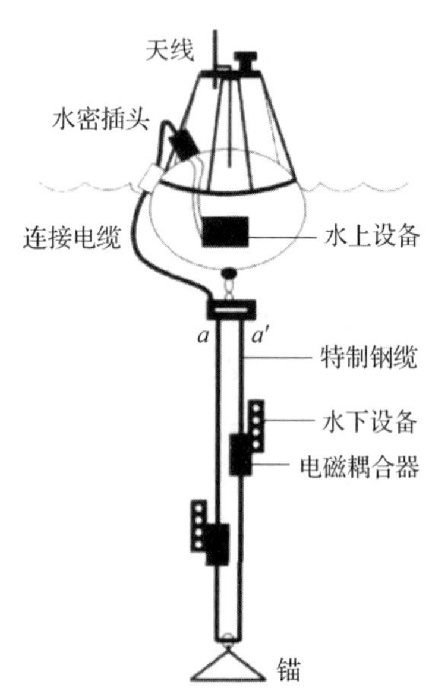

图1－16 海洋观测浮标系统无线供电装置结构

美国华盛顿大学的学者提出一种应用于沿缆水下作业车辆的锚系海洋观测装置，其发射端和接收端的间隙约为2 mm，传输功率为250 W，效率达到70%以上，磁耦合装置和整个系统如图1－17所示[118]。此外，日本崇城大学也设计了一种缠绕在浮标上进行能量和信号传输的装置[119]。

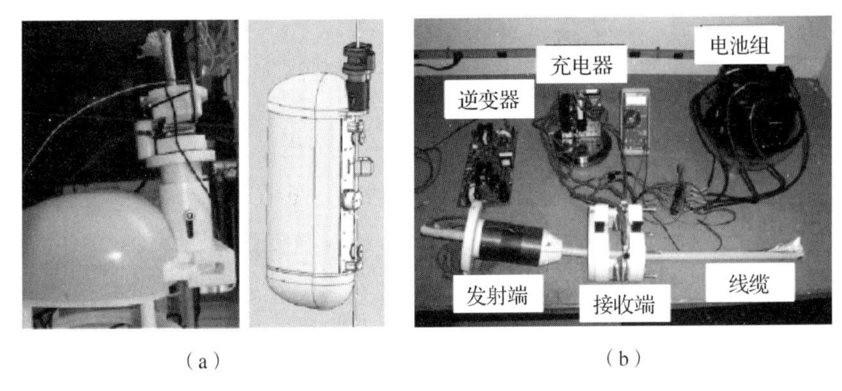

（a）　　　　　　（b）

图1－17　锚系海洋观测装置

（a）外观；（b）结构

1.5.3　无人机

各国学者已经开始对无人机进行无线充电的尝试[122]。韩国庆尚大学的学者将发射线圈和接收线圈设计为平面空心线圈，接收线圈装设在机架侧面，接收机构为20 cm×20 cm的平面空心圆形线圈，充电功率为51 W，最大效率为61.4%[123]。印度学者设计了一种在无人机机架底部绕制25 cm×25 cm的圆形线圈的方案，实现了充电功率35 W、效率71%的无人机无线充电[124]。

意大利罗马大学的学者采用将空心平面接收线圈装设在无人机腹部的方式，在对准良好的条件下实现了功率70 W、效率89%的电能传递[125]。受接收线圈装配位置的影响，以上几种方案的接收线圈与发射线圈距离较远，耦合能力弱，而高耦合能力是确保高效率无线传输电能的基础[124]。马秀娟等[126]提出运用无线能量传输系统耦合原理，在无人机起落架底端装设接收线圈，通过小型铁氧体磁芯增大了系统的耦合系数，提高了传输效率。该系统在30 mm偏移范围内无线充电传输功率达到80 W。

为了提高耦合能力，香港城市大学的学者采用沿无人机起落架底端四周绕制接收线圈的方式，研制了一种为无人机充电的高效无线电能传输系统。该系统工作频率为370 kHz，在150 mm的距离可以传输170 W的功率，效率在90%以上，在侧移60 mm的范围内，效率可达86%以上[127]。这种方式提高了耦合能力，但只能针对腹部没有装设云台或其他作业设备的无人机。如果无人机装设这些设备，设备会直接暴露在耦合装置的交变磁场中，影响设备性能，甚至遭到损坏。同样，之前提到的几种方案也存在耦合装置与无人机之间的漏磁干扰问题。对于以上问题，F. Maradei提出在无人机起落架底端装设一个小平面线圈的方案，该方案既适用于在腹部装设设备的无人机，也有高耦合能力，但对于错位的容忍能力低，需要通过外加辅助设备移动发射装置来实现精确对准[128]。

1.5.4 电动汽车领域

电动汽车无线充电系统偏重于产品级的设计，涉及较多技术指标，其中重点关心充电功率、传输距离、系统效率、系统抗干扰性及磁场辐射等指标。国内外研究机构主要从功率传输等级、传输效率、传输距离出发，围绕磁耦合机构设计、控制策略、磁场屏蔽以及系统参数优化等方面展开研究，取得了大量研究成果，并有不少应用产品出现。

20 世纪 90 年代，新西兰奥克兰大学的 John T. Boys 教授对磁耦合无线能量传输技术开展学术研究，成为轨道交通领域应用无线充电技术的第一人。与此同时，John T. Boys 教授在此基础上提出了非接触式双向无线充电的概念，填补了电网和电动汽车之间的交互性功能。图 1-18 所示为奥克兰大学研究的 DD-DDQ 线圈实物，在试验中通过 DD-DDQ 线圈结构改变相邻线圈的电流流向和叠加程度来改变互感大小，将电动汽车可充电区域进行扩大，减小了物理区域对电动汽车的充电要求，使磁耦合无线能量传输系统的效率大幅提升[129]。

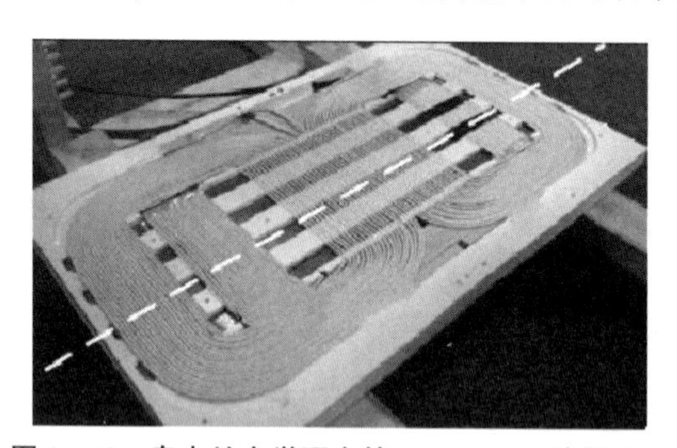

图 1-18 奥克兰大学研究的 DD-DDQ 线圈实物

新西兰奥克兰大学于 1988 年开展无线电能传输技术研究，研制出 30 kW 电磁感应耦合无线充电系统[130]，并成立 HaloIPT 公司专门对无线充电电动汽车进行研发，如图 1-19 (a) 所示，HaloIPT 公司在 2011 年被高通公司收购及推广[131]。

在 2011 年，奥克兰大学的研究小组提出并研究了一种线圈直径为 700 mm，传输距离为 150~200 mm，传输功率为 2~5 kW，最大水平偏移距离为 13 cm 的单线圈耦合机构的设计方案，如图 1-19 (b) 所示，但在线圈面积相同的情况下，方形线圈耦合机构的耦合系数相比于圆形线圈耦合机构的耦合系数更大，更有效地利用了电动汽车底盘空间[132]。在增大耦合系数的基础上，该研究小组又设计了 Fluxpipe 结构的线圈，如图 1-19 (c) 所示，但是其经济成本过高。该研究小组在 2013 年提出了正交双 D 形（DDQ）线圈结构，如图 1-19 (d) 所示，有效降低了两个相邻发射线圈之间的互感，使充电区域相较于圆形线圈扩大了[133]，从而提高了传输功率。该研究小组后来又研究出了 BBQ 线圈结构、三线圈对称叠加放置的 TTP 线圈结构，使传输效率提高了 91.3%[134]。2015 年 10 月，高通公司展示了全新的 Halo 电动汽车无线充电技术，传输功率从 3.6 kW 提升到 7.2 kW，同时在设计时考虑了静态充电和动态充电的场景，即在等红灯、堵车甚至全速行驶中都能进行无线充电。

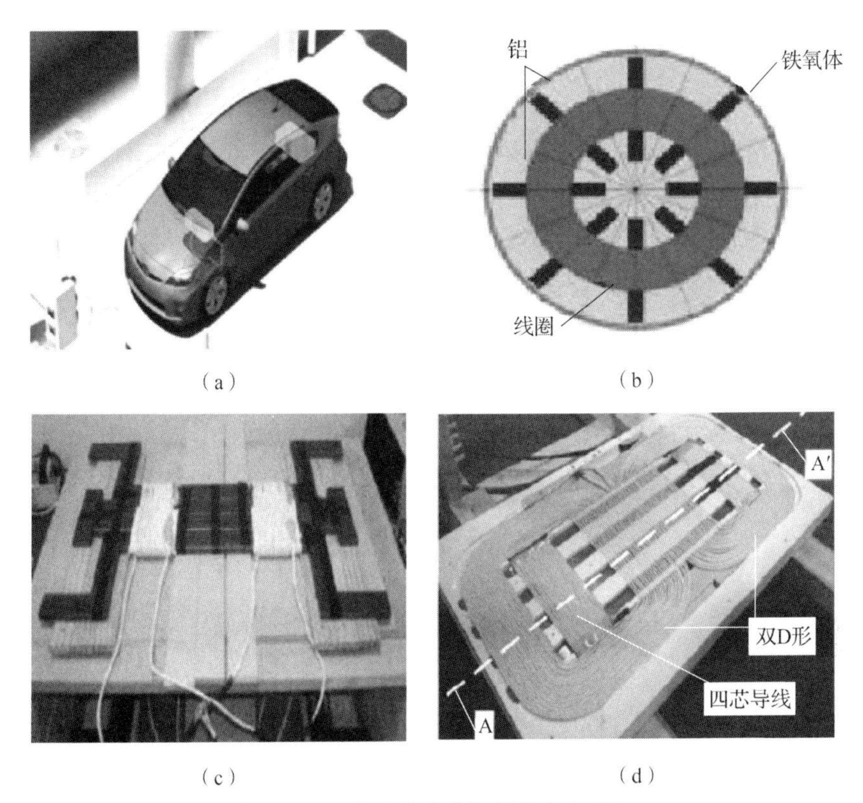

(a) (b)

(c) (d)

图1-19 奥克兰大学的相关研究成果

自2007年麻省理工学院的物理学教授 Marin Soljacic 完成磁耦合谐振试验后，该学院一直处于无线充电技术领先地位，关于磁耦合无线能量传输技术的理论和实践也最为成熟。2007年，WiTricity 公司从麻省理工学院剥离，将电动汽车无线充电技术进行商业化运营。WiTricity 无线充电系统简化了电动汽车充电体验，只需要将电动汽车简单地停入车库，电动汽车就能够自动从车辆下方的充电源接收电力。WiTricity 公司在电动汽车领域成绩斐然。凭借 DRIVE11 电动汽车无线充电系统，WiTricity 公司获得了2017年中国国际新能源汽车论坛颁发的“新能源环境保护奖”。其独特的环形线圈设计被国际自动机工程师学会采用，用于无线充电国际标准的测试。该产品可扩展的充电功率为3.6~11 kW，可以满足远程电池组的电动汽车的各种需求；通过单一系统设计，能够为低地面间隙跑车、中型地面间隙轿车和高地面间隙 SUV 汽车充电，并支持异物检测（Foreign Object Detection，FOD），保证系统安全可靠地运行。图1-20所示为 WiTricity 公司的无线充电装置。

2009年，韩国科学技术院（KAIST）在磁耦合无线能量传输原理的基础上对电动汽车动态充电技术进行研究[135]。2010年，该院 DongHo-Cho 教授将发射线圈埋入公路，将接收线圈置于电动汽车底盘，电动汽车在共振频率为20 kHz、传输功率为100 kW 的无线充电轨道上实现边行驶边充电，如图1-21（a）所示。2015年，该院研究团队又在韩国龟尾市建立了一条12 km 的动态无线充电技术公交线路，通过发射线圈将能量以非接触形式传送给电动汽车的接收线圈，从而给车载电池充电，其传输功率为100 kW，传输效率可达85%，减小了电动汽车电能消耗，减少了需要建设的充电站数量[136]，如图1-21（b）所示。

图 1-20 WiTricity 公司的无线充电装置

(a)

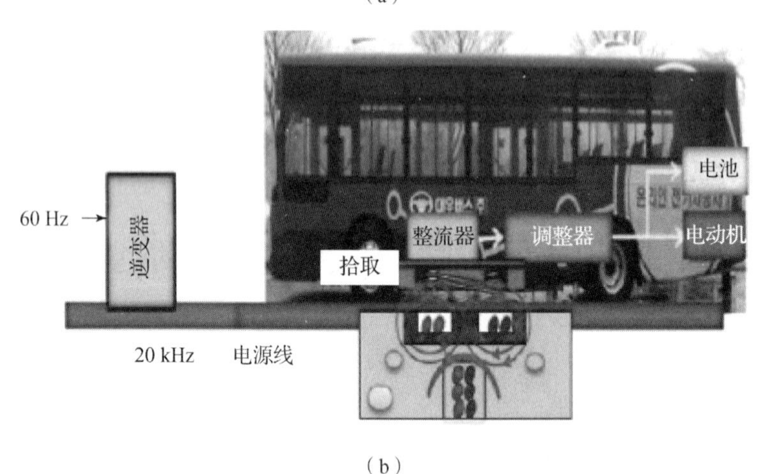

(b)

图 1-21 KAIST 的电动汽车动态无线充电技术研究成果

东南大学的黄学良教授团队利用磁耦合无线能量传输技术实现了电动汽车动态无线充电。2018 年在“一带一路”能源部长会议和国际能源变革论坛亮相的由黄学良教授团队参与设计与建设的“三合一”电子公路是目前全世界首条，也是唯一一条电动汽车动态无线充电道路，被誉为“不停电的智慧公路”，首创电动汽车无线充电、道路光伏发电、无人驾驶三项技术的融合应用，实现了电力流、交通流、信息流的智慧交融。图 1-22 所示为“三合一”电子公路。该项目在无线充电效率、电磁环境防护等方面取得了多个国际领先的创新成果，为实现电动汽车便利、安全充电，改善电动汽车续航能力等问题提供了新颖的解决方案。

图1-22　“三合一”电子公路

东南大学的黄学良教授团队对磁耦合无线能量传输技术进行了深入细致的研究，在电动汽车的电池充放电技术研究方面有了很大的进展。该团队在串并拓扑磁耦合无线能量传输系统方面做了深入研究，在文献［137］中对串并拓扑谐振式无线电能传输进行分析，从等效电路的角度研究系统传输效率及输出功率与线圈距离、工作频率、负载电阻之间的关系，得到了系统传输效率和传输功率的表达式，得出了输出功率对频率变化的敏感性比效率更大的结论。该团队率先研制出全国首辆基于磁耦合无线电能传输技术充电方式的电动汽车，该电动汽车的充电功率可以达到3 kW级别，续航能力可以达到180 km[138-140]。东南大学黄学良教授团队使用的谐振线圈如图1-23所示。

图1-23　东南大学黄学良教授团队使用的谐振线圈

北卡罗来纳州立大学（North Carolina State University，NCSU）的Zeliko Pantic博士在磁耦合谐振无线充电技术上对包含多个储能系统的电动汽车进行研究[141]，并从电磁辐射的角度提出了一种新的拓扑结构，它可以根据耦合结构自动调节发射线圈的电流，减少非耦合区的磁场辐射[142]。密西根大学课题组对于无线电能电动汽车动态充电进行研究[143]，文献［144］提出一种应用短路解耦的方法对发射线圈电流进行控制的拓扑结构。

2009年，德国庞巴迪公司进入电动汽车无线充电领域并提出了PRIMOVE技术，为电动汽车提供动态和静态两种充电方式，并且该技术在动态充电时仍然有较高的充电效率。其快速充电设备在10～30 s内最高充电功率可达400 kW，可以大幅减轻公交枢纽的充电压力[145]。2012 年，日本东京大学在传输距离 200 mm 的条件下，以 96% 的效率为电动汽车传输了 100 W 电能[146]。日本埼玉大学采用 H 形磁芯双面绕组构造，在传输距离 70 mm 的条件下，传输 1.5 kW 电能，传输效率超过 93%[147,148]。2014 年，中兴新能源汽车公司研制的电动汽车无线充电系统输出功率达到 60 kW，效率高达 90%[149]。中惠创智、有感科技等公司也相继完成数十千瓦级别的电动汽车无线充电装置研发，效率均高达 90%，可以满足多种电动汽车的充电需求[150]。2017 年，美国斯坦福大学提出了一个基于宇称－时间原理的传能系统，当传输距离在 1 m 的范围内变化时，传输效率仍能保持恒定[151]。2020 年，韩国学者将超导技术应用于耦合线圈，设计了一种可将无线电能传输效率最大化的螺旋形超导共振线圈[152]。2021 年，美国佛罗里达国际大学提出了一种适用于电动汽车的动态磁场耦合式电能传输系统的多目标优化设计方法[153]。同年，新西兰奥克兰大学提出了一种采用阵列式电感线圈的传能系统，可为移动状态下的电动汽车提供 3.3 kW 的充电功率[154]。

其他国家的研究机构也对动态电动汽车无线充电技术进行研究，例如德国庞巴迪公司设计的大功率无线充电系统在城市微循环线路和主干线公交线路投运[144]；美国橡树岭国家实验室的研究小组设计了输出功率为 20 kW、传输效率为 90%、充电速度为有线充电设备 3 倍的无线充电系统，从而加速了电动汽车的普及[155]；由日本东京大学研发的功率为 3 kW 的轮内无线电动机系统成功应用到电动汽车中，其行驶速度达到 75 km/h[156]。

1.5.5 消费电子设备

消费电子设备领域的应用研究仍然是以电感耦合式和磁耦合谐振式无线能量传输技术为主。无线能量传输技术在该领域的应用发展最快，目前以电感耦合式无线能量传输技术的应用最为成熟，已有相关的行业标准，而磁耦合谐振式无线能量传输技术的应用优势正逐渐显现，由于微波辐射式无线能量传输技术中电磁能量向外发射，其电磁辐射影响较大，因此其在该领域的应用较少。

目前，无线能量传输技术在消费电子设备领域的应用研究主要集中在便携设备无线充电平台方面[157,158]，其中北京邮电大学的 Diao Yin liang 等设计了一个多线圈无线充电平台，并对其进行了电磁场分析[157]；韩国三星先进科技研究院的 Kim 等将自适应频率与功率跟踪系统用于标准数字 LCD 电视[158]。

1.5.6 医疗器械

美国匹兹堡大学在 2009 年使用磁耦合谐振式无线能量传输技术给内部植入式器件或者生物医学传感器提供电力。MinguiSun 教授等人在生物体内外都进行了演示试验。图 1－24 所示的谐振源能量发射端放置在生物体表 10 cm 之上，利用谐振耦合技术将放置在生物体内的 LED 接收灯点亮。在这个试验中，功率转换效率是 25%，谐振接收端输出 25 mW 的功率。在接下来的研究中，MinguiSun 教授的研究小组将该技术应用到无线传感器中，在试验中相距15 cm距离时的功率转换效率高达80%，同时表现出对线圈互感系数的相对不敏感性[159]。

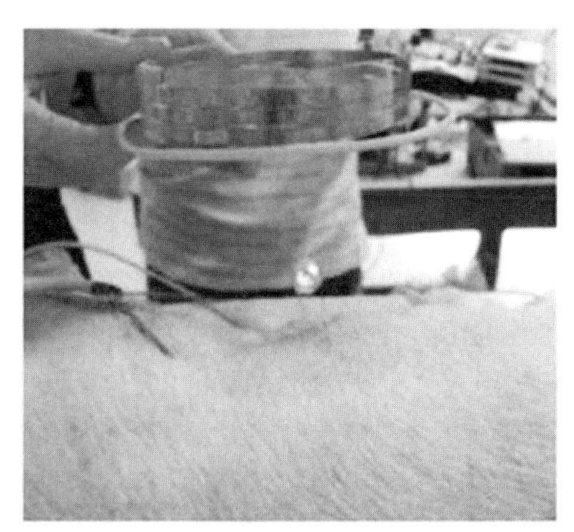

图1-24 生物体无线电能传输试验

近年来，随着磁耦合无线能量传输技术与植入式医疗技术的飞跃发展，国内外大量优秀的学者针对植入式医疗器械的无线充电领域开展了相应的研究，有源植入式医疗器械研究包括心脏起搏器、药物泵、胶囊内窥镜、心脏除颤器和神经刺激器等。植入式医疗器械人体分布如图1-25所示。

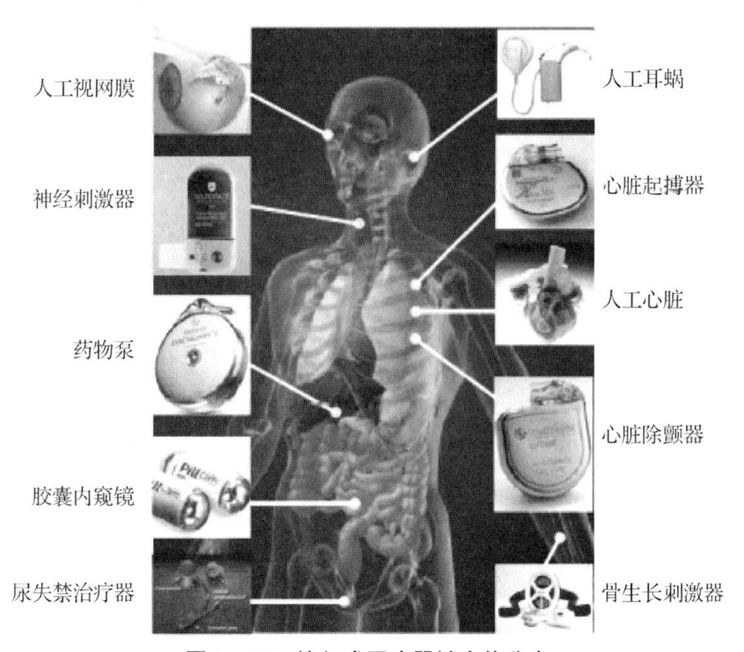

图1-25 植入式医疗器械人体分布

国外针对无线电能传输植入式医疗设备的研究起步较早，并且研究范围涉及设备应用功率、工作频率、线圈材料及参数、电磁发热等多个方面。2014年，Nunez A等人设计了一种具有可压缩结构的植入式心脏泵，该设计的无线电源围绕一个圆柱形支架结构，该结构可将电动机悬挂在血管系统内，同时支持折叠的叶轮泵。2015年，Monti等人提出了一种为植入式心脏起搏器供电的无线电能传输系统，该系统的工作频率为403 MHz，试验证明该系统安全高，效适用于人体，但其高频磁场的电磁安全问题较大[160]。同年，Quan Xiong 在 200 kHz 工作频率下利用 PCB 制成传输线圈，应用在无线供能的心脏起搏器中，并进行了无线充电试验[161]。2016 年，T. Campi 等人研究了一种用于心脏起搏器的无线充电系统，并研究了无线功率传输对有源植入式医疗器械的安全问题[162]。2017 年，Tang 等人设计了一种基于电磁感应驱动的心脏泵，其可以从身体外部进行无线供电[163]。2018 年，T. Campi 等人利用基于磁谐振耦合的无线功率传输技术，研究了一种新型无铅起搏器的电池充电系统[164]。2019 年，Asif. SM 提出了一种可穿戴射频无引线起搏系统，该系统可以直接植入心脏，通过射频能量供电，无须电池或起搏引线[165]。同年，Xing 等人针对左心室辅助装置（LVAD）电池充电，设计了一种无线充电装置，并给出了详细的试验过程，针对频率、耦合系数等影响无线电能传输的因素进行了对比分析[166]。

随着我国医疗技术的不断发展，国内也有许多专家学者对植入式心脏起搏器的无线供电展开了相应的研究。2008 年，陈海燕等人通过对人工心脏的经皮传能系统的研究，针对人工心脏供能，采用经皮无线电能传输系统取代导线电能传输系统，解决了导线接触引起的交叉感染等问题，通过补偿结构及输入阻抗验证了经皮传能系统的有效性[167]。2011 年，马纪梅等人同样开展了植入式医疗器械经皮传能系统的研究，涉及能量传输、信息传输两个方面，通过研究经皮传能系统的传输性能及频率特性，确定了植入式传能系统的益处及发展前景[168]。2017 年，肖春燕等人将 LCC－C 拓扑补偿应用到心脏起搏器的无线电能传输系统中，在此基础上，采用超薄柔性材料制成心脏起搏器上的接收线圈，进而屏蔽起搏器外壳内的涡流效应，通过试验证明了该系统在工作频率状态下最大温升为3. 3 ℃，符合植入式医疗器械温升要求[169]。同年，刘卓等人设计研制出了一种可将器官运动的机械能用于体内供能的设备——植入式摩擦纳米发电机，摩擦纳米发电机在一定程度上缓解了植入式医疗器械供能问题，为植入式医疗器械自驱动的研究奠定了基础[170]。2017 年，马纪梅等人通过监测无线供能植入式医疗器械的体内接收线圈的温升，调整体外发射线圈的发射功率，进一步提高了经皮传能系统的稳定性及可靠性[171]。2021 年，闫孝姮团队在无线供能植入式医疗器械处于工作状态时，针对线圈组偏移问题，开展了无线供能植入式医疗器械抗偏移优化的研究，通过优化 E 类逆变器，使线圈组抗偏移特性得到优化[172]。同年，闫孝姮团队针对植入式医疗器械存在的 SAR 安全问题，通过LCC－C拓扑补偿结构对无线供能系统进行优化，并进行了安全评估[173]。

第 2 章 高功率密度轻量化无线能量传输技术

为了突破高功率密度轻量化接收系统、可重构模块化、高操作便利性等关键技术，本章设计研制模块化供电与轻量化接收装置。

无线充电系统总体方案示意如图 2-1 所示，该系统主要由高频逆变电源、模块化发射线圈、轻量化接收线圈、模块化整流电路四部分组成，地面供电装置与机载受能装置通过 Wi-Fi 进行无线通信，闭环控制输出功率。其具体工作原理如下。直流电源输入后通过高频逆变电源产生高频电压或电流，注入至发射端谐振补偿网络，在发射线圈中产生高频电流，从而在空间激发高频交变磁场。接收线圈在高频交变磁场的激励作用下产生高频感应电流并注入至接收端谐振补偿网络，再经整流滤波输出适用于用电设备的电能形式，实现用电设备的无电气接触式电能供给。

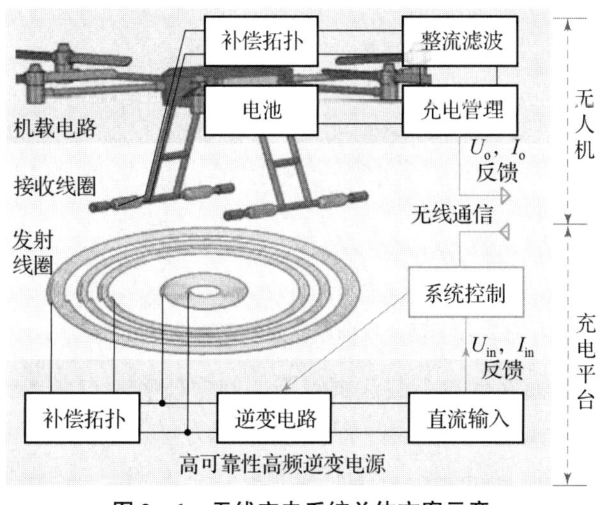

图 2-1　无线充电系统总体方案示意

2.1 轻量化磁耦合机构设计及磁芯材料优化

2.1.1 轻量化磁耦合机构分析原理

本节设计了一种利用发射线圈附近的水平磁场结构构建的轻量化非对称磁耦合机构，该结构可以实现无人机受能端的角度、位置偏移的适应性和共型化。该结构使用轻量化螺线管结构作为接收线圈，缠绕安装到无人机起落架上。

由毕奥－萨伐尔定律，电流元件在距离为 r 的点处产生的磁感应强度如下式所示。

$$\mathrm{d}\boldsymbol{B} = \frac{\mu_0 I\,\mathrm{d}\boldsymbol{l} \times \boldsymbol{r}}{4\pi r^3} \tag{2-1}$$

由于线圈两侧的电流是相反的，所以水平磁场分量会相互削弱。

假设两个电流元件 A 和 B 彼此相对和平行，图 2－2 所示为两个电流元件在它们所在的横截面上产生的磁通量示意。P 是该横截面上的一个点，r_A 表示从点 P 到当前电流元件 A 的距离，r_B 表示从点 P 到当前电流元件 B 的距离，d 表示从点 P 到当前电流元件 A 的水平距离，h 表示从点 P 到两个电流元件的垂直距离。在两个电流元件之间的位置，磁场的垂直分量增加，磁场的水平分量相互削弱。因此，传统的平面磁耦合器主要使用垂直分量的磁场。当 $r_A >> r_B$，$d << h$ 时，电流元件 A 产生的水平磁感应强度分量远小于电流元件 B 产生的水平磁感应强度分量。

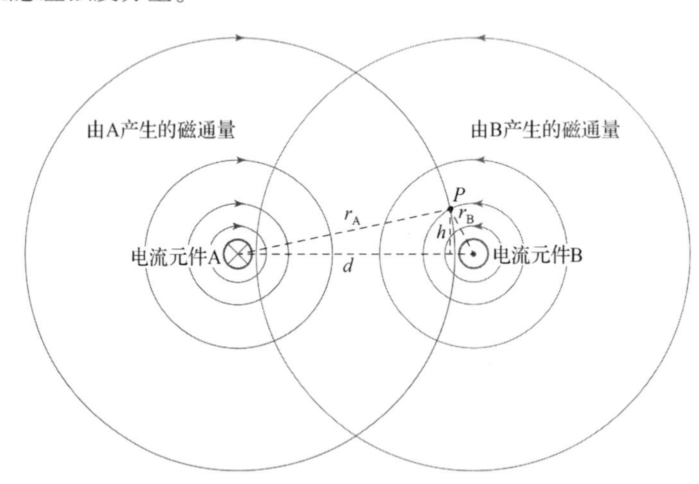

图 2－2 两个反向电流元产生的磁通量示意

图 2－3 所示为半径为 R 的单个载流圆线圈空间中任意一点磁场计算示意。载流圆线圈的圆心为坐标原点，P 是空间中任意一点，其坐标为 (x, y, z)，其在 Oxy 平面上的投影点 P' 的坐标为 $(d\cos\alpha, d\sin\alpha)$，$\alpha$ 为任意角度。点 P 沿 x，y，z 方向的磁感应强度分量可分别计算如下。

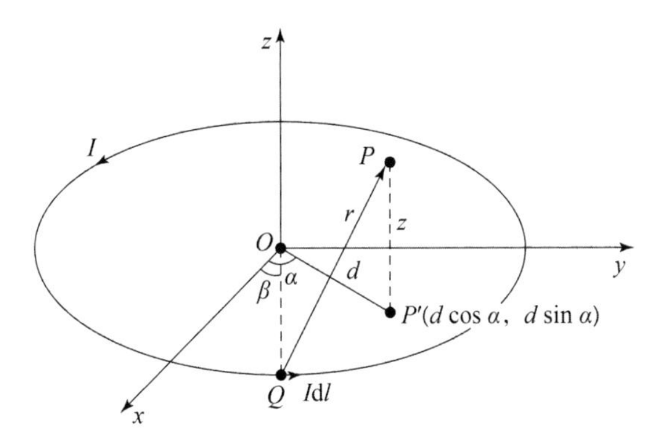

图 2-3　磁场计算示意

$$\begin{cases} B_x = \dfrac{\mu_0 IR}{4\pi}\displaystyle\int_0^{2\pi} \dfrac{z\cos\beta\,\mathrm{d}\,\beta}{[R^2 + d^2 - 2Rd\cos(\beta-\alpha) + z^2]^{\frac{3}{2}}} \\ B_y = \dfrac{\mu_0 IR}{4\pi}\displaystyle\int_0^{2\pi} \dfrac{z\sin\beta\,\mathrm{d}\,\beta}{[R^2 + d^2 - 2Rd\cos(\beta-\alpha) + z^2]^{\frac{3}{2}}} \\ B_z = \dfrac{\mu_0 IR}{4\pi}\displaystyle\int_0^{2\pi} \dfrac{[R - d\cos(\beta-\alpha)]\,\mathrm{d}\beta}{[R^2 + d^2 - 2Rd\cos(\beta-\alpha) + z^2]^{\frac{3}{2}}} \end{cases} \tag{2-2}$$

令 $\beta-\alpha=\theta$，$\mathrm{d}(\beta-\alpha)=\mathrm{d}\theta$，可将式（2-2）表示为

$$\begin{cases} B_x = \dfrac{\mu_0 IR}{4\pi}\displaystyle\int_0^{2\pi} \dfrac{z(\cos\alpha\cos\theta - \sin\alpha\sin\theta)}{(R^2 + d^2 - 2Rd\cos\beta + z^2)^{\frac{3}{2}}}\mathrm{d}\theta \\ B_y = \dfrac{\mu_0 IR}{4\pi}\displaystyle\int_0^{2\pi} \dfrac{z(\sin\alpha\cos\theta + \cos\alpha\sin\theta)}{(R^2 + d^2 - 2Rd\cos\theta + z^2)^{\frac{3}{2}}}\mathrm{d}\theta \\ B_z = \dfrac{\mu_0 IR}{4\pi}\displaystyle\int_0^{2\pi} \dfrac{R - d\cos\theta}{(R^2 + d^2 - 2Rd\cos\theta + z^2)^{\frac{3}{2}}}\mathrm{d}\theta \end{cases} \tag{2-3}$$

式（2-3）即半径为 R 的载流圆线圈在空间中任意一点的磁场分布。

在半径为 150 mm 的载流圆上方 10 mm 处 x 方向上的磁感应强度如图 2-4 所示，z 方向上的磁感应强度如图 2-5 所示，图中不同的颜色表示不同的 y 坐标。

可以看出，在载流圆线圈附近存在较低的垂直磁感应强度和较高的水平磁感应强度。因此，在接近载流圆线圈时，可以利用其水平磁场。由于无人机起落架十分靠近无线充电系统的发射线圈，所以本节利用发射线圈产生的水平磁通实现电磁场的耦合，以进行无线能量传输。

磁耦合机构磁力线如图 2-6 所示。当 N 匝线圈中流过的电流为 I，耦合磁通 Φ_C 从原边磁芯的一侧出发，经过空气到达副边磁芯并穿过副边线圈时，该磁通的变化可以在副边线圈上产生感应电动势，而其他磁通均未穿过副边线圈而成为漏磁通 Φ_L。根据电感间耦合系数的物理意义为耦合磁通与总磁通的比值，可确定该磁耦合机构的耦合系数。该磁耦合机构磁路建模如图 2-7 所示。

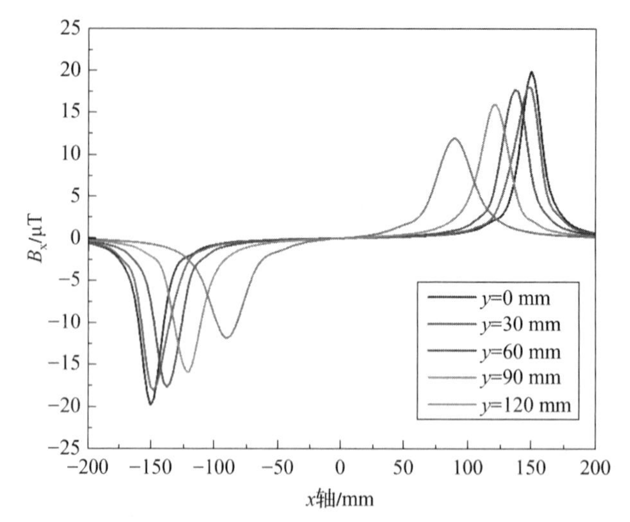

图 2－4　靠近载流圆线圈不同位置 x 方向磁感应强度（附彩插）

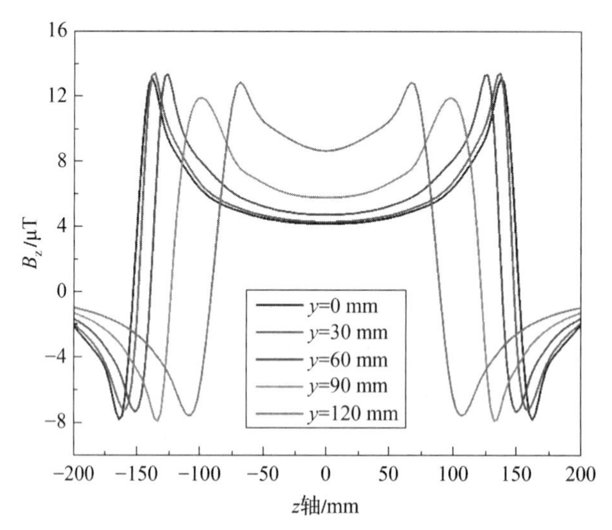

图 2－5　靠近载流圆线圈不同位置 z 方向磁感应强度（附彩插）

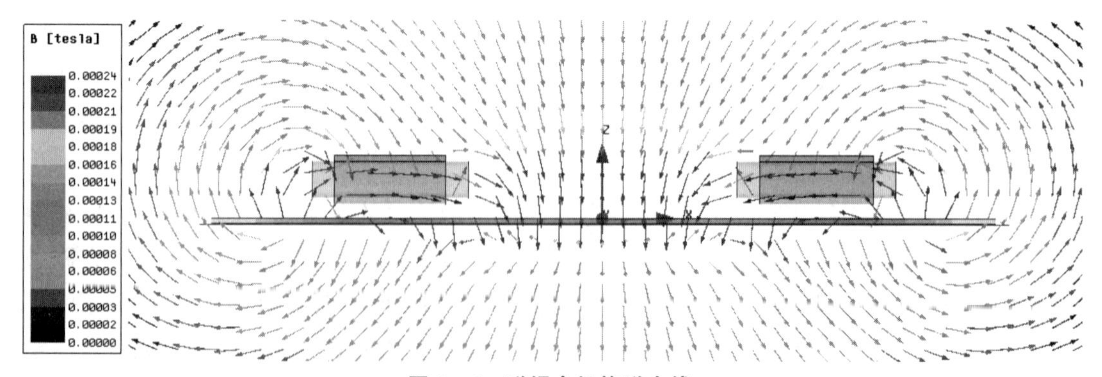

图 2－6　磁耦合机构磁力线

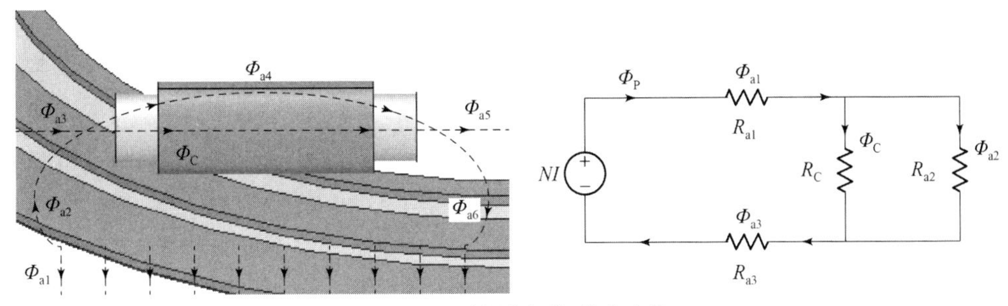

图 2－7　磁耦合机构磁路建模

2.1.2　磁集成抗偏移发射线圈设计

根据设计指标要求，无人机无线充电系统需要具有一定的抗偏移能力，因此将发射线圈设计为串联的圆形线圈，以获得强度较均匀的近场横向磁场。对比分析系统发射线圈分别为串联 1～4 组圆形线圈的情况，仿真模型如图 2－8 所示。

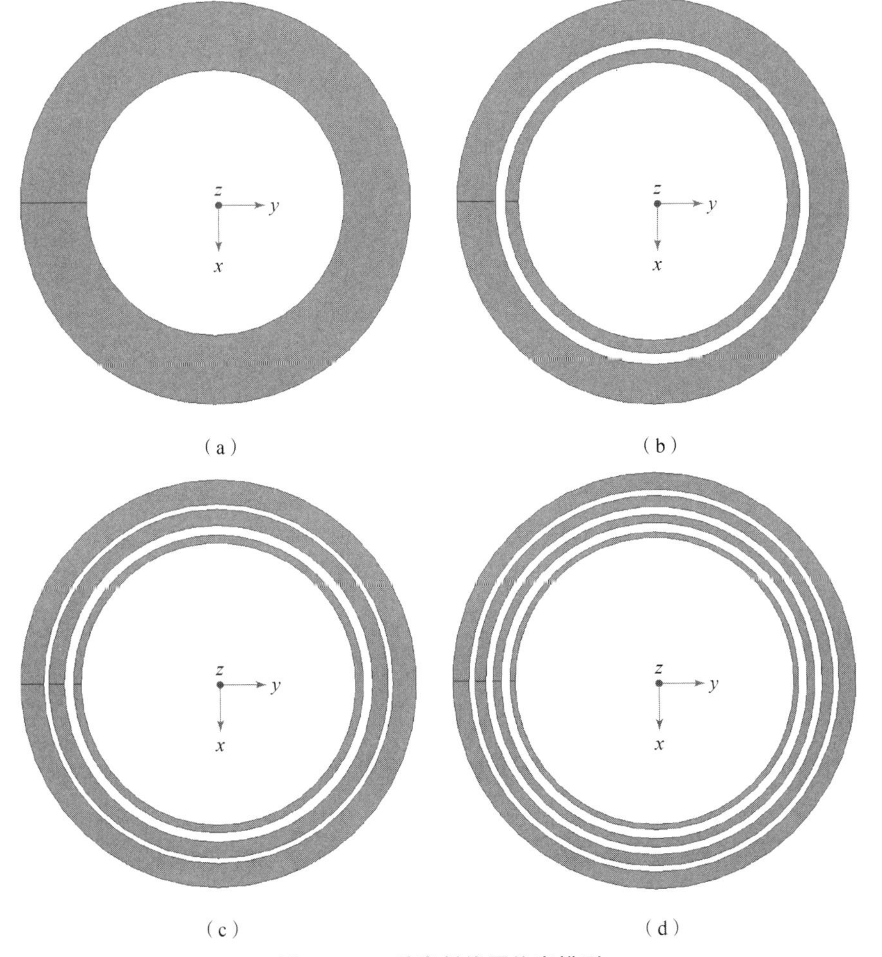

图 2－8　4 种发射线圈仿真模型

（a）串联 1 组圆形线圈；（b）串联 2 组圆形线圈；（c）串联 3 组圆形线圈；（d）串联 4 组圆形线圈

控制流过图 2－8 中各个发射线圈的总电流一致，通过仿真对比分析串联 1～4 组圆形线圈生成较为均匀的磁场时，x 轴、y 轴方向的磁感应强度变化情况，以此反应 4 种发射线圈的抗偏移性能。根据无人机起落架尺寸，以 $x=90$ mm，$y=-105$ mm 为无人机无线充电系统原副边线圈正对位置。为了分别分析 x 轴、y 轴方向发射线圈的抗偏移性能，分别做 $x=-180\sim180$ mm，$y=-105$ mm 和 $x=90$ mm，$y=-180\sim180$ mm 时各发射线圈产生的磁感应强度曲线图，如图 2－9 所示。

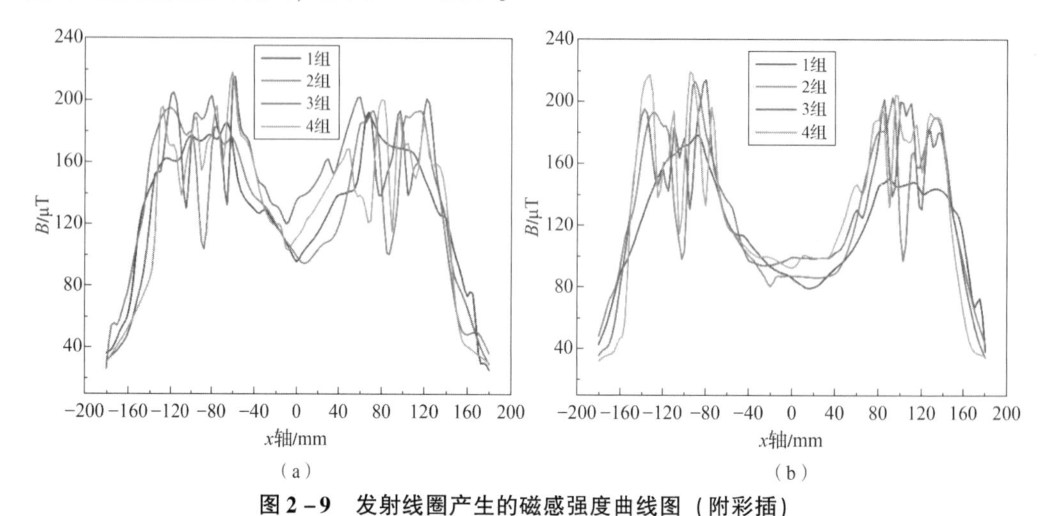

图 2－9 发射线圈产生的磁感强度曲线图（附彩插）

（a）$y=-105$ mm 时各发射线圈磁感应强度曲线图；（b）$x=90$ mm 时各发射线圈磁感应强度曲线图

由图 2－9 可以看出，相比串联 1 组或 2 组圆形线圈作为发射线圈，串联 3 组圆形线圈的抗偏移效果更好，而串联 4 组圆形线圈是不必要的，甚至会引起磁感应强度尖峰，不如串联 3 组圆形线圈作为发射端所产生的磁场均匀。因此，选择采用串联 3 组圆形线圈来构建均匀的近线圈水平磁场，以提高磁耦合机构的抗偏移能力。

考虑到串联 3 组圆形线圈作为发射线圈时，3 个线圈中的电流流向可以不同，通过仿真对比分析 3 个线圈同向和不同向时的磁场分布情况，仿真模型如图 2－10 所示。

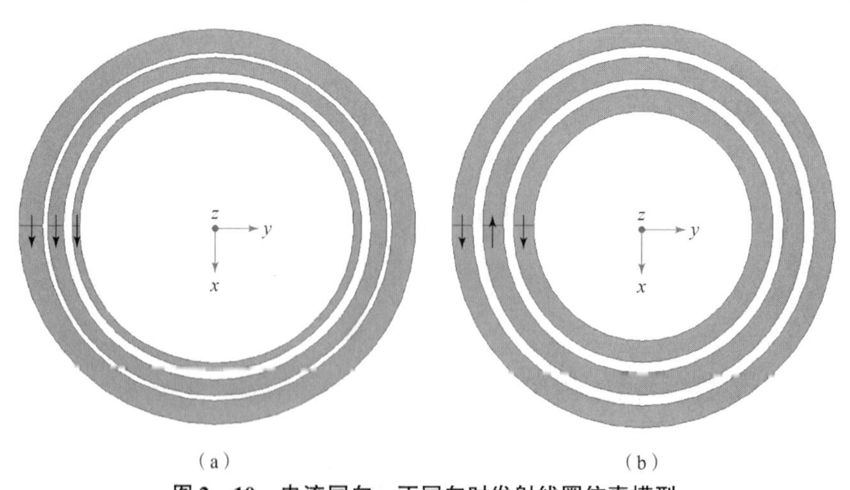

图 2－10 电流同向、不同向时发射线圈仿真模型

（a）串联 3 组圆形线圈电流同向；（b）串联 3 组圆形线圈电流不同向

控制流过线圈的电流相同，仿真分析电流同向和不同向的发射线圈均生成较均匀的磁场时，x 轴、y 轴方向的磁感应强度变化情况。同样做 $x = -180 \sim 180$ mm，$y = -105$ mm 和 $x = 90$ mm，$y = -180 \sim 180$ mm 时两种发射线圈产生的磁感应强度曲线图，如图 2－11 所示，磁感应强度云图如图 2－12 所示。

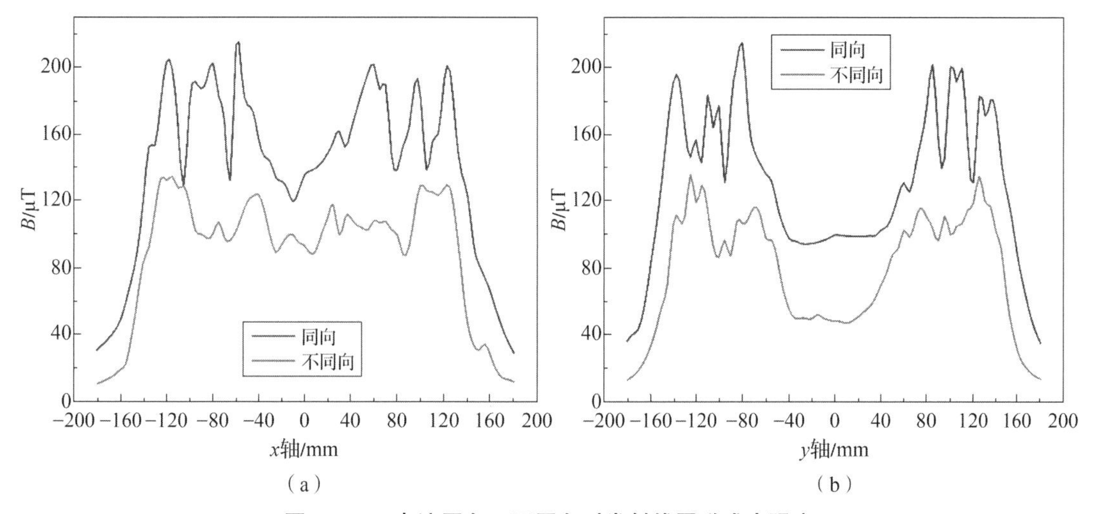

图 2－11　电流同向、不同向时发射线圈磁感应强度

（a）$y = -105$ mm；（b）$x = 90$ mm

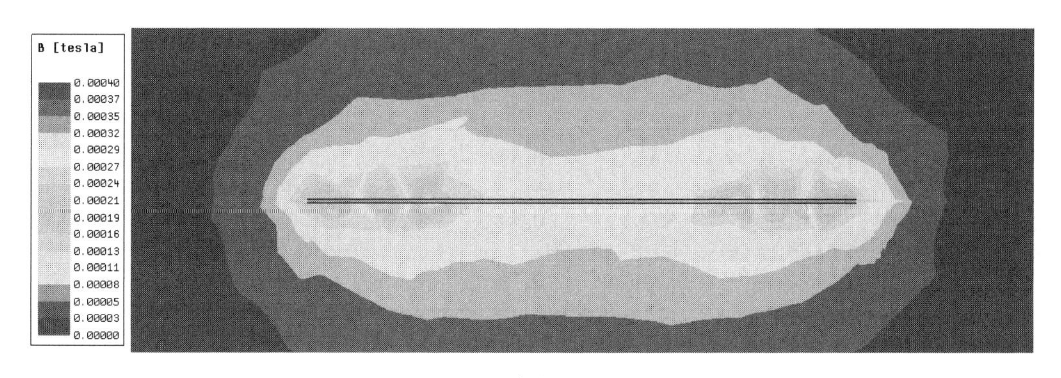

（a）

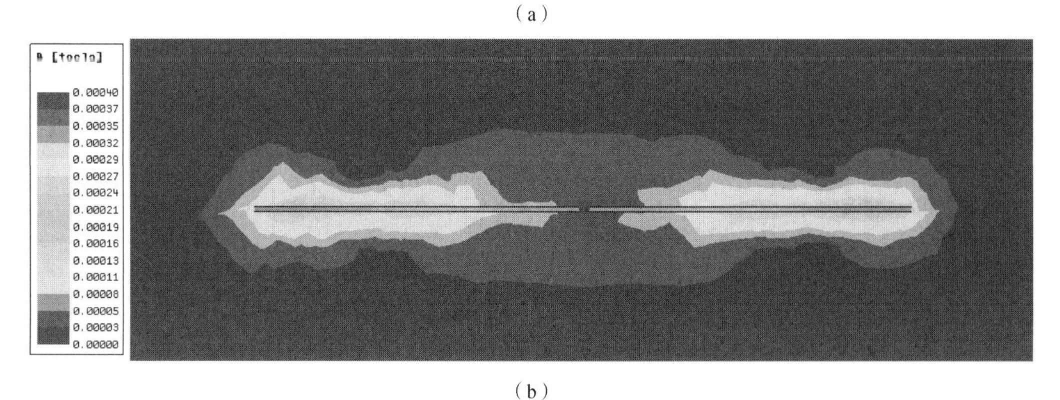

（b）

图 2－12　$x = 90$ mm 时发射线圈磁感应强度之图

（a）电流同向；（b）电流不同向

由图2－11、图2－12可以看出，当串联3组圆形线圈流过的电流不同向时，其所产生的磁感应强度远小于电流同向时。为无线充电系统磁耦合机构互感即系统输出功率考虑，选择串联3组电流方向相同的圆形线圈作为发射线圈，以提高无人机无线充电系统的抗偏移能力。

2.1.3 接收线圈磁芯材料选择与结构设计

2.1.3.1 常用磁芯材料对比分析

锰锌铁氧体通常用作无线充电系统中的磁芯，然而其脆性使系统容易发生机械断裂，阻碍了复杂几何形状的实现，不能满足受能端共型化的需求。此外，铁氧体磁芯具有较低的磁通密度饱和点和磁导率，这在本质上限制了无线充电系统磁耦合机构的优化设计。

无线充电系统设计的最理想磁芯材料应具有高饱和磁感应强度、高磁导率、高电阻率、低功率损耗、高热稳定性和低成本等特性。任何材料都不能满足以上所有特性，因此需要做出妥协。常用磁芯材料参数如表2－1所示。

表2－1 常用磁芯材料参数

材料类型	制造商	材料	饱和磁感应强度(25 ℃)/T	相对磁导率/(20 kHz)	饱和温度/℃	电阻率/(μΩ·m)	密度/(g·cm^{-3})
铁氧体 Mn－Zn	Ferroxcube	3C95	0.53	3 000	140	5E＋06	4.8
铁氧体 Mn－Zn	EPCOS	N87	0.49	2 200	140	10	4.85
粉芯 Ni－Fe－Mo	Magnetics	Molyper－malloy	0.75	14～550	200	—	8.2
粉芯 Al－Si－Fe	Magnetics	KoolMu26	1.05	26～125	200	—	6.8
粉芯 Ni－Fe	Magnetics	HighFlux	1.5	14～160	200	—	7.7
粉芯 Fe－Si	ChangSung	MegaFlux	1.6	26～90	200	—	6.8
铁粉 C＝OFe	Micrometals	Mix－26	1.38	75	<75	—	7
铁粉 C＝OFe	Micrometals	Mix－30	1.38	22	<75	—	6
非晶 Fe－Si－B	Metglas	2605SA1	1.56	600	150	1.37	7.18
非晶 Fe－Si－B	Metglas	2605SA3	1.41	35 000	150	1.38	7.29
硅钢 Fe－Si	JFESteel	10JNHF600	1.88	600	150	0.82	7.53
硅钢 Fe－Si	JFESteel	10JNEX900	1.8	900	150	0.82	7.49

续表

材料类型	制造商	材料	饱和磁感应强度(25 ℃)/T	相对磁导率/(20 kHz)	饱和温度/℃	电阻率/(μΩ·m)	密度/(g·cm^{-3})
纳米晶 Fe-Si-Nb-B-Cu	Vaccumsch.	Vitroperm500F	1.2	13 200	120	1.15	7.3
纳米晶 Fe-Si-Nb-B-Cu	Hitachi	FinemetFT-3M	1.23	15 000	155	1.2	7.3
纳米晶 Fe-Si-Nb-B-Cu	AT&M	Antainano	1.25	300~30 000	155	1.2	7.2

锰锌铁氧体具有较低的饱和磁感应强度和磁导率，然而它们价格合理，电阻率高，磁芯损耗适中。硅钢具有较高的饱和磁感应强度和中等的磁导率，其容易受到涡流的影响从而产生损耗。可以通过层压来降低涡流损耗，或者通过增加硅的含量来减小材料的导电性，但这会使磁芯更加脆弱。因此，硅钢仅应用于低频领域。镍铁合金被称为坡莫合金，比硅钢具有更高的磁导率和饱和磁感应强度。富镍合金具有较高的磁导率，但其饱和磁感应强度较低，而富铁合金具有相反的特性。铁钴合金具有较高的饱和磁感应强度，但其磁导率低于镍铁合金。钴的高成本限制了它的应用。这些合金以粉末的形式使用，然后烧结成所需的型芯。

非晶态合金具有比上述晶体结构更高的磁导率和电阻率。它们通常含有铁、钴、镍、硅、硼和少量的铌、铜、锰和碳。它们主要分为铁基合金和钴基合金两类。前者具有较高的饱和磁感应强度，而后者损耗较低。非晶态材料没有晶格结构，而晶体和纳米晶具有明确的晶粒结构。纳米晶粒的范围为 1~50 nm 之间，比其他晶体结构细得多。纳米晶表现出非常高的磁导率和饱和磁感应强度，以及低磁滞损耗，因此被广泛应用于高频领域。

由上面的分析可以发现，粉末铁芯具有较高的损耗和较低的磁导率，这使它不适用于无线充电系统。硅钢和粉芯的损耗较低，但磁导率不高。坡莫合金和铁基非晶材料由于具有较高的磁通密度饱和点，可以作为无线充电系统磁芯，然而它们的磁性能却不如纳米晶。纳米晶是铁氧体磁芯的可行替代品。

从表2-1、图2-13可以看出，应用于无线充电系统的纳米晶与铁氧体相比有4个比较明显的优势。一是纳米晶在机械上更坚固，可以形成各种几何形状；二是纳米晶具有较高的相对磁导率，较高的相对磁导率能更有效地抑制磁通，减少磁通漏到屏蔽层或其他金属表面，可以潜在地增大耦合系数；三是纳米晶的饱和磁感应强度是铁氧体的2倍以上，饱和磁感应强度越高，所需芯材越少；四是纳米晶的居里温度高于铁氧体，纳米晶的饱和磁感应强度在温度偏差方面更稳定，纳米晶磁芯可以在更高温度下工作而不影响性能。但纳米晶应用于无线充电系统也有相对劣势的一面。纳米晶具有优秀的磁化性能，磁滞损耗较低，但由于其电阻率远低于铁氧体，导电性好，所以当磁通量的组成部分垂直于带状表面时，涡流损耗成为问题。因此，纳米晶磁芯多用于 50 kHz 以下或低功率场景。

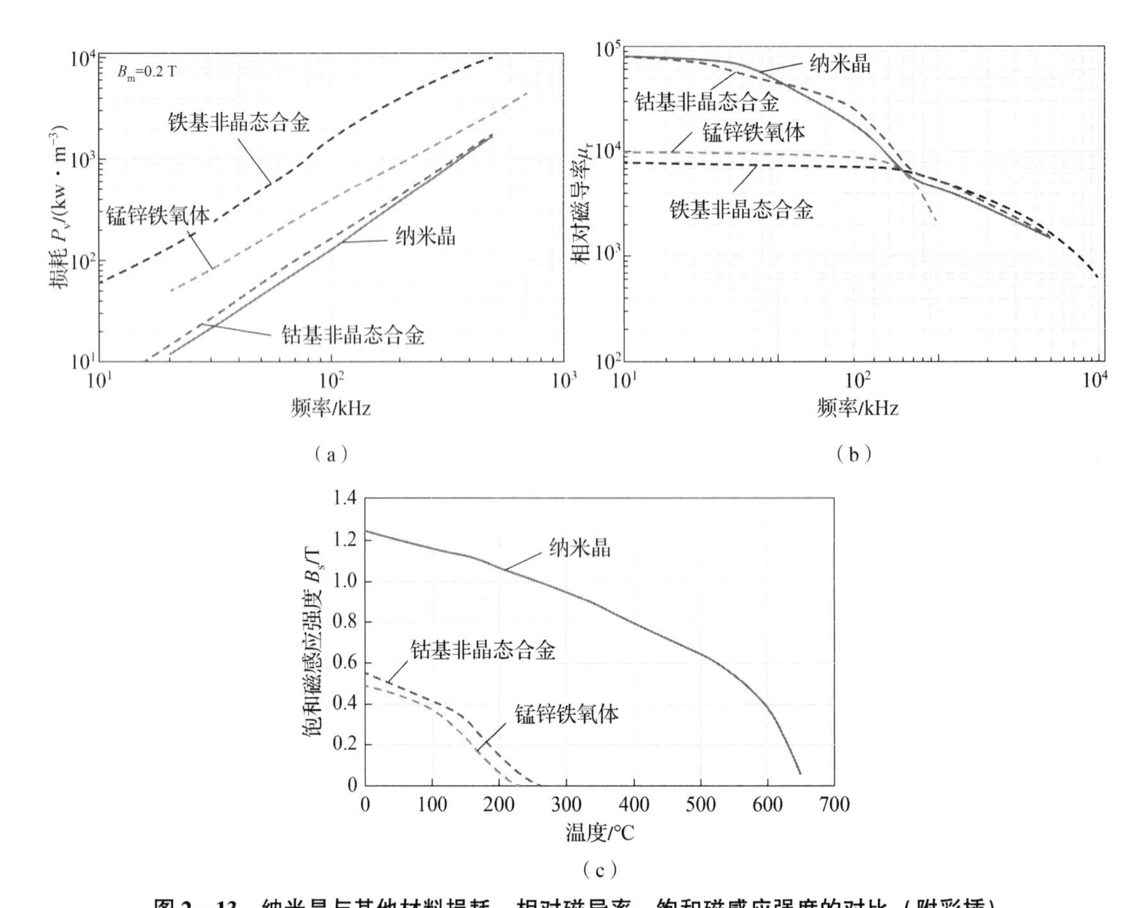

（a）　（b）　（c）

图 2－13　纳米晶与其他材料损耗、相对磁导率、饱和磁感应强度的对比（附彩插）

（a）损耗－频率特性曲线；（b）相对磁导率频率特性曲线；（c）饱和磁感应强度－温度特性曲线

以单模块即副边为一个螺线管线圈为例，对比分析铁氧体与纳米晶应用于本研究中无人机无线充电系统时的情况，系统工作频率为 50 kHz，磁耦合机构仿真模型如图2－14所示，仿真电路图如图 2－15 所示。

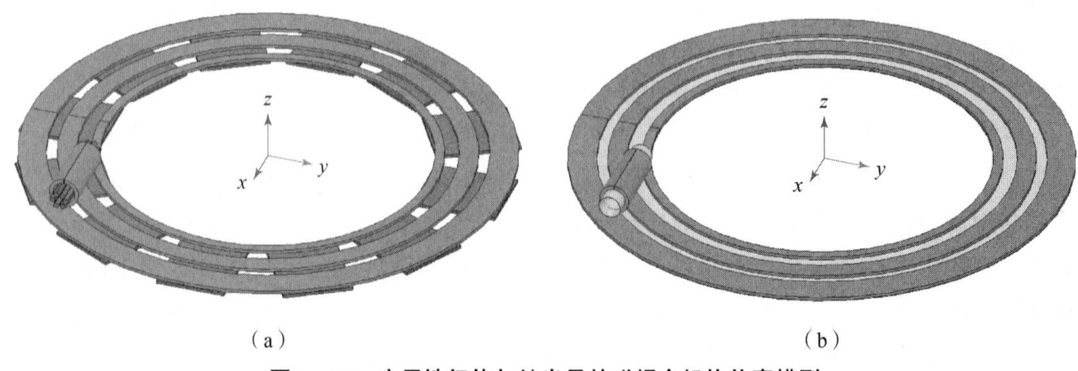

（a）　（b）

图 2－14　应用铁氧体与纳米晶的磁耦合机构仿真模型

（a）应用铁氧体；（b）应用纳米晶

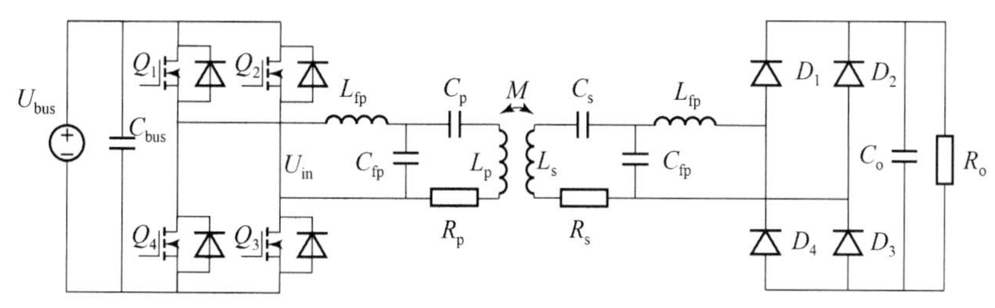

图 2－15　仿真电路

仿真结果如表 2－2 所示。

表 2－2　铁氧体、纳米晶仿真结果

所用材料	接收线圈质量/g	原边自感/μH	副边自感/μH	互感/μH	原边内阻/mΩ	副边内阻/mΩ	输出功率/W	功率密度/(W·g^{-1})
铁氧体	75. 80	203. 41	23. 23	4. 28	62. 75	2. 93	77. 45	1. 02
纳米晶	63. 82	208. 37	27. 38	5. 33	798. 28	127. 64	77. 55	1. 21

由表 2－2 中数据可知，当应用于无人机无线充电系统磁耦合机构的铁氧体与铁基纳米晶合金的相对磁导率均为 5 000 时，为了达到与应用纳米晶的系统几乎相同的输出功率，应用铁氧体要比应用纳米晶的磁耦合机构接收线圈重 19% 左右。因此，将纳米晶作为所研究的磁耦合机构的磁芯材料，可以提升磁耦合机构的功率密度，实现轻量化的目标。

2. 1. 3. 2　应用于磁耦合机构的纳米材料分析

纳米晶的抗饱和及偏磁特性如图 2－16 所示。

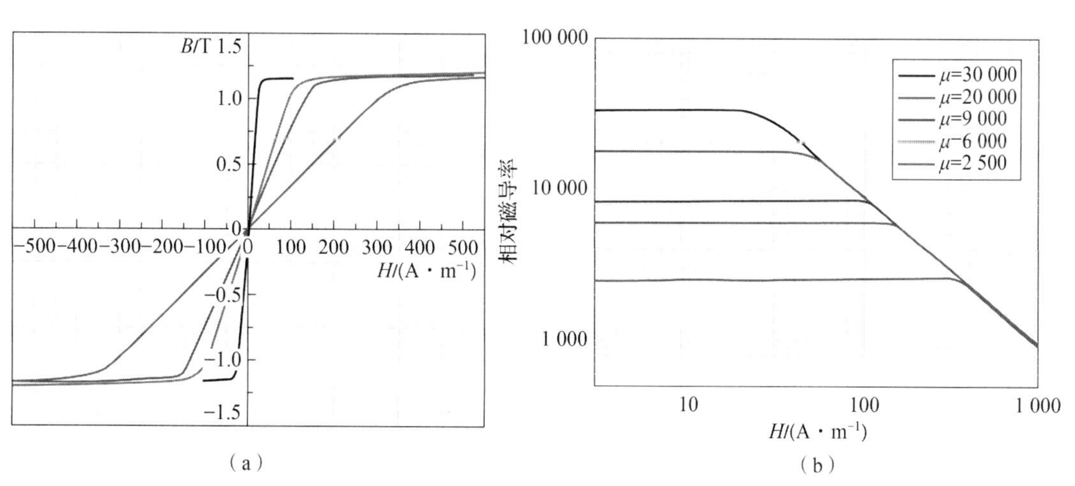

图 2－16　纳米晶的抗饱和及偏磁特性（附彩插）

（a）纳米晶的磁滞回线；（b）纳米晶的偏磁特性

由图 2－16（a）可以看出，在相同的磁场作用下，纳米晶的磁导率越高，其越容易达到饱和点。由图 2－16（b）可以看出，纳米晶的磁导率越高，其磁导率受磁场强度影响的程度就越大。考虑到上述两个问题，采购 4 种相对磁导率小于 6 000 的不同纳米晶带材，如表 2－3 所示。

表 2－3 不同纳米晶带材参数

试验材料编号	1	2	3	4
制造商	金锘电子科技	金锘电子科技	AT&M	AT&M
相对磁导率/(20 kHz)	600	1 000	2 000	5 000
电阻率/(μΩ · m)	1. 7	1. 7	1. 25	1. 25
厚度/mm	0. 24	0. 24	0. 24	0. 24

所采购的纳米晶带材层间结构如图 2－17 所示。

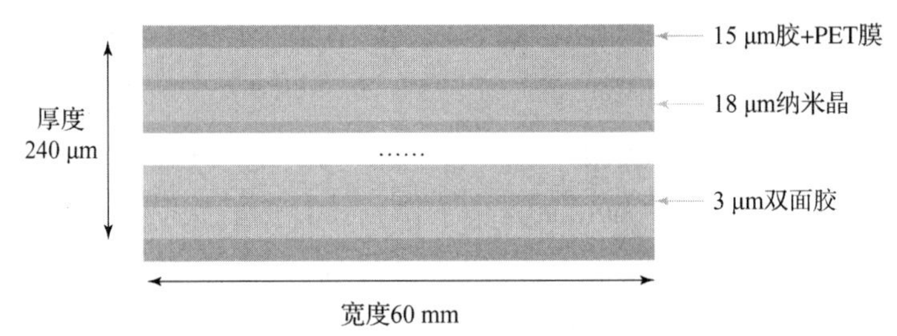

图 2－17 所购纳米晶带材层间结构

选用表 2－3 所示 4 种不同相对磁导率的纳米晶带材，通过仿真和实际测试分析 4 种纳米晶带材对无人机无线充电系统磁耦合机构自感、互感、内阻以及系统输出功率、效率的影响，仿真及实际测试结果如图 2－18～图 2－20 所示。根据试验结果，选用相对磁导率为 5 000 的纳米晶带材作为接收线圈磁芯材料。

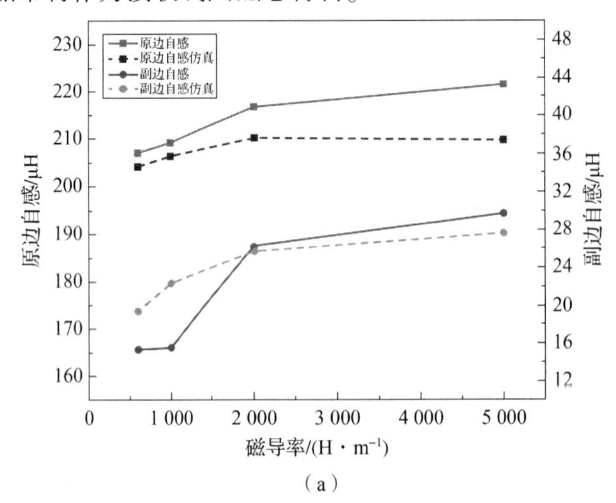

（a）

图 2－18 应用不同纳米晶带材料的仿真与实测结果

（a）原副边自感结果对比

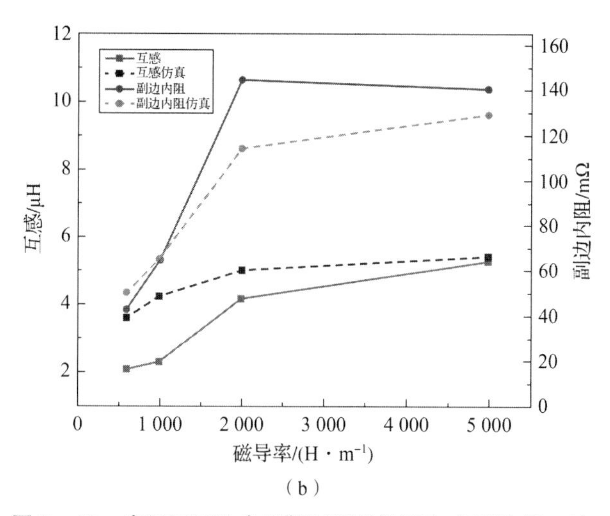

图 2 – 18　应用不同纳米晶带材料的仿真与实测结果（续）

（b）互感、内阻结果对比

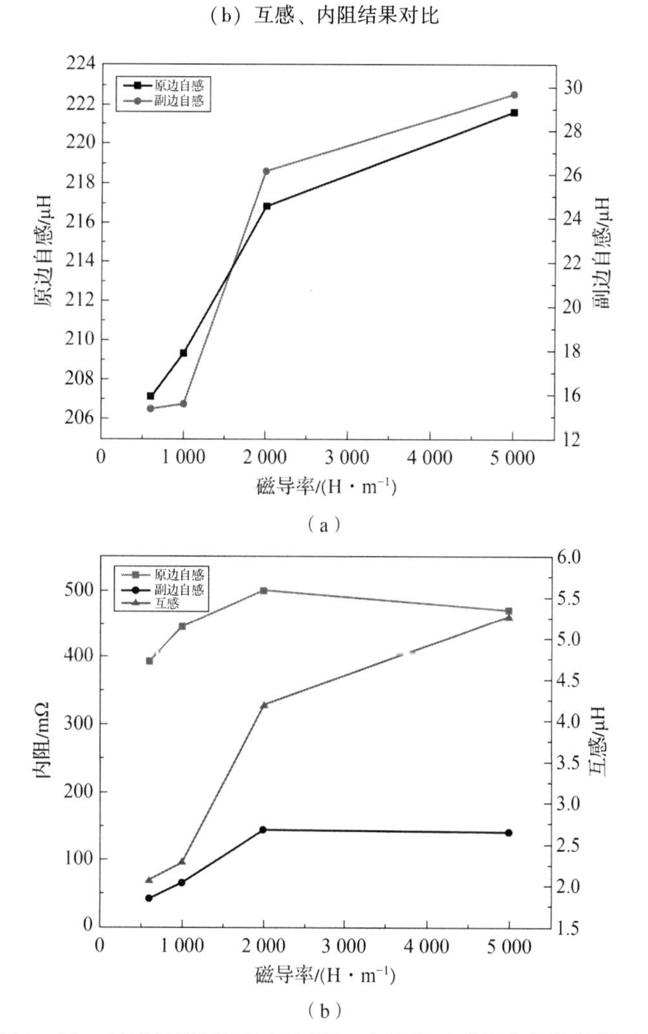

图 2 – 19　纳米晶带材不同磁导率、电导率对磁耦合机构的影响

（a）对原、副边自感的影响；（b）对原、副边内阻、互感的影响

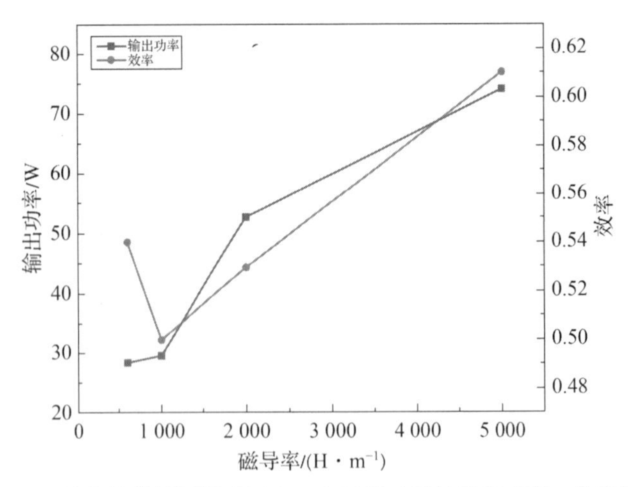

图 2-20　纳米晶带材不同磁导率、电导率对系统输出功率、效率的影响

2.1.4　轻量化接收线圈设计

将无人机无线充电系统接收线圈以螺线管的形式缠绕在无人机起落架上。与平面线圈相比，螺线管可以沿轴向绕制更多匝数，有利于系统接收端的共型化和轻量化。接收线圈通过内壁贴附的柔性铁基纳米晶软磁材料收集单极型发射线圈在近线圈位置产生的横向磁场。根据不同无人机的需求，选择 1～4 个螺线管组合以提高传输能力。所提出的磁耦合机构（4 个模块）如图 2-21 所示。

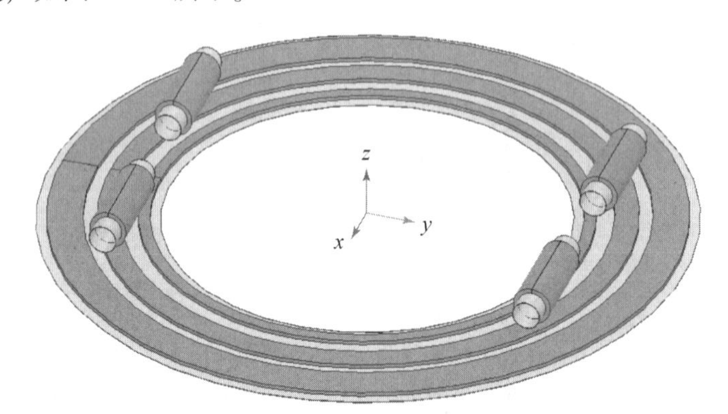

图 2-21　单极型-螺线管磁耦合机构

根据确定的磁耦合机构结构，基于分数阶粒子群算法，以磁耦合机构受能端质量、系统输出功率为优化目标，以系统效率为约束条件，以磁耦合机构各部分尺寸参数为自变量进行多目标优化，完成无人机无线充电系统轻量化接收线圈的设计及优化。

基本粒子群优化（Particle Swarm Optimization，PSO）算法是处理参数寻优问题的常用算法，但优化结果容易陷入局部最优。在此采用一种改进后的分数阶粒子群优化（Fractional PSO，FPSO）算法，该算法将粒子在多次迭代中的历史轨迹信息替代传统惯性权重，使粒子速度具有分数阶微分的记忆特性，以改善基本 PSO 算法的缺点。

在基本 PSO 算法中，对于某个 N 维目标空间，若有 M 个粒子进行搜索，$\boldsymbol{X}_i=(x_{i1}, x_{i2}, \cdots, x_{iN})$ 表示该粒子的速度矢量。将 $\boldsymbol{X}_i$ 代入目标函数计算得到的粒子适应度是参数寻优的依据。算法在第 t 次迭代时，该粒子位置的第 j 位的速度和位置如式（2－4）所示。其中，w 为惯性权重，影响粒子运动速度；c_1，c_2 为学习因子；r_1，r_2 为在［0，1］区间均匀分布的随机数；pbest 和 gbest 分别表示历史最优和全局最优位置。

$$\begin{cases} v(t+1)_{ij}=wv(t)_{ij}+c_1r_1(\text{pbest}_{ij}-x(t)_{ij})+c_2r_2(\text{gbest}_{ij}-x(t)_{ij}) \\ x(t+1)_{ij}=x(t)_{ij}+v(t+1)_{ij} \end{cases} \tag{2-4}$$

w 是影响算法收敛速度与精度的关键指标，为了提升运行速度，通常设置 w 使粒子初始速度很高，导致优化结果陷入局部最优。采用分数阶微分引入前代粒子速度信息，可使粒子根据是否接近全局最优区域自适应调节运行速度。相比于原有单惯性权重的基本 PSO 算法，FPSO 算法具有更高的收敛速度和更强的全局搜索能力。本书选择 α 阶 Grünwald－Letnikov 分数阶导数对传统惯性权重进行处理：

$$D^{\alpha}[x(t)]=\frac{1}{T^{\alpha}}\sum_{k=0}^{r}\frac{(-1)^k\Gamma(\alpha+1)x(t-kT)}{\Gamma(k+1)\Gamma(\alpha-k+1)} \tag{2-5}$$

为了提升 FPSO 算法的收敛性能，第 t 次迭代时 α 选择以下方式确定：

$$\alpha(t)=0.8-\frac{0.5t}{t_{\text{sum}}} \tag{2-6}$$

式中，t_{sum} 为总迭代次数。

在 FPSO 算法迭代过程中，存在最优粒子的选取问题。在单目标设计中，根据各粒子的目标函数计算其适应度即可获得最优粒子，但在多目标优化过程中，多个设计目标使最优粒子的选取相对困难，需采用多目标支配关系选取帕累托最优解集，在帕累托最优解集中随机选取最优粒子。帕累托支配关系如式（2－7）所示，式中，f_i 表示第 i 个目标函数。设 x_1 和 x_2 为两个设计结果，若 x_2 的所有目标函数值均不小于 x_1 的目标函数值，同时 x_2 的目标函数值中至少有一个大于 x_1 的目标函数值，则称 x_1 为非支配解，x_2 为支配解，所有非支配解组成的解集称为帕累托前沿。

$$\begin{cases} f_i(x_1)\leqslant f_i(x_2)\ \forall i \\ f_i(x_1)<f_i(x_2)\ \exists i \end{cases} \tag{2-7}$$

在进行多目标优化设计过程中，由于各设计目标可能存在相互冲突，所以可能并不存在多个目标完全最优的设计结果，但选择帕累托前沿的解可使设计方案实现多目标相对最优。

对所设计的磁耦合机构模型进行基于 FPSO 算法的多目标优化问题求解，算法初始化随机生成黑色粒子，通过回归模型预测各粒子的适应度并根据帕累托支配关系选择出非支配粒子，组成红色的帕累托前沿。随着迭代次数增加，部分黑色粒子满足帕累托支配关系而加入帕累托前沿，帕累托前沿的部分粒子也会被新的粒子支配，移出帕累托前沿。帕累托前沿粒子不断迭代，渐渐稳定，最终结果如图 2－22～图 2－24 所示。3 个优化目标的帕累托前沿呈曲面分布，在帕累托前沿选择设计参数，即可实现多个设计指标的相对最优。

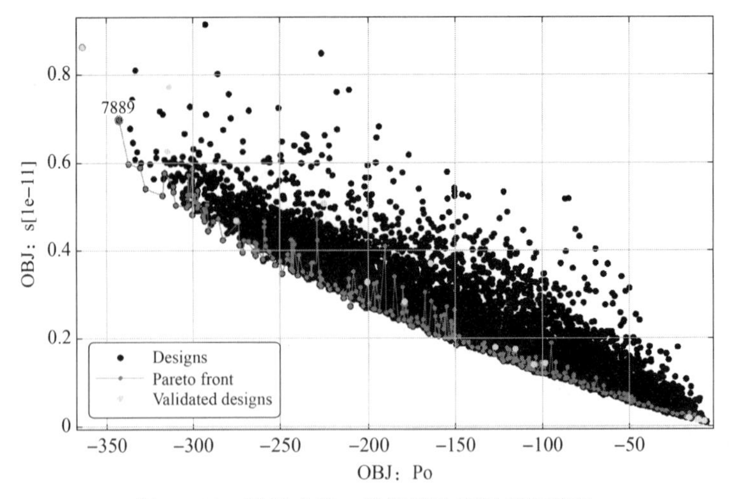

图 2-22 输出功率、抗偏移性能帕累托前沿

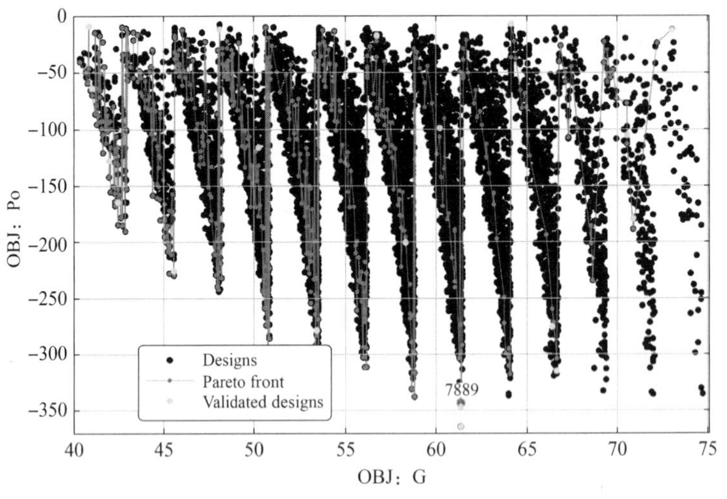

图 2-23 接收端质量、输出功率帕累托前沿

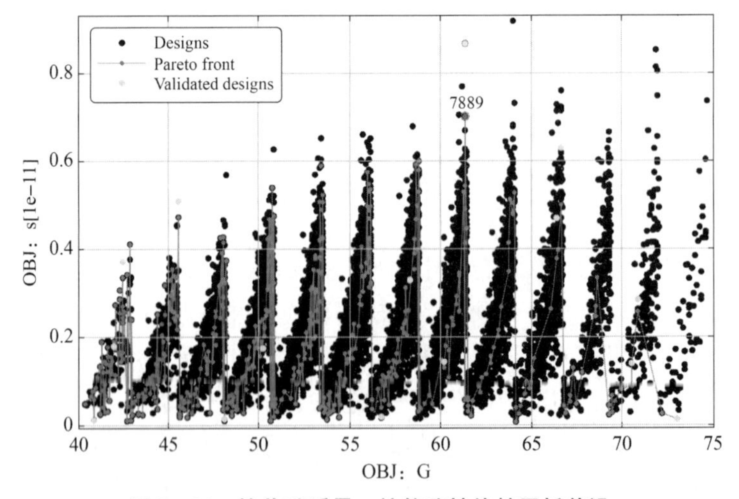

图 2-24 接收端质量、抗偏移性能帕累托前沿

所设计的无人机无线充电系统单模块接收线圈输出功率指标为75 W，在满足输出功率指标的情况下尽可能减小接收端质量、提高系统抗偏移性能。根据以上原则，留出一定的裕量，从帕累托前沿中选择一组参数作为设计结果，如表2-4所示。该组自变量得出的中间及输出变量值如表2-5所示。

表2-4　磁耦合机构设计参数

设计参数名称	值	设计参数名称	值
最外圈原边线圈外径/mm	179.5	最内圈原边线圈匝数	4
最外圈原边线圈匝数	11	原边磁芯与线圈宽度比	1.3
中间圈原边线圈外径/mm	130.5	副边线圈匝数	14
中间圈原边线圈匝数	6	副边磁芯长度/mm	60.5
最内圈原边线圈外径/mm	109	—	—

表2-5　磁耦合机构输出参数

设计参数名称	值	设计参数名称	值
原边自感/μH	275.49	副边自感/μH	15.04
原边内阻/mΩ	883.28	副边内阻/mΩ	76.60
正对位置互感/μH	6.54	x轴偏移-20 mm互感/μH	5.55
x轴偏移-10 mm互感/μH	5.96	x轴偏移10 mm互感/μH	7.07
x轴偏移20 mm互感/μH	7.56	y轴偏移-20 mm互感/μH	6.40
y轴偏移-10 mm互感/μH	6.42	y轴偏移10 mm互感/μH	6.75
y轴偏移20 mm互感/μH	7.20	接收端总质量/g	50.45
输出功率/W	79.95	—	—

2.1.5　磁耦合机构机械设计

2.1.5.1　模块化发射线圈机械设计

原边线圈由于摆放在方舱上，所以对于质量没有要求，ABS材料十分坚硬，具有抗冲击、耐划、尺寸稳定等特性，同时兼具了防潮、耐腐蚀、易加工等特性，故选用

ABS 材料加工原边线圈机械结构。该结构包含停机平台（顶盖）、线圈绕线层、补偿电容矩阵板、底壳。

2.1.5.2 共型化接收线圈机械设计

接收端需实现轻量化的目标。尼龙材料机械性能和物理性能良好，也具有良好的抗拉强度及延展度，并且质量较小，故采用尼龙材料 3D 打印制作副边线圈的支撑结构。设计接收端时，采用可拆卸的组合，以便快速安装到起落架上，也便于拆卸以维修更换。该结构包含上壳体、下壳体、接收线圈、纳米晶。

2.2 高频逆变电源设计

2.2.1 高频逆变电源整体结构设计

本节所设计的高可靠性高频逆变电源主要包括 H 桥、驱动电路、散热器、输入/输出滤波器、电压采样、电流采样、过压保护、过流保护、CAN 通信、主控制器、辅助电源等几部分内容，如图 2－25 所示。高频逆变电源的具体参数指标如表 2－6 所示。

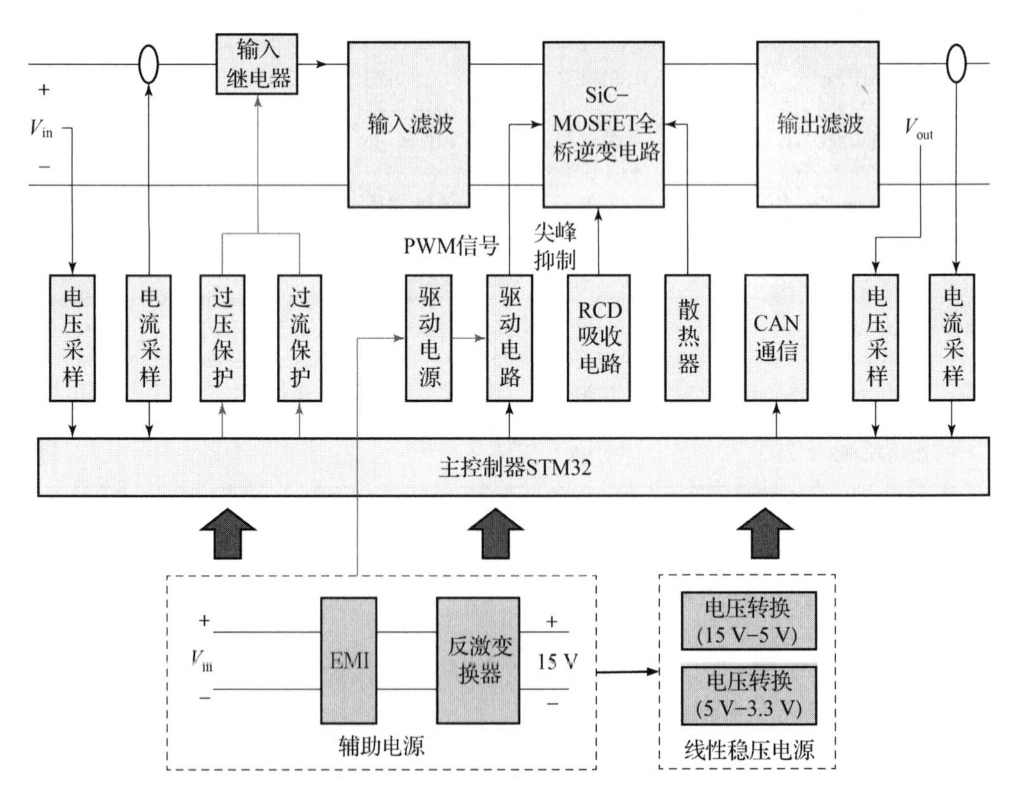

图 2－25 高可靠性高频逆变电源结构示意

表 2-6　参数指标

性能	指标
额定功率/kW	1
开关频率/kHz	50~100
输入电压/V	DC48~310
效率/%	≥97

2.2.2　功率与驱动电路设计

2.2.2.1　功率电路设计

高频逆变电源主电路仿真原理图如图 2-26 所示。

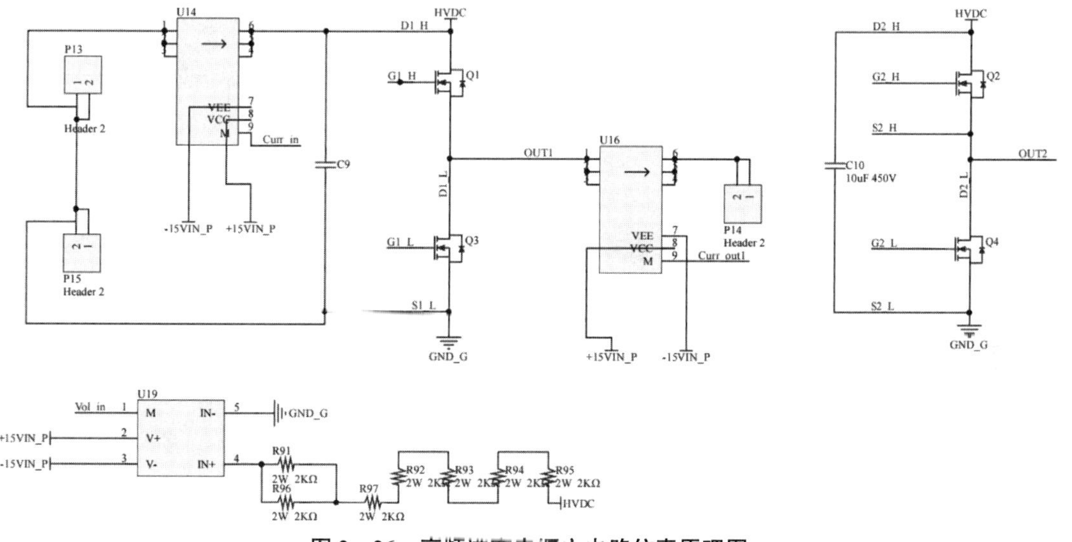

图 2-26　高频逆变电源土电路仿真原理图

考虑系统的效率、可靠性以及控制的便捷性，选用全桥逆变器作为逆变结构。全桥逆变器较其他结构具有输出可靠性高、控制灵活的优势。针对其开关损耗高的问题，拟采用目前较为成熟的软开关技术，并利用损耗更低的新型电力电子器件予以解决，进而提高系统的效率。

以单相全波整流电路的输出滤波电容计算经验公式 $R_L C \geqslant (3\sim5)\ T/2$ 为依据，计算全桥逆变器电解电容。全桥逆变器输出功率设计指标为 1 000 W，输入电压设计指标为最大 310 V，$I_{in}=\dfrac{P_{in}}{U_{in}}=2$ A，$R_L=\dfrac{U_{in}}{I_{in}}=75\ \Omega$，$T_{in}=\dfrac{1}{f}=0.02$ s，其中，U_{in}为整流输出即逆变输入电压，I_{in}为整流输出即逆变输入电流，T_{in}为输入的工频交流电周期。因此，$C>=\dfrac{5T_{in}}{2R_L}=$

6.67×10^{-4}。建议电解电容在 700 μF 以上。

以直流支撑电容的计算公式 $C>=\dfrac{P_{\text{in}}}{4\eta f_{\min}U(U_{\max}-U_{\min})}$为依据，计算全桥逆变器薄膜电容值。其中，$P_{\text{in}}$为直流母线即逆变输入最大功率，$f_{\min}$为逆变输出频率最小值，$U$，$U_{\max}$，$U_{\min}$逆变输入电压平均、最大、最小值。全桥逆变器电压范围（纹波）估计为 305～315 V，全桥逆变器效率 η 估计为 98%。因此，$C>=\dfrac{P_{\text{in}}}{4\eta f_{\min}U(U_{\max}-U_{\min})}=2.55\times10^{-6}$。建议使用 2.8 μF 以上的薄膜电容。

2.2.2.2 驱动电路设计

高频逆变电源驱动电路仿真原理图如图 2－27 所示。

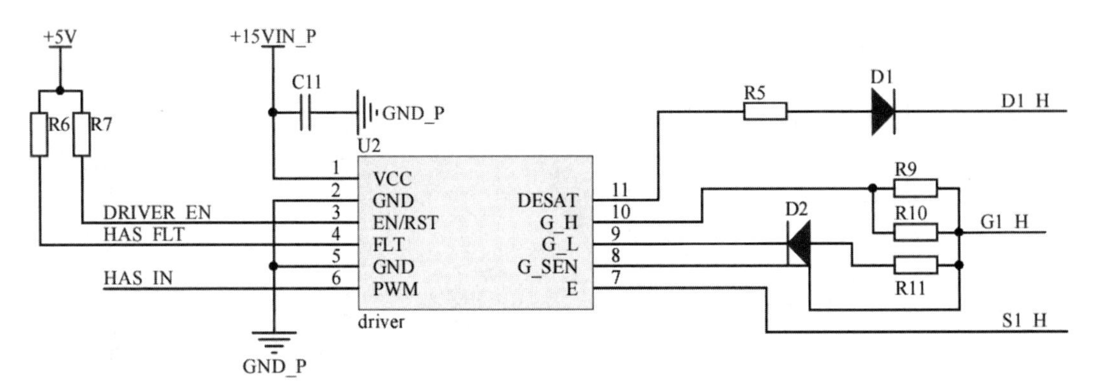

图 2－27 高频逆变电源驱动电路仿真原理图

选用芯片型号为 1EDI60N12AF 的驱动器，该驱动器可以在较大的电源电压范围内工作。使用双极电源时，驱动器通常在 VCC2 处的正电压为 12 V，在 GND2 处的负电压为 8 V。负供电有助于防止 MOSFET 的动态打开。驱动器输出供电电容位置的一般设计规则总是尽可能接近 IC 的供电引脚 VCC2 和 GND2。此外，电容器的值需要足够大，以限制电源开关打开期间的电压降。方程 $C=\dfrac{I_{\text{g}}\cdot T+Q_{\text{g}}}{\Delta V_{\text{cc}}}\cdot1.2$ 有助于计算该电容的一阶近似。其中，I_{g}为栅极驱动电源电流，T 为开关周期，Q_{g}为所选工作条件下的栅极总电荷，ΔV_{cc}为最大允许电压变化。额外的 20% 的余量涵盖了电容和栅电荷参数的典型公差。$C_{V_{\text{cc}}}=\dfrac{I_{\text{g}}\cdot T_{\max}+Q_{\text{g}}}{\Delta V_{\text{cc}}}\cdot1.2=4.28$ μF，$C_{\text{GND}}=\dfrac{I_{\text{g}}\cdot T_{\max}+Q_{\text{g}}}{\Delta V_{\text{cc}}}\cdot1.2=21.42$ μF。

2.2.2.3 高可靠性设计

首先进行高频逆变电源的损耗分析计算。MOSFET 的损耗主要为开关损耗 P_{sw}、导通损耗 P_{con}以及栅极驱动损耗 P_{g}。MOSFET 导通时，其相当于阻值较小的电阻，此电阻上的损耗称为导通损耗。MOSFET 的导通损耗最终以热能的形式散失。对于电力电子变换器中 MOSFET 的导通损耗，上、下两桥臂的两个 MOS 管 S_1、S_3不能同时导通，其导通损耗如式

(2-8)所示。

$$\begin{cases} P_{\text{conS}_1} = DI_{\text{D}}^2 R_{\text{DS}} \\ P_{\text{conS}_3} = (1-D) I_{\text{D}}^2 R_{\text{DS}} \end{cases} \tag{2-8}$$

MOSFET 开通与关断过程如图 2-28 所示，根据图中导通电流 I_{D} 与漏源电压 U_{DS} 重叠部分的面积可以得出单个 MOSFET 开关损耗计算公式。

$$P_{\text{sw-on}} = \frac{1}{T}\int_{t_1}^{t_3} u_{\text{DS}}(t)\, i_{\text{DS}}(t)\,\mathrm{d}t \approx \frac{1}{2} U_{\text{DS}} I_{\text{DS}} t_{\text{on}} f_{\text{s}} \tag{2-9}$$

$$P_{\text{sw-off}} = \frac{1}{T}\int_{t_4}^{t_6} u_{\text{DS}}(t)\, i_{\text{DS}}(t)\,\mathrm{d}t \approx \frac{1}{2} U_{\text{DS}} I_{\text{DS}} t_{\text{off}} f_{\text{s}} \tag{2-10}$$

$$P_{\text{sw}} = P_{\text{sw-on}} + P_{\text{sw-off}} = \frac{1}{2} U_{\text{DS}} I_{\text{D}} (t_{\text{on}} + t_{\text{off}}) f_{\text{s}} \tag{2-11}$$

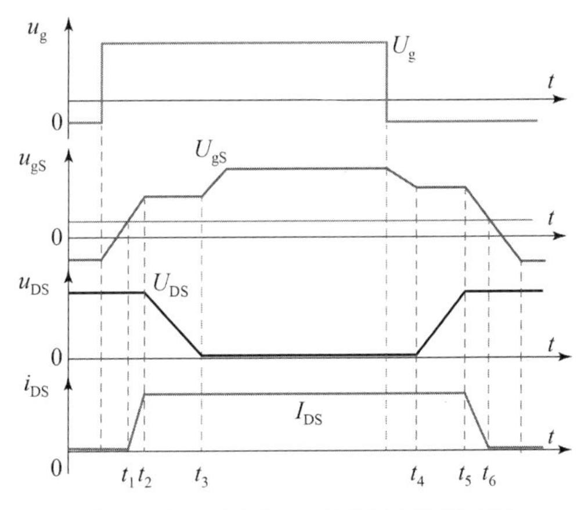

图 2-28 MOSFET 开通与关断过程

在 $0 \sim t_1$ 时间内，MOSFET 的导通电流 I_{D} 为 0，MOSFET 没有导通，因此不存在导通损耗和开关损耗。在这段时间内驱动器对 MOSFET 的栅极进行充电，此时的损耗称为 MOSFET 的栅极驱动损耗 P_{g}。MOSFET 的栅极驱动损耗 P_{g} 与自身栅极电荷 Q_{g} 有关，但 MOSFET 的 Q_{g} 较小，因此忽略 MOSFET 的栅极驱动损耗。

完成损耗分析计算后，使用电路仿真软件 Simplorer 和热场仿真软件 Icepak 对高频逆变电源进行联合电-热场仿真分析，考虑实际工况下热辐射、热对流、热传导的作用，验证其不同工作状态下的热可靠性，最终得到高频逆变电源的热平衡温度值。

2.2.3 控制与信号处理电路设计

2.2.3.1 控制电路设计

控制电路用来输出 PWM 控制信号，其实现方法主要分两类：专用 PWM 控制器架构，如 UCC3895、SG3525 等；数字处理器架构，如 DSP、微处理器等。专用 PWM 控制器架构的方案，电路实现相对容易，体积小、功耗低，但是功能较单一，扩展性较差。数字处理器架构的方案，电路相对复杂，需要编程实现，但是能够更加灵活地实现数据传输与处理、算法等，系统的稳定性和扩展性较好。考虑到系统需要算法实现以及数据处理等功能，只有数字处理器架构的方案满足要求。

主控单元选用意法半导体公司（ST）生产的 32 位增强型微处理器 STM32F405RGT6。该芯片基于 ARM CortexTM－M4 内核，经过内部 PLL 倍频最高工作频率 168 MHz，远远超过系统工作频率要求；单周期的乘法和硬件除法；64 KB 闪存程序存储器，满足系统数据处理的要求；2 个独立 12 位模数转换器（ADC）；1 μs 转换时间（16 个输入通道）；7 通道 DMA 控制器，满足系统快速采样要求。另外，该芯片有 64 个端口，支持定时器、SPI、I2C 和 USART 等外设，有丰富的可扩展性；内置丰富的硬件中断资源，具有较高的执行效率，使软件编程更加灵活高效。STM32F405RGT6 芯片的部分功能模块如图 2－29 所示。

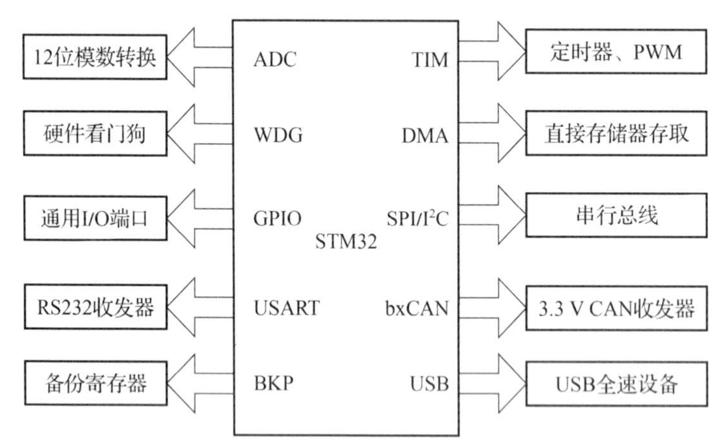

图 2－29 STM32F405RGT6 芯片的部分功能模块

由于系统最终要实现闭环控制，所以需要主、副控制器。主控制器实现的功能有 MOSFET 两路互补 PWM 信号，两路 ADC 采样，数据处理与分析，系统过压、过流信号检测与保护动作，与副控制器双向控制等。副控制器主要实现的功能有电池充电状态检测，与主控制器、上位机等双向通信等。

2.2.3.2 信号处理电路设计

当系统上电工作时，电压、电流较大，闭环控制系统的电流、电压信号只有通过信号检测电路的检测、调理、变换后控制器才能处理。系统设计的最终目标是实现对电池的恒压、恒流充电，因此负载侧需要对电池的充电电压、充电电流进行采样。当在充电过程中无人机移动等因素导致原级线圈与发射线圈发生偏移而使耦合系数、互感减小时，原级线圈内的电流会迅速增大，长时间运行会烧坏 MOSFET。同样，当缓冲电路参数不合理导致电压尖峰过大，超过 MOSFET 的耐压值时，也会使开关管损坏。因此，需要实时监测逆变输出的电压、电流，当出现过压、过流现象时及时处理。

综上所述，需要两路电压、电流电路，其中初级侧检测交流电压、交流电流信号；次级侧检测直流电压、直流电流信号。综合考虑测量量程与精度要求，最终选用基于霍尔磁补偿工作原理的电压、电流传感器，其具体参数如表 2－7 所示。

表 2－7　霍尔式电压、电流传感器参数

参数	电压传感器	电流传感器
测量范围	由测量电阻、匝数比决定	由测量电阻、匝数比决定
频率范围/kHz	0～500	0～500
反应时间/μS	10	<1
线性度/%	<0.1	<0.1
工作温度/℃	0～70	0～70

为了使单片机处理传感器信号，必须有信号转换电路。信号转换电路的作用有：将传感器信号变换到单片机 ADC 的采样范围（0～3.3 V）；测量交流信号时将传感器输出的交流信号经过直流偏置转换成直流信号。图 2－30 所示为传感器交流、直流信号转换仿真电路。

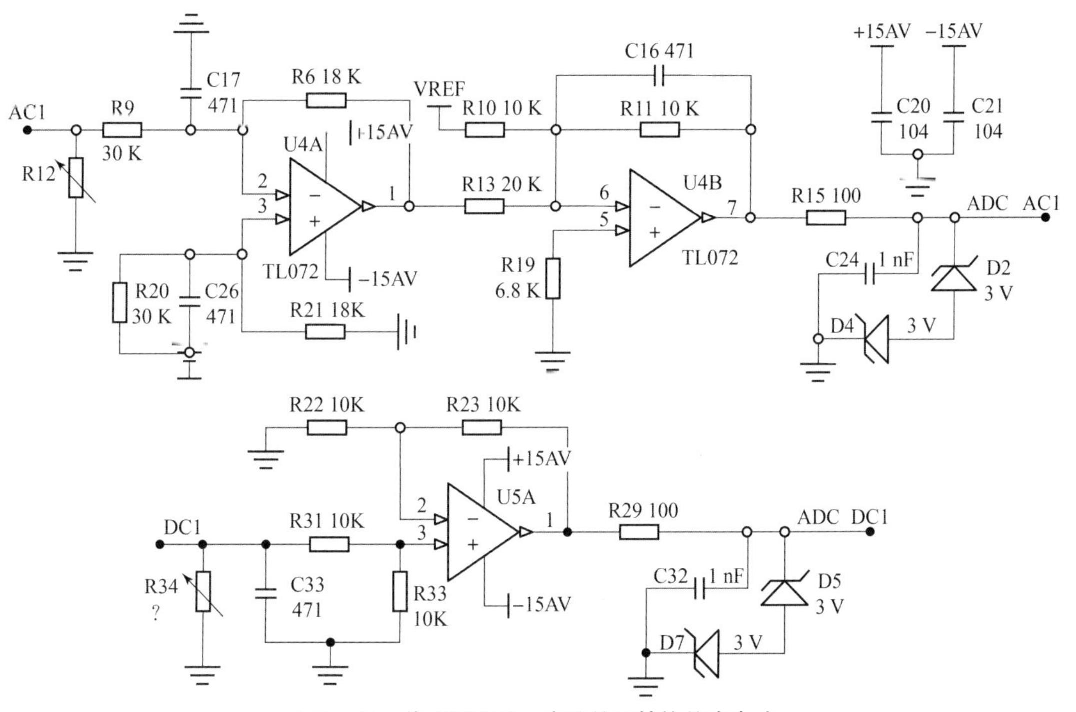

图 2－30　传感器交流、直流信号转换仿真电路

设计的高频逆变电源 PCB 3D 效果如图 2－31 所示。

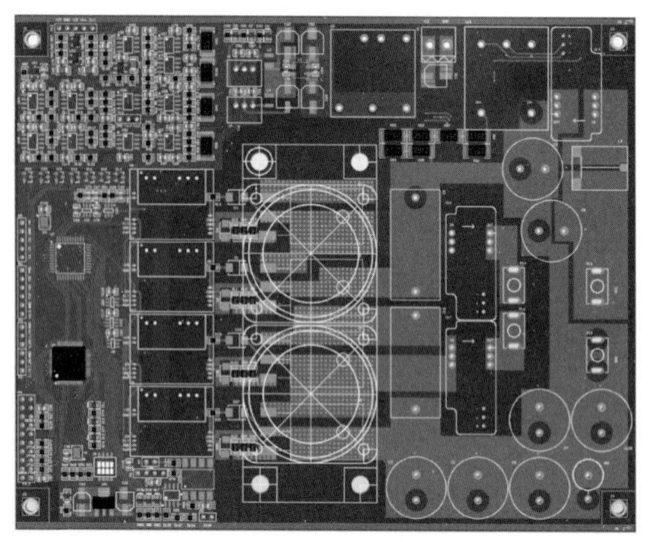

图 2－31 高频逆变电源 3D 效果

2.3 模块化接收端整流电路及补偿拓扑设计

无人机无线充电系统的发射端（原边）和接收端（副边）存在较大的气隙，漏感较大。补偿元器件的加入可以为电路提供无功功率，使电路处于谐振状态，从而降低损耗。通过选用不同的补偿电路，可以改进系统恒压或恒流输出特性、提高系统效率以及增强系统的稳定性等。接收端补偿结构的目的是提高输出功率。

接收端整流部分的作用主要是将磁耦合无线能量传输系统二次侧接收端的交流电转变为直流电并对其进行处理，实现对负载的直流充电。

2.3.1 模块化补偿拓扑设计

为了实现无人机无线充电系统接收端的模块化，补偿拓扑网络采用恒压输入、恒流输出的双边 LCC 结构。其中，每个模块对应的补偿拓扑结构如图 2－32 所示。图中，U_{in}为系统逆变器输出的高频交流电压，L_p为发射线圈自感，L_s为接收线圈自感，R_p为发射线圈内阻，R_s为接收线圈内阻，M 表示原、副边线圈之间的互感，R_o为系统输出的负载。

无人机无线充电系统中能量的有效传输主要依靠高频交流电的基波，倍频的谐波的传输能力很小，因此本系统中用电压电流的基波幅值表示其大小。利用互感耦合原理，将图 2－32 所示电路等效为图 2－33 所示电路，以进一步分析无人机无线充电系统的电场情况。在图 2－33 中，R_{eq1}，R_{eq2}，R_{eq3}，R_{eq4}为各个模块整流电路与负载的等效电阻（R_{eq2}与 R_{eq3}

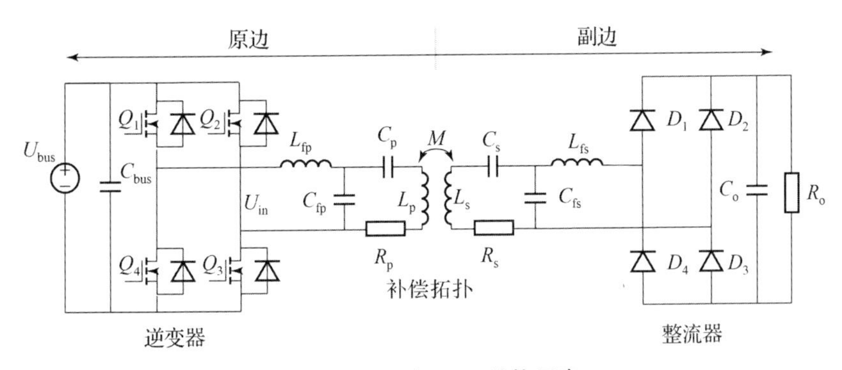

图 2－32　双边 LCC 结构示意

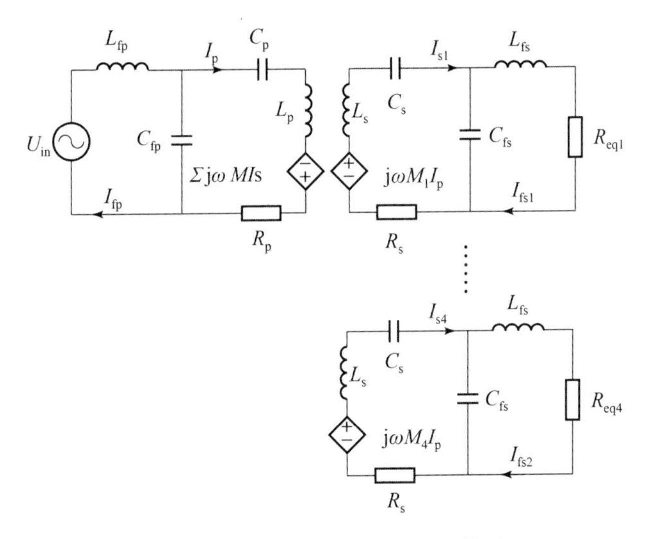

图 2－33　双边 LCC 等效电路模型

未显示）。以图 2－33 中所标方向为电流参考方向，对多个网孔列写基尔霍夫电压（KVL）方程，可以得到如下方程组［式（2－12）］，其中 U_o为系统输出电压。

$$
\begin{aligned}
U_{in} &= \left(j\omega L_{fp} + \frac{1}{j\omega C_{fp}}\right)I_{fp} - \frac{1}{j\omega C_{fp}}I_p \\
0 &= -\frac{1}{j\omega C_{fp}}I_{fp} + \left(\frac{1}{j\omega C_p} + j\omega L_p + \frac{1}{j\omega C_{fp}} + R_p\right)I_p \\
&\quad - j\omega M_1 I_{s1} - j\omega M_2 I_{s2} - j\omega M_3 I_{s3} - j\omega M_4 I_{s4} \\
0 &= -j\omega M_1 I_p + \left(\frac{1}{j\omega C_s} + \frac{1}{j\omega C_{fs}} + j\omega L_s + R_s\right)I_{s1} - \frac{1}{j\omega C_{fs}}I_{fs1} \\
-U_o &= -\frac{1}{j\omega C_{fs}}I_{s1} + \left(j\omega L_{fs} + \frac{1}{j\omega C_{fs}}\right)I_{fs1} \\
0 &= -j\omega M_2 I_p + \left(\frac{1}{j\omega C_s} + \frac{1}{j\omega C_{fs}} + j\omega L_s + R_s\right)I_{s2} - \frac{1}{j\omega C_{fs}}I_{fs2} \\
-U_o &= -\frac{1}{j\omega C_{fs}}I_{s2} + \left(j\omega L_{fs} + \frac{1}{j\omega C_{fs}}\right)I_{fs2}
\end{aligned}
\tag{2-12}
$$

$$0 = -j\omega M_3 I_p + \left(\frac{1}{j\omega C_s} + \frac{1}{j\omega C_{fs}} + j\omega L_s + R_s\right) I_{s3} - \frac{1}{j\omega C_{fs}} I_{fs3}$$

$$-U_o = -\frac{1}{j\omega C_{fs}} I_{s3} + \left(j\omega L_{fs} + \frac{1}{j\omega C_{fs}}\right) I_{fs3}$$

$$0 = -j\omega M_4 I_p + \left(\frac{1}{j\omega C_s} + \frac{1}{j\omega C_{fs}} + j\omega L_s + R_s\right) I_{s4} - \frac{1}{j\omega C_{fs}} I_{fs4}$$

$$-U_o = -\frac{1}{j\omega C_{fs}} I_{s4} + \left(j\omega L_{fs} + \frac{1}{j\omega C_{fs}}\right) I_{fs4}$$

在双边 LCC 补偿拓扑网络中，为了实现发射端、接收端之间的谐振匹配，补偿电容的大小应满足式（2－13）。

$$\omega = \frac{1}{\sqrt{L_{fp} C_{fp}}} = \frac{1}{\sqrt{L_{fs} C_{fs}}} = \frac{1}{\sqrt{(L_p - L_{fp}) C_p}} = \frac{1}{\sqrt{(L_s - L_{fs}) C_s}} \tag{2-13}$$

将式（2－13）代入式（2－12），可以得到 I_{fp}，I_p，I_{s1}，I_{fs1}，I_{s2}，I_{fs2}，I_{s3}，I_{fs3}，I_{s4}，I_{fs4}的值，如式（2－14）~式（2－20）所示。

$$I_{fp} = \frac{L_{fs} R_p U_{in} + j\omega L_{fp} U_o (M_1 + M_2 + M_3 + M_4)}{\omega^2 L_{fp}^2 L_{fs}} \tag{2-14}$$

$$I_p = -\frac{jU_{in}}{\omega L_{fp}} \tag{2-15}$$

$$I_{s1} = I_{s2} = I_{s3} = I_{s4} = \frac{jU_o}{\omega L_{fs}} \tag{2-16}$$

$$I_{fs1} = -\frac{L_{fp} R_s U_o + j\omega L_{fs} M_1 U_{in}}{\omega^2 L_{fp} L_{fs}^2} \tag{2-17}$$

$$I_{fs2} = -\frac{L_{fp} R_s U_o + j\omega L_{fs} M_2 U_{in}}{\omega^2 L_{fp} L_{fs}^2} \tag{2-18}$$

$$I_{fs3} = -\frac{L_{fp} R_s U_o + j\omega L_{fs} M_3 U_{in}}{\omega^2 L_{fp} L_{fs}^2} \tag{2-19}$$

$$I_{fs4} = -\frac{L_{fp} R_s U_o + j\omega L_{fs} M_4 U_{in}}{\omega^2 L_{fp} L_{fs}^2} \tag{2-20}$$

如图 2－33 所示，系统多个接收端模块整流后并联输出，因此存在如下关系式，其中 R_{eq}为整个系统电路的等效负载。

$$U_o = R_{eq}(I_{fs1} + I_{fs1} + I_{fs1} + I_{fs1}) \tag{2-21}$$

由式（2－16）~式（2－21）可以推导出 U_o的表达式如下：

$$U_o = -\frac{j\omega L_{fs} U_{in} R_{eq} (M_1 + M_2 + M_3 + M_4)}{L_{fp}(\omega^2 L_{fs}^2 + 4R_s R_{eq})} \tag{2-22}$$

将式（2－22）代入式（2－14）~式（2－20），可以得到用 R_{eq}表示的 I_{fp}，I_p，I_{s1}，I_{fs1}，I_{s2}，I_{fs2}，I_{s3}，I_{fs3}，I_{s4}，I_{fs4}，如式（2－23）~式（2－29）所示。

$$I_{\text{fp}}=\frac{R_{\text{p}}U_{\text{in}}(\omega^2L_{\text{fs}}^2+4R_{\text{s}}R_{\text{eq}})+\omega^2U_{\text{in}}R_{\text{eq}}(M_1+M_2+M_3+M_4)^2}{\omega^2L_{\text{fp}}^2(\omega^2L_{\text{fs}}^2+4R_{\text{s}}R_{\text{eq}})} \tag{2-23}$$

$$I_{\text{p}}=-\frac{\text{j}U_{\text{in}}}{\omega L_{\text{fp}}} \tag{2-24}$$

$$I_{\text{s1}}=I_{\text{s2}}=I_{\text{s3}}=I_{\text{s4}}=\frac{U_{\text{in}}R_{\text{eq}}(M_1+M_2+M_3+M_4)}{L_{\text{fp}}(\omega^2L_{\text{fs}}^2+4R_{\text{s}}R_{\text{eq}})} \tag{2-25}$$

$$I_{\text{fs1}}=-\frac{\text{j}U_{\text{in}}R_{\text{s}}R_{\text{eq}}(3M_1-M_2-M_3-M_4)+\text{j}\omega^2L_{\text{fs}}^2U_{\text{in}}M_1}{\omega L_{\text{fp}}L_{\text{fs}}(\omega^2L_{\text{fs}}^2+4R_{\text{s}}R_{\text{eq}})} \tag{2-26}$$

$$I_{\text{fs2}}=-\frac{\text{j}U_{\text{in}}R_{\text{s}}R_{\text{eq}}(-M_1+3M_2-M_3-M_4)+\text{j}\omega^2L_{\text{fs}}^2U_{\text{in}}M_2}{\omega L_{\text{fp}}L_{\text{fs}}(\omega^2L_{\text{fs}}^2+4R_{\text{s}}R_{\text{eq}})} \tag{2-27}$$

$$I_{\text{fs3}}=-\frac{\text{j}U_{\text{in}}R_{\text{s}}R_{\text{eq}}(-M_1-M_2+3M_3-M_4)+\text{j}\omega^2L_{\text{fs}}^2U_{\text{in}}M_3}{\omega L_{\text{fp}}L_{\text{fs}}(\omega^2L_{\text{fs}}^2+4R_{\text{s}}R_{\text{eq}})} \tag{2-28}$$

$$I_{\text{fs4}}=-\frac{\text{j}U_{\text{in}}R_{\text{s}}R_{\text{eq}}(-M_1-M_2-M_3+3M_4)+\text{j}\omega^2L_{\text{fs}}^2U_{\text{in}}M_4}{\omega L_{\text{fp}}L_{\text{fs}}(\omega^2L_{\text{fs}}^2+4R_{\text{s}}R_{\text{eq}})} \tag{2-29}$$

$$I_{\text{fs}}=I_{\text{fs1}}+I_{\text{fs2}}+I_{\text{fs3}}+I_{\text{fs4}}=-\frac{\text{j}\omega^2L_{\text{fs}}U_{\text{in}}(M_1+M_2+M_3+M_4)}{\omega L_{\text{fp}}(\omega^2L_{\text{fs}}^2+4R_{\text{s}}R_{\text{eq}})} \tag{2-30}$$

由式（2－14）~式（2－30）可以进一步得到系统输入功率、输出功率和传输效率的关系式如下。其中，P_{o1}，P_{o2}，P_{o3}，P_{o4}分别为系统 4 个模块的输出功率，$P_{4\text{o}}$为系统总的输出功率，η_4为系统的传输效率。

$$P_{\text{i}}=\frac{R_{\text{p}}U_{\text{in}}^2(\omega^2L_{\text{fs}}^2+4R_{\text{s}}R_{\text{eq}})+\omega^2U_{\text{in}}^2R_{\text{eq}}(M_1+M_2+M_3+M_4)^2}{\omega^2L_{\text{fp}}^2(\omega^2L_{\text{fs}}^2+4R_{\text{s}}R_{\text{eq}})} \tag{2-31}$$

$$P_{\text{o1}}=\frac{U_{\text{in}}^2R_{\text{eq}}(M_1+M_2+M_3+M_4)(3M_1R_{\text{s}}R_{\text{eq}}-M_2R_{\text{s}}R_{\text{eq}}-M_3R_{\text{s}}R_{\text{eq}}-M_4R_{\text{s}}R_{\text{eq}}+\omega^2L_{\text{fs}}^2M_1)}{L_{\text{fp}}^2(\omega^2L_{\text{fs}}^2+4R_{\text{s}}R_{\text{eq}})^2} \tag{2-32}$$

$$P_{\text{o2}}=\frac{U_{\text{in}}^2R_{\text{eq}}(M_1+M_2+M_3+M_4)(-M_1R_{\text{s}}R_{\text{eq}}+3M_2R_{\text{s}}R_{\text{eq}}-M_3R_{\text{s}}R_{\text{eq}}-M_4R_{\text{s}}R_{\text{eq}}+\omega^2L_{\text{fs}}^2M_2)}{L_{\text{fp}}^2(\omega^2L_{\text{fs}}^2+4R_{\text{s}}R_{\text{eq}})^2} \tag{2-33}$$

$$P_{\text{o3}}=\frac{U_{\text{in}}^2R_{\text{eq}}(M_1+M_2+M_3+M_4)(-M_1R_{\text{s}}R_{\text{eq}}-M_2R_{\text{s}}R_{\text{eq}}+3M_3R_{\text{s}}R_{\text{eq}}-M_4R_{\text{s}}R_{\text{eq}}+\omega^2L_{\text{fs}}^2M_3)}{L_{\text{fp}}^2(\omega^2L_{\text{fs}}^2+4R_{\text{s}}R_{\text{eq}})^2} \tag{2-34}$$

$$P_{\text{o4}}=\frac{U_{\text{in}}^2R_{\text{eq}}(M_1+M_2+M_3+M_4)(-M_1R_{\text{s}}R_{\text{eq}}-M_2R_{\text{s}}R_{\text{eq}}-M_3R_{\text{s}}R_{\text{eq}}+3M_4R_{\text{s}}R_{\text{eq}}+\omega^2L_{\text{fs}}^2M_4)}{L_{\text{fp}}^2(\omega^2L_{\text{fs}}^2+4R_{\text{s}}R_{\text{eq}})^2} \tag{2-35}$$

$$P_{4\text{o}}=\frac{\omega^2L_{\text{fs}}^2U_{\text{in}}^2R_{\text{eq}}(M_1+M_2+M_3+M_4)^2}{L_{\text{fp}}^2(\omega^2L_{\text{fs}}^2+4R_{\text{s}}R_{\text{eq}})^2} \tag{2-36}$$

$$\eta_4 = \frac{P_o}{P_i} = \frac{\omega^4 L_{fs}^2 R_{eq}(M_1 + M_2 + M_3 + M_4)^2}{(\omega^2 L_{fs}^2 + 4R_s R_{eq})[\omega^2 L_{fs}^2 R_p + 4R_s R_p R_{eq} + \omega^2 R_{eq}(M_1 + M_2 + M_3 + M_4)^2]} \tag{2-37}$$

当系统 4 个模块与发射线圈之间的互感相等 $M_1 = M_2 = M_3 = M_4$，即无人机处于正对位置时，系统输出功率及效率表达式如下：

$$P_{4o} = \frac{16\omega^2 L_{fs}^2 U_{in}^2 R_{eq} M^2}{L_{fp}^2 (\omega^2 L_{fs}^2 + 4R_s R_{eq})^2} \tag{2-38}$$

$$\eta_4 = \frac{P_o}{P_i} = \frac{16\omega^4 L_{fs}^2 R_{eq} M^2}{(\omega^2 L_{fs}^2 + 4R_s R_{eq})[\omega^2 L_{fs}^2 R_p + 4R_s R_p R_{eq} + 16\omega^2 R_{eq} M^2]} \tag{2-39}$$

用同样的方法推导出两模块、单模块系统的能效特性表达式如下：

$$P_{2o} = \frac{\omega^2 L_{fs}^2 U_{in}^2 R_{eq}(M_1 + M_2)^2}{L_{fp}^2 (\omega^2 L_{fs}^2 + 2R_s R_{eq})^2} \tag{2-40}$$

$$\eta_2 = \frac{P_o}{P_i} = \frac{\omega^4 L_{fs}^2 R_{eq}(M_1 + M_2)^2}{(\omega^2 L_{fs}^2 + 2R_s R_{eq})[\omega^2 L_{fs}^2 R_p + 2R_s R_p R_{eq} + \omega^2 R_{eq}(M_1 + M_2)^2]} \tag{2-41}$$

$$P_{1o} = \frac{\omega^2 L_{fs}^2 U_{in}^2 R_{eq} M^2}{L_{fp}^2 (\omega^2 L_{fs}^2 + R_s R_{eq})^2} \tag{2-42}$$

$$\eta_1 = \frac{P_o}{P_i} = \frac{\omega^4 L_{fs}^2 R_{eq} M^2}{(\omega^2 L_{fs}^2 + R_s R_{eq})[\omega^2 L_{fs}^2 R_p + R_s R_p R_{eq} + \omega^2 R_{eq} M^2]} \tag{2-43}$$

2.3.2 模块化接收端整流电路设计

2.3.2.1 功能要求与技术指标

为突破轻量化接收系统、可重构模块化、高操作便利性等关键技术，研制出模块化供电与轻量化接收装置，提升磁耦合无线能量传输的应用效率。对接收端有以下功能要求与技术指标。

（1）整流电路质量≤250 g；

（2）输出电压可扩展，满足 4 s、6 s、12 s 电池充电要求；

（3）功率可扩展，满足 30 W、150 W、300 W 功率要求；

（4）充电保护：电路输出具有恒压/恒流充电功能；

（5）整流桥效率为 95%。

2.3.2.2 接收端整流电路设计

接收端整流电路仿真原理图如图 2－34 所示。综合考虑系统效率与功率要求，同时为了减小副边体积与质量，最终采用不控整流实现 AC/DC 转换。选用的器件型号为肖特基功率二极管，其单管的工作电流为 10 A，反向承压为 100 V，满足输出电压与电流的要求，也满足系统效率要求。

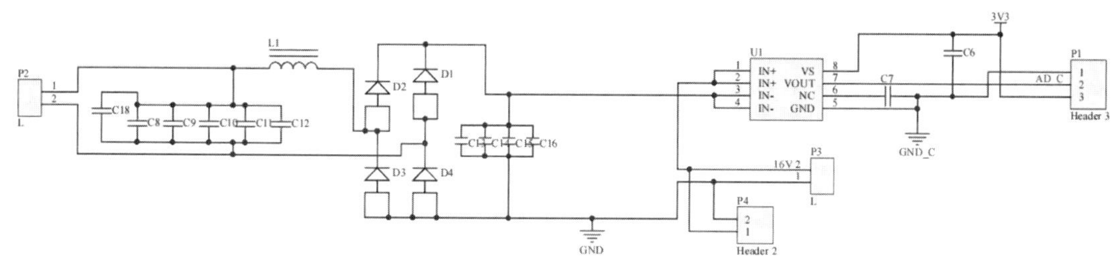

图 2－34　接收端整流电路仿真原理图

对接收端整流电路部分及补偿拓扑部分进行模块化一体设计，提高功率密度，满足系统轻量化需求，无须额外的外置补偿电感和补偿电容，大幅减小了接收端体积。同时，为省去散热器，采用铝基板 PCB 代替传统的 FR－4 PCB，铝基板采用铝基材料作为导热和机械支撑部分，其上覆盖一层绝缘层和铜箔层。铜箔层经过化学蚀刻形成电路图案，从而实现电气连接。铝基板的导热性能显著，可有效地散去肖特基二极管发出的热量，提高肖特基二极管的工作稳定性。铝基板原理示意如图 2－35 所示。最终设计的模块一体化整流电路 PCB 如图 2－36 所示。

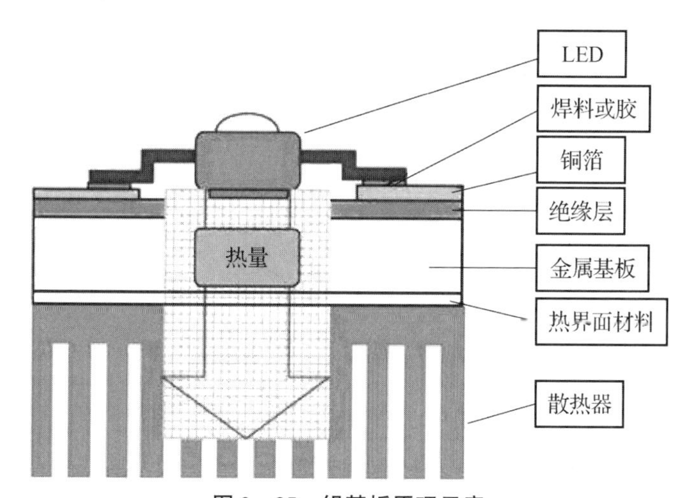

图 2－35　铝基板原理示意

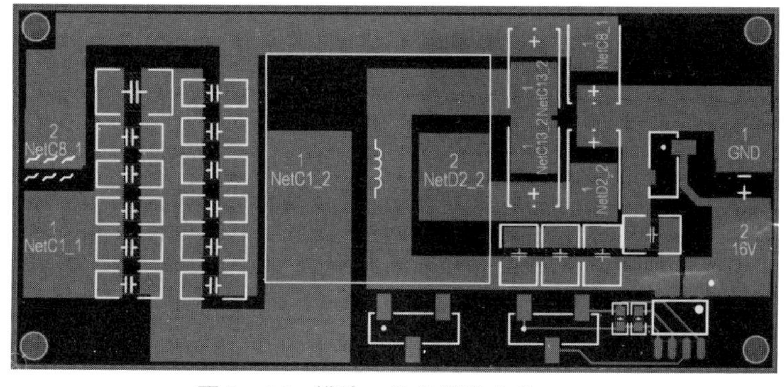

图 2－36　模块一体化整流电路 PCB

2.3.2.3 接收端控制电路设计

由于副边要求实现过压与过流保护，所以需要引入一块 MCU 进行信号的处理和控制。由于设计轻量化要求及接收端体积限制，采用 STM8S103 芯片作为主控芯片，其基于专有 16 MHz 内核，具有全套定时器、端口（UART、SPI、I2C）、10 位 ADC、内部和外部时钟控制系统、看门狗、自动唤醒单元和集成式单线调试模块。供电通过 TPS54202 实现电池电压 16 V 转 5 V。采用芯片自带的 ADC 和外加的信号调理电路采集电池充电电压，同时采用霍尔传感器 TMCS1108A4BQDR 进行电池充电电流的实时监控，以及采用 Wi－Fi 模块 USR－216 实时发送采集到的充电信息。接收端控制电路 PCB 如图 2－37 所示。

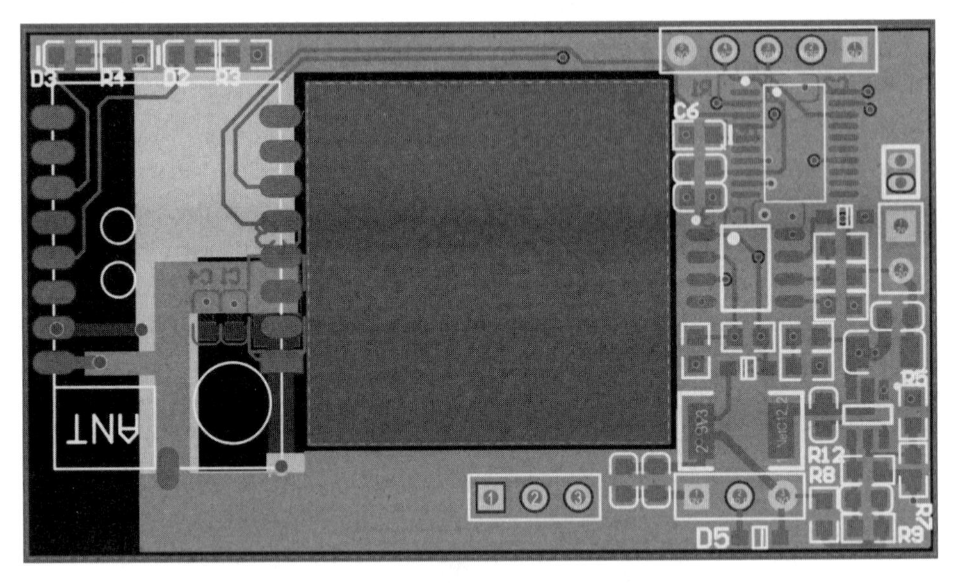

图 2－37 接收端控制电路 PCB

2.3.3 模块化系统抗偏移控制策略

在实际工作过程中，当无人机无线充电系统磁耦合机构的位置发生偏移时，会导致原、副边线圈之间的互感，线圈的自感、内阻随之变化，同时系统补偿拓扑网络的各电感、电容保持不变，从而导致系统输出功率、效率降低。采用扰动观测的方法，控制系统的直流输入电压及工作频率，以满足系统输出功率、效率的要求。

为了保证系统在偏移情况下仍能达到效率的最高值，即工作在最优效率点的同时满足输出功率的要求，采集系统输入/输出端口的功率以计算效率，运用扰动观测的方法调整系统直流输入电压及工作频率，确保系统在满足输出功率要求的基础上工作在效率最高点。扰动观测的方法复杂度较低，对系统控制器的计算能力要求不高，较适合轻量化的设备，因此选择该方法作为系统抗偏移控制策略。

当无人机降落后，无线充电系统接收端与发射线圈之间的偏移距离固定不变时，系统效率随工作频率变化的特征曲线有且仅有一个极大值点，即最优效率点，这种特性为运用扰动观测的方法搜索该无线充电系统的最优效率点提供了理论依据。扰动观测方法的基本思想是以特定的步长改变系统的参数，比较目标系统输出特性的变化以实现最优搜索，其主要采用步进搜索的思想。图 2－38 所示为通过扰动观测的方法寻找最优效率点示意。

当以特定步长提高系统工作频率时，若此时对应的系统效率高于原效率，则表明当前无线充电系统的工作点位于最优效率点的左侧，施加扰动的方向正确，此时控制器应当继续以特定步长提高系统的工作频率，如图 2－38 中的 B 方向；当以特定步长降低系统工作频率时，此时对应的系统效率低于原效率，表明当前工作点位于最优效率点的右侧，此时控制器应当保持降低频率的扰动方向，如图 2－38 中的 C 方向。当提高系统工作频率对应的效率低于原效率，或者系统工作频率对应的效率高于原效率时，如图 2－38 中的 A 和 D 方向，说明当前系统工作点刚刚越过了最优效率点，此时控制器应该立刻停止对频率的扰动，回到上一次扰动后的工作频率，使系统在满足输出功率要求的情况下稳定运行在该工作频率。

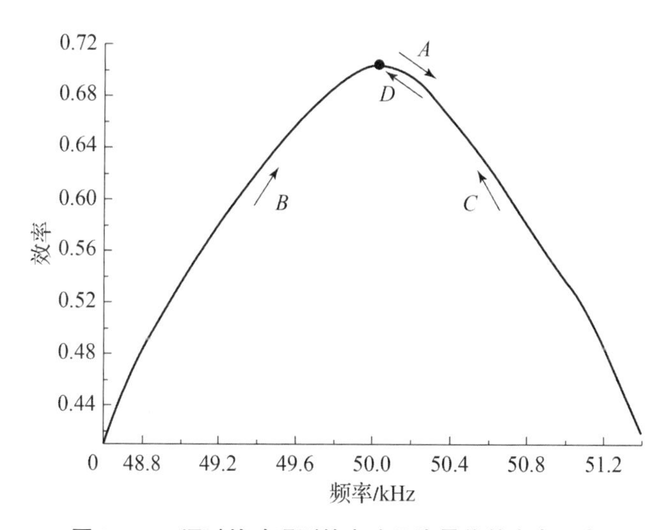

图 2－38　通过扰动观测的方法寻找最优效率点示意

在本系统中扰动观测控制流程图如图 2－39 所示。首先应调整系统直流输入电压以保证输出功率满足要求，其次对系统工作频率施加一次扰动，检测系统效率的变化方向，根据本次扰动效率的变化趋势确定下一次对频率施加扰动的方向。每进行下一次扰动前，升高或降低直流输入电压以保持输出功率在每次频率扰动后仍满足要求。不断重复上述过程，使系统输出功率不变的同时逐步向最优效率点方向逼近。当频率扰动方向不变而效率变化趋势相反时，即系统到达最优效率点附近，回到上一次扰动后的工作频率，调整直流输入电压保证输出功率满足要求后，不再改变输入电压及频率，系统稳定工作在最优效率点。

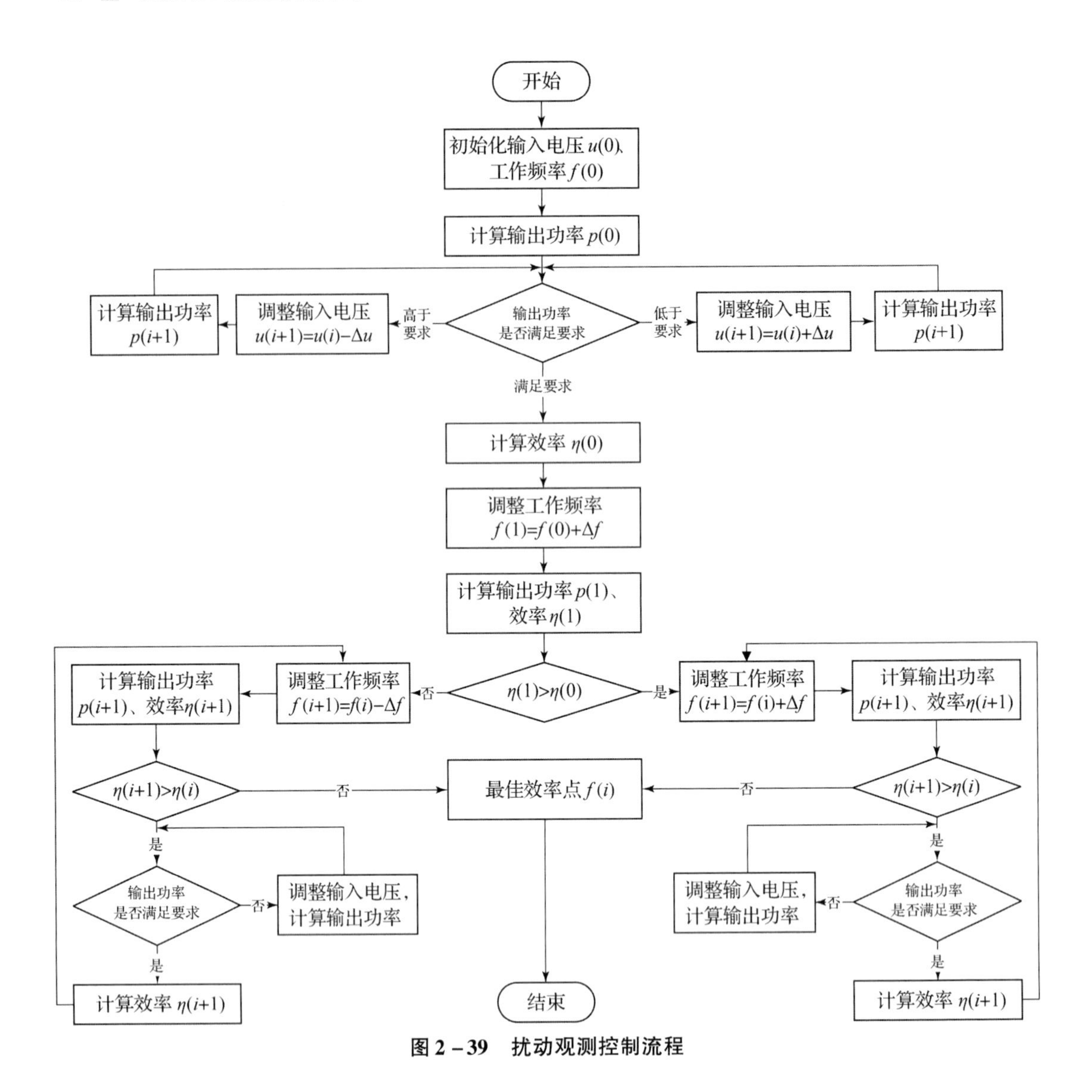

图 2－39　扰动观测控制流程

2.4　系统辅助功能设计

2.4.1　电磁兼容设计

基于磁耦合无线能量传输理论（静态、周围无干扰），综合考虑金属环境与共振系统相互作用、接收端位移对系统的影响，建立金属环境影响下、考虑收发端相对位移的能量非接触传输系统的数学模型和仿真模型。

拟采用高磁导率纳米晶软磁材料设计磁芯和屏蔽体，实现能量交换磁场的空间约束，为减小系统周围金属环境对能量传输性能的影响，对能量交换磁场的空间分布状态进行调整和约束。在线圈外围增设高磁导率、高电阻率屏蔽体，强制改变磁路分布，降低金属导体中的磁场强度，降低系统涡流损耗；在线圈内部适当位置放置一定尺寸和结构的高磁导率磁芯，以有效提高收发端耦合程度，提高共振系统能量传输性能。通过磁路仿真和大量试验，总结屏蔽体及磁芯材料选取、结构和尺寸设计、布设位置等对减小金属环境影响的效果，阐明电磁兼容设计原则。

通过 Ansys Maxwell 有限元仿真软件对设计的耦合机构进行电磁兼容仿真验证，耦合机构磁感应强度分布如 2 – 40 所示，可知机身周围的磁感应强度≤20 μT。

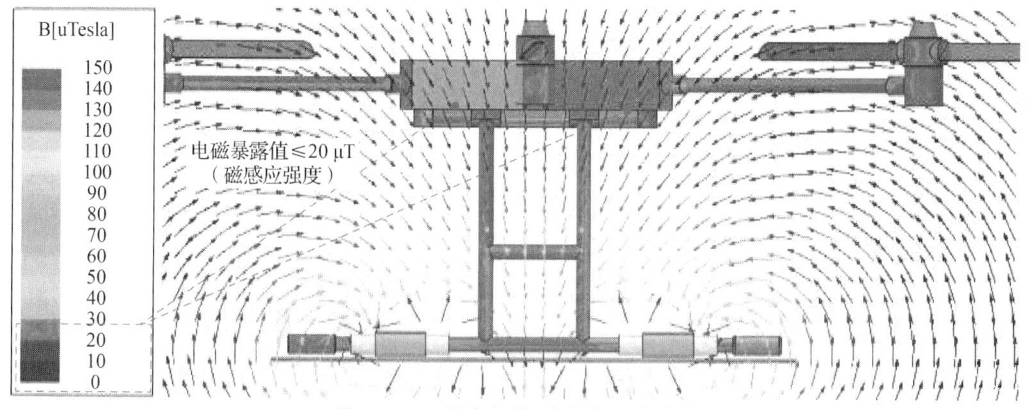

图 2 – 40　耦合机构磁感应强度分布

2.4.2　可视化充电信息管理设计

使用 LabView 编写无人机集群供电平台可视化上位机界面，进行充电信息管理，可视化上位机界面如图 2 – 41 所示。发射端、接收端实时采集电池电压、电流、电量、充电功

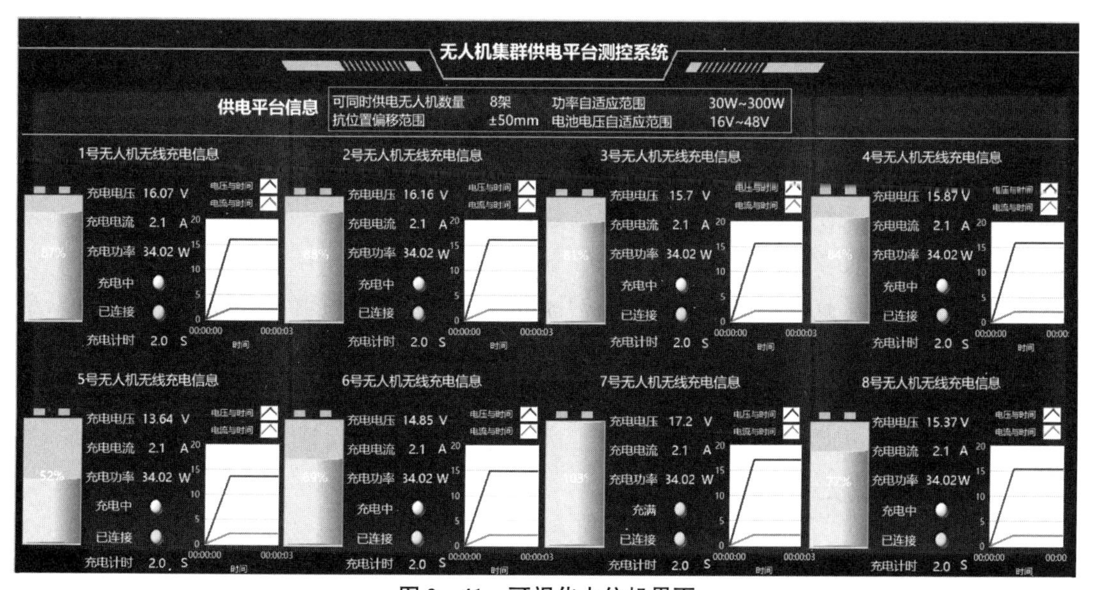

图 2 – 41　可视化上位机界面

率、充电时间等充电信息，通过 Wi－Fi 组网通信，发送到上位机，可实时观察最多 8 架无人机的充电信息。

原边的信息传输网络主要包括逆变电源与原边控制器的信息传输，其中逆变电源主要以模拟或数字信号作为数据传输媒介；副边的信息传输网络主要包括控制器与方舱总控主机和整流模块间的信息传输，与方舱总控主机间借助 Wi－Fi 完成信息传输，与整流模块间主要借助 AD/DA 传输信息。原、副边信息传递网络如图 2－42 所示。

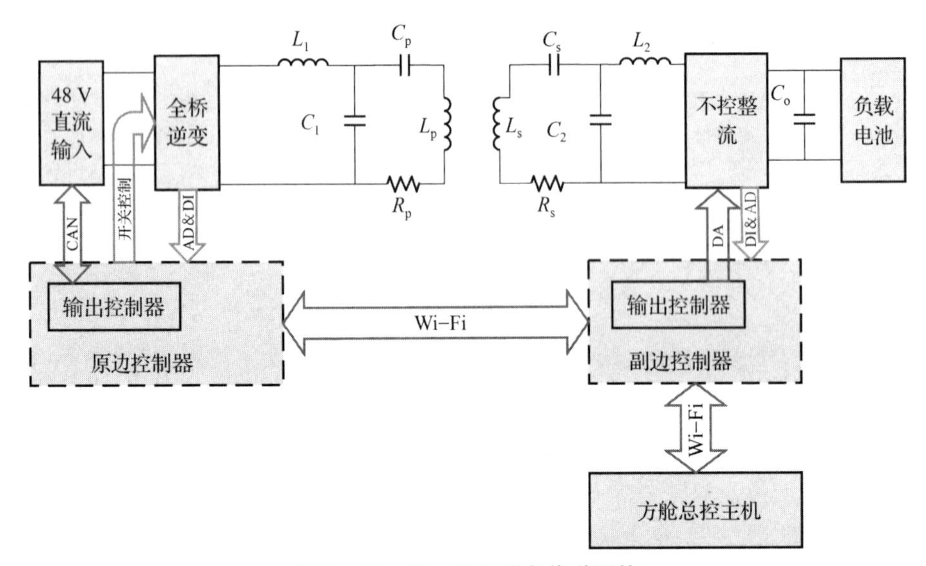

图 2－42　原、副边信息传递网络

2.4.3　系统高质量设计

2.4.3.1　元器件和原材料的选择与控制

电路设计采用了现有成熟技术和元器件。无线供电和电气信号传输装置的相关技术已经在其他功能类似的装备中应用，在装置研制过程中，可以吸取已装备产品设计过程中的经验，并通过与相关使用人员沟通，考察已装备的类似产品在使用现场的可靠性指标，以提高本产品的可靠性。

设计人员对研制技术要求中的可靠性指标进行合理分配，明确各电路、各部件，以至各元器件的可靠性指标，并将其作为元器件采购的指导。

设备的元器件均使用全国产化军品级别的元器件，无军品级别的元器件均使用规格参数最高级的替代，并且所有元器件均进行二次筛选，从源头上保证元器件的可靠性。

2.4.3.2　硬件冗余设计

在满足使用要求的前提下，设计尽可能采用成熟技术，使产品的结构和组成均得到简化，从而提高产品的可靠性。在结构简化方面，在设计中尽量采用一体化的结构形式，减少组装的级别与螺钉连接；在组成简化方面，尽可能地减少产品的功能单元，减少元器件的数量。采用降额设计方式，在满足设计技术指标要求的前提下，通过合理的降额设计措施提高产品的可靠性。在产品研制过程中采用排错设计和容错设计，将可能出现的不稳定状态、临界状态等不确定状态通过硬件和软件设计排除，杜绝其对系统可靠性的影响。

2.4.3.3 维修性设计

在模块化供电与轻量化接收装置的技术方案论证初期，已充分考虑了装置维修的可达性，对装置的维修性进行设计。在装置的研制阶段，设计人员通过做如下工作，确保装置的可维修性。

（1）采用标准功能模块，同类模块性能指标一致，可以互换。维修时只需要更换故障模块，充分考虑模块拆卸的方便性。

（2）维修性设计充分考虑装置维修安全性和识别标记。在各个电路模块上均有显著的元器件编号标志，以方便寻找与更换。

（3）对各个模块均制定了《模块测试大纲》，提高了模块的测试性，加强模块的测试手段，保障在使用和维修中能及时、正确地提供测试数据，确定各个模块的技术状态。

（4）各个模块的维修均需要断电进行，因此不仅充分考虑了维修人员的安全、方便，同时兼顾整个系统的使用安全。

（5）设备结构以设计合理为原则，连接器布置合理，电缆布线规范，便于使用与维修。

2.4.3.4 测试性设计

在无线供电和电气信号传输装置的技术方案论证初期，已经充分考虑产品的测试性。在模块产品的研制阶段，设计人员通过做如下工作，确保各个模块的可测试性。

（1）设计测试程序，测试测序配合相应的测试电路，可以对所有模块的相关功能进行自动测试，从而确保模块的方便、灵活使用。

（2）制定测试性指导性大纲，作为指导性文件，详细规定了在产品研制过程中与测试性有关的问题。

（3）制定测试性分析步骤，一是收集测试性分析所需的原始数据；二是对该原始数据进行分析，三是根据数据分析结果给出测试结果。

2.4.3.5 环境适应性设计

无人机无线充电系统将长期处于交变的温度场中，高低温交变对磁耦合机构和电路系统的影响主要取决于上、下限温度的持续时间以及变化的速率和次数。在高低温交变的作用下，系统效率和性能会降低，甚至失效。主要元器件的材料在高低温交变的情况下会产生不同的热胀冷缩，导致性能发生改变。

因此，对高低温交变环境下的无线充电系统，应采取相应的冗余设计和防护措施，主要包括：主功率电路的冗余与可靠性设计、控制电路的冗余设计，以及发射与接收线圈的高可靠性设计。

在进行系统设计时，尽可能采用耐高低温交变的材料和元器件。当温度变化较大时，系统主要部件材料要尽量相同，以保证线膨胀系数相同。采用导热系数较大的材料，以减小整个系统中不同部件的温差，保证热变形相同。同时，部件之间应保留足够的膨胀间隙。进行系统设计时应充分考虑极端温度下的强度及刚度变化，以保证强度、刚度满足要求。通过在地面上对系统进行温度梯度试验，对其可靠性进行验证。

2.5 技术突破

1. 便携性及可快速拆装能力

本章所设计的模块化地面供电装置可阵列扩展到方舱上，亦可单模块正常工作，机载接收装置可根据无人机不同无线充电功率需求以多模块扩展适配。

供电装置采用模块化设计，可灵活携带，便携性强。单模块采用扁平化设计，减小收纳所需空间，利于堆叠。传统无线充电系统接线复杂，螺钉等零件较多，布置系统耗时长。为提高组装无线充电系统的效率，缩短维修更换部件的时间，在接收装置中设计了共型化快速拆装方式，大幅提高了接收装置拆卸安装的操作便利性。

2. 高可靠性实现

针对无线充电系统的可靠性问题，进行了电路可靠性设计理论和实践相结合的分析计算，根据分析计算的结果，选择参数指标，保证电路设计的可靠性。在选择电子器件时，充分考虑保留电气裕量。在 PCB 设计中，充分考虑屏蔽、接地、布线、抗电磁脉冲加固技术等。考虑了多种温度环境下系统的全工况，进行电磁热多物理场仿真以考验发射与接收装置的稳定可靠性。

3. 电磁兼容设计

针对无人机的独特结构提出的共型化无线充电磁耦合机构具有优异的电磁兼容性能，在设计时已利用数值计算软件和有限元分析软件，基于所建立的系统数学模型和仿真模型，完成对磁感应强度的仿真分析，并在线圈中采用了专门的屏蔽措施，以满足电磁兼容要求，同时在发射装置和接收装置信息传输的通信设计中也充分考虑了电磁兼容性。

4. 高功率密度轻量化实现

发射端将复合补偿拓扑与发射线圈磁集成，取代传统分离放置的补偿电感，提供了发射端的功率密度与空间利用率。接收端的接收线圈采用轻薄柔性纳米晶带材代替质量较大的锰锌铁氧体磁芯，大幅减小了质量，实现了轻量化。接收端电路实施集成一体化设计，补偿拓扑全部以贴片形式集成到整流滤波电路板上，质量和体积可缩减 50%，PCB 材质采用铝基板代替加装散热器，进一步提高了功率密度。

5. 模块化地面发射端与机载接收端实现

无人机集群中使用的无人机数量及型号差异大，一对一充电模式需要大量冗余电力电子设备，占用过多的地面资源，不利于无人机批量充电。设计了可用于发射端多模块并联稳定工作的高阶补偿拓扑，提出了将地面发射端与机载接收端各个部分全部模块化的设计方案，以满足不同型号、不同数量无人机的无线充电需求。

第3章 一对多无线能量传输技术

在无人机的多型号、高功率质量比、大传输距离范围、高效传输等要求下，本章针对无人机高效磁耦合一对多无线充电技术，研究适用于一对多高效无线供电平台的功率变换拓扑结构，设计合理的平台架构和控制策略，提高功率变换效率、稳定性及可靠性，进而开展磁耦合一对多充电技术、接收线圈与无人机共型化设计技术等研究，建立补偿网络电路模型与耦合线圈磁场模型，探索补偿网络拓扑选择和耦合线圈参数设计等在抗偏移能力、一对多高效充电能力等方面的影响趋势，设计高效近距能量传输供电平台的耦合机构；最终，针对近场无线能量传输系统的电磁兼容和传能需求，研究电磁屏蔽结构参数与系统电磁场之间的关系，分析无线能量传输系统电磁场对典型应用设备的作用途径，明确设备性能参数在无线能量传输系统电磁场影响下的变化情况，提出设备的安全防护措施，并进行设备的电磁兼容性设计，保证系统安全，为提高无人集群能源保障效率提供技术基础。

3.1 功率变换拓扑结构及高效控制

目前国内外文献中尚未出现无人机一对多无线充电系统的相关设计，因此，针对平台同时停靠多架无人机进行无线充电时面临的传输功率、效率、数量自适应需求，本节在传统的一对一无线充电的基础上研究适用于一对多高效无线供电平台的功率变换和谐振补偿的拓扑结构，提高系统功率密度与传输效率。

3.1.1 功率变换拓扑结构设计

在传统的无线充电系统中，原边设备的高频电能变换环节主要担负着为产生功率磁场的线圈提供稳定高频电流的任务，即将50 Hz工频交流电源或者直流电，经过变换电路变换后给功率磁场传能线圈提供高频正弦波电流。作为系统高频电磁能转换的关键环节，该部分的工作效率、稳定性及可靠性直接决定整个系统的工作性能。在一般大功率应用中，对该环节主要有以下要求。

（1）为了保证稳定功率传输，输出给发射线圈的励磁电流的频率及幅值应保持恒定，同时对负载变化及参数漂移具有鲁棒稳定性。

（2）为了提高系统的整体效率及可靠性，该能量变换部分的损耗、电压（电流）瞬变率应控制在很低的水平。

（3）为了减小电磁场激励线圈集肤损耗及对环境的电磁干扰，输出高频电流应是具有较低波形畸变度的正弦波电流。

一般情况下，输入为交流的高频电力电子变换电路有AC－DC－AC变换电路和AC－AC直接变换电路，其中，基于AC－DC－AC变换电路的磁耦合电能传输系统结构如图3－1所示。交流电经过整流和直流大电容C_1滤波后变成直流电；该直流电经过DC－DC变换器和C_2后进行输入电压调节以满足负载要求；调节后输出的直流电经过高频逆变环节变换成高频交流电；通过磁耦合，实现了能量向副边拾取机构的非接触传输；拾取机构获取的能量再通过整流、直流电容C_3滤波、直流变换环节DC－DC变换器和C_4后，实现能量向用电设备的适量传输。

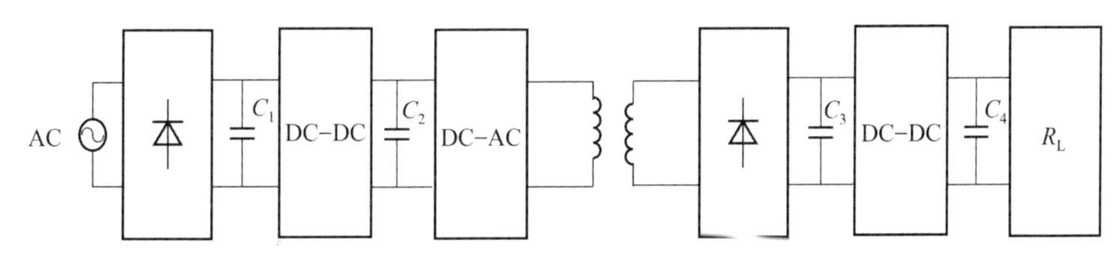

图3－1　基于AC－DC－AC变换电路的磁耦合电能传输系统结构

直流环节的滤波电容C_1~C_4的存在会导致系统体积大、价格高、电容寿命有限等，而且初级回路和次级回路DC－DC变换器的存在不但增加了电路成本、体积，而且降低了系统的整体效率。另外，由于电容C_1的存在，所以需要增加软启动电路，从而增加了变换器的体积、成本和控制难度。考虑实际输入和无线充电系统所需要的输出特性，拟通过图3－2所示的功率变换拓扑实现不同传能距离、不同功率等级的无人机无线充电。

3.1.2　功率流控制策略优化

无人机近距无线供电平台需要对平台内的多个能量发射模块进行功率控制，并在各模块的工作过程中监控工作电压、电流、频率等参数以保证系统安全及无人机无线充电的全功率段功率流控制。传统无线充电拓扑采用有无线通信的双边控制方案实现最高效率控制和电池充电控制，其中，电池充电控制采用副边电池电压或电池电流或电池功率闭环控制方式。在此无人机端通过平衡充实现电池充电控制，因此无线供电平台的一对多无线充电控制策略只需要考虑无线充电部分即可。

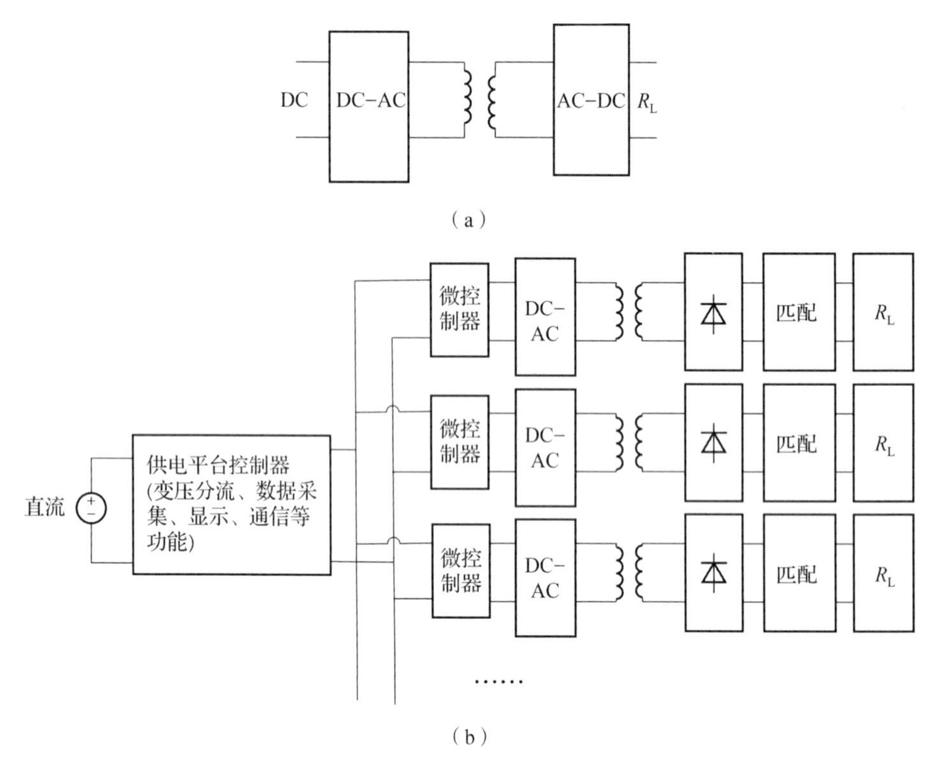

图 3－2 无人机一对多无线充电系统功率变换拓扑

（a）单模块；（b）系统级

无人机无线充电系统作为一种电源，需要向负载提供所需的功率，一般体现为恒定的输出电压，同时应实现尽可能高的效率。然而，开环的磁耦合无线充电系统的输出电压和效率严重依赖系统参数。在所有系统参数中，耦合系数与传输距离相关，负载电阻与输出功率相关，二者都由实际应用场景决定，既不能在设计系统时预知，也无法在系统运行时保持始终恒定。因此，无人机无线充电系统需要解决参数变化时的优化控制问题。优化控制有两个目标，一是保持输出电压恒定，二是实现最高效率。

当耦合系数和负载电阻变化时，可引入闭环控制以保持系统输出电压恒定。依据所使用控制量的不同，磁耦合无线充电系统至少包括 4 种能够连续调节输出电压的闭环控制策略：调频控制、调压控制、移相控制、占空比控制。

3.1.2.1 调频控制

调频控制可以细分为降频调压和升频调压两种方式。降频调压结构如图 3－3 所示。

控制器将输出电流 I_{out} 作为反馈信号，将工作频率 F_s 作为控制量，并在 0 至 f_{lpk} 的范围内调整 F_s，这里 f_{lpk} 是低频侧的电压增益峰值频率。输出电流 I_{out} 与系统输出电压 V_{out} 成线性关系，因此电压增益 V_{out}/V_{in} 是 F_s 的单增函数，效率也随 F_s 变化。考虑到谐振网络的阻抗特性，降低工作频率 F_s 可能不满足开关管的零电压开通条件，但可满足零电流关断条件。

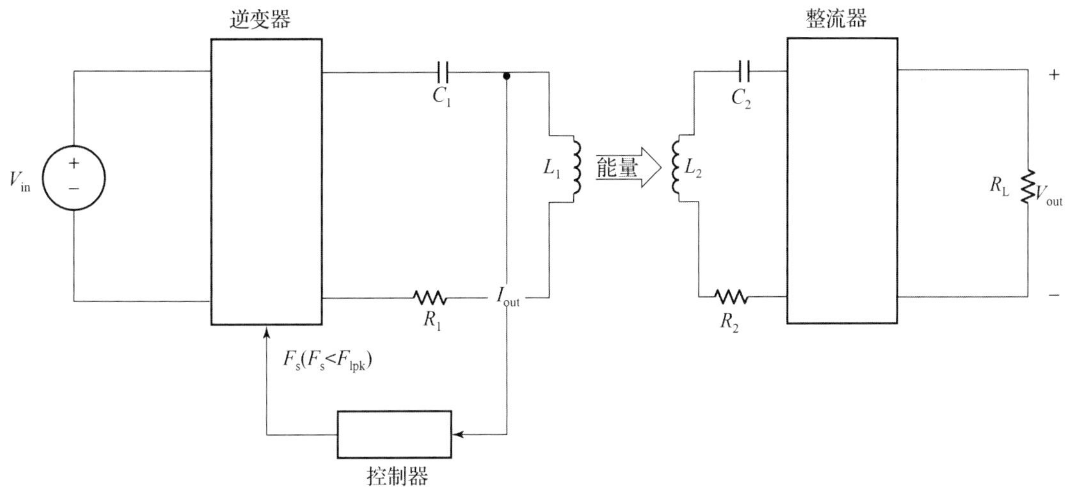

图 3－3　降频调压结构

升频调压结构如图 3－4 所示。

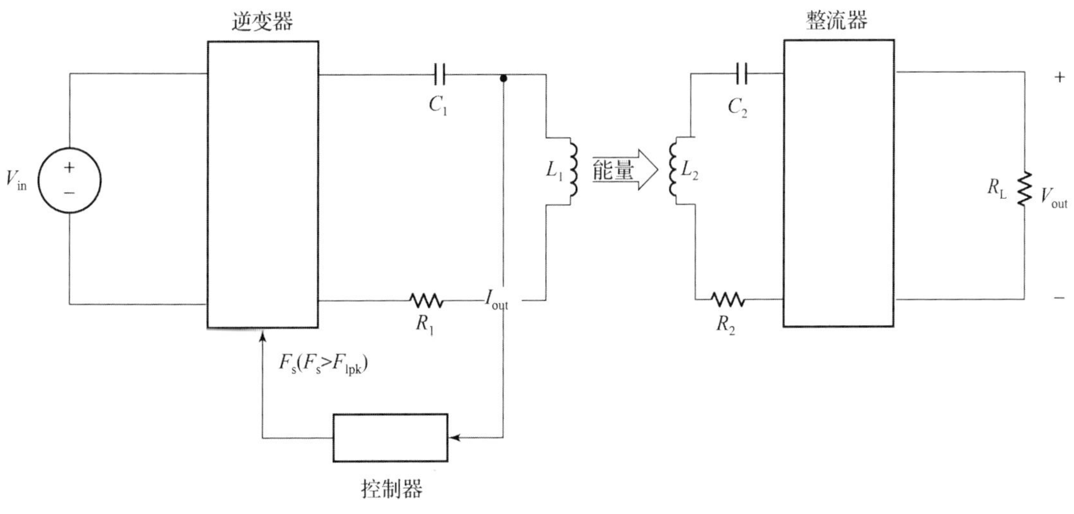

图 3－4　升频调压结构

控制器将输出电压 V_{out} 作为反馈信号，将工作频率 F_s 作为控制量，并在 f_{lpk} 至无穷（理论上）的范围内调整 F_s，这里 f_{lpk} 是高频侧的电压增益峰值频率。输出电流 I_{out} 与系统输出电压 V_{out} 成线性关系，因此电压增益 V_{out}/V_{in} 是 F_s 的单减函数，效率也随 F_s 变化。考虑到谐振网络的阻抗特性，提高工作频率 F_s 可能不满足开关管的零电流关断条件，但可满足零电压开通条件。

3.1.2.2　调压控制

图 3－5 所示为使用调压控制的闭环系统，该系统增加了前级直流变压单元（忽略其损耗），控制器将输出电流 I_{out} 作为反馈信号，将前级直流变比 $K_1 = V_1/V_{in}$ 作为控制量，输出电流 I_{out} 与系统输出电压 V_{out} 成线性关系，此时系统输出电压 V_{out} 与 K_1 成正比，而效率与 K_1 无关。

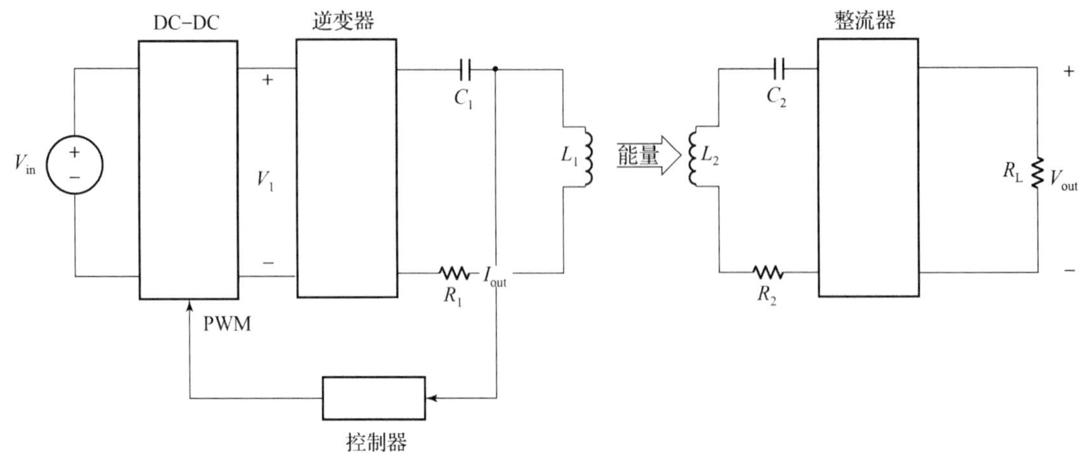

图 3－5 调压控制结构

3.1.2.3 移相控制

图 3－6 所示为使用移相控制的闭环系统。该系统中每个桥臂的两个开关管 180°互补导通，两个桥臂的导通角相差一个相位，即移相角，通过调节移相角的大小来调节输出电压，超前桥臂的驱动信号分别超前于滞后桥臂一个相位。该系统利用全桥逆变器超前桥臂与滞后桥臂的相位差来调节后级整流器的输出电压，将输出电流 I_{out} 作为反馈信号，将前级逆变器超前滞后桥臂相位差 P_s 作为控制量，输出电流 I_{out} 与系统输出电压 V_{out} 成线性关系，此时系统输出电压 V_{out} 与 P_s 成反比，而与效率无关。

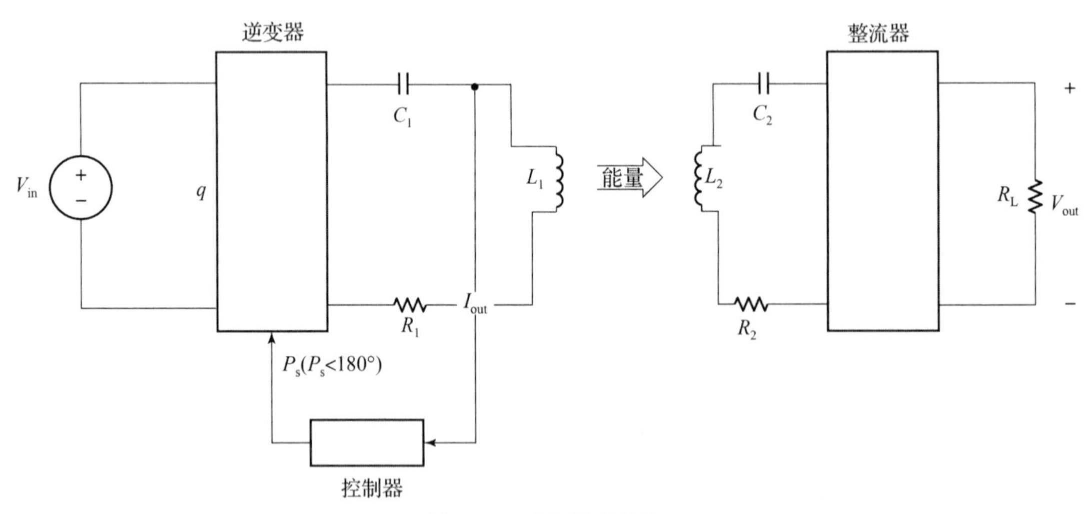

图 3－6 移相控制结构

3.1.2.4 占空比控制

图 3－7 所示为使用占空比控制的闭环系统。该系统利用全桥逆变器对称桥臂的占空比 D（Duty Ratio）来调节后级整流器的输出电压，控制器将输出电流 I_{out} 作为反馈信号，

将前级全桥逆变器超对称桥臂占空比 D 作为控制量，输出电流 I_{out} 与系统输出电压 V_{out} 成线性关系，此时系统输出电压 V_{out} 与 D 成正比，与效率无关。

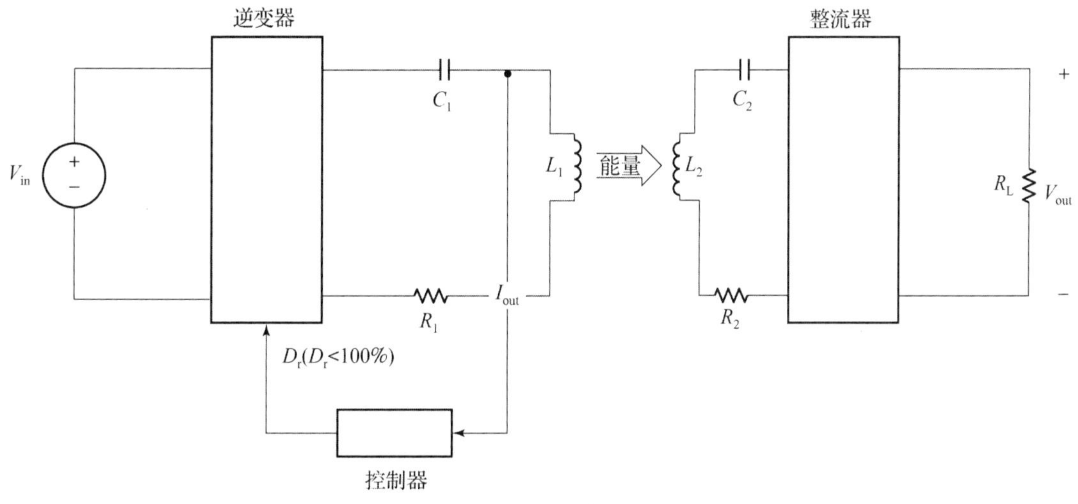

图 3－7　占空比控制结构

3.1.2.5　总结

无人机无线充电相对静止，快速响应来自耦合系数与负载的双重变化所引起的系统输出的波动，因此拟采用调压控制电流的策略，使无线供电平台的不同模块可以实现较好的互操作性并保证系统的传输效率。

3.1.3　小结

本节在传统的无线供电功率变换拓扑的基础上研究适用于一对多高效无线供电平台的功率变换拓扑结构，提高系统功率密度与传输效率。结合无线供电平台发射端和接收端的互操作和传能需求，研究了适用于一对多无线供电平台的高效控制策略。

3.2　磁耦合机构设计与发射线圈优化

本节针对具体的磁耦合机构进行设计并优化以实现高效、可互操作的无线充电；研究谐振补偿与发射线圈的结构形式、设计参数、耦合系数，建立电路模型和电磁场模型，开展电路仿真和电磁场仿真，优化近距能量传输供电平台的耦合机构；分析线圈的面积、匝数、形状、相对位置等因素对耦合机构的耦合系数以及互感的影响，研究一对多无线充电技术。

3.2.1 供电平台多发射线圈设计

在近场无线供电平台的建设与应用中，往往有多台待充电无人机需要同时快速补充电能，而一对多近场无线充电系统的构建能够为这类充电需求提供多种解决方案，不仅克服了有线电能传输的缺陷，避免了有线充电方式中各类端口不通用与充电线束的限制，还能够同时为多个设备提供能量补给，使充电设备无须物理接触即可充电。

为了实现无线供电平台对多个设备同时充电的需要，初级线圈的尺寸通常大于接收线圈的尺寸，以容纳多个待充电设备。对于初级线圈的设计，可采用的方案包括单个发射线圈设计或者多发射线圈设计，不同方案各有优、缺点。

3.2.1.1 产生均匀磁场的发射线圈结构设计

在单个发射端对应多个接收端的场景中，为了使待充电设备的充电效率不因摆放位置的不同而不同，发射端的发射线圈应尽可能保证磁感应强度均匀分布。利用电流面密度分布公式将发射线圈分做各段并离散化，求取产生均匀磁场的单个发射线圈的结构，如图3－8 所示。

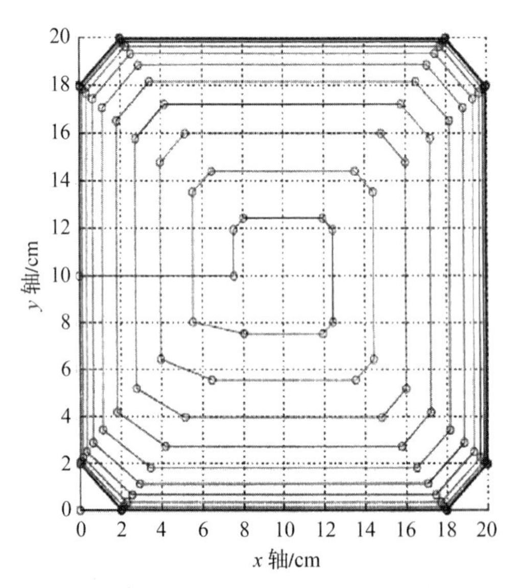

图 3－8 单个发射线圈无线供电平台发射线圈结构

3.2.1.2 发射线圈内多并联线圈的无线供电平台

在单个发射线圈的无线供电平台结构设计中，如果使用单个极大的发射线圈，则需要使用更多匝数以实现磁场的均匀分布，而这会增加线圈的自感系数，减小了谐振的串联电容，从而导致系统受关键元件，如电感、电容的参数变化影响较为严重，在生产和使用中参数偏移可能导致耦合效率低下，传能效率低。因此，可以使用多个发射线圈串并联的方式解决这个问题（图 3－9），在减小单个发射线圈自感的同时，多个发射线圈并联的方式能够保证足够的充电区域。

图3-9　多发射线圈并联无线供电平台发射线圈结构

但在多个发射线圈并联的情况下，由于线圈边缘电流密度分布无穷大，这种电流分布会在电流圆盘的边缘外侧产生很大的反向的磁感应强度轴向分量，影响放置在此位置周围的设备或其他线圈，边缘外侧很大的反向磁感应强度会造成充电区域均匀性的严重下降，进而造成系统传输效率低下。解决办法：一是采取部分线圈重叠的方式，弥补线圈边缘的削弱影响；二是增加线圈间距，减少多发射线圈并联通电时的互耦。采用第二个解决方案时，需要考虑接收线圈与发射线圈是否对齐。

3.2.1.3　单个发射线圈并联设计

使用单个发射线圈，兼容传能距离为10～50 cm，功率等级为100～1 000 W，然后通过使用相同的多个线圈进行拼接完成系统设计，如图3-10所示。这样的设计具有通用性，但是难以实现不同类型无人机的高效无线充电。

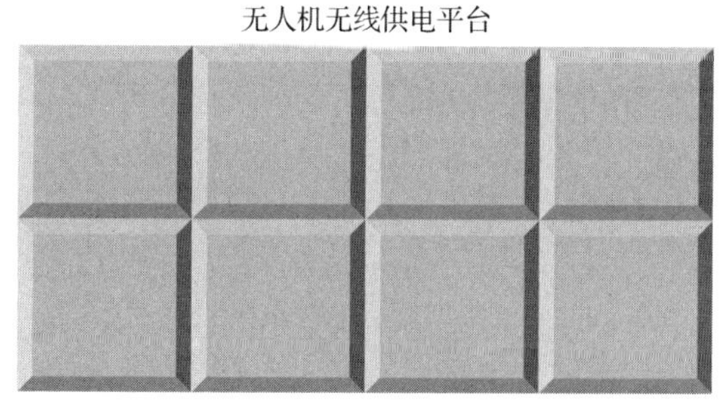

图3-10　单个发射线圈并联设计

3.2.1.4　多模块无线充电

对于大面积、大功率范围的无线供电平台设计，单个发射线圈的设计虽然能够减少电能变换装置的数量、简化系统控制方法，但系统易受关键参数影响，且难以针对不同功率等级、不同电压需求的待充电设备进行快速充电。采用发射多线圈并联的方式，能够增加无线充电系统的可扩展性以及系统对应不同设备的适应性，但是边缘处的效率降低并产生环流。

在综合考虑系统传能架构设计时，在满足系统能效指标的前提下应该尽可能增大单线圈的有效面积，这能有效减小发射线圈之间的互耦影响，减少系统控制器件，降低成本，简化系统控制。同时，针对不同功率等级，通过划分区域，实现一对多无线充电的发射线圈布置，如图3－11所示。

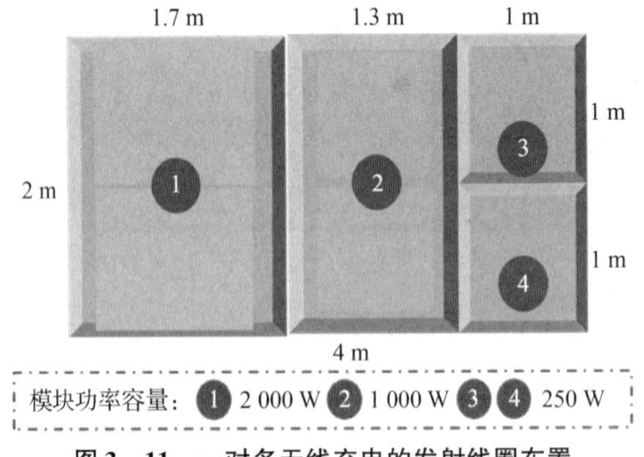

图3－11 一对多无线充电的发射线圈布置

3.2.1.5 总结

不同的发射线圈形状不仅决定了供电平台形状、功率变换拓扑、控制策略设计，也影响着传能的效率、距离、功率等级。为了兼容不同无人机的功率、距离需求，在无人机降落误差区域内进行高效无线供电，选用多模块无线充电。

3.2.2 磁耦合机构设计

梳理已有的无线充电磁耦合机构设计，选择适用于无人机无线供电平台的设计。新西兰奥克兰大学的研究小组最先展开相应的研究，开发了一系列具有不同性能的充电线圈。普通圆形充电线圈具有漏磁小和效率高的优点，但是横向容错小。因此，奥克兰大学的研究小组提出了磁通管结构，如图3－12所示，它由两个位于中间导磁材料末端的线圈组成，线圈并联连接以降低阻抗。磁通管的横向容错和传输距离都有所增加，但是由于线圈两边有相同的磁路，所以当在线圈背面加铝板进行电磁防护时，传输效率会急剧下降。

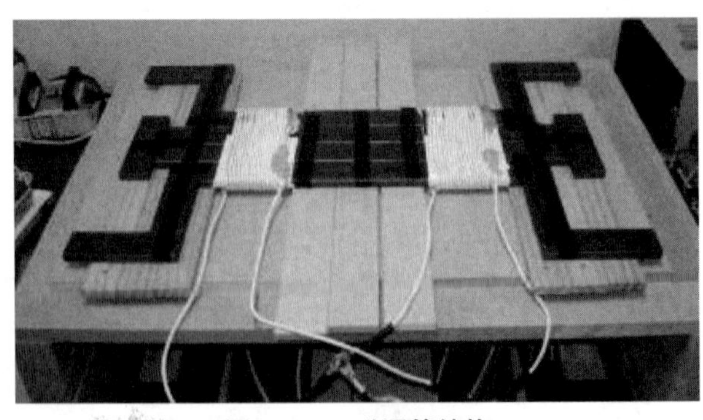

图3－12 磁通管结构

为了综合磁通管和圆形线圈的优点，该研究小组进一步提出 DD 线圈和 DDQ 线圈结构。如图 3－13（a）所示，DD 线圈由两个 D 形线圈在铁氧体条的上方背靠背放置，这样的结构形成单面磁路，进一步增大了传输距离和横向容错，但是漏磁增加。图 3－13（b）所示的 DDQ 线圈在 DD 线圈在中心部分增加了一个正交线圈，所有线圈都在铁氧体条的上面，可以减少线圈耦合时的漏磁。

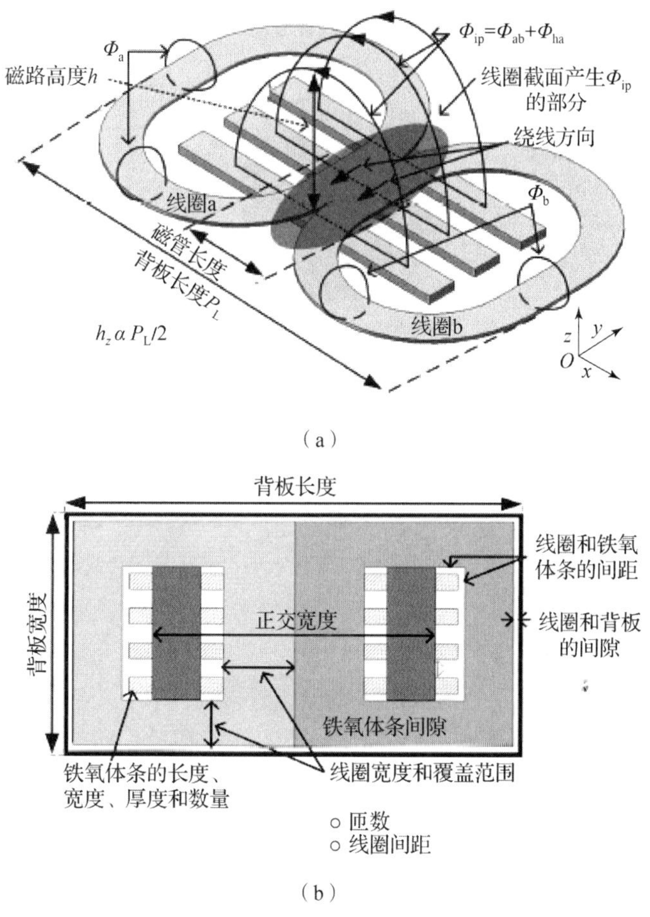

（a）

（b）

图 3－13　DD 线圈和 DDQ 线圈结构

（a）DD 线圈结构；（b）DDQ 线圈结构

在单相控制线圈的基础上，人们提出了双极线圈。如图 3－14 所示，双极线圈由两个相同的部分重叠的相互解耦的线圈组成，线圈的一侧紧靠铁氧体结构，紧接着铝背板，另一侧面向发射机，两个线圈之间的相互去耦使其能够被独立地调谐和控制，具有很好的互操作性和适应性。

双极线圈进一步发展得到了三极线圈。如图 3－15 所示，三极线圈由圆盘中 3 个部分重叠的相互解耦的线圈构成。线圈重叠的程度决定了线圈之间的相互解耦程度，它们由 3 个独立的电源驱动，该结构漏磁小，输出功率和互操作性得到了提高。

奥克兰大学开发的最新的充电线圈为主动磁补偿的无铁芯圆形线圈。如图 3－16 所示，感应消除线圈与主线圈串联成单个绕组，但是布置时电流方向相反，以使主线圈下方

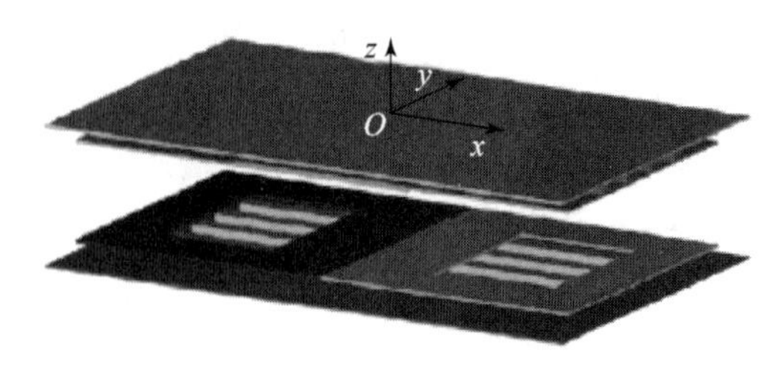

图 3－14　双极线圈结构

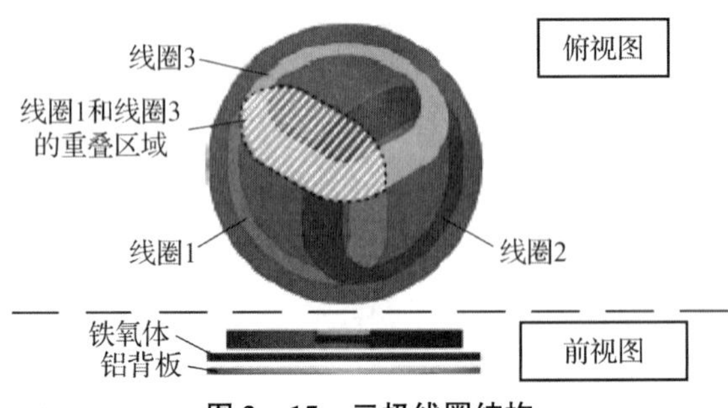

图 3－15　三极线圈结构

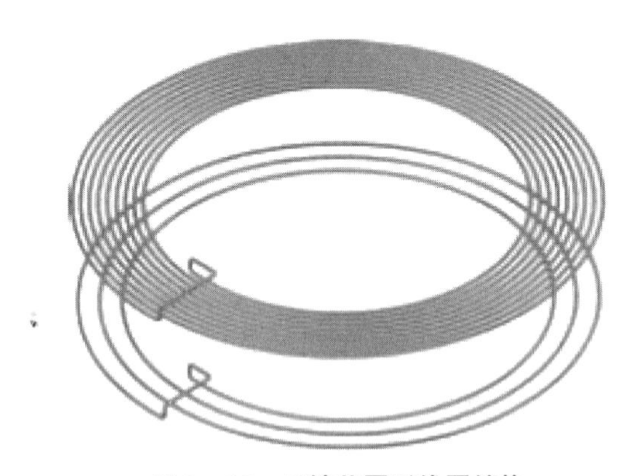

图 3－16　无铁芯圆形线圈结构

和充电区域外部的大部分磁场被最小化。因为两个线圈串联连接，由一个电源供电控制，所以消磁作用取决于两个线圈的几何形状。该线圈不使用铁芯，也可不使用铝背板，可短时间承受过载，鲁棒性好，适用于高速大功率的行驶中充电。

考虑不同磁耦合机构的优、缺点，选择较为通用的圆形线圈作为磁耦合机构的基本形式。

3.2.3　电路和电磁场建模与仿真

由于原、副边电路之间无物理连接，而理论建模需实现原边输入至副边输出之间系统各关键环节的电气特性关联性，且获得系统整体性能（效率、功率等）的数学模型，所以传统的电路分析方法较难直接支撑系统的高精度理论模型。目前常用的建模方法有阻抗反射理论、耦合模理论、二端口网络理论、全状态空间模型等。其中阻抗反射理论为一类基波建模方法，能够通过模型直观描述系统各环节电气参数之间的关联性以及系统性能函数；耦合模理论是基于能量流动思想，可表征系统有功及无功能量的变换过程，对于分析系统各环节的能量具有一定的优势；二端口网络理论将系统间参数作为变量，体现的是系统输入/输出的关系式，可有效分析系统的性能；全状态空间模型是一类全波方式的建模方式，关注系统各环节关键参数之间的关联性，对于系统频率特征、性能特征等具有良好的高精度表达。

仿真建模需借助电路仿真软件实现，常用的电路仿真软件包括 MATLAB 中的 Simulink、Pspice、Simplorer 等，其中 Simulink 包含各类电力电子器件工具包，能够实现全波状态下的系统电路仿真，且开放编辑控制包，可实现系统电路及控制的联合仿真。此外，无人机无线充电系统涉及磁路分析，目前常用的磁路仿真软件包括 Ansys Maxwell、COMSOL 等，它们能够对静态磁场、瞬态磁场等进行仿真。采用理论建模及仿真建模结合的方式，实现系统的高精度仿真。

3.2.3.1 电路仿真建模

磁耦合无线充电系统线圈间的气隙较大，使能量发射模块和能量接收的无线充电单元之间漏磁增加，从而导致系统传输的有功功率和能量传输效率均较低。在这种情况下，通过在原边电路和副边电路中分别加入补偿拓扑，可以使原边能量发射电路和副边能量接收电路分别在特定频率下谐振，由此提高系统的传输效率和功率，降低器件应力。磁耦合无线充电系统的电路结构如图 3 – 17 所示。

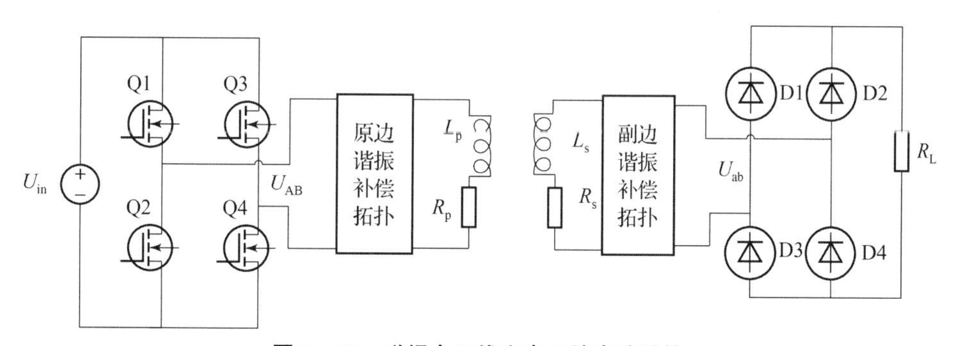

图 3 – 17 磁耦合无线充电系统电路结构

无人机近距无线供电平台的电源提供的低压直流电源 U_{in} 通过高频逆变单元（由 Q1 ~ Q4 四个 MOSFET 组管成）变换为高频交流电，为原边谐振补偿拓扑和原边发射线圈（L_p 为原边线圈自感，R_p 为原边线圈阻值）组成的谐振电路供能，该谐振电路将高频的交流电转换为交变电磁场并通过原边发射线圈发射。副边接收线圈（L_s 为副边线圈自感，R_s 为副边线圈阻值）在交变电磁场中产生感应电动势，与副边谐振补偿拓扑组成谐振回路，完成电能的拾取，拾取的高频交流电通过整流模块（由 D1 ~ D4 四个二极管组成）整流为负载（R_L 为负载等效阻值）所需要的低压直流电源，由此实现对负载的供电。

不同补偿拓扑的互感模型如图 3 – 18 所示。

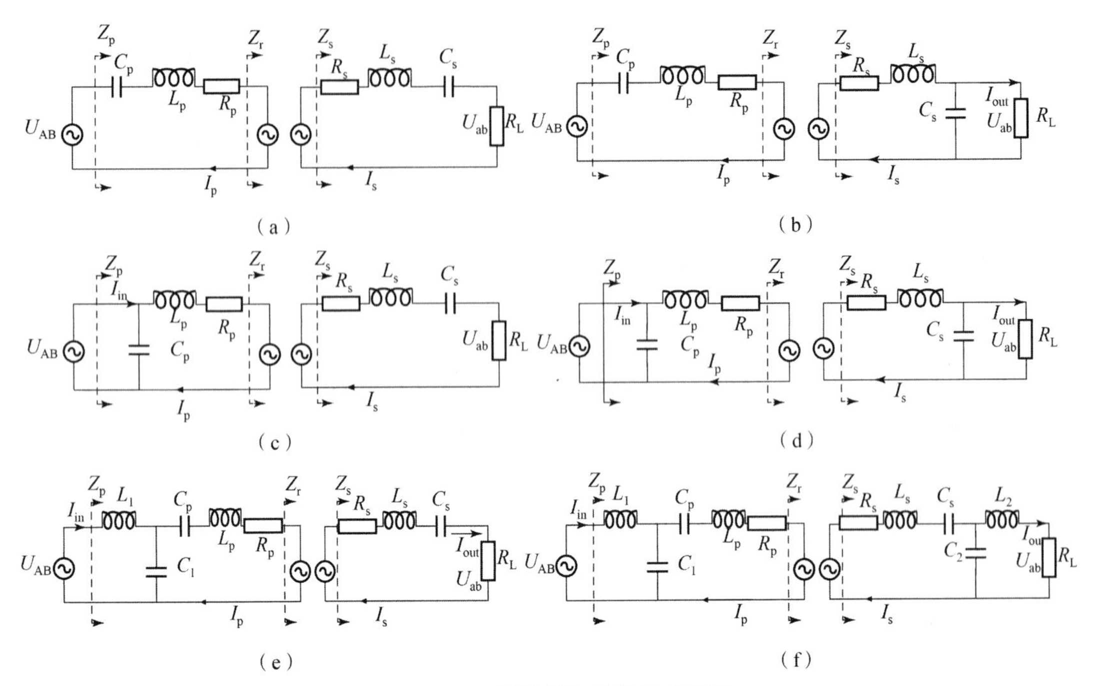

图 3-18 不同补偿拓扑的互感模型

(a) S-S 补偿拓扑；(b) S-P 补偿拓扑；(c) P-S 补偿拓扑；

(d) P-P 补偿拓扑；(e) LCC-S 补偿拓扑；(f) LCC-LCC 补偿拓扑

想要对无人机近距无线供电平台进行较好的电路仿真，需要选取合适的补偿拓扑、系统参数、控制策略等。不同的补偿拓扑可以使无线充电系统呈现完全不同的系统特性和输出特性，决定能量传输机构的磁路特性需求和系控制策略设计需求等，因此对补偿拓扑进行分析和设计是无线充电系统整体设计的基础和关键一环。简单的单元件补偿拓扑是对线圈并联或者串联连接一个电容进行补偿，由串、并联形式的不同具体分为 4 种（S-S、S-P、P-S、P-P）。在单元件补偿拓扑的基础上，双元件补偿拓扑被提出。图3-18（f）所示的 LCC LCC 补偿拓扑就是常用的 T 形谐振补偿拓扑之一。

以 LCC-S 补偿拓扑为例，建立系统的数学模型，得出系统输出功率、传输效率等输出特性的理论推导公式。其他补偿拓扑的理论推导过程与之类似。根据基尔霍夫定律，建立如下方程组：

$$\begin{cases} I_{in} \cdot j\omega L_1 + I_p(j\omega L_p + 1/j\omega C_p + Z_r + R_p) = U_{in} \\ I_{in} \cdot j\omega L_1 + (I_{in} - I_p) \cdot 1/j\omega C_1 = U_{in} \\ I_s \cdot (j\omega L_s + 1/j\omega C_s + R_L + R_s = j\omega I_p \end{cases}$$

由以上方程组可以得到系统各部分的电流、电压分别为

$$\begin{cases}\dot{I}_{\text{in}} = \dfrac{U_{\text{in}}}{Z_{\text{p}}} \\ \dot{I}_{\text{p}} = \dfrac{1/\text{j}\omega C_1}{R_{\text{p}} + Z_{\text{r}} + \text{j}\omega L_{\text{p}} + 1/\text{j}\omega C_1 + 1/\text{j}\omega C_{\text{p}}}\dot{I}_{\text{in}} \\ \dot{I}_{\text{s}} = \dfrac{\text{j}\omega M\dot{I}_{\text{p}}}{Z_{\text{s}}} \\ \dot{U}_{\text{out}} = \dot{I}_{\text{s}}R_{\text{L}}\end{cases}$$

进而可以得到系统的输出特性表达式：

$$\begin{cases}P_{\text{in}} = U_{\text{in}}I_{\text{in}} = \dfrac{U_{\text{in}}^2}{Z_{\text{p}}} \\ P_{\text{out}} = U_{\text{out}}I_{\text{L}} = I_{\text{L}}^2R_{\text{L}} \\ \eta = \dfrac{P_{\text{out}}}{P_{\text{in}}} \\ G_I = \dfrac{I_{\text{L}}}{U_{\text{in}}} \\ G_V = \dfrac{U_{\text{out}}}{U_{\text{in}}} \\ \phi = \arctan\dfrac{\text{Re}(Z_{\text{p}})}{\text{Im}(Z_{\text{p}})}\end{cases}$$

针对无人机无线充电系统，根据系统输出特性取某一组参数为例进行系统 MATLAB 电路仿真，如图 3－19 所示。

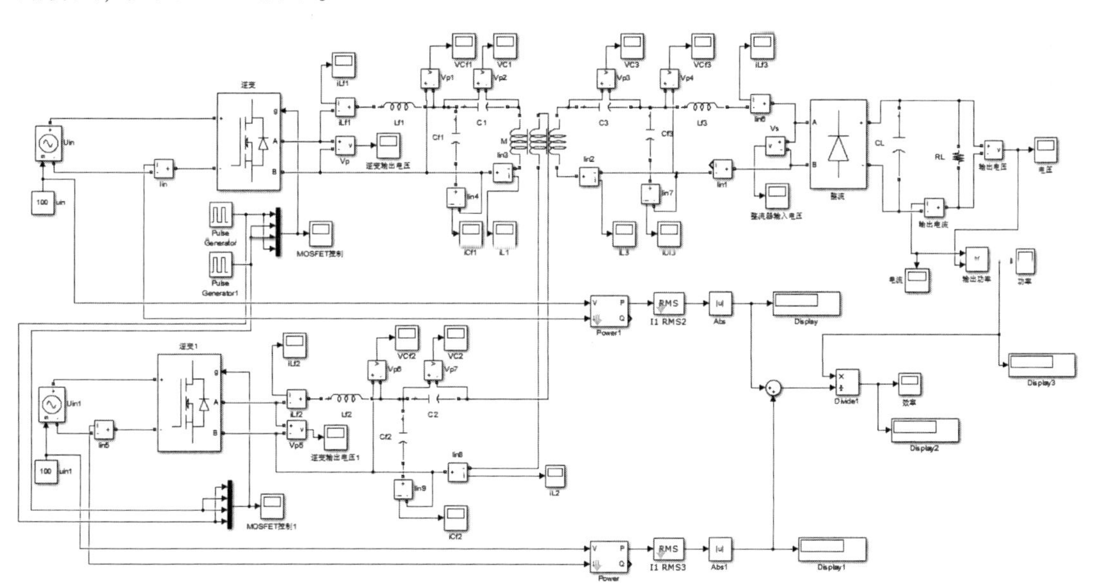

图 3－19　无线充电系统 MATLAB 电路仿真示意

3.2.3.2 电磁场仿真

无人机无线充电系统主要技术指标如下。

（1）单套无人机在供电平台内指定位置充电时，可实现线圈间传输效率≥85.5%。

（2）单套无人机在供电平台模块内随机位置充电时，可实现逆变模块输入到接收端整流输出的功率传输效率≥60%。

（3）满足电磁兼容（充电时不影响飞控和无人机上的电路）。

为了满足3个传能距离、传能功率不同的无人机无线供电时传输效率达到要求，且同时避免充电时不影响飞控和无人机上的电路，进行系统设计时还需要考虑在无人机对位不准及互操作时的传输功率和效率是否达到无人机接收端的要求。拟通过对不同偏移和传能距离下的互感变化进行仿真以辅助一对多无线充电系统耦合机构设计。一对多无线充电对比示意如图3－20所示。

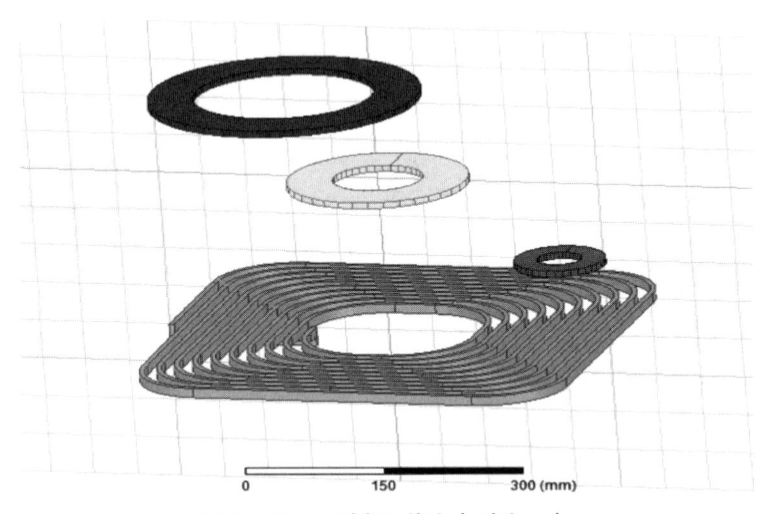

图3－20 一对多无线充电对比示意

无线充电的接收端固定在无人机上，为了实现与不同型号的无人机进行共型化设计以及满足额定功率的输出要求，考虑将松耦合变压器的接收端设计成紧密缠绕线圈和松缠绕线圈两种，具体设计参数使用互感最优化迭代。本仿真主要为了得到相同供电平台发射模块对应不同大小接收端时互感的大致范围、相对变化率等，以帮助优化设计接收端在传输功率、效率需求下的拓扑及参数。图中分别出现磁场强度单位T（特斯拉，米千克秒单位制）和G（高斯，厘米克秒单位制），$1\ \text{T}=10^4\ \text{G}$，主要用于观察线圈间的耦合情况及漏磁分布。偏移距离包括250 mm和200 mm，这是因为仿真时10 cm直径的接收线圈中心移动到发射线圈边缘会移动250 mm，而200 mm尺寸的选择则是考虑边缘耦合效率低下因此舍去移出后的仿真。

1. 仿真方案分析

考虑兼容性，仿真以下目标：①传输距离为10 cm，输出功率为100 W；②传输距离为20 cm，输出功率为300 W；③传输距离为30 cm，输出功率为500 W。本报告提出：

①径长为50 cm的矩形、四角为弧形的螺旋线圈作为松耦合变压器的发射端；②径长分别为10 cm、20 cm、30 cm等的圆形紧密缠绕线圈作为松耦合变压器的接收端，以此满足不同传输距离下的不同输出功率要求，并通过合理的线圈设计及补偿拓扑使接收端线圈体积最小，以节约占用无人机接收端的空间和载荷。

为了尽可能增强接收端线圈与发射端线圈之间的磁场耦合，设计接收端线圈的内外径之比为1/2。为了进一步探究不同形状、不同规格在不同位置处与发射线圈之间的耦合状况，由此指导松耦合变压器的设计与优化，建立松耦合变压器的发射端和接收端线圈模型，并在Maxwell软件中对松耦合变压器进行不同相对位置处的电磁场仿真。

2. 接收端为圆形紧密缠绕线圈

1）接收线圈直径为10 cm，传输距离为10 cm

分别进行接收线圈中心同发射线圈中心在不同偏移距离d下的仿真，其磁感应强度云图如图3-21所示，磁感应强度矢量图如图3-22所示。

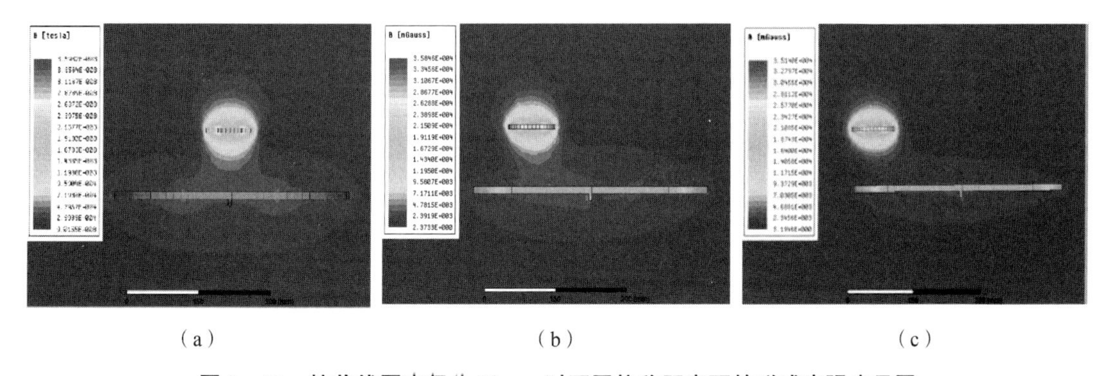

(a) (b) (c)

图3-21 接收线圈直径为10 cm时不同偏移距离下的磁感应强度云图

(a) $d=0$ mm；(b) $d=125$ mm；(c) $d=200$ mm

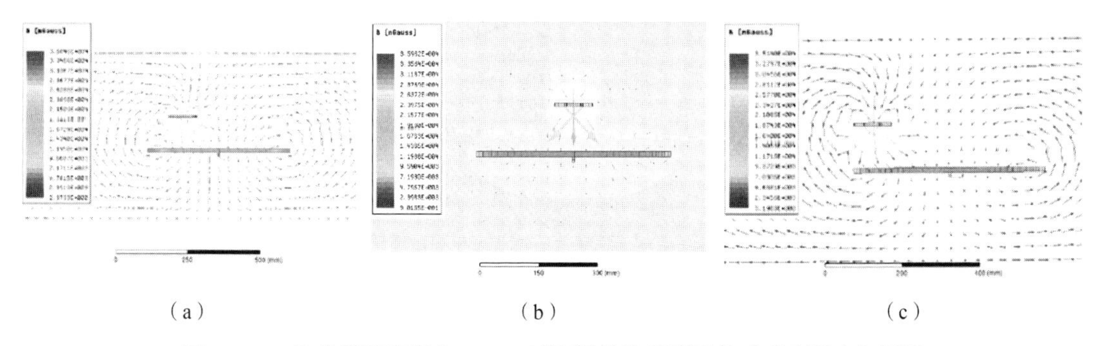

(a) (b) (c)

图3-22 接收线圈直径为20 cm时不同偏移距离下的磁感应强度矢量图

(a) $d=0$ mm；(b) $d=125$ mm；(c) $d=200$ mm

对松耦合变压器仿真模型作参数化扫描，得到线圈自感、互感及耦合系数同偏移距离的变化曲线，如图3-23～图3-26所示。

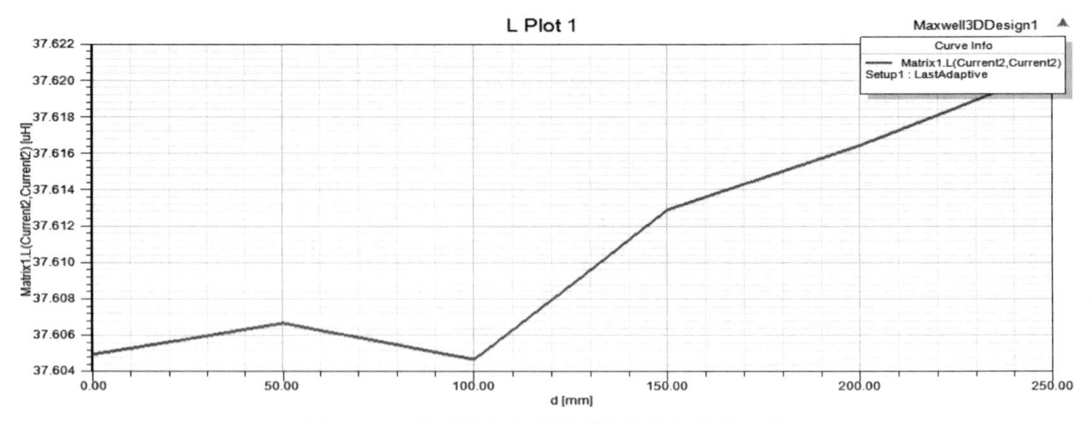

图 3-23 发射线圈自感随偏移距离的变化曲线

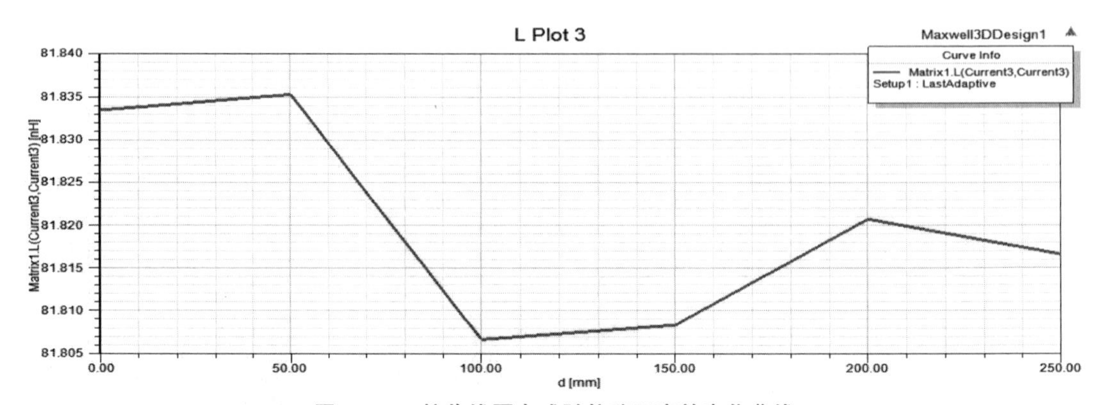

图 3-24 接收线圈自感随偏移距离的变化曲线

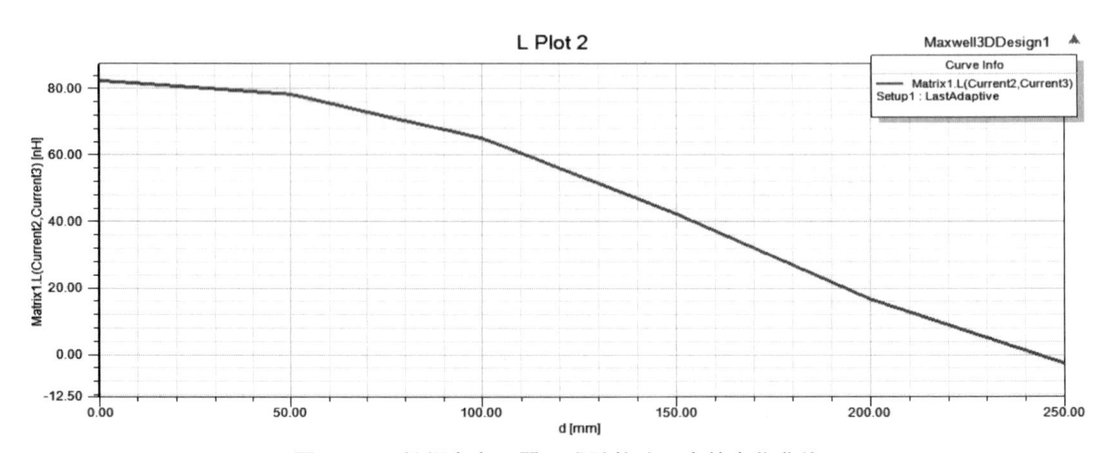

图 3-25 松耦合变压器互感随偏移距离的变化曲线

由仿真结果分析可知，发射线圈与接收线圈的自感随着偏移距离的增大而略有增减，但变化范围的数量级很小，基本可以忽略不计；随着偏移距离的增大，松耦合变压器的互感和耦合系数在一开始的区域内的变化呈现缓慢减小的趋势，但当偏移距离达到一定值时，互感和耦合系数的减小速度开始增大，而且呈现出线性变化的趋势，分界点为偏移距离等于接收线圈直径；在接收线圈移动至发射线圈边缘时，互感和耦合系数仿真出现负值是因为分别为发射端和接收端加入的激励电流削弱了感应磁场，在实际中取绝对值即可。

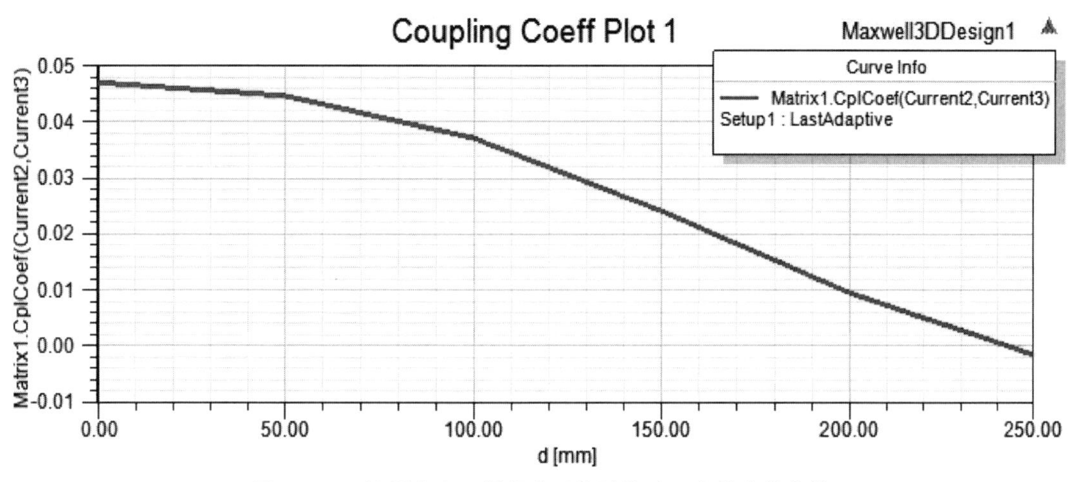

图 3－26　松耦合变压器耦合系数随偏移距离的变化曲线

2）接收线圈直径为 20 cm，传输距离为 20 cm

分别进行接收线圈中心同发射线圈中心在不同偏移距离 d 下的仿真，其磁感应强度云图如图 3－27 所示，磁感应强度矢量图如图 3－28 所示。

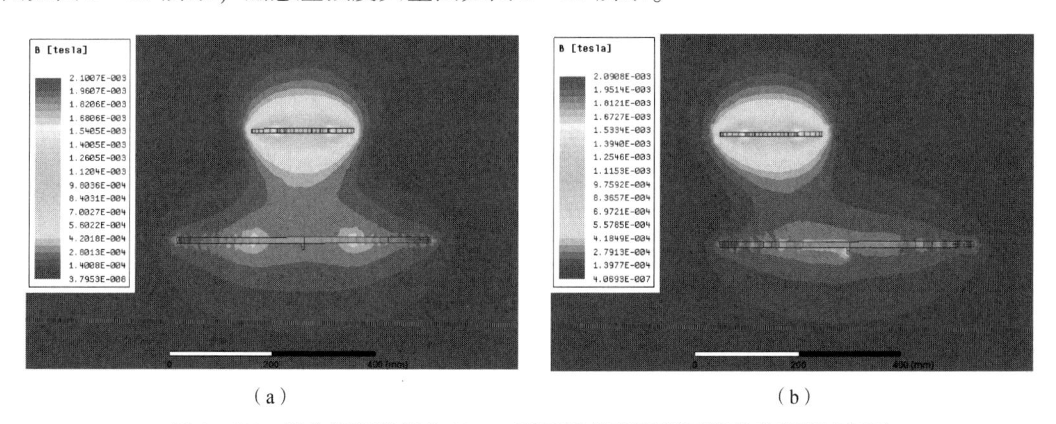

（a）　　（b）

图 3－27　接收线圈直径为 20 cm 时不同偏移距离下的磁感应强度云图

（a）$d=0$ mm；（b）$d=150$ mm

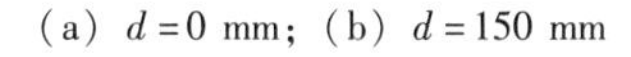

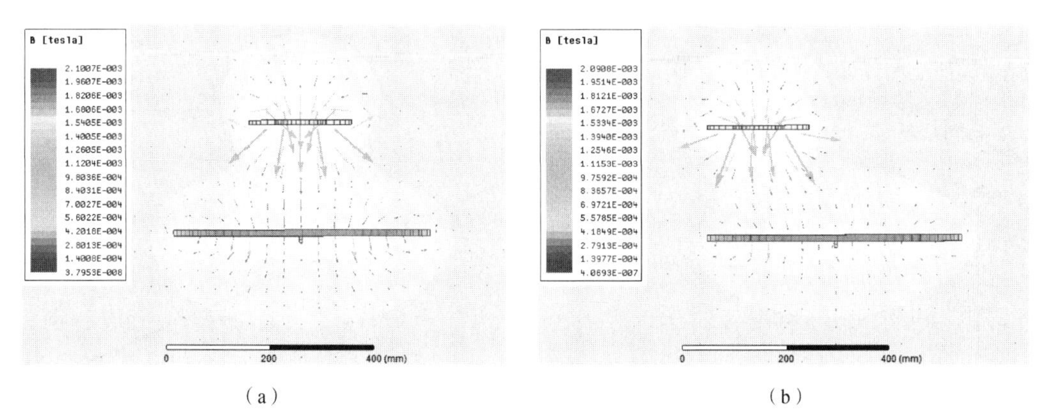

（a）　　（b）

图 3－28　接收线圈直径为 20 cm 时不同偏移距离下的磁感应强度矢量图

（a）$d=0$ mm；（b）$d=150$ mm

对松耦合变压器仿真模型作参数化扫描，得到线圈自感、互感及耦合系数同偏移距离的变化曲线，如图 3 – 29 ~ 图 3 – 31 所示。

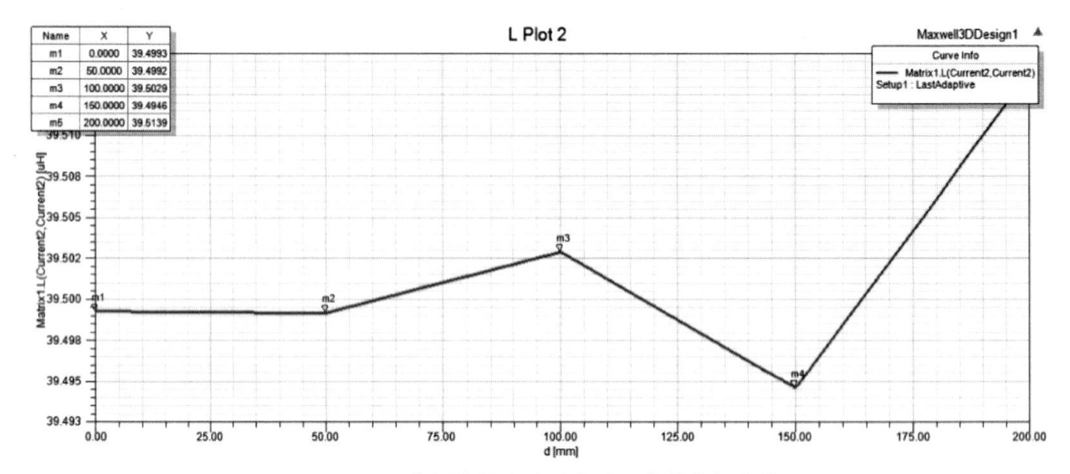

图 3 – 29 发射线圈自感随偏移距离的变化曲线

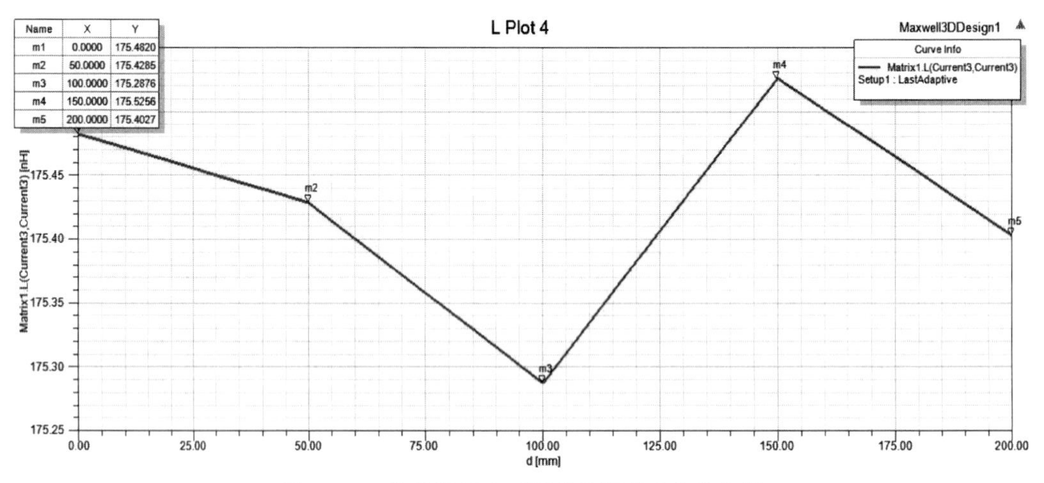

图 3 – 30 接收线圈自感随偏移距离的变化曲线

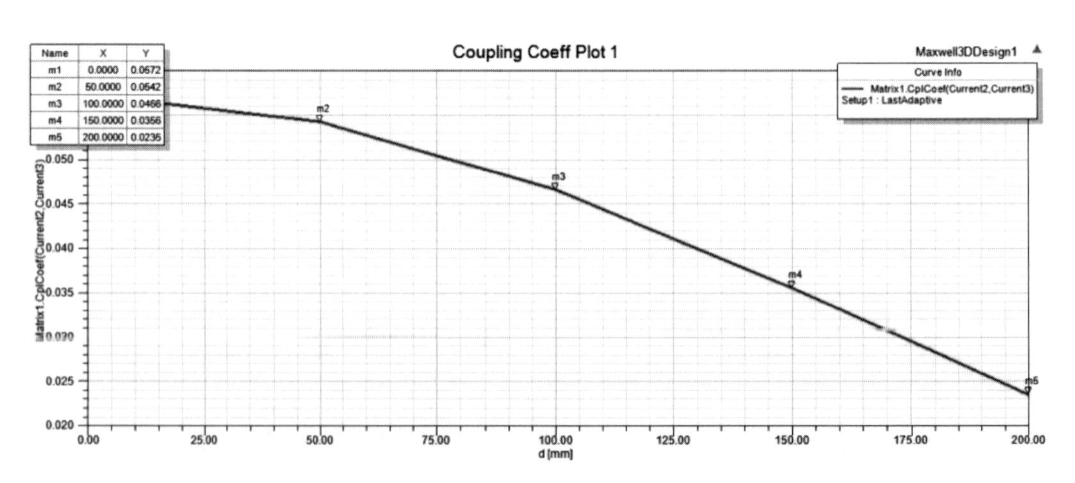

图 3 – 31 松耦合变压器耦合系数随偏移距离的变化曲线

由仿真结果分析可知，松耦合变压器的耦合系数随着偏移距离的增大整体呈现下降的趋势，偏移距离越大，下降速度越快。

3）接收线圈直径为 30 cm，传输距离为 30 cm

分别进行接收线圈中心同发射线圈中心在不同偏移距离 d 下的仿真，其磁感应强度云图如图 3-32 所示，磁感应强度矢量图如图 3-33 所示。

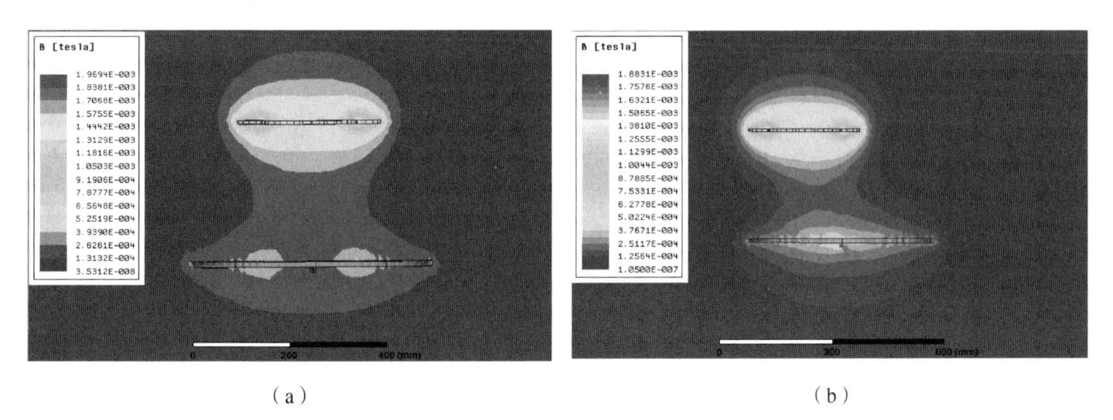

（a）　　　　（b）

图 3-32　接收线圈直径为 30 cm 时不同偏移距离下的磁感应强度云图

（a）$d=0$ mm；（b）$d=100$ mm

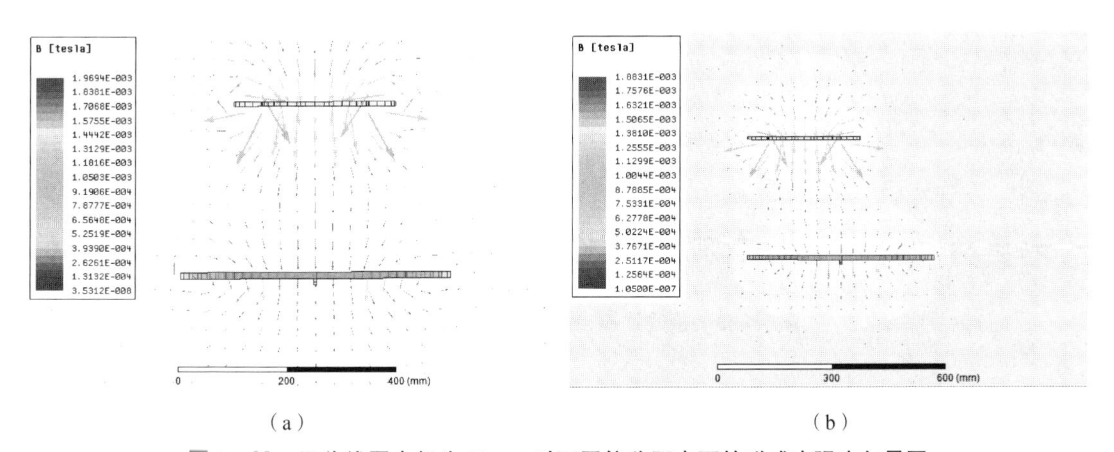

（a）　　　　（b）

图 3-33　接收线圈直径为 30 cm 时不同偏移距离下的磁感应强度矢量图

（a）$d=0$ mm；（b）$d=100$ mm

对松耦合变压器仿真模型作参数化扫描，得到线圈自感、互感及耦合系数同偏移距离的变化曲线，如图 3-34～图 3-37 所示。

由仿真结果分析可知，直径为 30 cm 的接收线圈同发射线圈之间的耦合系数整体上相对较大，在中心对齐时，其耦合系数最大，而且是 0.05，当接收线圈与发射线圈边缘对齐时，其耦合系数减小，而且是 0.02。对于直径较大的接收线圈，其耦合系数相对偏移距离的增大不会减小太多，因此具有很好的抗偏移能力，可以在供电平台的任意位置都能保证足够的磁场耦合，以实现足额的功率输出。

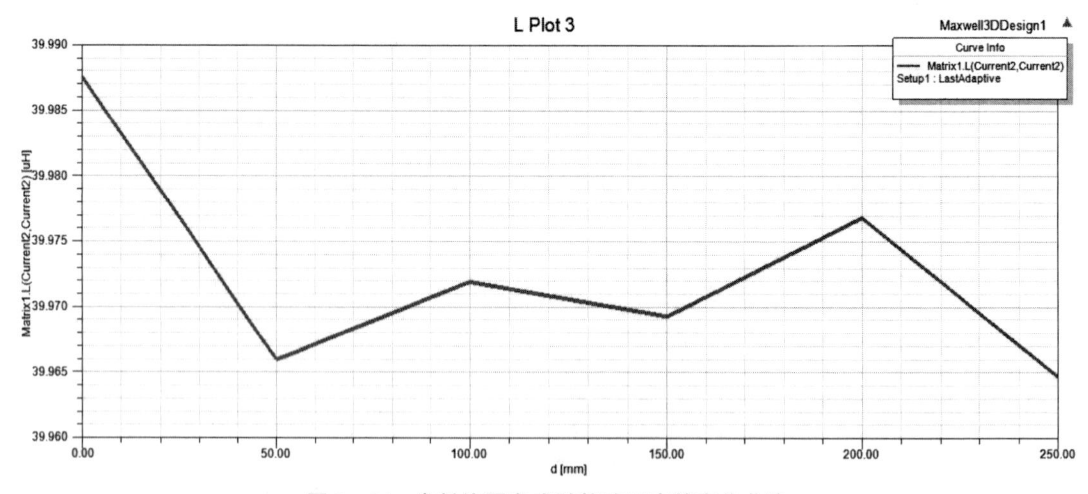

图 3-34　发射线圈自感随偏移距离的变化曲线

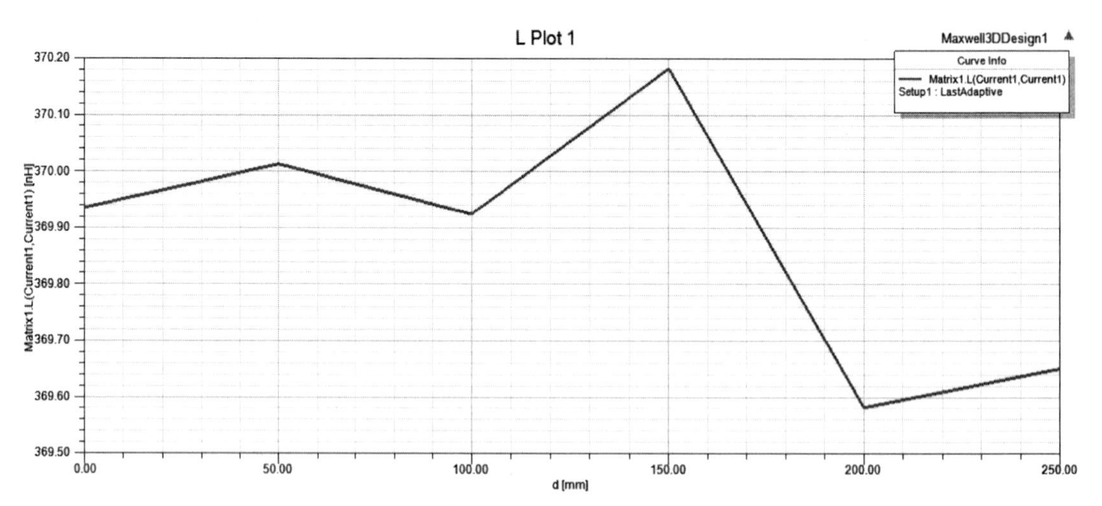

图 3-35　接收线圈自感随偏移距离的变化曲线

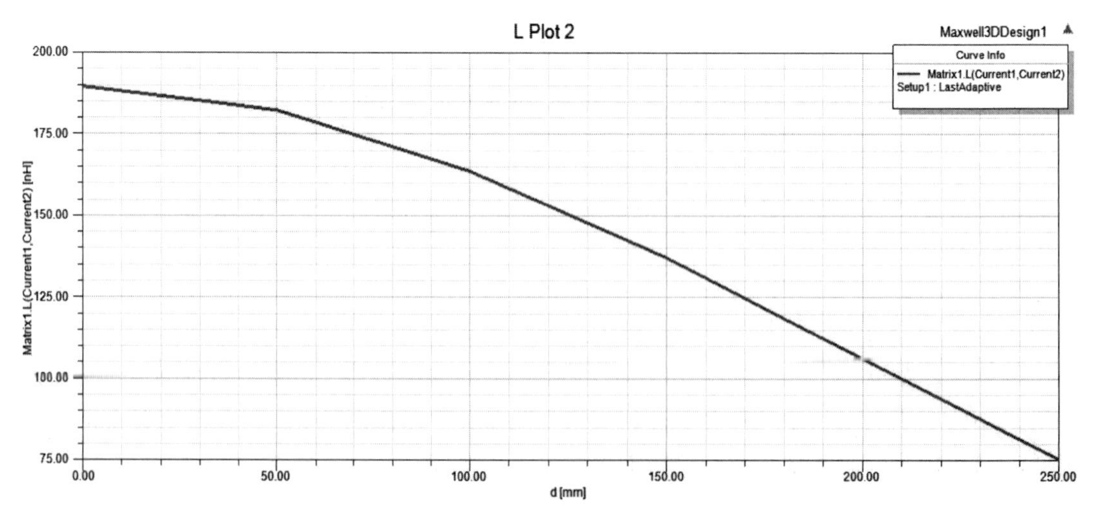

图 3-36　松耦合变压器互感随偏移距离的变化曲线

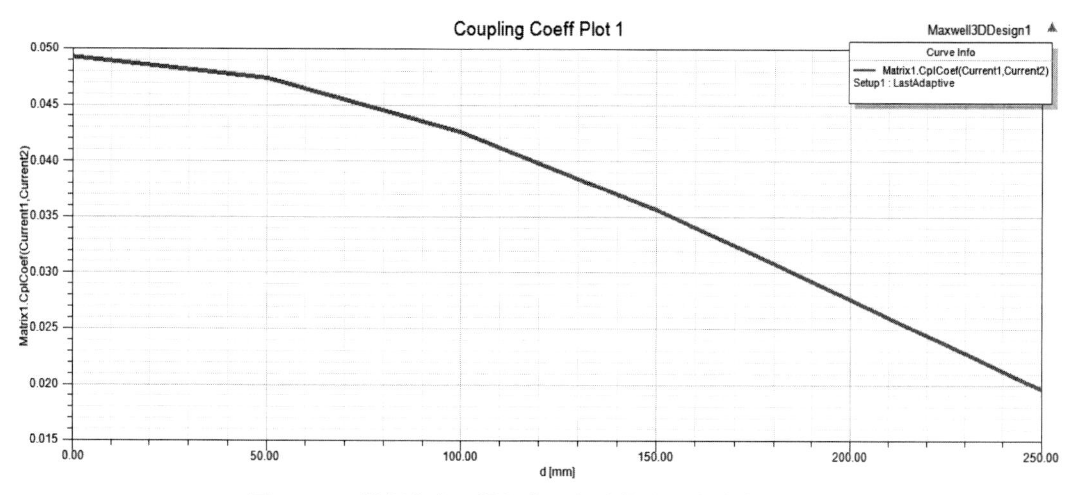

图3－37 松耦合变压器耦合系数随偏移距离的变化曲线

3.2.3.3 总结

仿真结果显示，供电平台对单层接收线圈的耦合系数都小于0.1，且在发射线圈和接收线圈正对时有最大的耦合系数，随着接收线圈的偏移错位增加，耦合系数快速减小。因此，接收线圈需要采用多层圆盘式结构，且需要对接收线圈进行互感最优化设计，求得满足系统传能效率、功率的线圈设计关键参数。

3.2.4 系统参数对输出特性的影响规律分析

为了对比系统补偿拓扑，将常用的SS、LCC－S、LCC LCC 3种补偿拓扑进行仿真对比。系统各参数设计值如表3－1所示。

表3－1 系统各参数设计值

U_{in}	L_p，L_s	L_1，L_2	C_1，C_2	C_p，L_s（S）	C_p，L_s（LCC）	R_L	k	R_p，R_s
100 V	93.86 μH	50.07 μH	99.22 nF	37.58 nF	643.07 nF	10 Ω	0.3	0.5 Ω

3.2.4.1 系统工作频率对输出特性的影响

在不同补偿拓扑下，通过建模和仿真研究系统工作频率对输出特性的影响规律。图3－38（a）所示为系统输出功率随系统工作频率的变化曲线，图3－38（b）所示为系统传输效率随系统工作频率的变化曲线，图3－38（c）所示为系统输出电流增益随系统工作频率的变化曲线，图3－38（d）所示为系统输出电压增益随系统工作频率的变化曲线。

分析图3－38（a）可以看出，LCC－LCC处于谐振状态时的输出功率等级为数千瓦，而LCC－S与S－S的输出功率等级为1 kW左右，且LCC－S的输出功率高于S－S。当系统工作频率在谐振频率附近漂移时，S－S的输出功率可以在较大的漂移范围内保持数百

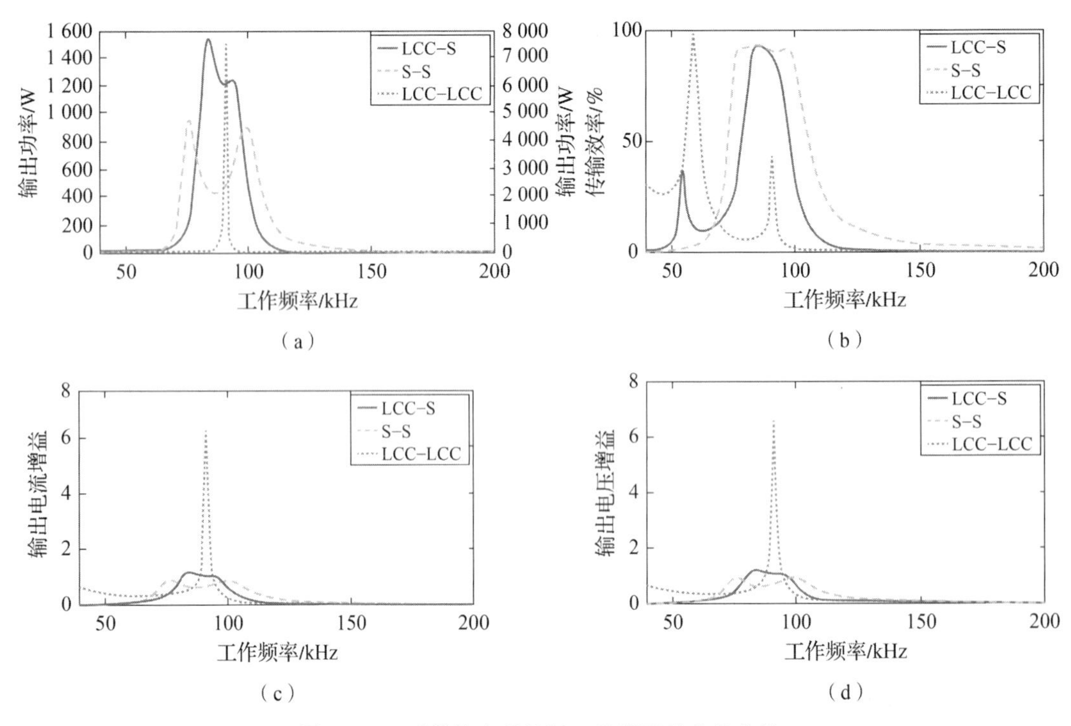

图 3-38 系统输出特性随工作频率的变化曲线

瓦；LCC-S 的输出功率在较小的漂移范围内可以保持在千瓦以上，当工作频率继续升高或降低时，输出功率快速降低并接近零；LCC-LCC 的输出功率的系统工作频率稳定性最差，只有在谐振频率附近极小的范围内才可以保持较高的输出功率。

分析图 3-38（b）可以看出，系统工作频率为谐振频率时，LCC-S 与 S-S 的传输效率基本相同，而且当系统工作频率在谐振频率附近存在较大偏移时，两者的传输效率基本保持平稳，S-S的系统工作频率稳定性大于 LCC-S，且更为平滑稳定。当系统工作频率继续偏移时，S-S 的传输效率以逐渐变缓的速度下降，而 LCC-S 的传输效率在系统工作频率较低时还存在一个上升的尖峰。LCC-LCC 的传输效率存在两个尖峰，在谐振频率时传输效率低于 LCC-S 与 S-S，而且传输效率的系统工作频率稳定性最差。LCC-LCC 与 S-S 的曲线出现两个峰值，这是由于系统在此设计参数下发生了频率分裂现象。

分析图 3-38（c）与（d）可以看出，LCC-LCC 的输出电流增益、输出电压增益最高，但是随着系统工作频率的偏移急速降低；S-S 的输出电流增益与输出电压增益在谐振状态时最低，但是在大范围的系统工作频率偏移时仍可保持平稳；LCC-S 的输出电流增益与输出电压增益在谐振状态时高于 S-S，可以达到 1.5，而且系统工作频率偏移范围相对较大，相对 S-S 抗工作频率偏移范围较小。

3.2.4.2 负载对输出特性的影响

保持其他参数不变，对不同补偿拓扑下，等效负载对系统输出特性的影响规律进行研究。图 3-39 所示（a）为系统输出功率随系统等效负载的变化曲线，图 3-39（b）所示为系统传输效率随系统等效负载的变化曲线，图3－39（c）所示为系统输出电流增益随系统等效负载的变化曲线，图3－39（d）所示为系统输出电压增益随系统等效负载的变化曲线。

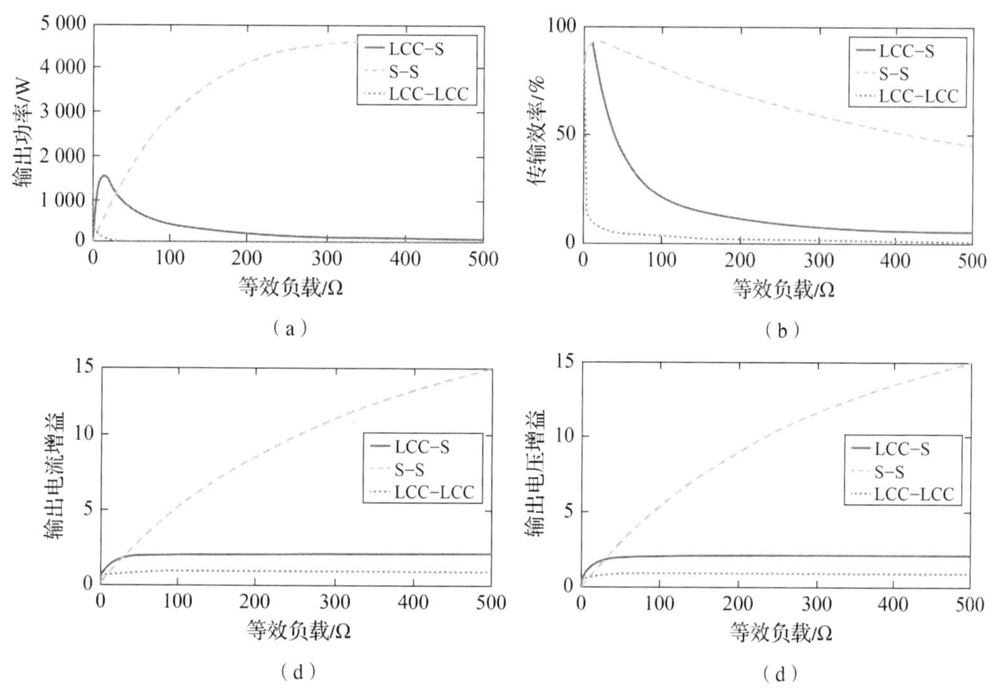

图3－39 系统输出特性随等效负载的变化曲线

分析图3－39（a）可以看出，LCC－S在等效负载较小时输出功率可以达到最高，随着等效负载的进一步增大，输出功率以逐渐变缓的速度下降，最终趋于稳定，可以达到数百瓦；S－S的输出功率随着等效负载的增大而不断升高，可以发现，其升高的速度呈现出先急后缓的规律；LCC－LCC在等效负载为数Ω时快速达到最高值，然后极速下降，最后趋于稳定，仅有数十瓦。LCC－S可以适用于等效负载频繁变化而且对于等效负载大小的敏感度不高的情况，始终能够保持较高的输出功率。

分析图3－39（b）可以看出，S－S的传输效率随着等效负载的变化基本可以稳定保持在80%以上，而且变化的波动较小；LCC－S在最佳等效负载时传输效率可以达到90%以上，随着等效负载的增大，传输效率逐渐降低，最后稳定在40%以上；LCC－LCC在较小等效负载时传输效率达到最高，但是随着等效负载的进一步变化，传输效率快速下降，最终稳定在很小的范围内。可以发现，传输效率对于抗等效负载变化的敏感度，S－S最高，LCC－S次之，LCC－LCC最低。

分析图3－39（c）与（d）可以看出，S－S的输出电流增益与输出电压增益随着等效负载的增大表现出线性升高的关系；LCC－S与LCC－LCC的输出电流增益与输出电压增益随着等效负载的增大逐渐趋于稳定，只是LCC－LCC率先到达稳定点，LCC－S次之。LCC－S趋于稳定的增益是LCC－LCC趋于稳定后增益的2倍。

3.2.4.3 耦合系数 *k* 对输出特性的影响

保持其他参数不变，对不同补偿拓扑下耦合系数对系统输出特性的影响规律进行研究。图 3-40（a）所示为系统输出功率随耦合系数的变化曲线，图 3-40（b）所示为系统传输效率随耦合系数的变化曲线，图 3-40（c）所示为系统输出电流增益随耦合系数的变化曲线，图 3-40（d）所示为系统输出电压增益随耦合系数的变化曲线。

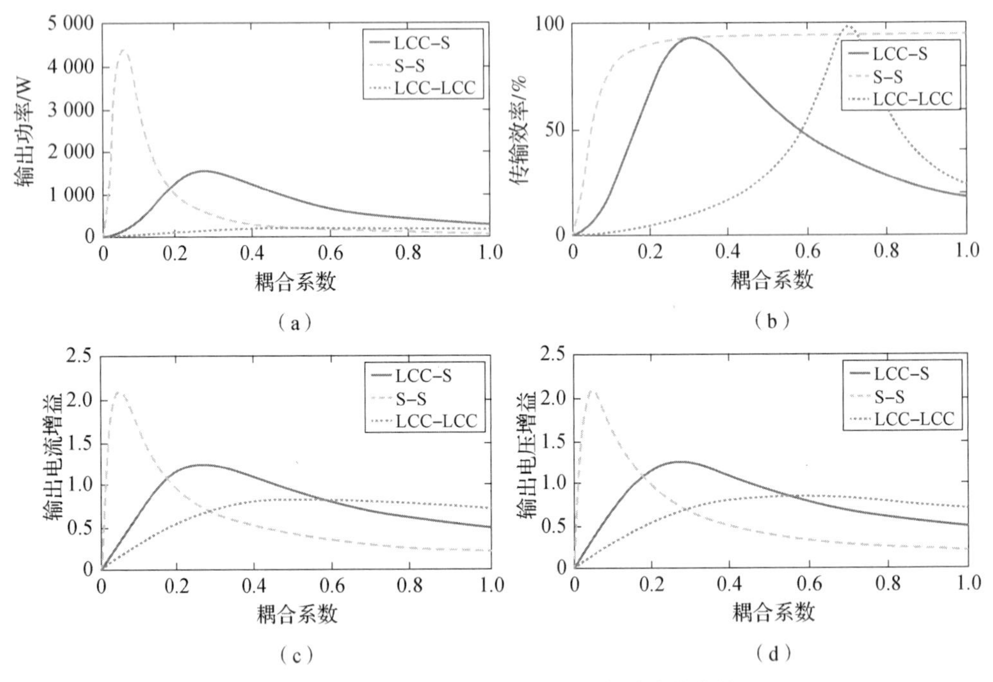

图 3-40　系统输出特性随耦合系数的变化曲线

分析图 3-40（a）可以看出，S-S 在发射线圈与接收线圈处于弱耦合状态时，输出功率可以达到最高，为数千瓦，当发射线圈与接收线圈处于强耦合状态时，输出功率只有数十瓦；LCC-LCC 在系统处于弱耦合状态时，输出功率较低，仅有数十瓦，当系统处于较强耦合状态时，输出功率可以保持在数百瓦的等级，而且变化平缓，波动较小；LCC-S 的输出功率随着耦合系数的增大，始终可以保持在数百瓦等级以上，当系统处于弱耦合状态时，输出功率可以达到最高，为数千瓦，当系统处于强耦合状态时，输出功率逐渐趋于稳定，为数百瓦，只是在强耦合状态下其输出功率低于 LCC-LCC。

分析图 3-40（b）可以看出，S-S 的传输效率随着耦合系数的增大快速达到 90% 以上，之后一直保持且略有增高。LCC-S 在弱耦合区的传输效率低于 S-S，高于 LCC-LCC，而且在较宽的耦合状态内其传输效率可以保持在 80% 以上。但是，当系统处于强耦合状态时，LCC-S 的传输效率逐渐下降，最终当耦合状态为完全耦合时系统的传输效率为 30% 左右。LCC-LCC 的传输效率在系统耦合状态处于较弱的大范围内时一直较低且不超过 60%，当系统开始进入强耦合状态时，传输效率快速攀升至 90% 以上，但是稳定在 90% 以上的耦合状态范围较小，然后传输效率随着耦合系数的增大快速下降，最后在完全耦合状态时达到40%左右。

分析图3－40（c）与（d）可以看出，S－S的输出电流增益与输出电压增益在弱耦合时达到最高，随着耦合系数的增大，增益开始以逐渐变缓的速度下降，最终稳定在0.3；LCC－S在弱耦合时增益达到最高，但是最高值低于S－S，其保持较高增益的耦合状态范围大于S－S，随着耦合状态的增强，增益逐渐下降，但是在整体的耦合状态中期增益始终可以保持在较高水平；LCC－LCC的输出电流增益与输出电压增益在弱耦合状态时较低，随着耦合状态的增强，其增益开始不断增高，在强耦合状态时的增益要优于LCC－S与S－S，始终可以保持在接近1的水平。

3.2.4.4 总结

（1）当系统工作频率变化时，LCC－LCC在谐振处的输出功率可达到数千瓦、输出电流/电压增益可达到近10倍、传输效率较低，但是随着工作频率向谐振频率外变化，系统的输出特性急剧变弱，系统工作频率的稳定性最差；LCC－S与S－S在谐振频率处输出功率达到千瓦等级，LCC－S略高于S－S，且工作频率在一定范围内移动时，系统可以保持数百瓦的稳定输出功率，在传输效率上，LCC－S低于S－S，S－S随着系统工作频率的变化始终可以保持90%以上的传输效率，LCC－S的输出电流/电压增益表现强于S－S，随着系统工作频率的变化始终稳定在1附近。

（2）当系统等效负载变化时，LCC－S的输出功率、传输效率与输出电流/电压增益的变化都比较平滑，可以实现等效负载在大范围内移动时稳定的功效输出；LCC－LCC的抗等效负载变化的能力最弱，只有在最佳负载处达到较高的功效输出，随着等效负载的变化其功效输出迅速下降；S－S的输出特性随着等效负载的增大而呈现近似线性增加的特点。

（3）当耦合系数较小时，即系统处于弱耦合状态时，S－S的输出功率与传输效率最佳，LCC－LCC的表现最弱；当耦合系数较大时，即系统处于强耦合状态时，LCC－LCC的输出功率与传输效率最佳，S－S的表现最弱。LCC－S可以实现大耦合系数范围内系统平稳的输出特性，因此适用于系统发射线圈与接收线圈间耦合状态变化较大的工作场景。

3.2.5 传能线圈优化

本节分析线圈的面积、匝数、形状、相对位置等因素对磁耦合机构的耦合系数以及互感的影响，优化磁耦合机构设计。

3.2.5.1 线圈参数设计

线圈结构设计优化在过去的数十年中已形成较为统一的方法，在绕线方式、磁芯布置等方面形成了成熟的体系，但根据应用场景和需求的不同，线圈结构仍然存在较大的优化空间，如针对较大的传能距离、较大的偏移范围等需求，传统的绕线方式不一定能够满足需求，需要从磁路特征、互感需求、电磁安全等方面对磁耦合机构的结构设计进行优化。

磁耦合机构的参数优化主要表现在线圈自感、线圈间互感（耦合系数）的设计及优化，磁耦合机构的线圈自感和互感是直接影响系统传能过程的电气参数，其参数设计需要满足偏移带来的不确定性及大范围变化，是保证系统能够满功率、高效率无线充电的基本及关键所在。

目前常用的近场无线能量传输耦合线圈主要有圆形线圈、矩形线圈、圆角矩形线圈、DD 线圈等，常用的正多边形空心线圈的自感 L 可由诺埃曼公式计算。其中，圆形线圈的自感计算公式如下：

$$\begin{cases} L = \dfrac{\mu_0 N^2 d_{\mathrm{avg}} c_1}{2}\left(\ln\dfrac{c_2}{\rho} + c_3 + c_4\rho^2\right) \\ d_{\mathrm{avg}} = \dfrac{d_{\mathrm{out}} + d_{\mathrm{in}}}{2} \\ \rho = \dfrac{d_{\mathrm{out}} - d_{\mathrm{in}}}{d_{\mathrm{out}} + d_{\mathrm{in}}} \end{cases}$$

圆形线圈自感计算的参数如表 3－2 所示。

表 3－2　圆形线圈自感计算的参数

线圈形状	C_1	C_2	C_3	C_4
圆形	1.00	2.46	0.00	0.20

其中，d_{out} 为线圈外沿距离，d_{in} 为线圈内沿距离。此方法的误差随耦合线圈自身线间距 S_{w} 与线直径 D_{w} 比值的增大而增加，在耦合线圈自身线间距小于等于线直径时具有较准的拟合效果。

在发射线圈与接收线圈相同的情况下，使用匝数 N 和线圈面积 S 相同的圆形线圈、圆角矩形线圈、正方形线圈进行仿真分析，结果如图 3－41 所示。

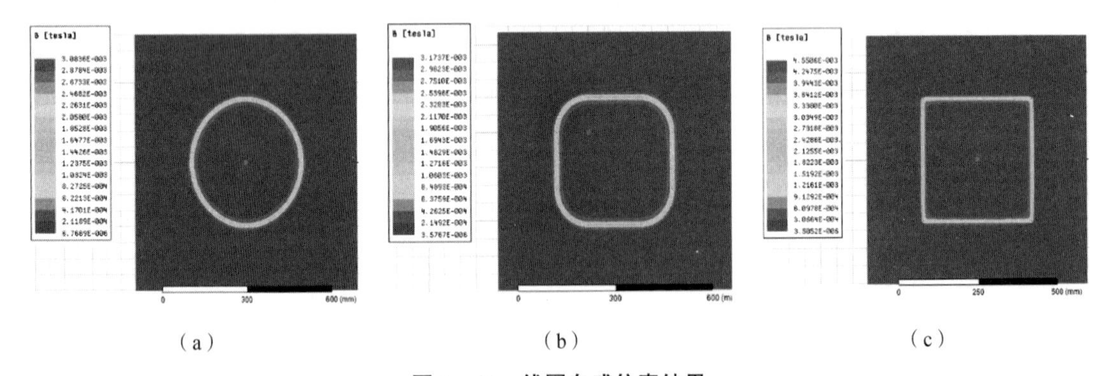

图 3－41　线圈自感仿真结果

(a) 圆形线圈自感 1.277 μH；(b) 圆角矩形线圈自感 1.276 μH；(c) 正方形线圈自感 1.236 μH

相同面积下圆形线圈自感最大，为 1.277 μH。圆角矩形自感为 1.276 μH，与圆形线圈相近，但圆角矩形在弯角处因磁场畸变自感略大于圆形线圈。正方形线圈受折角处磁场畸变影响，整体自感小于另外两种线圈，为 1.236 μH。实际应用中需要考虑应用场景选择合适的线圈形状，而计算中因为圆角矩形线圈形状不易于使用方程直接求解，为了研究相关特性，所以使用圆形线圈进行近似分析。同轴圆形线圈形状如图 3－42 所示。

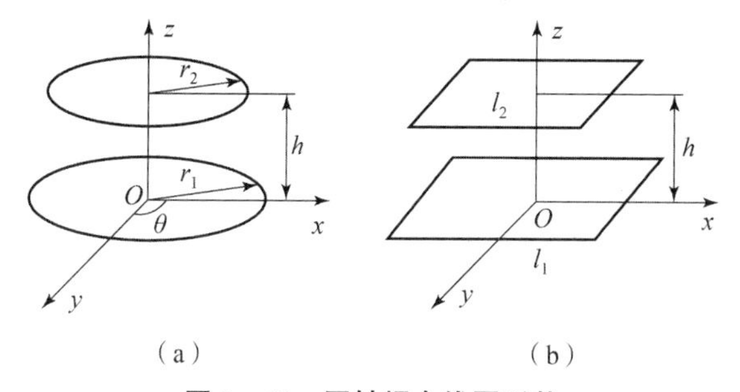

图 3－42　同轴耦合线圈形状

(a) 同轴圆形耦合线圈；(b) 同轴矩形形耦合线圈

同轴圆形耦合线圈互感可表示为

$$M=\mu_0 N_1 N_2 \frac{\sqrt{r_1 r_2}}{a}[(2-a^2)k-2E]$$

式中，两个线圈的平均半径分别为 r_1，r_2；μ_0 为真空磁导率；N_1，N_2 为两个线圈的匝数。其中：

$$a=\sqrt{\frac{4r_1 r_2}{h^2+(r_1+r_2)^2}}$$

$$k=\int_0^{\frac{\pi}{2}} \frac{1}{\sqrt{1-a^2\sin^2\theta}}\mathrm{d}\theta$$

$$E=\int_0^{\frac{\pi}{2}} \sqrt{1-a^2\sin^2\theta}\mathrm{d}\theta$$

同轴正方形耦合线圈的互感公式可表示为

$$M=\frac{2\mu_0 N_1 N_2}{\pi}\left[l\ln\frac{(l+b)b}{(l+c)h}+c-2b+h\right]$$

式中，l 为线圈边长。其中：

$$b=\sqrt{l^2+h^2}$$

$$c=\sqrt{2l^2+h^2}$$

将多层线圈等效于多个单层耦合线圈的叠加，极限形式为螺旋形线圈，则 m 层单层 N 圈耦合线圈可表示为

$$L^*=\frac{\mu_0(mN)^2 d_{\text{avg}} c_1}{2}\left(\ln\frac{c_2}{\rho}+c_3\rho+c_4\rho^2\right)=m^2 L$$

理论上耦合线圈自感可以按层数的平方倍增加，但因为每层之间有间隔，随着层数的增加，实际自感的增加逐渐趋于缓慢，层数增加造成的两线圈等效距离变大，也影响线圈互感。间隔较大的多层耦合线圈自感也可以理解为每层线圈自感与内部互感的叠加，可表示为

$$L^*=\sum_{i=1}^{m} L_i+2\sum_{i=1}^{m-1}\sum_{j=i+1}^{m} M_{ij}$$

对于复杂形状的线圈，由于空间关系复杂，计算量大，所以通常使用 FEA 仿真的形式进行计算。线圈多采用铜线，因此存在阻抗。在高频交流条件下，耦合线圈具有交流电阻 ESR，为了避免趋肤效应和临近效应对耦合线圈的影响，常采用高频利兹线，交流阻抗与系统频率具有如下关系：

$$\mathrm{ESR}=K_{\mathrm{c}}\frac{4\rho L_{\mathrm{s}}}{\pi N_{\mathrm{s}}D_{\mathrm{s}}}\left[H+2\left(\frac{N_{\mathrm{s}}D_{\mathrm{s}}}{D_{\mathrm{w}}}\right)^{2}\left(\frac{D_{\mathrm{s}}\sqrt{f}}{265}\right)^{4}\right]$$

式中，K_{c} 为长度修正系数，常取 1.04～1.056；L_{s} 为线圈用线长度；D_{w} 为利兹线直径；N_{s} 为利兹线股数；D_{s} 为利兹线单股直径；H 为单股导线交流电阻与直流电阻的比值；ρ 为利兹线电导率。

由本小节可以得到线圈典型参数之间建模的近似关系，为后续的互感优化等打下基础。

3.2.5.2 互感范围计算

传能距离为 10 cm，传能功率为 100 W，充电电压为 14.8 V，预设充电电流为 6.8 A。因此，等效负载为 2.2 Ω，传能线圈内阻按照 0.2 Ω 粗略计算。以基本补偿拓扑 S－S 为参考，系统的传输效率可简化为

$$\eta=\frac{\omega^{2}M^{2}R_{\mathrm{L}}}{R_{1}\cdot(R_{2}+R_{\mathrm{L}})^{2}+\omega^{2}M^{2}(R_{2}+R_{\mathrm{L}})}$$

要求系统最高效率高于 85.5%，任意位置传能效率高于 60%，在工作频率为 50 kHz 时，得线圈互感计算公式为

$$M=\sqrt{\frac{R_{1}(R_{2}+R_{\mathrm{L}})^{2}\eta}{\omega^{2}[R_{\mathrm{L}}-\eta(R_{2}+R_{\mathrm{L}})]}}$$

可知线圈互感应约为 19.07（效率 60%）～49.48（效率 85.5%）μH。

同理，传能距离为 30 cm，传能功率为 500 W，充电电压为 24 V，预设充电电流为 20.9 A。等效负载为 1.15 Ω，传能线圈内阻按照 0.2 Ω 粗略计算。要求系统最高效率高于 85.5%，任意位置传能效率高于 60%，在工作频率为 50 kHz 时，可得到线圈互感约为 16.04（60%）～ 222.64（85.5%）μH。

传能距离为 50 cm，传能功率为 1 000 W，充电电压为 48 V，预设充电电流为 20.9 A。等效负载为 2.3 Ω，传能线圈内阻按照 0.2 Ω 粗略计算。要求系统最高效率高于 85.5%，任意位置传能效率高于 60%，在工作频率为 50 kHz 时，可得到线圈互感约为 19.36（60%）～ 49.28（85.5%）μH。

无人机无线供电系统互感区间相差较大，因此需要针对传能功率、传能距离、质量等关键参数不同的接收线圈进行设计，代入关键电气参数及物理参数，对比不同补偿拓扑参数、线圈参数等进行方案设计，分配合理的自感值。

3.2.5.3 互感优化设计

针对传能距离为 10～50 cm，研究线圈的自感、外径、耦合系数等典型参数与时间的

关系。从线圈的匝数、层数、间距、自感等典型参数的相互作用关系出发，研究小型化、抗偏移、低损耗及互感最优化的参数设计。线圈建模流程如图 3 - 43 所示。

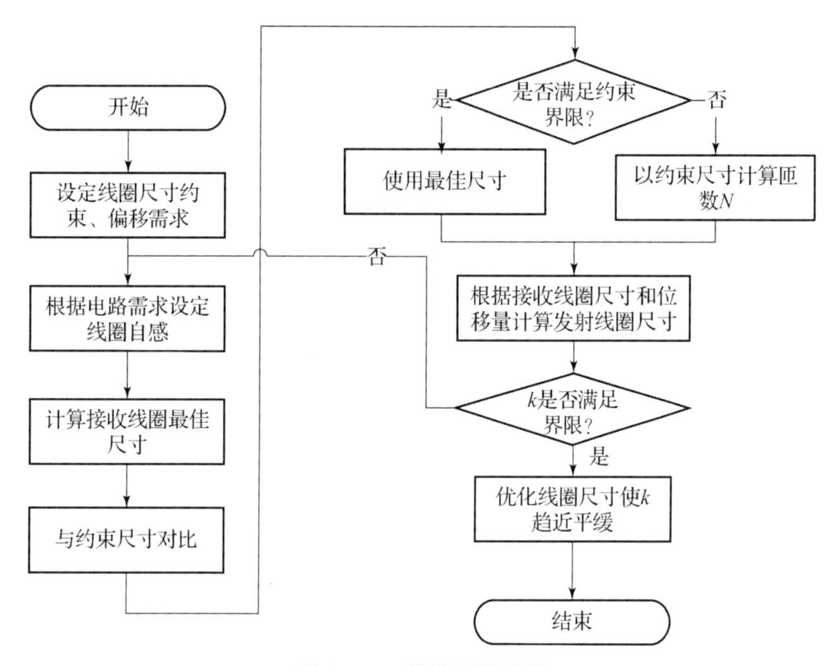

图 3 - 43　线圈建模流程

在无人机无线充电系统设计中，线圈自感 L 是设计的基本参数，可以根据线圈的自感 L 和不同距离下的耦合情况进行互感 M 的评估，然而，自感的设计需要结合补偿拓扑、传能功效、传能距离等进行综合分析，是一个多参数耦合下的优化问题。在 S - S 拓扑的圆形线圈参数设计中，耦合参数较少，因此，以 S - S 拓扑进行线圈多参数设计。图 3 - 44 所示为 S - S 拓扑传能效率与频率、互感关系的三维坐标图。

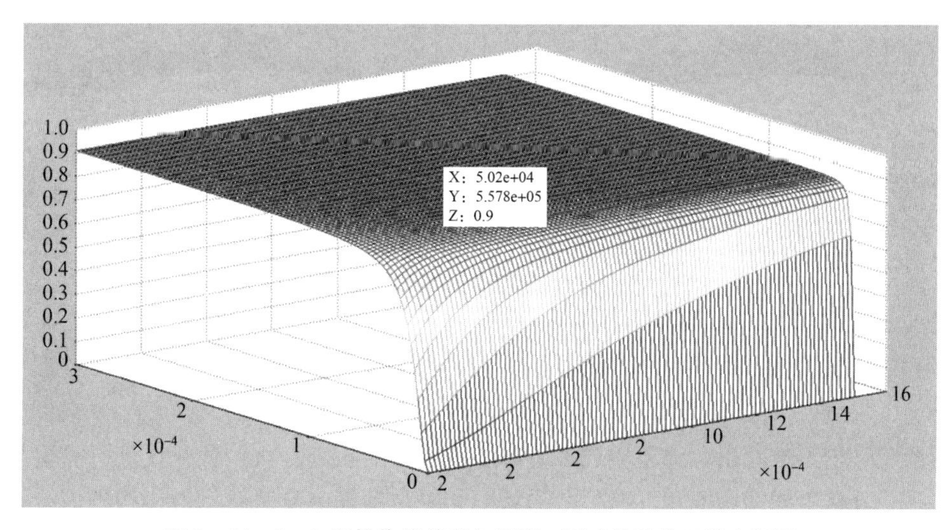

图 3 - 44　S - S 拓扑传能效率与频率、互感关系的三维坐标图

由图 3－44 所示的例子可知，想要实现高效的线圈设计，两个线圈间的互感至少要在 60 μH 以上。

根据以上分析，进一步通过仿真对不同传输距离与偏移错位下的线圈进行互感优化设计，以实现线圈参数的初步设计（图 3－45）。设最大线圈自感为 250 μH。

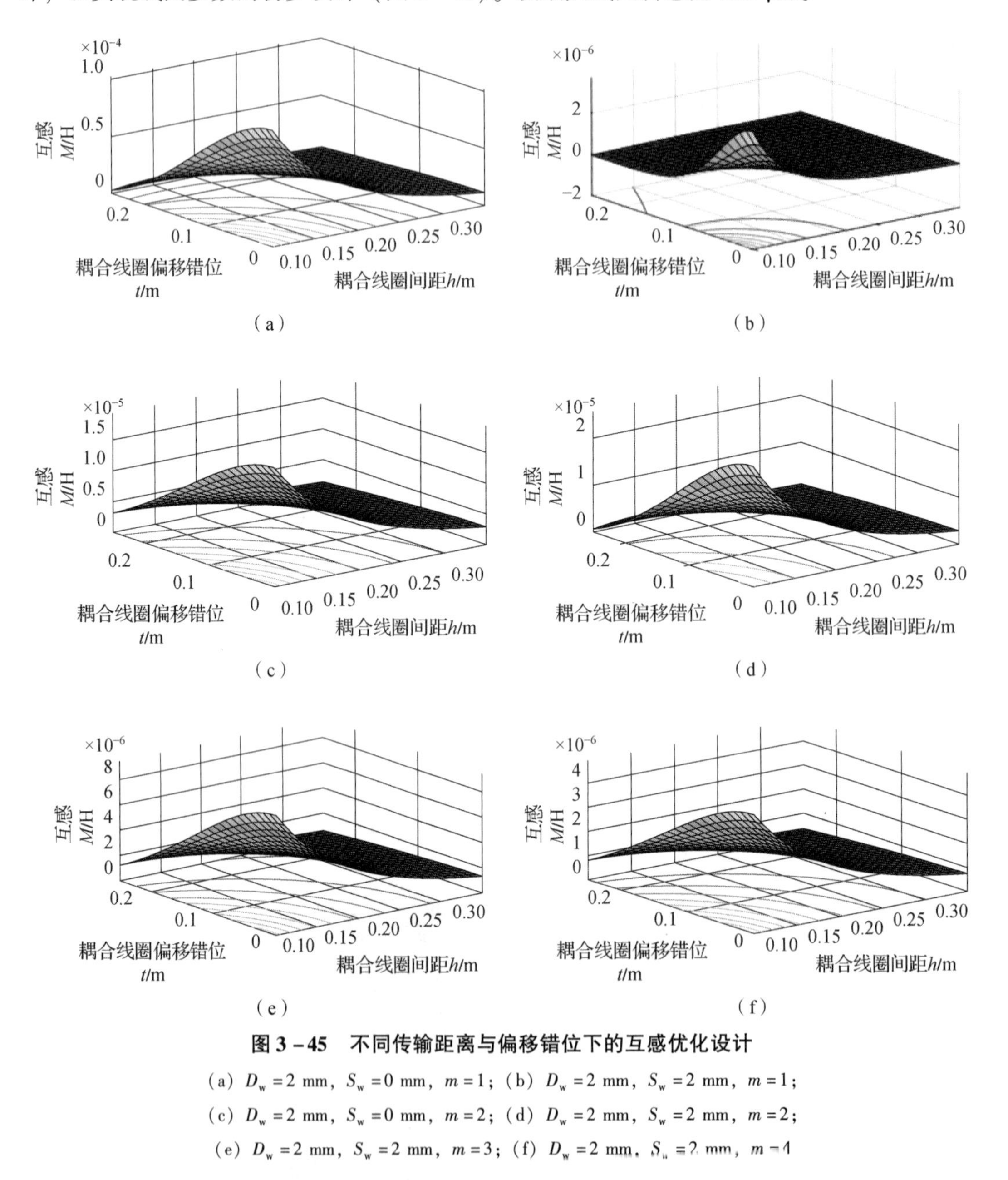

图 3－45 不同传输距离与偏移错位下的互感优化设计

（a）$D_w=2$ mm，$S_w=0$ mm，$m=1$；（b）$D_w=2$ mm，$S_w=2$ mm，$m=1$；

（c）$D_w=2$ mm，$S_w=0$ mm，$m=2$；（d）$D_w=2$ mm，$S_w=2$ mm，$m=2$；

（e）$D_w=2$ mm，$S_w=2$ mm，$m=3$；（f）$D_w=2$ mm，$S_w=2$ mm，$m=4$

由图 3－45 不难看出，想要实现多参数多目标下的磁耦合机构优化设计，需要从互感优化入手，分析不同线圈面积、匝数、形状、相对位置等因素对磁耦合机构的耦合系数以及互感的影响，以实现系统的多目标优化设计。

3.2.6　小结

本节分析了线圈的面积、匝数、形状、相对位置等因素对磁耦合机构的耦合系数以及互感的影响，优化了无线供电平台的磁耦合机构。最终，无人机无线充电系统参数如表 3 – 3 所示。

表 3 – 3　无人机无线充电系统参数

部件	内容	要求值
发射线圈 P1000	线圈感值	141 μH
	并联电容	192. 3 nF
	串联电容	13. 34 nF
	串联电感	9. 15 μH
发射线圈 P500	线圈感值	141 μH
	并联电容	192. 3 nF
	串联电容	13. 34 nF
	串联电感	9. 15 μH
发射线圈 P100	线圈感值	141 μH
	并联电容	192. 3 nF
	串联电容	13. 34 nF
	串联电感	9. 15 μH
接收线圈 S1000	线圈感值	120 μH
	串联电容	14. 66 nF
接收线圈 S500	线圈感值	168 μH
	串联电容	10. 55 nF
接收线圈 S100	线圈感值	44. 4 μH
	串联电容	39. 62 nF

3.3　接收线圈共型化设计

磁耦合机构设计需要重点考虑线圈结构和装配位置两方面。无人机主要包含机身、起落架和外围机载设备三部分，根据接收线圈的装配位置，磁耦合机构可分为装在无人机机身、无人机机身腹部以及起落架上三类。

3.3.1 接收线圈

3.3.1.1 机身接收线圈

考虑到尽可能不增加无人机负重且不改变无人机外形，英国帝国理工学院的学者提出用空心接收线圈替代无人机防撞架，如图3-46所示。发射端采用类圆盘形发射线圈，接收线圈采用类圆盘形接收线圈。此结构是一种轴对称结构，接收端相对轴心旋转时输出效果一致。然而，由于接收线圈处于和无人机机身相同的高度，大量磁通会穿过机身，对无人机形成强电磁干扰。

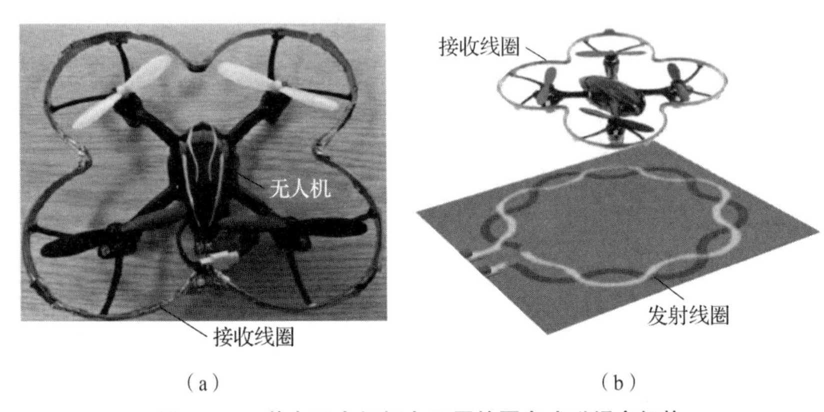

图3-46 装在无人机机身四周的圆盘式磁耦合机构

(a) 接收装置；(b) 整体结构

3.3.1.2 机腹接收线圈

华南理工大学、武汉大学、清华大学、青岛理工大学、哈尔滨工业大学、马来西亚国民大学等团队采用将平行式圆形接收线圈放置于无人机机身腹部的方案，如图3-47所示。该方案通过缩短接收线圈与发射平面之间的气隙有效提升耦合效果，对于各种外形的无人机都具有较好的适用性。然而，对该类型磁耦合机构的磁场研究发现，无人机机身同样会遭受强漏磁干扰。哈工大提出通过在接收线圈上方安装铝屏蔽环能够有效遏制漏磁干扰，但是同样会降低传输效率，并且无人机机身腹部通常会搭载云台等外围设备，该类型机构会阻碍这些外围设备的安装。

3.3.1.3 起落架接收线圈

也有机构在文献中提出将平行矩形盘式接收线圈放置于无人机起落架底端的方案，大矩形接收线圈如图3-48（a）所示，发射端和接收端之间的距离被进一步压缩，然而起落架底端的接收平面势必增加风阻。美国WiBotic公司则是在无人机起落架底端放置小型圆盘形接收线圈，如图3-48（b）所示，该方案磁耦合机构的体积小、质量小，但耦合面积小、线圈匝数少，仅适用于低功率场合。韩国科学技术院提出的垂直螺线管式接收线

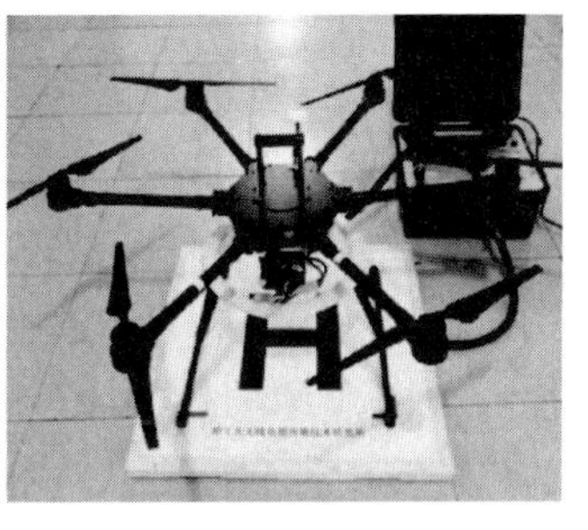

（a）　　　　　　　　（b）

图3-47　装在无人机机身腹部的圆形磁耦合机构

（a）螺旋式接收线圈；（b）盘式接收线圈

圈如图3-48（c）所示，该接收线圈安装在无人机起落架底端，配合铁氧体的使用能够有效减小系统漏磁，但含铁氧体的接收装置易在无人机降落过程中损坏，而且该结构还需要改造无人机起落架。哈尔滨工业大学的学者针对无人机的特殊外形提出交叉型线圈结构，如图3-48（d）所示，其发射端采用双极性线圈结构，接收线圈沿着起落架的框架绕制，具有质量小、对无人机结构适应性强的优势，且样机成功对500 W无人机实施整机效率90.8%的无线充电，同时该学者的团队还通过添加柔性磁材料进一步压缩接收线圈的体积和质量。尽管交叉型线圈在高、低功率场合都具有适用性，但对错位的适应性较差。

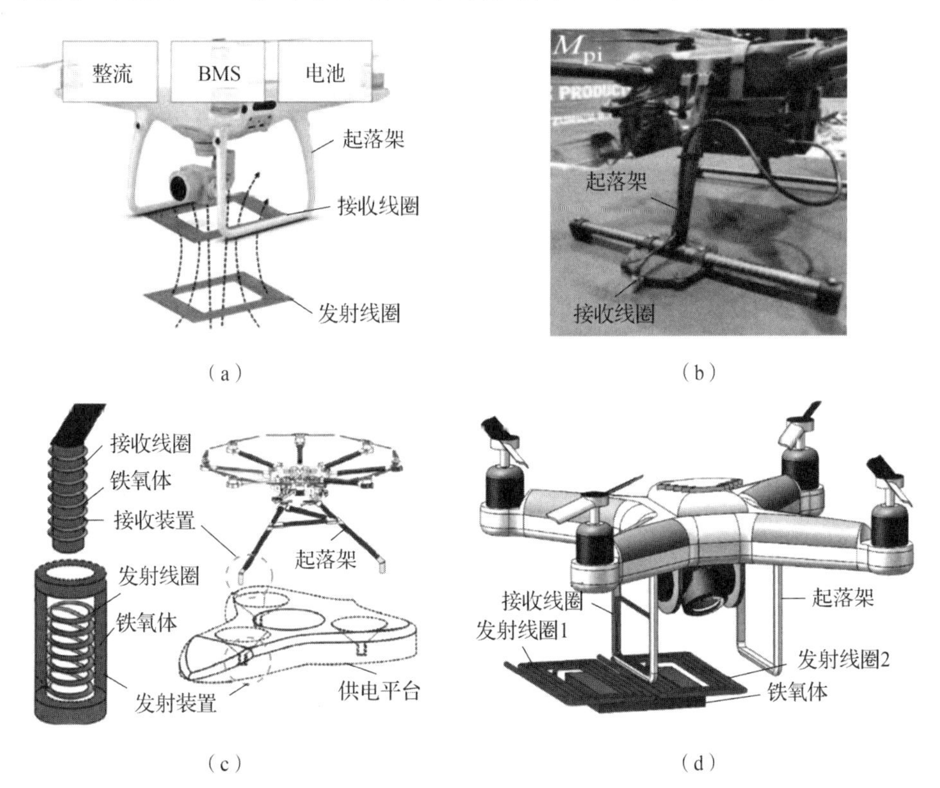

（a）　　　　　　　　（b）

（c）　　　　　　　　（d）

图3-48　装在无人机起落架底端的磁耦合机构

（a）大矩形接收线圈；（b）小型圆盘形接收线圈；（c）垂直螺线管式接收线圈；（d）交叉型线圈结构

3.3.1.4 总结

表3-4从传输功率、抗偏移性、电磁安全等方面对比了典型无人机无线充电系统线圈结构。大型平行盘式线圈结构具有易安装、传输功率高等优势，但漏磁干扰强；小型平行盘式线圈结构仅在低功率场合具有适用性；垂直螺线管式线圈结构需改造无人机结构；交叉型线圈结构的耦合能力强、传输功率高，但抗偏移能力弱。

结合上述分析，国内外研究团队已针对无人机无线充电系统的线圈结构设计开展了的大量研究工作，提出了一系列有的放矢的技术方案，但整体而言发展尚不成熟，还需进一步提升磁耦合机构性能。

表3-4 国内外无人机无线供电研究成果比较

指标	大型平行盘式线圈结构	小型平行盘式线圈结构	垂直螺线管式线圈结构	交叉型线圈结构
传输功率	高、低功率	低功率	高、低功率	高、低功率
耦合强度	弱	中	强	中
抗偏移性	强	弱	弱	弱
电磁安全	漏磁大	漏磁小	漏磁小	漏磁小
安装难易程度	易	易	难	易
接收线圈质量	大	小	中	中

3.3.2 高效无人机接收线圈

磁耦合机构作为无人机无线供电系统的核心部分，其设计的优异性直接影响系统的传输能力，良好的磁耦合机构能够实现较高功率及较高效率的能量传输，除此之外，其还具备较好的偏移特性。

对于无人机无线充电系统，参考在电动汽车无线充电领域应用最广泛的圆形线圈磁耦合机构与DD线圈电磁耦合机构，如图3-49所示，其中，圆形线圈磁耦合机构具有结构简单、易于设计等特点，因此在各个行业的无线充电领域应用较为广泛。随着磁耦合机构研究的发展，DD线圈磁耦合机构由于其优秀的耦合系数以及y方向偏移容忍特性，也逐渐被广泛应用。在本系统的设计中，线圈的设计需要考虑不同传输距离下的兼容性及无人机对耦合机构的轻量化及共型化设计需求。

就目前已有的仿真和试验结果来说，10~50 cm无人机无线供电平台的磁耦合机构设计更倾向于发射端采用圆形线圈，接收端采用环形线圈，以提高互感，并减小能量接收线圈对无人机飞行的影响。

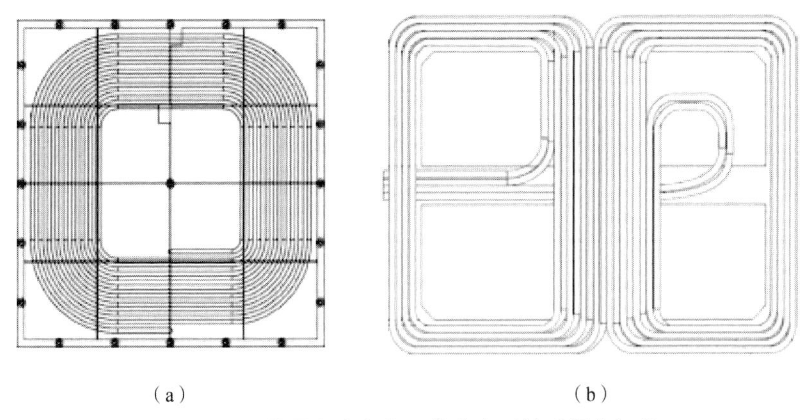

图 3 – 49　常用电动汽车无线充电系统磁耦合机构

（a）圆形线圈；（b）DD 线圈

此方案对无线传能功效和电磁安全的分析需要进行仿真和实际试验，确保在满足传能功效的目标上满足电磁安全要求。

3.3.3　接收线圈一体化集成设计

无人机无线充电系统共型化设计需要集成无线充电功能、无人机定位功能和无线通信功能，3 个功能集成的整体方案如图 3 – 50 所示。

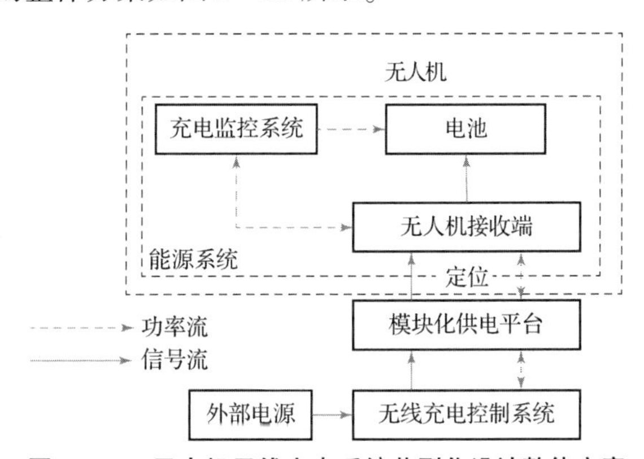

图 3 – 50　无人机无线充电系统共型化设计整体方案

无人机无线充电系统接收端结构集成是关键部分，结合了功率变换拓扑设计与控制、磁耦合机构设计与优化、接收端共型化设计等研究结果。

一对多无人机无线充电系统需要实现模块化设计，使无线供电平台对不同传能距离、传能功率的无人机高效无线充电，因此设计主要包括结构集成、电气集成和通信定位集成 3 个方面。

3.3.3.1　无人机无线充电系统接收端结构集成方案

无人机载荷有限，因此无人机无线充电接收端结构集成是无人机无线充电集成的重点，其方案如图 3 – 51 所示。

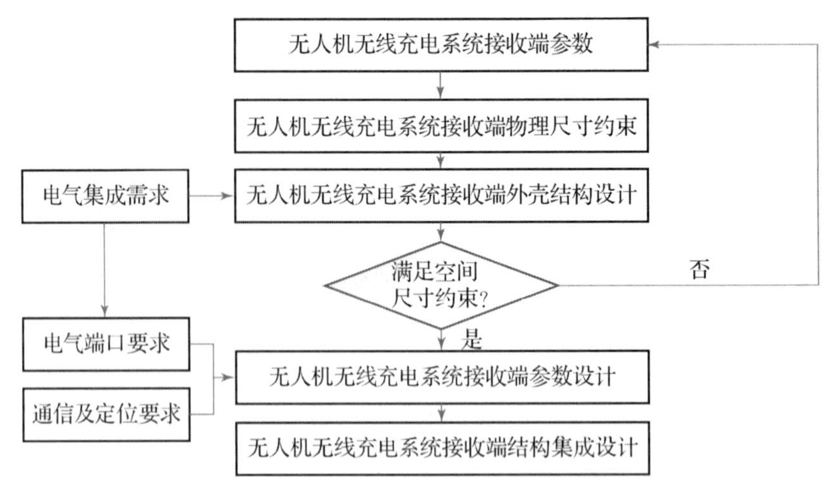

图 3-51 无人机无线充电系统接收端结构集成方案

无人机无线充电系统接收端结构集成方案采取以下步骤实现。

(1) 获取无人机无线充电系统接收端相关参数，对空间尺寸和无人机电池进行分析，得到无人机无线充电系统接收端物理尺寸约束。

(2) 根据步骤 (1) 的约束，综合充电需求形成的电路、磁耦合机构等硬件设备尺寸，设计无人机无线充电系统接收端的外壳结构设计。

(3) 判断无人机无线充电系统接收端是否满足物理尺寸的约束，若满足则进入下一步，若不满足则调整，重新进入步骤 (2)。

(4) 根据无人机无线充电系统的电气端口要求，设计无人机无线充电系统的电气端口，根据无人机无线充电系统无线通信及定位要求，设计符合系统需求的辅助系统设计，完成系统无线通信及定位。

(5) 根据无人机无线充电系统接收端参数要求，进行无人机无线充电系统接收端参数设计。

(6) 进行样机开发，完成无人机无线充电系统接收端结构集成设计。

3.3.3.2 无人机无线充电系统接收端电气集成

无人机无线充电系统接收端电气集成方案如图 3-52 所示。

无人机无线充电系统接收端电气集成方案采取以下步骤实现：

(1) 明确无人机电池的充电电压、充电电流、过压保护、过流保护等特性。

(2) 根据充电需求明确无人机无线充电系统接收端的输出特性需求。

(3) 按照充电电流、电压范围等输出特性需求进行接收端功率变换模块的设计。

(4) 判断输出特性是否满足无人机电池充电需求，若满足则进入下一步，否则返回步骤 (3)。

(5) 进行无人机无线充电系统接收端电气集成。

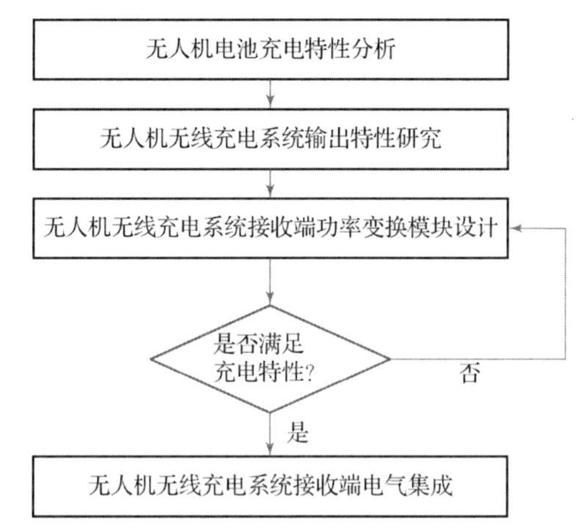

图 3－52　无人机无线充电系统接收端电气集成方案

3.3.3.3　无人机无线充电系统接收端通信集成

无人机无线充电系统接收端通信主要是与供电平台的通信。无人机无线充电系统接收端通信集成方案如图 3－53 所示。

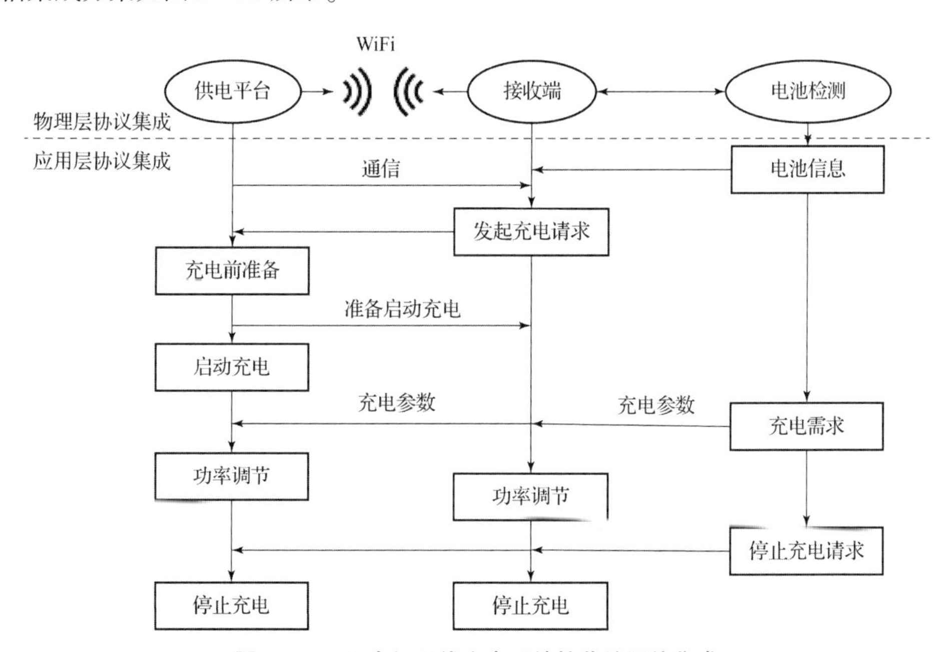

图 3－53　无人机无线充电系统接收端通信集成

无人机无线充电系统接收端通信集成方案采取以下步骤实现。

（1）物理层协议集成。供电平台与无人机无线充电系统接收端之间采用 IEEE 802.11n（WIFI）协议。

（2）应用层协议集成。

①无人机与供电平台建立通信，发送无人机信息并发起充电请求。

②供电平台接收到相关信息及充电请求指令，进行充电前准备。

③供电平台准备好后向无人机发送准备启动充电信号。

④供电平台根据充电参数进行功率调节，满足无人机电池的充电需求。

⑤无人机向供电平台发送停止充电请求，供电平台停止功率传输，充电停止。

3.3.4 耦合机构发射线圈及接收线圈设计

无人机无线充电系统的耦合机构部件性能及完成时间直接决定了系统的整体性能。

3.3.4.1 100 W 无人机无线充电系统耦合机构设计

100 W 无人机无线充电系统耦合机构的设计因素包括功率需求、效率需求、充电电压和传输距离。

接收线圈直径为 10 cm，自感为 166 μH，谐振电容为 10.3 nF，质量为 110.9 g（图 3-54）。发射线圈边长为 35 cm，自感为 141 μH，谐振电容为 13.34 nF，辅助电容为 192.3 nF，辅助电感为 9.15 μH。正对时效率高于 86%，偏移 5 cm 时效率高于 60%。

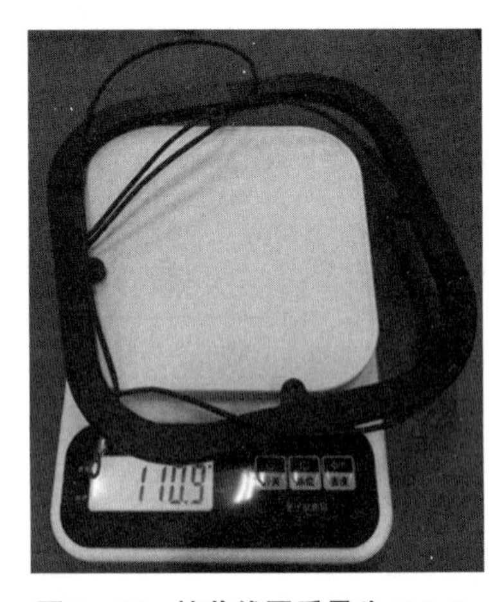

图 3-54 接收线圈质量为 110.9g

3.3.4.2 500 W 无人机无线充电系统耦合机构设计

接收线圈直径为 30 cm，自感为 166.7 μH，谐振电容为 10.3 nF，质量为 1 068.5 g（图 3-55）。发射线圈边长为 80 cm×90 cm，自感为 141 μH，谐振电容为 13.34 nF，辅助电容为 192.3 nF，辅助电感为 9.15 μH。线圈正对时，在传输距离 30 cm、功率 500 W 下，系统效率为 85%，刨除逆变开关损耗及整流 10 A 时的损耗，线圈间传输效率为 85.8%，高于 85.5%。

3.3.4.3 1 000 W 无人机无线充电系统耦合机构设计

接收线圈质量为 1 060 g（图 3-56），直径为 50 cm，最大传输效率高于 85.46%，刨除逆变开关损耗及整流 10 A 时的损耗，线圈间传输效率为 86.3%，高于 85.5%。

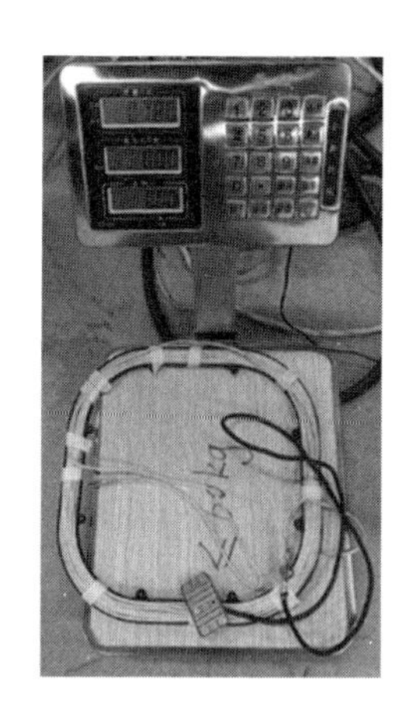

图 3-55　接收线圈质量为 1 068.5 g

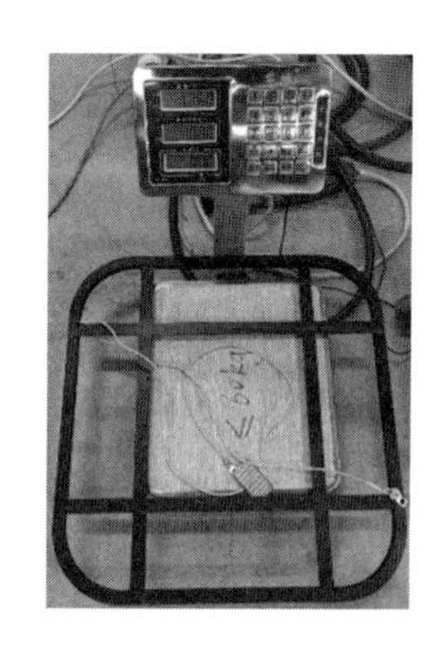

图 3-56　接收线圈质量为 1 060 g

发射线圈边长为 90 cm × 100 cm，自感为 141 μH，谐振电容为 13.34 nF，辅助电容为 192.3 nF，辅助电感为 9.15 μH。

3.4　高效无线充电电路

3.4.1　输入端口电路设计

输入供电保护用于实现输入短路保护和浪涌抑制保护功能。输入短路保护功能采用熔断器保护电路实现。浪涌抑制保护功能采用 P 沟道 MOSFET 及栅源极电阻和电容实现。在 MOSFET 的栅源间并联电容，上电时 MOSFET 从栅极开始导通到完全导通需要一定的时间，在这段时间内 MOSFET 工作在变阻区，可以有效地限制浪涌电流的大小。通过选择 MOSFET 的栅极并联电容的大小，调节 MOSFET 完全导通的时间。输入端口电路原理图如图 3-57 所示。

模块的加断电是通过外部指令控制继电器实现的，为了防止单个继电器失效导致设备无法开机，继电器电流小于 1 mA，选用 JMW-270M-027M/1/K 实现，其触点额定电流为 1 A。因此，该电路满足一级降额设计。

3.4.2　高频逆变电路设计

高频逆变电路是无人机无线充电系统中的关键部分之一，其目的是使发射端的能量有效地输送给固定的发射线圈上并在发射线圈上产生稳定而高频变化的交变磁场。在高频逆变器电路设计一般应该具备以下几个基本特性。

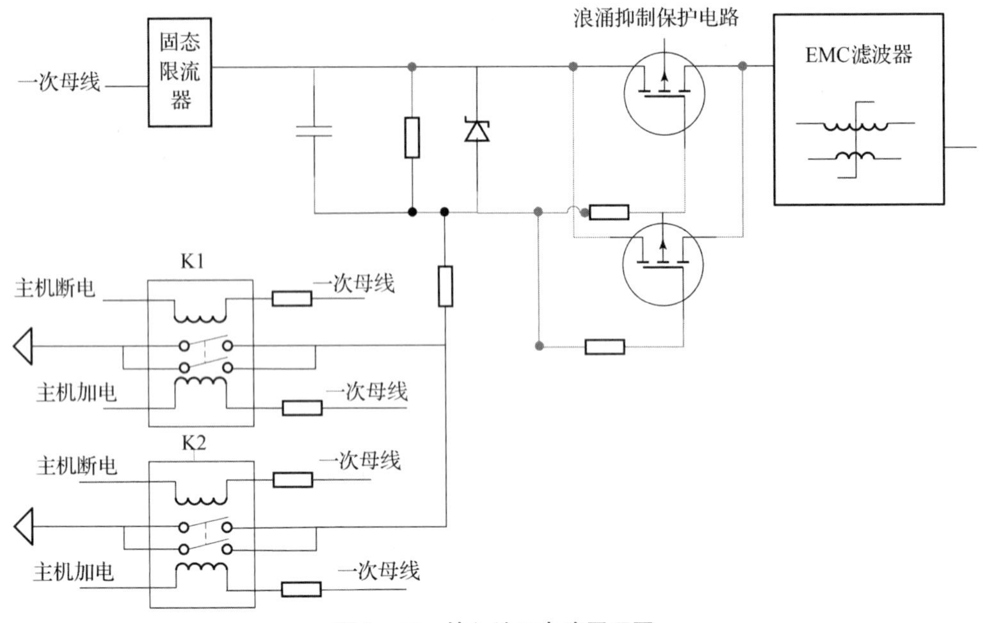

图 3-57 输入端口电路原理图

（1）为了更好地保证系统能量传输的稳定性，以及更好地保证能量的传输功率和距离，高频逆变电路本身的设计应严格地保证能够快速、稳定地为系统发射端提供能量。

（2）高频逆变电路在使用过程中应能够通过合理的参数设计和控制降低高频工作的开关损耗。

（3）为了有效降低高频驱肤效应和邻近效应所产生的损耗，应该考虑合适的高频逆变电路结构以及布局。

常见的逆变电路结构包括全桥逆变结构和半桥逆变结构。

（1）半桥逆变结构。

半桥逆变结构如图 3-58 所示，该结构主要由一对 MOS 管和一对电容连接组成，也可以只包含一对 MOS 管。

（2）全桥逆变结构

全桥逆变结构如图 3-59 所示，其中并联于电源的电容不是必需的。由于该结构的电压、电流以及功率都较大（高），所以应选择高功率的 MOS 管构成。

全桥逆变结构的工作过程主要有两种状态：M1 和 M4 构成一对，M2 和 M3 构成一对。当只有 M1 和 M4 导通时，电流的流经线路为：电源—MOS 管 M1—连接点 A—负载—连接点 B—MOS 管 M4—地。此时输出为电源电压的正半周期。当只有 M2 和 M3 导通时，电流的流经线路为：电源—MOS 管 M2—连接点 A—负载—连接点 B—MOS 管 M3—地。此时输出为电源电压的负半周期。通过两种状态轮流工作，全桥逆变结构输出一个占空比为 50% 的交变方波电压，且电压值为电源电压。全桥逆变结构和半桥逆变结构都需要通过添加死区时间来防止电源对流接地的穿通现象。

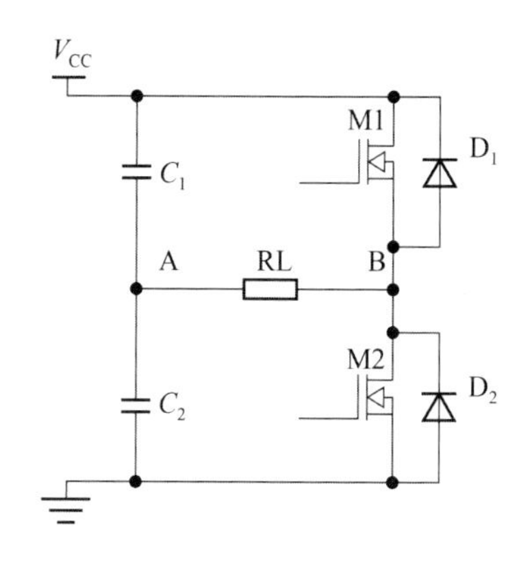

图 3－58　半桥逆变结构

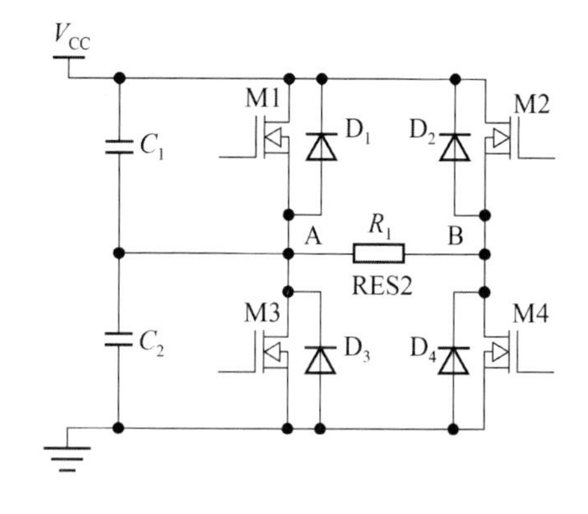

图 3－59　全桥逆变结构原理

综合上述分析可知，在低、中、高功率无线供电模块中都采用全桥逆变结构。波形图如图 3－60 所示。全桥逆变电路原理仿真图如图 3－61 所示。

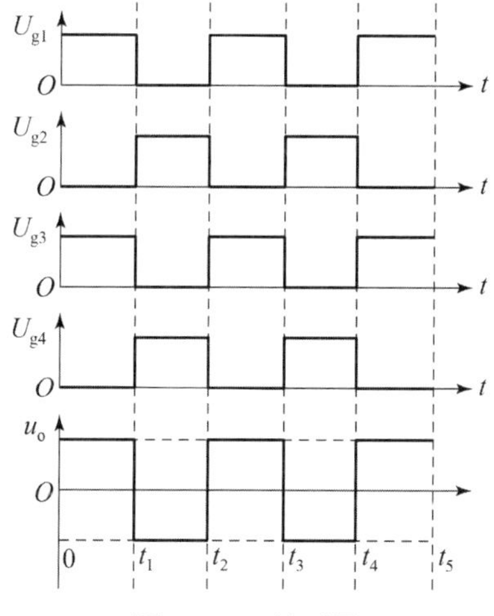

图 3－60　波形图

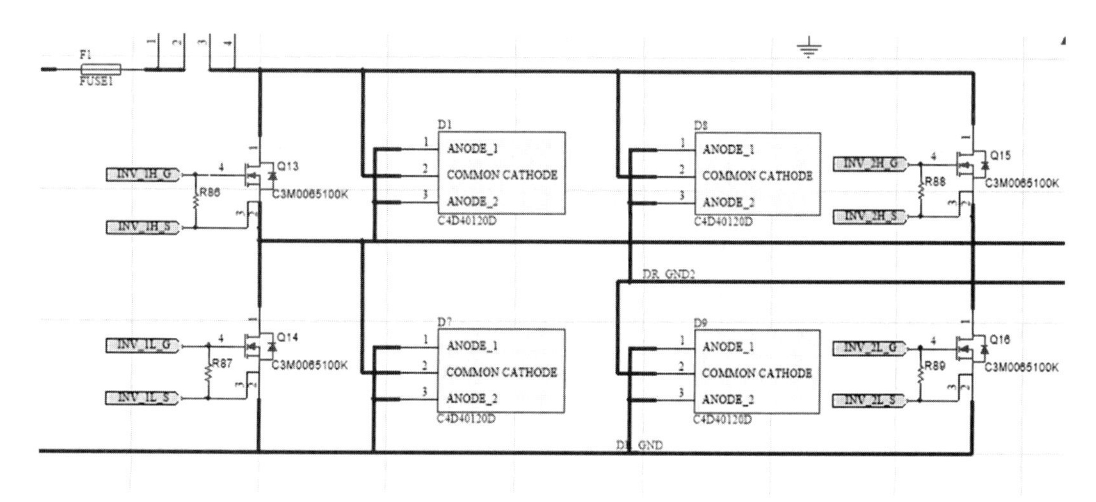

图 3－61　全桥逆变电路原理仿真图

3.4.3 驱动电路

MOSFET 和 IGBT 是电源设计中经常使用的两种全控型高频电力电子器件。与 IGBT 相比较，MOSFET 的工作频率相对较高，根据实际情况，选用 MOSFET 作为高频逆变电路用开关管。其具有开关时间短、损耗低以及工作可靠性高等优点。由于 MOSFET 的控制信号为电压控制，所以在选型时应充分考虑漏极电压，防止电压过高造成开关管的损坏，但如果所选择的开关管内阻太大，则会影响系统的工作效率。此外，还需要结合实际情况综合考虑开关管的其他相关参数，以确保系统能正常工作。

发射端高频逆变电路的单个 MOS 管所需要承受的最高直流电压均不可能超过 500 V，流过单个 MOS 管的最大电流均不超过 30 A，MOS 管的单个开关频率均设为 80 kHz。因此，选择型号为 C3M0065100K 的 N 沟道功率 MOSFET 作为全桥逆变电路的开关管。

本无人机无线充电系统的 MOS 管驱动芯片选用 IR2110 驱动芯片，其内部结构及工作原理如图 3-62 所示。

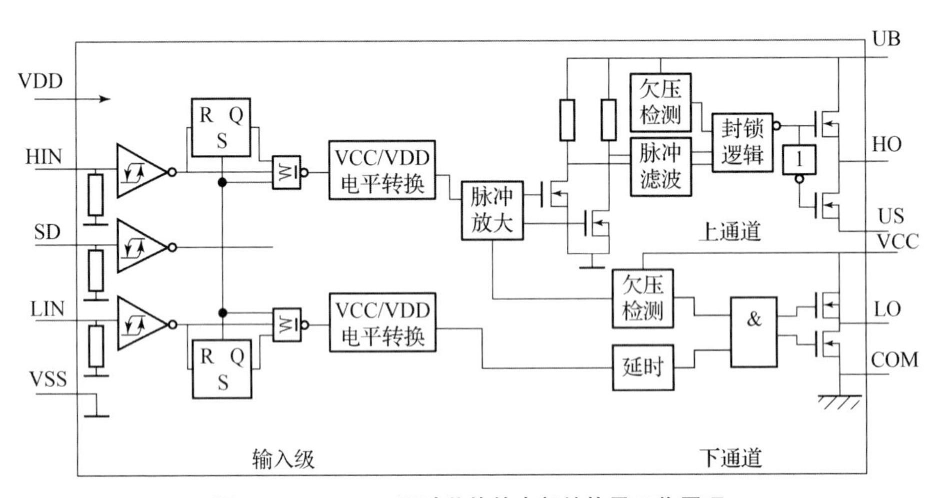

图 3-62 IR2110 驱动芯片的内部结构及工作原理

IR2110 具有如下特点：采用自举悬浮驱动电源时，可同时驱动同一桥臂的上、下两个开关器件，其高端工作电压可达 500 V，工作频率高，可以达到 500 kHz；具有电源欠压保护关断逻辑；输出用图腾柱结构，驱动峰值电流为 2 A；两通道设有低压延时封锁(50 ns)。IR2110 还有一个封锁两路输出的保护端 SD，在 SD 输入高电平时，两路输出均被封锁，以防止 MOS 管因电源驱动电压不足而发生损坏。

由于高频逆变电路是采用 4 个 MOS 管构成的全桥逆变电路，所以需要两片 IR2110 驱动芯片分别对 MOS 管进行驱动。IR2110 驱动一对 MOS 管的电路如图 3-63 所示。当 MOS 管 V2 导通，V1 关断时，电源电压经过 D2 给电容 C2 进行充电，直至其电压值与电源电压 VCC 基本相等，此时 MOS 管 V1 导通，V2 关断，此时电流反向流过 D2，被截止，此时之前电容 C2 存储电能用来驱动 MOS 管 V1 进行正常工作，如此循环往复。

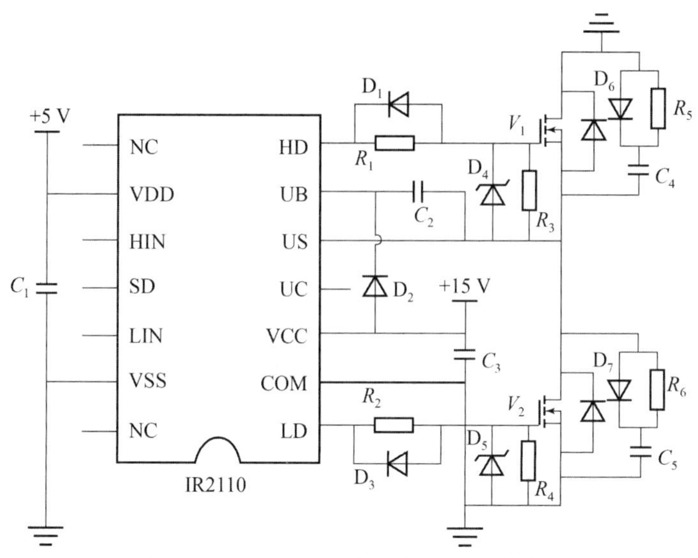

图 3-63　IR2110 驱动一对 MOS 管的电路

通常在 IR2110 的输出与整个 MOS 管栅极之间需要串联一个电阻，串联的电阻不能太大，也不能太小，当电阻太大时，MOS 管的开关时间就会太长，MOS 管的损耗越高；当电阻太小时，则导致系统产生非常高的电压和超大的电流脉冲尖峰，从而产生较大的开关脉冲应力。将电阻和二极管并联，然后串联到电路中，能够快速释放 MOS 管栅极上的电容，从而大大缩短整个开关管关断持续时间。为了防止过压烧毁 MOS 管，采用稳压管 D_4 和 D_5 来限制栅源极电压。

考虑到元器件选型及隔离驱动的要求，开关管驱动电路使用了边沿触发式隔离驱动电路，电路形式如图 3-64 所示。该驱动电路无隔直电容，可以快速响应频率、占空比。该电路充分继承 DFH-5 平台 PCU 的 BCDR 模块，已有在轨飞行经历。

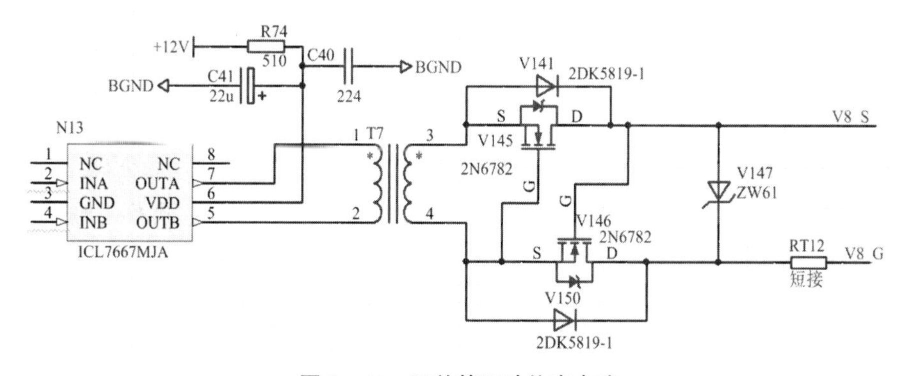

图 3-64　开关管驱动仿真电路

3.4.4　关键电路分析与设计

对无人机无线充电系统关键电路进行分析与参数设计，包括信号调理电路、EMI 滤波电路和整流滤波电路，它们的主要功能为：①信号调理电路负责采集电路电压、电流等信息，并将这些模拟信号调制后输入主控芯片处理；②EMI 滤波电路负责抑制共模和差模干扰，保证系统工作时的电磁兼容性；③整流滤波电路负责将交流电转换为稳定小纹波的母线直流电。

信号调理电路主要包括输入电压采样电路、输入电流采样电路、发射线圈电流采样电路、输出电压采样电路和输出电流采样电路。

输入电压采样电路如图 3－65 所示。电压过零检测电路如图 3－66 所示。

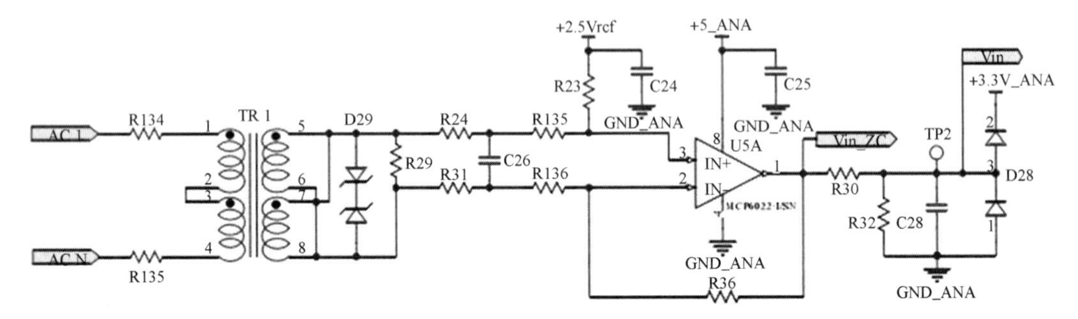

图 3－65　输入电压采样电路（仿真）

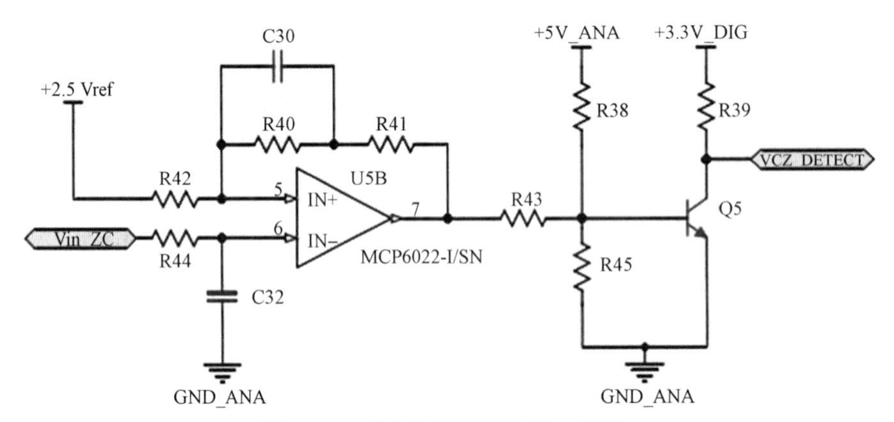

图 3－66　电压过零检测电路（仿真）

输入电流采样电路如图 3－67 所示，其采用“霍尔传感器＋二级放大器＋电阻分压”方案。最大输入功率为 P_{inm} = 1 650 W，最小功率因数为 PF_{min} = 0.9，可算出输入电流峰值为 I_{inm} = 11.8 A，取 15 A 作为设计标准。选用 Allergo 公司的 ACS712ELCTR－20 A－T 作为霍尔传感器串联在输入电路中，其具有低阻抗、动态性能好的优点，灵敏度为 100 mV/A，带宽为 80 kHz。其过零检测电路与电压过零检测电路相同。

发射线圈电流采样电路如图 3－68 所示，其采用“电流互感器＋一级放大器＋电阻分压”方案。电流互感器采用 B82801B0305A100，匝数比为 1∶100，耐流为 20 A，工作频率高达 1 MHz，阻抗低。利用小电阻 R54 将互感器次级电流转换为电压信号，然后输入一级放大器中进行信号处理。其过零检测电路与电压过零检测电路相同。

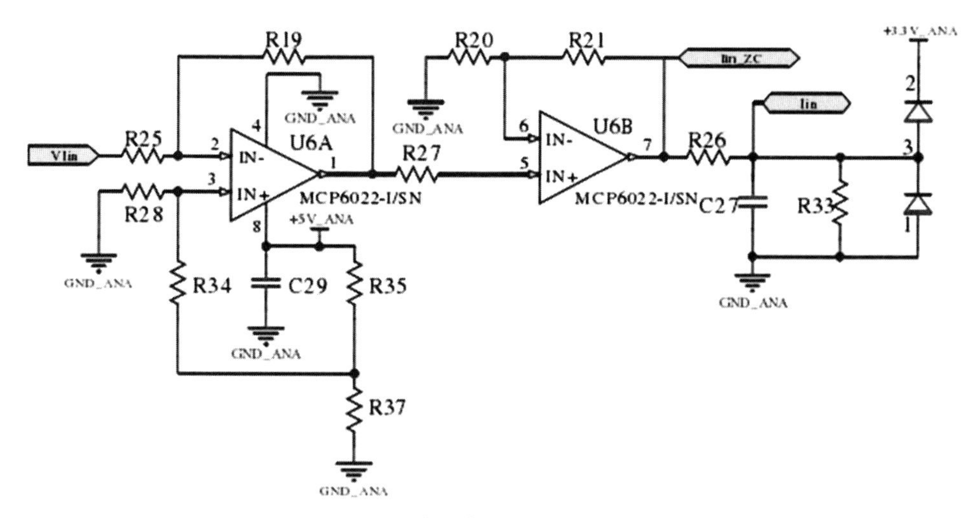

图 3－67　输入电流采样电路（仿真）

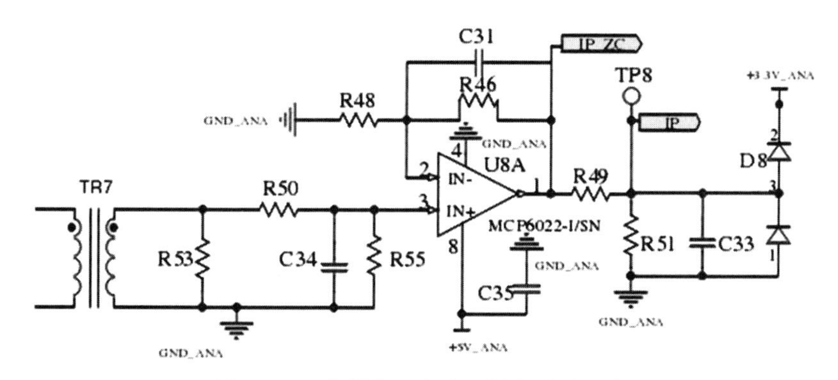

图 3－68　发射线圈电流采样电路（仿真）

输出电压和输出电流采样电路如图 3－69 和图 3－70 所示。输出电压采样电路采用“一级放大器＋电阻分压”的方案，输出电流采样电路采用“霍尔传感器＋一级放大器＋电阻分压”的方案。霍尔传感器采用 LEM 公司的 LTS6－NP，具有精度高、线性度好、频带宽和抗干扰能力强等特点，能够承受 250 A 的直流脉冲，电流测量范围大。

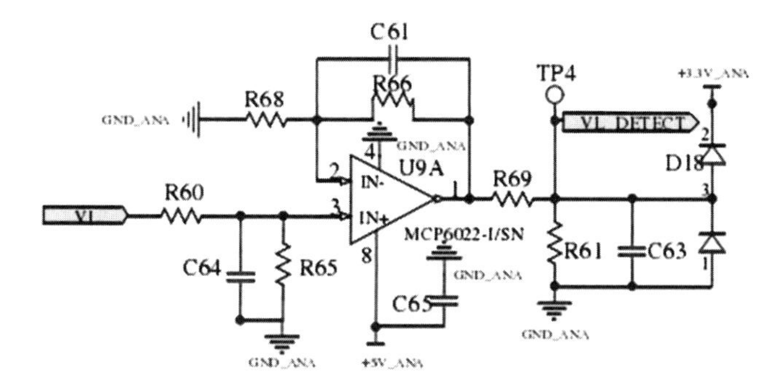

图 3－69　输出电压采样电路（仿真）

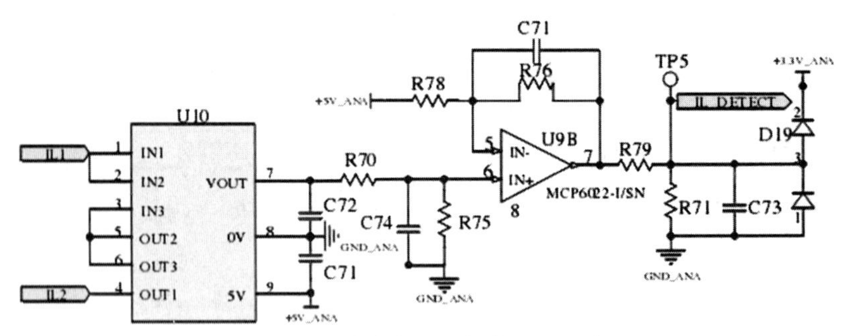

图 3－70 输出电流采样电路（仿真）

电磁干扰（Electromagnetic Interface，EMI）是电源电路对内和对外产生干扰电噪声的现象，可以分为共模干扰和差模干扰。抑制电磁干扰的措施有接地、屏蔽和滤波 3 种方式。EMI 滤波电路的原理是使低频有用信号通过，使高频干扰信号衰减。本系统采用两级 EMI 滤波器电路，如图 3－71 所示，其中，F_1 为过流保护的保险丝，R_{V1} 为抑制电压尖峰的压敏电阻，R_1 为传输线的特征阻抗，C_{X1}、C_{X2}、C_{X3} 为差模电容，C_{Y1}、C_{Y2} 为共模电容，L_{CM1}、L_{CM2} 为共模电感，用共模电感的漏感 L_{K1}、L_{K2} 作为差模电感。由于共模电容远小于差模电容，所以可忽略共模电容对差模干扰滤波电路的影响，可以得到图 3－72 和图 3－73 所示的共模滤波器和差模滤波器等效电路。

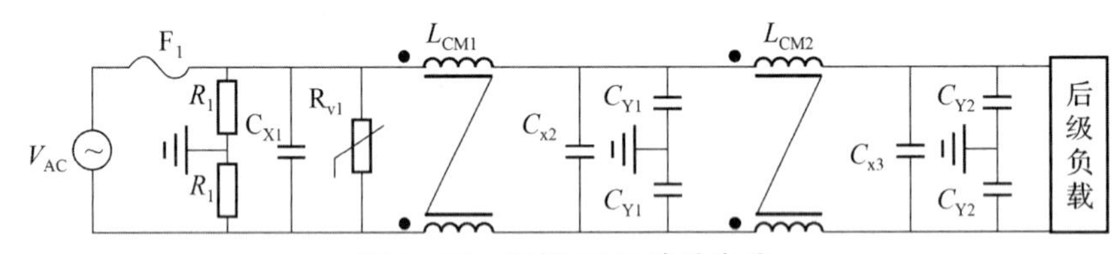

图 3－71 两级 EMI 滤波电路

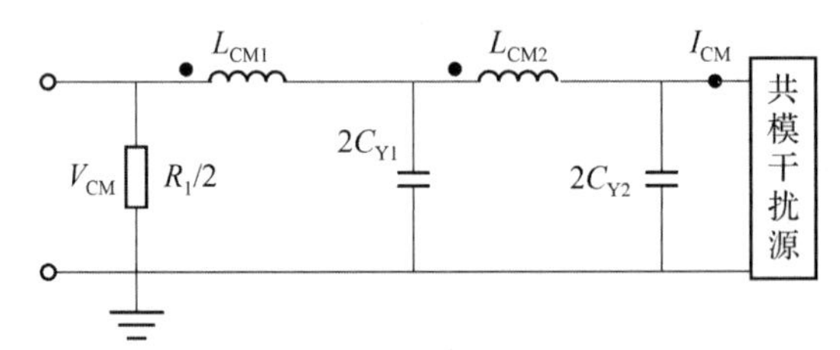

图 3－72 共模滤波器等效电路

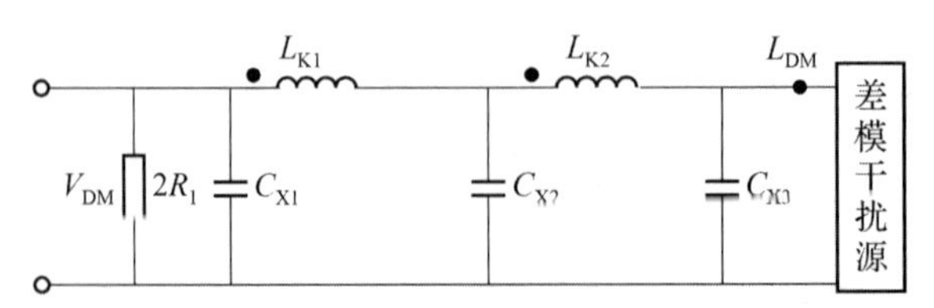

图 3－73 差模滤波器等效电路

3.5 磁屏蔽研究

上一节分析了线圈的面积、匝数、形状、相对位置等因素对磁耦合机构的耦合系数以及互感的影响，本节进一步一对多无线充电系统磁屏蔽措施进行建模分析，确保充电时不影响飞控和无人机上的电路正常工作。

磁屏蔽设计不仅可以增强线圈之间的耦合，也可以减小磁耦合机构的漏磁，降低系统电磁辐射。磁耦合机构的磁屏蔽分为导磁和隔磁两部分组成。使用隔磁材料会引起能量损失使系统效率降低，因此要先使用导磁材料使磁场尽可能大部分在有效范围内，降低进入屏蔽层的比例。本节研究典型应用环境下不同导磁与隔磁材料的形状、尺寸、铺设方案对磁耦合机构参数、磁屏蔽及热扩散的影响，明确磁屏蔽材料和结构参数与系统电磁场之间的量化关系，针对典型应用中无人机无线充电系统的使用对铁磁材料导磁情况和金属屏蔽进行分析。

3.5.1 铁磁材料对耦合线圈电磁特性的影响规律分析

3.5.1.1 铁磁材料的主要参数

铁磁材料是无人机无线充电系统耦合机构中的重要组成部分，它影响磁耦合机构的尺寸和效率，因其磁导率与空气磁导率不同，所以影响了耦合线圈的整体等效感值。性能较好的铁磁材料具有很好的导磁性，可以提高系统效率，屏蔽磁场范围，也可以大大提高磁耦合机构整体的等效自感和互感。铁氧体是一种具有铁磁性的金属氧化物，其主流材料主要有两种，根据成分主要分为 Mn - Zn 和 Ni - Zn 铁氧体材料。铁氧体的电阻率较高，高频时具有较高的磁导率，且有很好的频响特性，饱和磁感应强度较低，一般在 0.6 T 以下，因此，铁氧体材料可以广泛应用于中高频率的电磁场合。

铁磁材料在高频交流条件下会因为损耗发热，具体由磁滞损耗 P_h、涡流损耗 P_e 和剩余损耗 P_c 二部分组成。

磁滞损耗是铁磁材料内部结构磁场强度变化滞后于外部磁场强度变化导致的，磁通密度与磁场强度形成磁滞回线关系，二者为非线性关系。如图 3 - 74 所示，磁滞损耗为磁滞回线包围的面积，频率越高、振幅越大，能量损失越多。因此，在材料选择上尽量选择磁滞回线包围面积小的铁磁材料。另外，如果在磁场增强的情况下感应强度不在增加，即达到磁饱和。

涡流损耗取决于铁磁材料的截面积和电阻率，因为铁磁材料电阻率不是无穷高，在铁磁材料周边会产生一定阻值，由感应电压产生感应电流 I_e，因此产生涡流损耗。涡流损耗与磁通变化率成正比，随着频率提高，涡流损耗增大。

剩余损耗在高频下可以忽略。

铁磁材料损耗具体可以用如下公式表示：

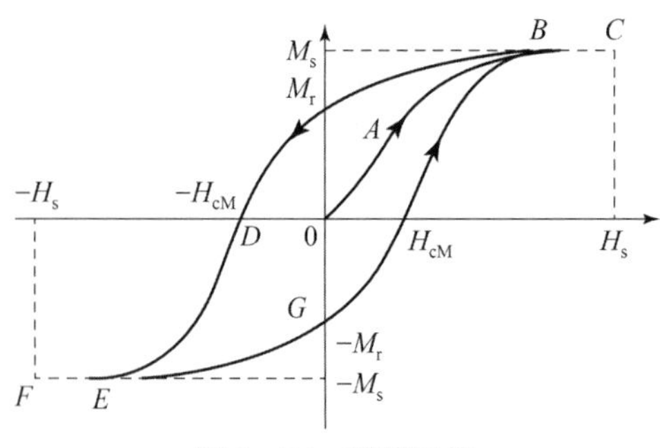

图 3－74 磁滞回线

$$P=\eta f^{\alpha}B_m^{\beta}V$$

式中，η 为损耗系数；f 为工作频率；α 为频率损耗指数，为 1.5～1.7；B_m 为铁磁材料幅值磁感应强度；β 为磁感应损耗指数，为 2～2.7；V 为铁磁材料体积。

3.5.1.2 铁磁材料对系统工作特性的影响

增加铁氧体会增加线圈自感，相同条件下增加铁氧体数量会增加线圈的耦合系数，增大 k 值。铁氧体数量越多，可以达到的 k 值越大，并且采用铁氧体板可以达到更大的 k 值。但是，铁氧体会影响系统工作频率，因为其增大了线圈等效自感，造成系统工作频率降低，系统谐振频率偏移。铁氧体对称布置，在增加线圈自感的同时可提高系统效率，不对称（不合理）布置会造成系统失谐反而降低系统效率。

3.5.1.3 不同铁磁材料工作状态对比

Mn－Zn 硬质铁氧体是由铁粉与黏结胶混合后经压模成型、烧结、磨削制成，主要用于电子产品 EMC，也可用于无线充电磁屏蔽。

硬质铁氧体具有较高的饱和磁通密度和较低的磁芯损耗。当铁氧体位于线圈附近时，线圈中的高频磁场作为激励磁场会施加给铁氧体，铁氧体的磁矩会与外加磁场形成同一方向的磁矩，从而形成强烈的感应磁场，并且感应磁场会随着外加磁场增强而增强，直到静磁矩与饱和磁矩相等，达到磁饱和。

PC95 硬质铁氧体主要特性如图 3－75 所示。

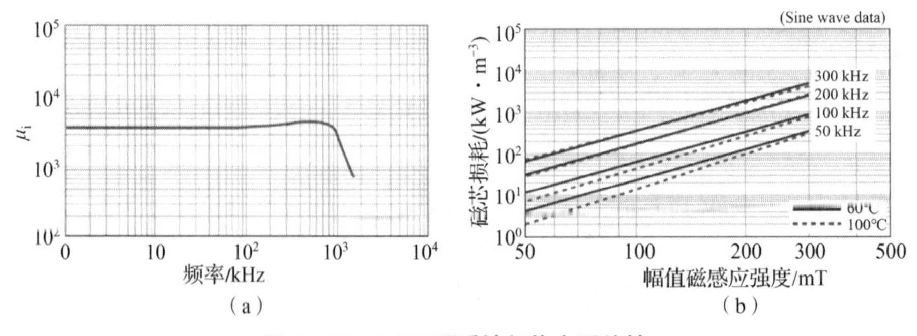

图 3－75 PC95 硬质铁氧体主要特性

（a）初始磁导率频率特性；（b）磁芯损耗

Mn－Zn 柔性铁氧体是由预裂式铁氧体与双面胶、保护膜通过黏接剂叠层制成，是在2012年年末由TDK推出的专用于智能手机等移动设备的无线充电隔磁材料。它具有轻薄防振、可弯折、不易碎等特点。Mn－Zn 柔性铁氧体参数如表3－5所示。

表3－5　Mn－Zn 柔性铁氧体参数

材料	TRF160	TRF180	TRF220	TRF600
虚部磁导率 μ'/%	130±20	150±20	170±20	600±20
虚部磁导率 μ''/%	150	250	350	800
操作频率	—	13.56 MHz	—	128 KHz
操作温度/℃	—	－40～85	—	－23～23

发射线圈搭配轻薄柔性铁氧体，在多个线圈设计中可以大幅减小整体厚度，接收线圈的厚度仅为0.57 mm。TRF柔性铁氧体主要特性如图3－76所示。

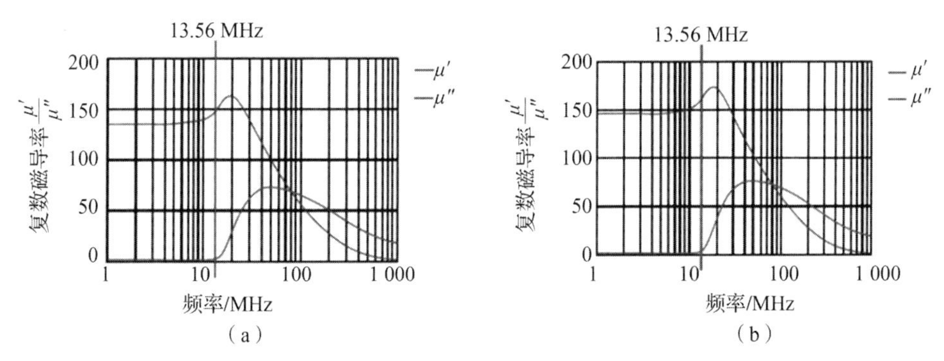

图3－76　TRF柔性铁氧体主要特性（附彩插）

（a）TRF180磁导率频率特性；（b）TRF220磁导率频率特性

随着无线充电技术的发展，相关铁氧体具有广阔的市场前景，国内外铁氧体厂商对铁氧体进行了深入的研究和开发。国内外铁氧体厂商有详细相关介绍和参数测试结果，但对用于无线充电相关结果缺少对比分析。柔性铁氧体可以应用于条件复杂、振动严重的工作场合，如航天器、无人机等场合。

3.5.2　漏磁和磁屏蔽分析

3.5.2.1　磁屏蔽布局分析

无线充电系统的电磁辐射问题一直备受人们关注。因为电磁辐射对人体和周围物质产生不利影响，耦合线圈产生的交变磁场会使附近的金属物体产生涡流，使金属物体加热，交变磁场也对人体器官或人体佩戴的辅助器械产生干扰，所以无线充电系统应该符合EMI和EMC相关标准，但不恰当的磁屏蔽措施会导致无线充电系统效率降低。

通常采用的磁屏蔽办法是在线圈铁氧体背面增加屏蔽层，屏蔽层通常使用铜、铝等高导电金属，其产生涡流以抵消泄露的电磁辐射。这样也会导致一定能量损失，磁屏蔽的损失一般会使系统效率降低1%~2%，因此需要通过优化铁氧体布局，使磁场尽可能少地进入屏蔽层。图3－77为屏蔽层等效电路模型，通过该模型可以理解金属屏蔽对于无线充电的损失情况。根据磁屏蔽仿真情况（图3－78），在铁氧体存在的情况下，铝板距离铁氧体2 cm距离以上较为适宜。

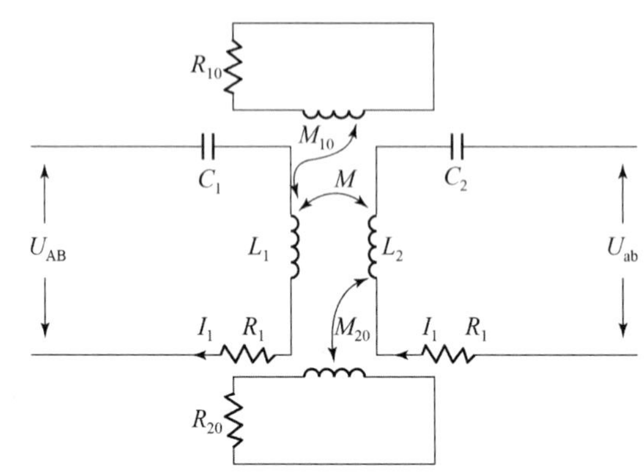

图3－77　屏蔽层等效电路模型

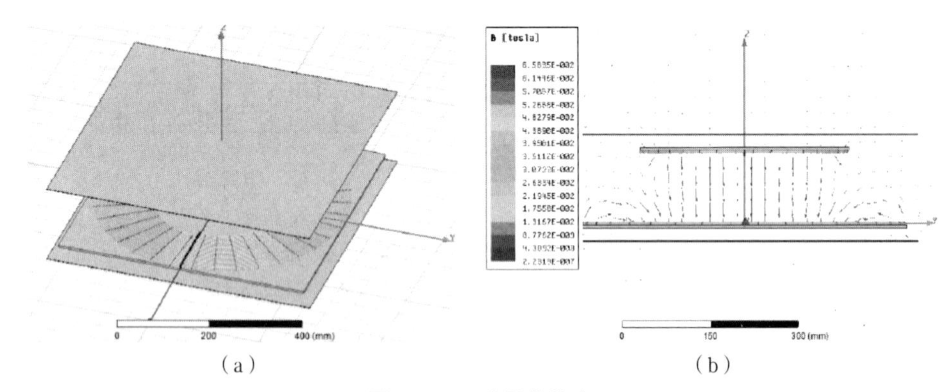

（a）　　（b）

图3－78　磁屏蔽仿真

（a）铝板磁屏蔽模型；（b）磁屏蔽分析

3.5.2.2　铁氧体漏磁仿真与测试

为了减小磁屏蔽对系统的影响，需要对铁氧体漏磁情况进行仿真。在前期试验中，采用4块Mn－Zn铁氧体进行仿真。根据初步设计的线圈参数与铁氧体的尺寸参数，在Maxwell仿真软件中建立线圈与铁氧体的仿真模型。

仿真试验分为6种情况，分为铁氧体无孔无间隔的基本情况，有孔无间隔外加轴向、横向、翻转等情况。

如图3－79（a）所示，在铁氧体片上方即线圈背面磁场强度为9.87×10^{-8} T，表明铁氧体的磁屏蔽效果很好，没有明显漏磁情况发生。如图3－79（b）所示，铁氧体打孔后，打孔处的磁场强度均比较低，打孔后铁氧体后方的磁场强度为7.92×10^{-8} T，相对于未打

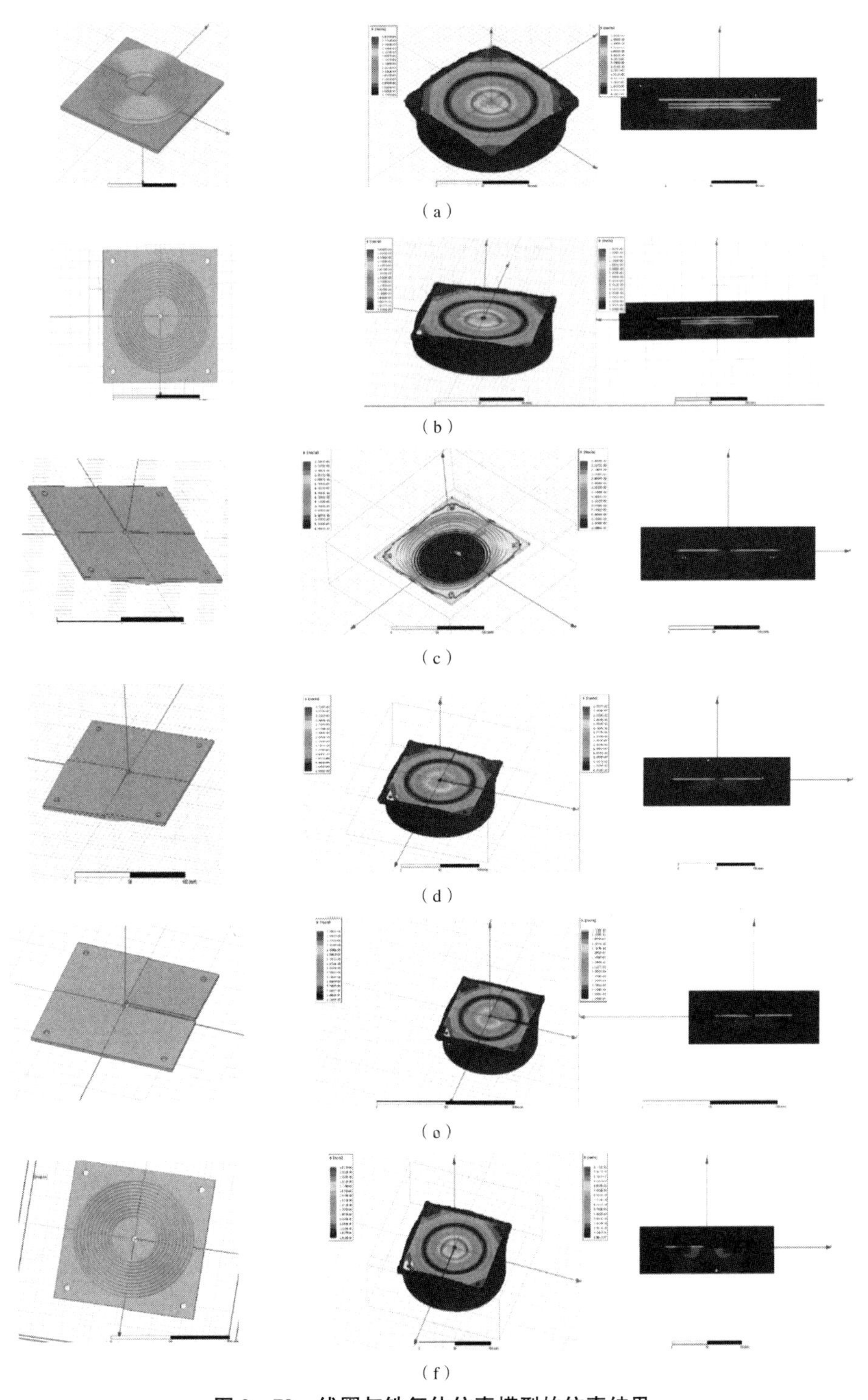

(a)

(b)

(c)

(d)

(e)

(f)

图 3－79　线圈与铁氧体仿真模型的仿真结果

(a) 铁氧体无孔平铺排列仿真磁场；(b) 铁氧体有孔平铺排列仿真磁场（圆孔直径为 5 mm，边角圆孔圆心距原点、x 轴和 y 轴距离均为 50 mm）；(c) 铁氧体有孔轴向错位排列仿真磁场（右上角铁氧体片向上错位 1 mm）；(d) 铁氧体有孔翻转排列仿真磁场（左下角铁氧体绕 y 轴旋转 3°）；(e) 铁氧体有孔翻转和轴向错位排列仿真磁场（右上角铁氧体绕 y 轴旋转 3°，并且向上错位 1 mm）；(f) 铁氧体横向错位排列仿真磁场（铁氧体沿 y 方向错位 1 mm）

孔时几乎没有变化，不影响铁氧体片的磁屏蔽效果。如图 3-79（c）所示，轴向错位后铁氧体磁屏蔽后的磁场强度为 1.66×10^{-7} T 且分布均匀，这相比于有孔无错位的铁氧体磁屏蔽后的磁场强度有所提高。如图 3-79（d）所示，左下角铁氧体绕 y 轴旋转 3°，由横截面磁场强度分布可以看出，铁氧体磁屏蔽后的磁场强度为 6.85×10^{-8} T 且分布均匀。如图 3-79（e）所示，翻转和轴向错位的铁氧体磁屏蔽后的磁场强度为 1.24×10^{-7} T 且分布均匀，这相比于单独存在翻转时磁场强度提高，相比于单独存在错位时磁场强度降低。如图 3-79（f）所示，横向错位铁氧体磁屏蔽后的磁场强度为 1.004×10^{-7} T 且分布均匀，这相比于单独存在翻转时磁场强度提高，相比于单独存在错位时磁场强度降低。

从上面的仿真结果可以发现，出现铁氧体轴向错位和横向错位的漏磁量比其他情况要大，铁氧体翻转和在磁场强度不高的位置微小打孔对系统影响不大，因此铁氧体整体平整度不会影响系统漏磁，但应尽量避免铁氧体错位或表面整体出现间隙。

在铁氧体后上方 2 cm 处覆盖铝板进行磁屏蔽，试验后整体效率下降 1% 左右，因此铁氧体间隙和磁屏蔽都会造成系统效率的降低，但如果线圈结构较大，功率较高，这种影响效果会变得不明显。

3.5.3 小结

在磁屏蔽设计工程中，需要首先分析磁屏蔽结构的形状、尺寸、铺设方案等因素对无线充电系统、磁屏蔽的影响，明确磁屏蔽材料和结构参数与系统输出之间的关系，对磁屏蔽的结构和参数进行优化设计。在不对无人机进行较大改动的条件下，综合考虑无线充电系统、磁屏蔽结构、无人机结构之间的相互作用，对磁屏蔽的结构和参数进行优化设计，使系统满足不影响无人机其他通信的需求。

3.6 系统通信及功率流控制设计

无人机无线供电平台能够同时为多架无人机进行无线充电，有效避免了有线充电的线缆杂乱、积碳磨损、接触火花等问题，但是无线缆连接的能量传输使供电平台在一对多无线充电时面临着不同无人机之间的通信干扰、电磁场对通信的干扰、网络丢包等问题，因此分析适用于无人机近距无线供电平台的通信子模块变得十分重要。同时，多架无人机同时无线充电下的高功率控制同样是影响无线供电平台各模块间充电功率和效率的关键因素之一。

本节研究适用于近场无线供电平台的信息交互方式，分析能量传输磁耦合机构在不同位置、不同频率下对信息互连的影响，实现功率传输与信息交互的同步，保证通信的可靠性。同时，设计合理的发射端频率、电压、电流等算法，实现无线供电平台对不同型号无人机的全功率段功率流控制。

3.6.1 通信方式需求与选择

针对无线供电平台一对多无线充电实际应用中可能出现的各类事项，综合考虑信息传输距离、数据交互容量、数据交互延迟要求、功能实现承载、全天候应用等因素，对通信物理层的需求进行分析，如表3－6所示。

考虑实际应用中，无论是多通道的能信同传，还是载波式的能信同传，都很难实现较高的传输速率，而且多架无人机同时通信时通过线圈进行高比特的能信同传并不适用于此应用场景。在此提出采用射频传输方法实现能信同传。

表3－6 通信物理层需求

序号	功能需求	需求说明	需求情况
1	与其他通信设备共存	通信物理层不和GPS、4G/5G、卫星服务等通信发生干扰	对其他通信服务速度、延迟和丢包率的影响不超过10%
2	传输速率	能够实现在无线传能和其他功能下大数据量的快速传输	不低于10 kbit/s
3	延迟	每一组数据交互的时间	不超过100 ms
4	通信距离	安装在无线传能间的距离	不小于50 cm
5	连接时间	无线传能节点进入通信范围内，获得相关通信设备IP之后到设备启动的时间	不超过3 s
6	链接拓扑结构	物理层必须可以支撑在多舱段间多个设备同时进入通信区间时的并联处理方式	多个P2P结构或一对多结构或多对多结构
7	环境适应性	能够适应不同环境下的振动、高温、低温、尘水等复杂环境	如描述
8	工作温度	安装的通信设备的温度根据安装位置和应用场景来确定	如描述
9	辐射干扰	通信设备在工作时应满足EMC的要求	不影响无人机通信
10	鲁棒性	在发生物理遮挡、位置偏移等情况下仍可支撑高速、稳定的数据交互	如描述
11	服务数据延迟	支撑服务数据的延迟，在服务中断时，可待机等待重启	不短于15 min

3.6.2 通信集成

通信集成方案如图 3－80 所示。

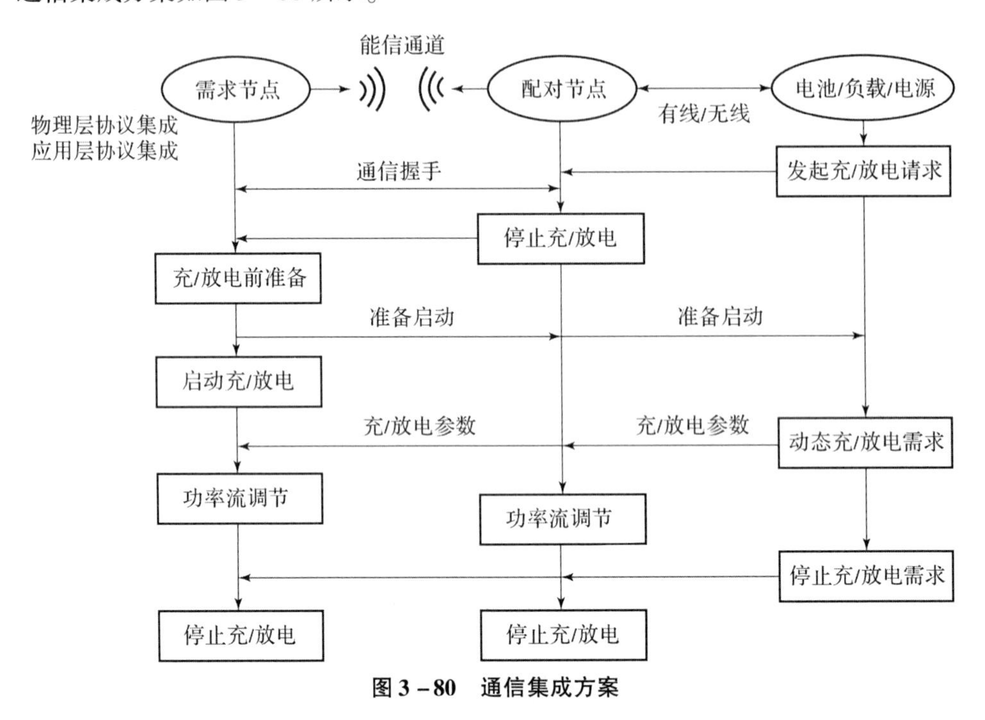

图 3－80　通信集成方案

（1）物理层协议集成。无线充电系统之间的有线或无线通信协议可以参考已有的协议或者重新制定。

（2）应用层协议集成。应用层为无线充电流程的统一，流程步骤如下。

①新加入的节点向无线充电系统发起充/放电请求。

②节点之间进行通信握手。

③无线充电需求节点向配对节点发起充/放电请求。

④配对节点进行充电前准备，包括设备认证、兼容性检测、偏移检测、互感检测等。

⑤配对节点通过充电前准备，向节点内的设备（电池、负载、电源灯）发送准备启动充/放电信号；

⑥节点内设备接收到准备启动充/放电信号，向配对节点发送动态的充/放电需求数据，包括电压及电流需求等的充/放电参数数据。

⑦配对节点接收到充/放电参数数据后，进行功率流调节，并向需求节点发送充/放电参数数据，需求节点进行功率调节，满足系统充/放电需求。

⑧配对节点内的管理系统向配对节点发送停止充/放电请求，配对节点向需求节点发送停止充/放电请求，无线充电系统停止功率传输，充电停止。

（3）数据层协议集成。数据层协议主要包括应用层中各类消息、参数构成的数据报文。

3.6.3　功率流控制

针对无人机近场无线供电平台一对多功率流控制策略，研究无人机无线充电过程中不同阶段、不同功率等级时的输入/输出特性，提出全功率段、高效、快速响应的功率流控制策略，实现无线供电平台对不同型号无人机的功率流控制。

3.6.3.1　控制器结构

在这里无人机无线充电相对静止，快速响应来自耦合系数与负载的双重变化所引起的系统输出波动，因此采用调压控制电流的策略，使无线供电平台不同模块可以实现较好的互操作性并保证系统的传输效率。但是，之前的调频控制、调压控制、占空比控制、移相控制几种策略均存在同一问题，不同无人机无线充电系统互操作的耦合系数与负载变化容易引起系统输出的波动，结合不同模块互操作时的电压电流参数制定采用调压控制与占空比控制相结合的策略，使无线充电系统可以实现高效、互操作的功率流控制，其结构如图3－81所示。

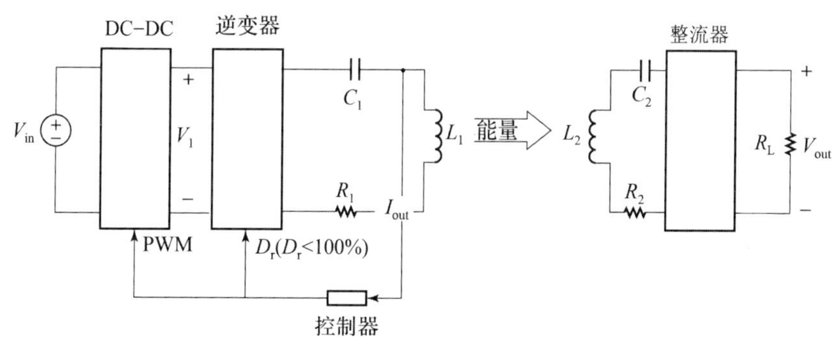

图3－81　调压控制与占空比控制相结合的结构

图3－81所示闭环系统增加了前级直流变压单元（忽略其损耗），控制器将输出电流I_{out}作为反馈信号，将前级直流变比$K_1 = V_1/V_{in}$作为控制量，输出电流I_{out}与系统输出电压V_{out}成线性关系，此时系统输出电压V_{out}与K_1成正比，当来自系统外的耦合系数或负载的突变超过设定的阈值时，触发调节占空比机制，提高系统响应速度。

为了满足工程需求，控制器采用一种优化的自适应双环控制方法，即电流外环加电压内环双环控制，控制器结构如图3－82如示。该控制器采用双环控制，兼顾系统动态性能，提高了系统的稳定性。

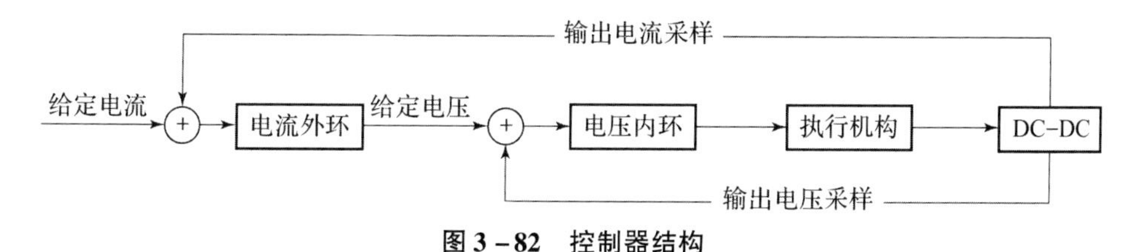

图3－82　控制器结构

3.6.3.2 电流约束

1. I_p电流约束

当L_1和C_1谐振，无移相角度时，线圈电流如下：

$$I_p = \frac{V_{in}}{j\omega \cdot L_1}$$

则需约束最大原边线圈电流I_{p_max}时的最小电感选择如下：

$$L_{1\_min} = \frac{V_{in\_max}}{j\omega \cdot I_{p\_max}} = \frac{2\sqrt{2}}{\pi} \cdot \frac{V_{dc\_max}}{j\omega \cdot I_{p\_max}}$$

2. I_{in}电流约束

当原边无 DC－DC 电路时，V_{in}需要通过移相进行调节。

假设移相角度α定义如图 3－83 所示。

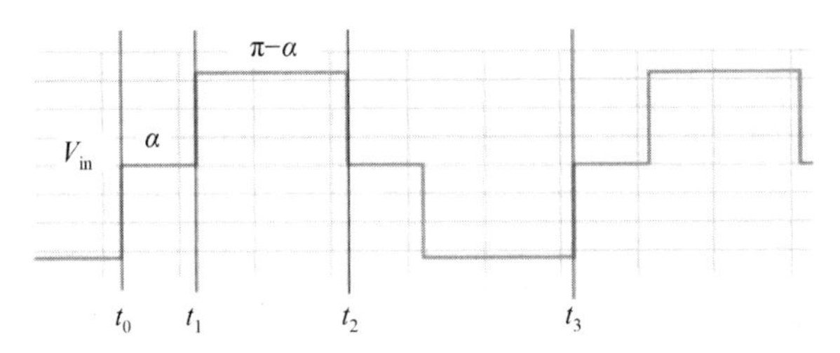

图 3－83 移相角度α定义

输入电压基波有效值如下：

$$V_{in} = \frac{2\sqrt{2}}{\pi} V_{dc} \sin\left(\frac{\pi - \alpha}{2}\right)$$

式中，V_{dc}为 H 桥直流输入电压，此时输入电压为

$$I_{in} = \frac{P_{in}}{\frac{2\sqrt{2}V_{dc}}{\pi} \sin\left(\frac{\pi - \alpha}{2}\right) \cos(\theta_{in})}$$

为了保证软开关，输入阻抗角度要大于等于移相角度的一半，当$\theta_{in} = 0.5\alpha$时，有

$$I_{in} = \frac{P_{in}}{\frac{\sqrt{2}V_{dc}}{\pi}(1 + \cos(\alpha))}$$

则最大移相角度为

$$\alpha_{max} = \alpha\cos\left(\frac{P_{in}}{\sqrt{2}V_{dc}/\pi} - 1\right)$$

移相角度和输入阻抗角度关系如下：

$$\alpha = \pi - 2\alpha\sin\left(\frac{P_{in}}{2\sqrt{2}V_{dc}/\pi \cdot I_{in}\cos(\theta_{in})}\right)$$

在图 3－84 中，实线和虚线包围区域为软开关区域。

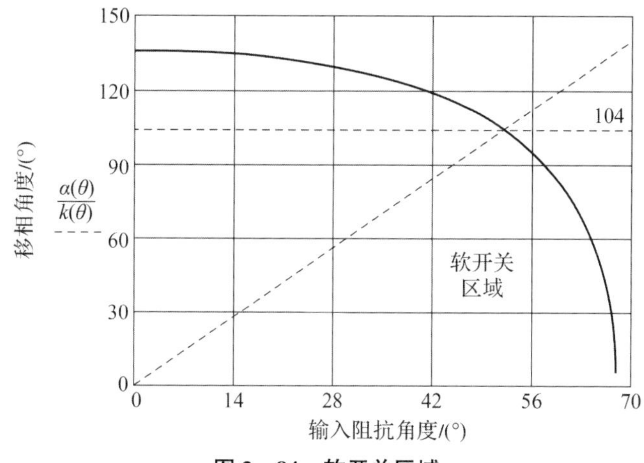

图 3-84　软开关区域

由图 3-84 可知，当不移相时，输入相角度最大值可约为 70°，随着移相角度的增大，为了维持软开关，要求的输入相角度不断增大，同时最大输入阻抗角度不断减小。

3.6.3.3　总结

为了实现高效功率流控制，需要分析不同线圈间的输入/输出特性，从互操作的角度明确电流这个被控对象的取值范围，在无线充电过程中通过电流约束分析实现不同无人机无线充电及互操作时的高效传输。

3.7　样机研制

磁耦合无人机无线供电平台样机研制主要包括地面端控制器设计和磁耦合机构设计两方面。无人机无线供电平台系统框图如图 3-85 所示。

3.7.1　一对多无人机无线供电平台样机控制器研制

3.7.1.1　控制器模块设计

无人机无线供电平台的控制器是无人充电系统的核心组成部分，负责整个系统的功率控制、信号采集、信号处理、故障保护等功能。为了提高系统的可靠性，对平台内的 6 个模块分别设计了对应的控制器并组装成控制器模块，如图 3-86 所示。

组成的控制器模块中使用一主多从的模式构成控制网络，外部的通信由其中一个主控制器主要负责并向下转发信息，对于内部的功率控制，则由控制器模块中的每一个控制器负责独立管理单个模块，提高各控制器的可替换性，在单个模块报错时仅禁用对应模块即可。

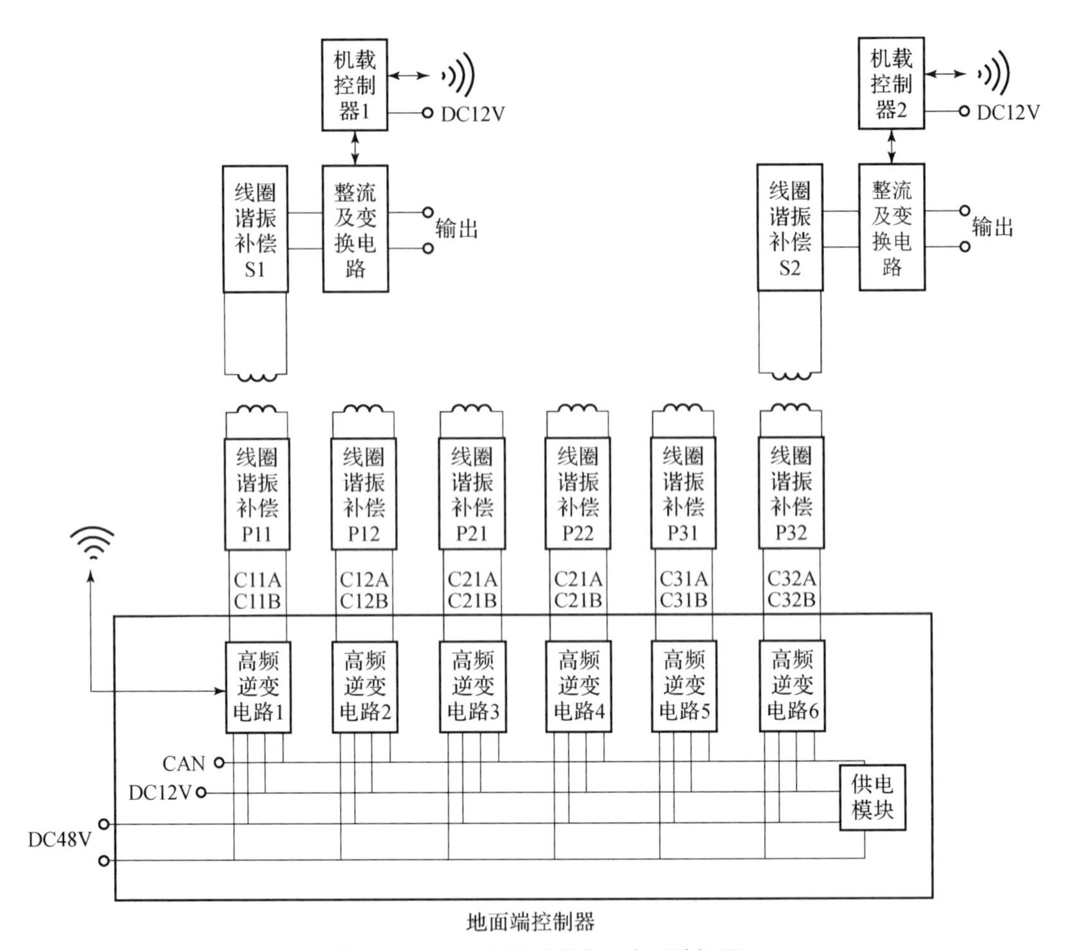

图 3-85　无人机无线供电平台系统框图

图 3-86　控制器模块

这样的设计还可以使各控制器对应的发射机构能够拆解出来单个使用，扩展系统的可用性。

3.7.1.2　上位机软件开发及可视化图形界面

为了匹配无人机无线供电平台多无人机同时充电的场景，对应控制器模块的上位机界面设计如图 3-87 所示。

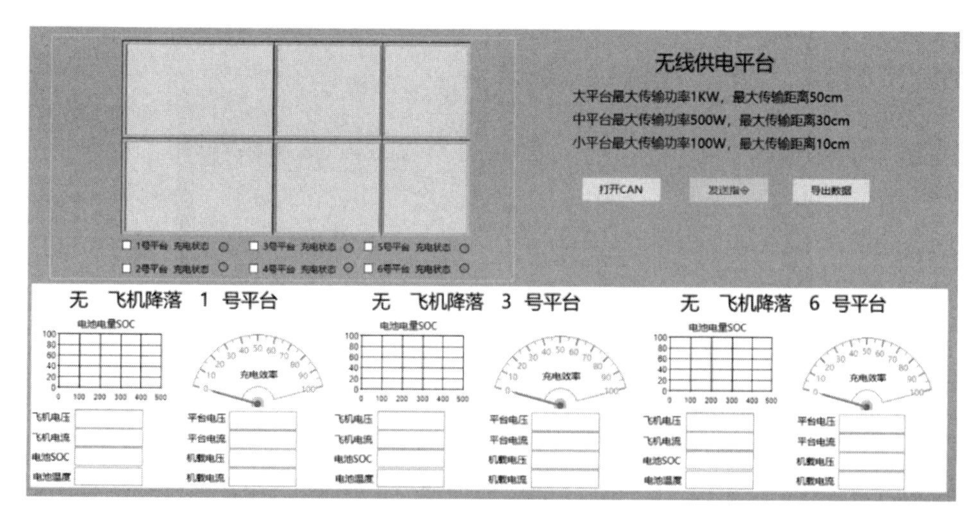

图3-87　上位机界面设计

其主要功能如下。

（1）读取无人机停靠状态，显示各平台无人机停靠情况。

（2）自动识别正在充电的平台，显示平台上无人机的充电状态，包括电压、电流、温度、效率和SOC等信息。

（3）通过“发送指令”功能获取平台充电控制权限，控制任意平台开关。

（4）通过手动单击平台窗口，切换显示信息的平台。

（5）通过“导出数据”功能导出系统收到的CAN报文及各平台信息。

本上位机软件基于C#语言开发，依赖于Windows下的.Net环境，最终发布形式为“.msi”可执行文件。由于.Net环境为Windows 10自带环境，同时安装简单快捷，故本软件兼容性、可移植性好，在任何Windows10或安装了.Net的Windows环境下都可以做到一键安装使用及一键卸载。

3.7.2　无人机无线供电平台磁耦合机构设计

无人机无线供电平台磁耦合机构设计主要包括发射平台设计和接收端设计两部分，实际的平台组装和样机测试如图3-88所示。

3.7.2.1　发射平台设计

为了在2 m×4 m的发射平台空间内合理地放置大、中、小3款发射模块以实现多架无人机的无线充电，并考虑平台的快速模块化拆装，发射平台的设计如图3-89所示。

考虑无人机机翼展开的边缘投影边长均大于1 m，模块采用非等间距安装，在滑轨底座上分区域放置3种不同等级的发射模块。单个模块也可拆解为磁屏蔽铝板、铁氧体及绝缘板和线圈等主要部件，方便平台的快速拆解、安装。

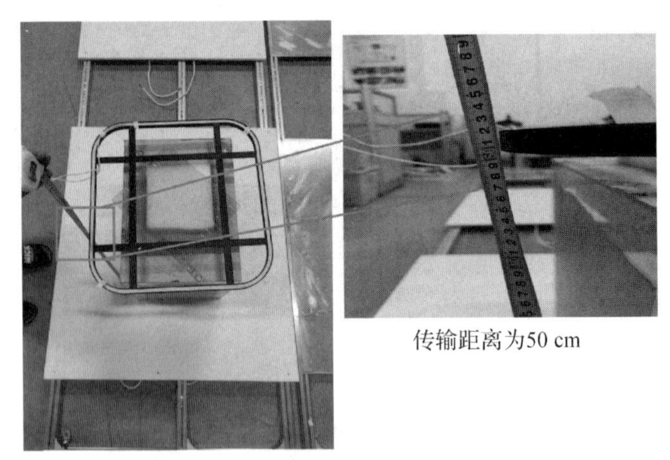

图 3-88 实际的平台组装与样机测试

图 3-89 发射平台的设计

模块化组装后的阻抗测试分别如图 3-90 所示。按照设计结果，单个模块的发射线圈感值均为 141 μH，在实际的设计中因为安装环境因素、线材绞制方式及线缆摆放不同等原因，系统参数允许 2.5% 的偏差，这并不影响系统的正常工作。

3.7.2.2 接收端设计

为了实现无人机与无线充电接收端的共型化设计，进行接收线圈设计与参数测量如图 3-91 所示。

接收线圈的设计感值分别为 120 μH、168 μH 和 44.5 μH，系统参数允许 2.5% 的偏差，这并不影响系统的正常工作。

3.7.3 系统测试

为了保证系统在正常工作条件下使用安全，设计了一系列系统测试项目。

系统强电测试如图 3-92 所示。

通过实际测试，可以了解系统连接的可靠性和安全性，这是组装前的必要步骤。

（a）

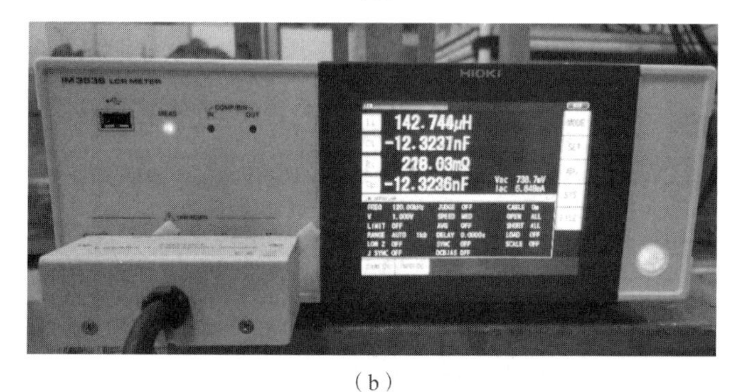

（b）

图 3－90　模块化组装后的阻抗测试

（a）单模块安装后的阻抗测试；（b）阻抗测试结果

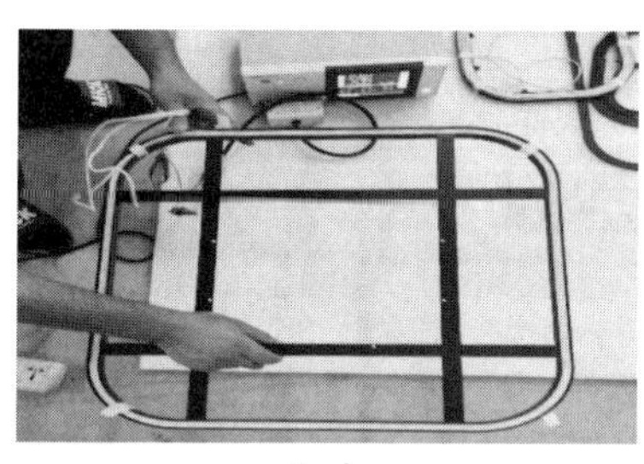

（a）

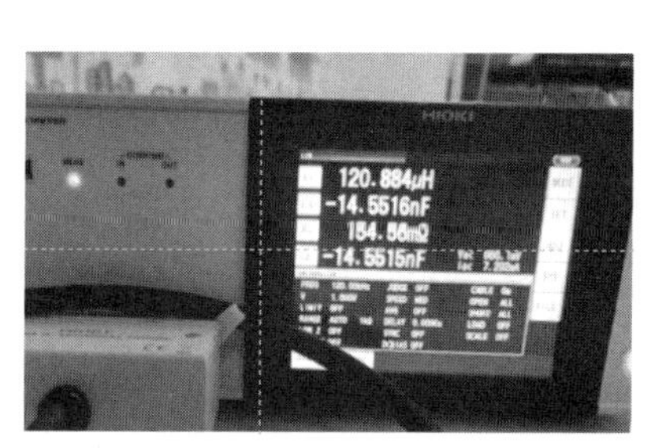

（b）

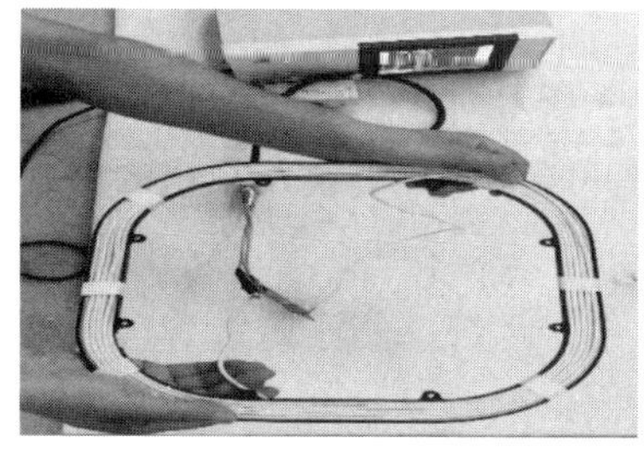

（c）

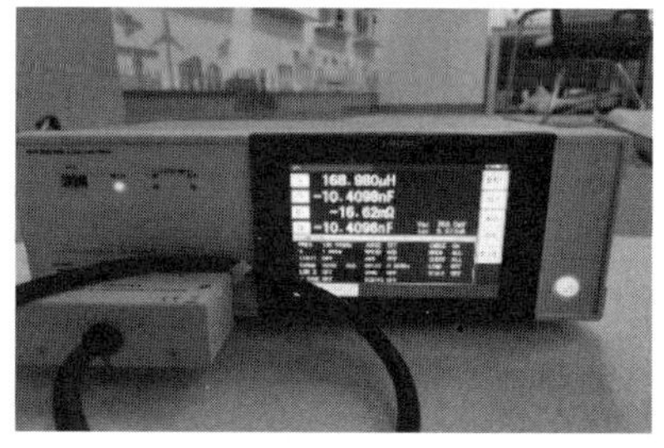

（d）

图 3－91　接收线圈设计与参数测量

（a）1 000 W 接收端测量；（b）1 000 W 接收端参数；（c）500 W 接收端测量；（d）500 W 接收端参数

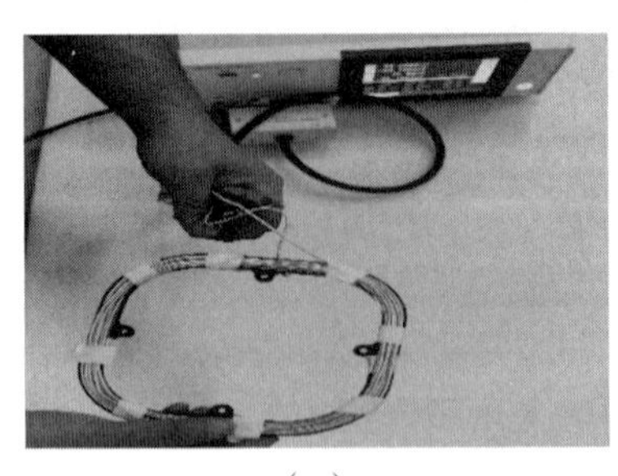

（e）

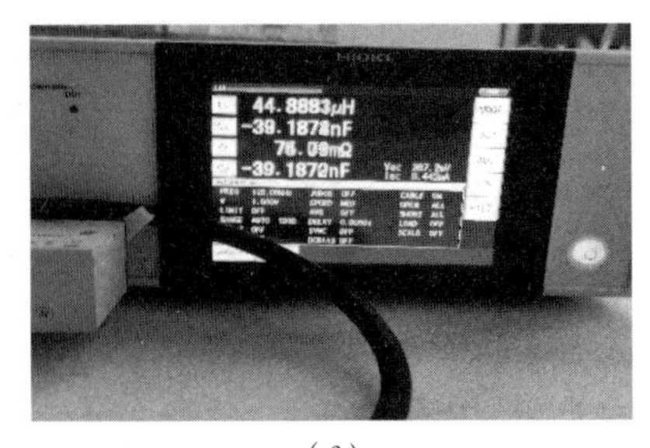

（f）

图 3-91 接收线圈设计与参数测量（续）

（e）100 W 接收端测量；（f）100 W 接收端参数

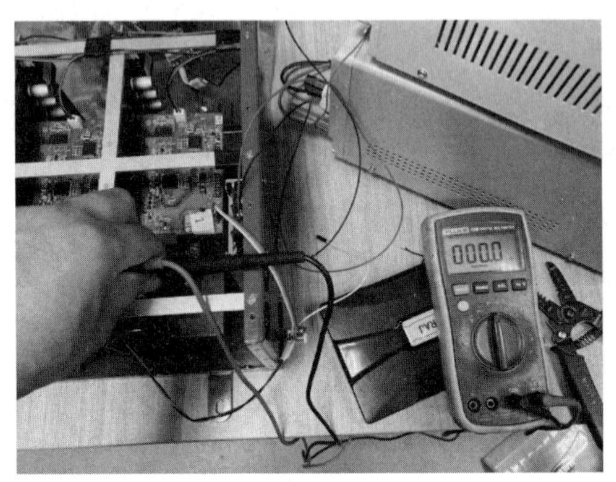

图 3-92 系统强电测试

3.8 性能测试

测试项目包括无线供电平台外观及模块化检查、无人机接收端外观和质量测试、无人机共型化设计测试、无线供电平台供电功率测试、工作参数采集测试、无线供电能效测试和电磁兼容测试等。

无人机无线供电平台性能测试流程如图 3-93 所示。

为了验证无人机无线供电平台的各项性能，开展针对各模块及系统的外观检测、能效测试及功能验证等。

无人机无线供电平台包括 6 个独立的无线供电子系统、用于电源管理的供电模块、地面端控制器等，接收端到指定区域后发起充电请求，然后开始测试无线供电。

3.8.1 无人机无线供电平台静态测试

外观检测主要包括外观缺陷检查、外形、重量、尺寸及接口检查，电气性能检测主要包括外围电路检测、电路通路测试、强弱电测试及通讯测试等内容。

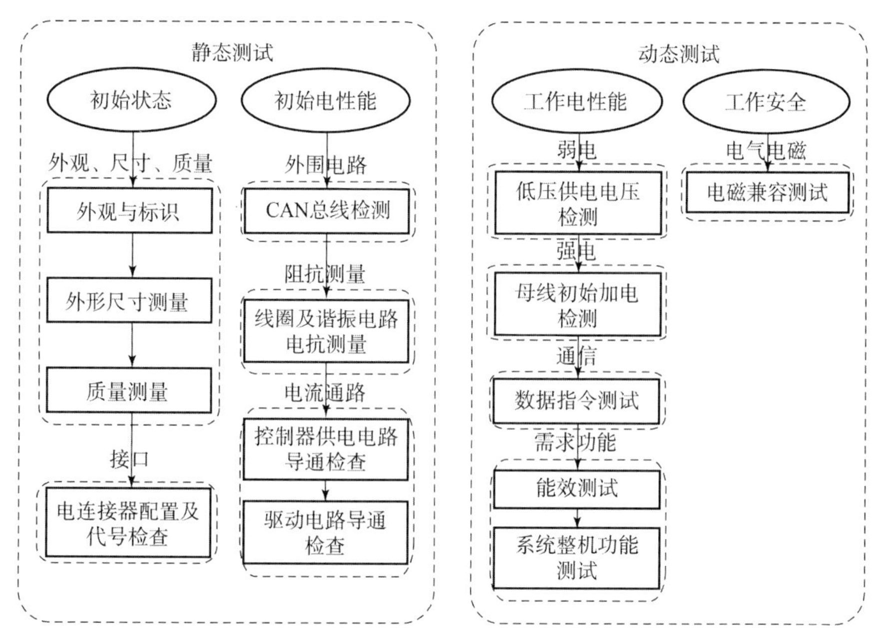

图 3－93　无人机无线供电平台性能测试流程

3.8.1.1　测试设备

无人机无线供电平台一套；100 W、500 W、1 000 W 无人机无线充电接收端各一个。

3.8.1.2　测试条件

环境条件如表 3－7 所示。

表 3－7　环境条件

温度	室温
压力	常压
湿度/%	30～60
辐照	无

测试工具：量尺（卷尺、米尺、卡尺等）、电压表、电流钳、阻抗分析仪、上位机、USBCAN 工具等。

3.8.1.3　测试内容及考核表

1. 机械端口测试

1）外观与标识

（1）试验目的。

检查无人机无线供电平台尺寸及可拆解性是否满足合同需求，及平台对应位置是否已做好无人机降落标识。

（2）试验条件。

使用卷尺测量平台尺寸，检查平台拆解数量，并对照无人机降落标识需求检查是否具备。

（3）试验方法。

①使用卷尺测量平台尺寸。

②检查平台拆解数量。

（4）合格判据。

参考表3－8，所有检查内容通过即合格。

表3－8　外观与标识要求

<table>
<tr><td>测试名称</td><td colspan="5">外观与标识</td></tr>
<tr><td>测试步骤</td><td colspan="5">1. 使用卷尺测量平台尺寸；
2. 检查是否有无人机降落所需要的标识</td></tr>
<tr><td rowspan="3">测试记录</td><td>行号</td><td>测试内容</td><td>测试要求</td><td>测试值</td><td>若符合则打“√”</td></tr>
<tr><td>1</td><td>平台尺寸为4 m×2 m</td><td>平台尺寸为4 m×2 m</td><td>4 m×2 m</td><td>√</td></tr>
<tr><td>2</td><td>平台可拆解</td><td>可拆解数量≥2</td><td>14</td><td>√</td></tr>
</table>

平台尺寸测量如图3－94所示。

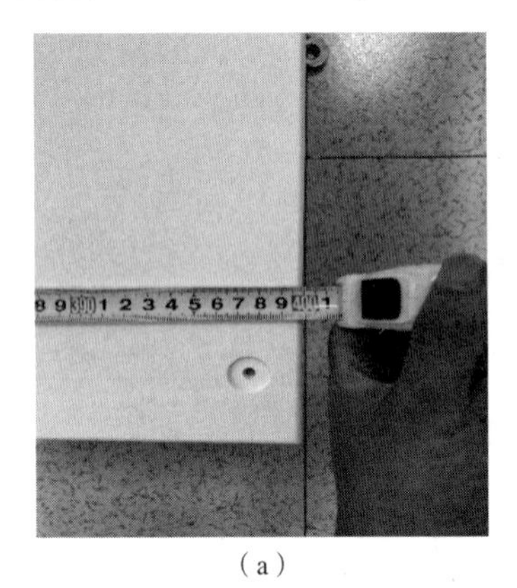

（a）

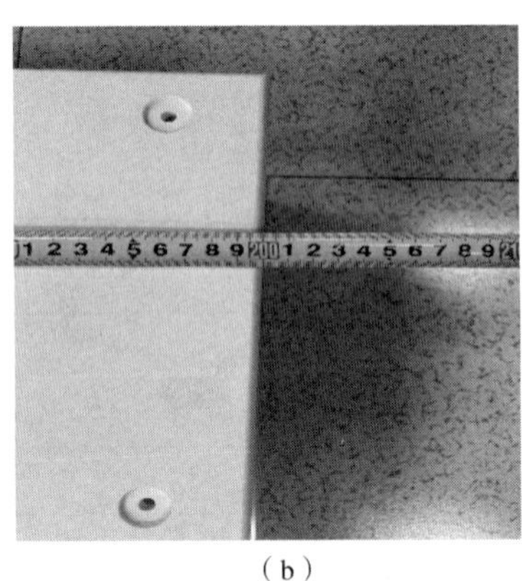

（b）

图3－94　平台尺寸测量

（a）平台长度为4 000 mm；（b）平台宽度为2 000 mm

平台拆解数量如图3－95所示。

2）电连接器配置及代号检查

（1）试验目的。

在试验前检查电连接器是否完整及正确连接。

（2）试验条件。

对照检查内容进行检查。

（3）试验方法。

对照序号表进行检查。

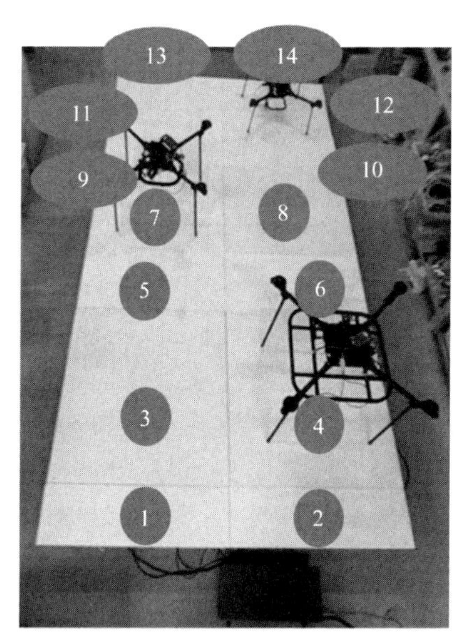

图 3－95　平台拆解数量

（4）合格判据。

参考表 3－9，所有检查内容通过即合格。

表 3－9　电连接器配置及代号检查要求

<table>
<tr><td>测试名称</td><td colspan="4">电连接器配置及代号检查</td></tr>
<tr><td>测试步骤</td><td colspan="4">检查电连接器连接正确性</td></tr>
<tr><td rowspan="5">测试记录</td><td>行号</td><td>检查内容</td><td>检查要求</td><td>若符合则打“√”</td></tr>
<tr><td>1</td><td>发射线圈与地面控制器电连接器配置，代号 C11A、C11B、C12A、C12B、C21A、C21B、C22A、C22B、C31A、C31B、C32A、C32B</td><td>12 个 1pin 连接器，序号正确，连接可靠</td><td>√</td></tr>
<tr><td>2</td><td>地面控制器与直流母线连接器配置</td><td>1 个 2pin 连接器，序号正确，连接可靠</td><td>√</td></tr>
<tr><td>3</td><td>接收线圈与机载控制器连接器配置</td><td>序号正确，连接可靠</td><td>√</td></tr>
<tr><td>4</td><td>机载控制器与无人机连接器配置</td><td>序号正确，连接可靠</td><td>√</td></tr>
</table>

3）质量测量

质量测量要求如表 3－10 所示。

表 3－10　质量测量要求　kg

测试名称	质量测量				
测试步骤	测量单个无人机无线供电平台质量				
测试记录	行号	测试步骤	要求值	测试值	若符合则打“√”
	1	测量无线供电大号子模块质量	≤80	37［图 3－96（g）+2×图 3－96（a）+2×图 3－96（b）+2×图 3－96（c）］	√
	2	测量无线供电中号子模块质量	≤60	30［图 3－96（h）+2×图 3－96（b）+2×图 3－96（c）］	√
	3	测量无线供电小号子模块质量	≤40	9.94［图 3－96（i）+图 3－96（b）］	√
	4	测量 1 000 W 接收线圈质量	≤2	1.06［图 3－96（d）］	√
	5	测量 500 W 接收线圈质量	≤1	0.76［图 3－96（e）］	√
	6	测量 100 W 接收线圈质量	≤0.2	0.110 9［图 3－96（f）］	√

（1）试验目的。

检查无人机无线供电平台尺寸及接收端是否满足合同需求和用户需求。

（2）试验条件。

拆解出无人机无线供电平台模块及接收线圈进行称重。

（3）试验方法。

常温常压下，对无线供电子模块和接收线圈进行称重。

（4）合格判据。

参考表 3－9，所有检查内容通过即合格。

各模块的称重如图 3－96 所示，所用数量在表 3－9 中已有系数。

4）外形尺寸测量

（1）试验目的。

检测安装的线圈和控制器是否满足设计要求。

（2）试验条件。

使用米尺和卡尺等测量发射线圈、接收线圈、磁屏蔽板、控制器尺寸。

（3）试验方法。

使用米尺和卡尺进行测量。

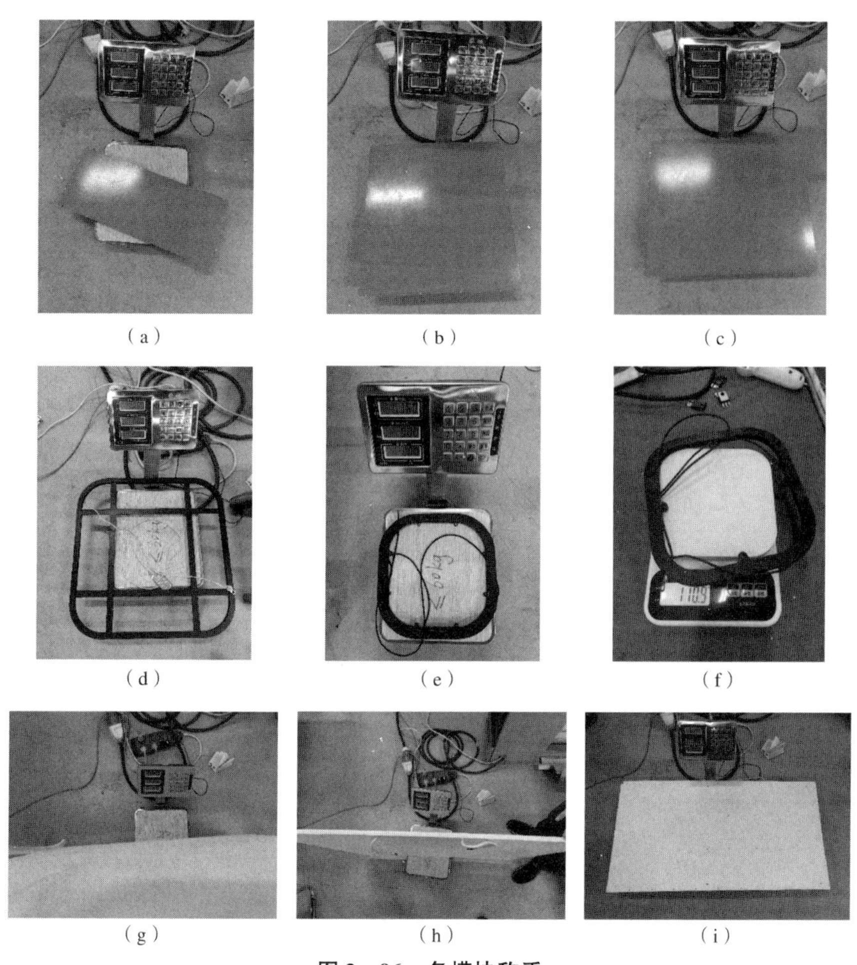

图 3 - 96　各模块称重

（a）小型磁屏蔽模块称重 2.3 kg；（b）中型磁屏蔽模块称重 3.7 kg；（c）大型磁屏蔽模块称重 4.64 kg；（d）1 000 W 接收线圈称重 1.06 kg；（e）500 W 接收线圈称重 0.76 kg；（f）100 W 接收线圈称重 0.110 9 kg；（g）1 000 W 传能线圈称重 15.48 kg；（h）500 W 传能线圈称重 13.04 kg；（i）100 W 传能线圈称重 6.24 kg

（4）合格判据。

参考表 3 - 11，所有检查内容通过即合格。

表 3 - 11　外观尺寸测量要求　mm

测试名称	外观尺寸测量				
测试步骤	使用米尺和卡尺测量发射线圈、接收线圈、磁屏蔽板、控制器尺寸				
测试记录	行号	检查内容	要求值	测量值	若符合则打“√”
	1	发射线圈 P11 长、宽、厚（$L \times W \times T$）	1 100 × 1 000 × 10	1 100 × 1 000 × 10	√
	2	发射线圈 P12 长、宽、厚（$L \times W \times T$）	1 100 × 1 000 × 10	1 100 × 1 000 × 10	√

续表

测试名称	外观尺寸测量				
测试步骤	使用米尺和卡尺测量发射线圈、接收线圈、磁屏蔽板、控制器尺寸				
测试记录	行号	检查内容	要求值	测量值	若符合则打“√”
	3	发射线圈 P21 长、宽、厚（$L \times W \times T$）	900×1 000×10	900×1 000×10	√
	4	发射线圈 P22 长、宽、厚（$L \times W \times T$）	900×1 000×10	900×1 000×10	√
	5	发射线圈 P31 长、宽、厚（$L \times W \times T$）	500 ×1 000 ×10	500 ×1 000×10	√
	6	发射线圈 P32 长、宽、厚（$L \times W \times T$）	500×1 000×10	500×1 000×10	√
	7	接收线圈 S1 长、宽、厚（$L \times W \times T$）	507 ×507 ×17	507 ×507 ×17	√
	8	接收线圈 S2 长、宽、厚（$L \times W \times T$）	304×304 ×12	304×304 ×12	√
	9	接收线圈 S3 长、宽、厚（$L \times W \times T$）	154 ×154×5.5	154 ×154×5.5	√
	10	地面控制器长、宽、高（$L \times W \times H$）	520×272×161	520×272×161	√
	11	机载控制器长、宽、高（$L \times W \times H$）	104×64×38	104×64×38	√

2. 电端口测试

1）CAN 总线检测

CAN 总线检测要求如表 3－12 所示。

表 3－12 CAN 总线检测要求

测试名称	CAN 总线检测
测试步骤	1. 连接上位机与发射平台控制板 CAN 总线； 2. 检测总线上各节点物理通路； 3. 测量 CAN 总线终端电阻； 4. 连接计算机 CAN 卡与接收端控制板 CAN 总线； 5. 重复步骤 2 和 3

续表

测试名称	CAN 总线检测				
测试记录	行号	测试步骤	要求	测试值（结果）	若符合则打“√”
	1	平台 1 接入上位机 CAN 总线，检测 CANH、CANL 物理通路	导通	导通	√
	2	平台 2 接入上位机 CAN 总线，检测 CANH、CANL 物理通路	导通	导通	√
	3	平台 3 接入上位机 CAN 总线，检测 CANH、CANL 物理通路	导通	导通	√
	4	平台 4 接入上位机 CAN 总线，检测 CANH、CANL 物理通路	导通	导通	√
	5	平台 5 接入上位机 CAN 总线，检测 CANH、CANL 物理通路	导通	导通	√
	6	平台 6 接入上位机 CAN 总线，检测 CANH、CANL 物理通路	导通	导通	√
	7	测量上位机与发射平台 CAN 总线终端电阻	40 ~ 60 Ω	47.3 Ω	√
	8	接收端 1 接入计算机 CAN 总线，检测 CANH、CANL 物理通路	导通	导通	√
	9	测量接收端 1CAN 总线终端电阻	40 ~ 60 Ω	40.3 Ω	√
	10	接收端 2 接入计算机 CAN 总线，检测 CANH、CANL 物理通路	导通	导通	√
	11	测量接收端 2CAN 总线终端电阻	40 ~ 60 Ω	41 Ω	√
	12	接收端 3 接入计算机 CAN 总线，检测 CANH、CANL 物理通路	导通	导通	√
	13	测量接收端 3CAN 总线终端电阻	40 ~ 60 Ω	40.6 Ω	√

（1）试验目的。

检测 CAN 总线连接的正确性。

(2) 试验条件。

连接好上位机及发射平台 CAN 总线等部分后，检查线束正确性，即可开始 CAN 总线检测。

(3) 试验方法。

①连接上位机与发射平台控制板 CAN 总线；

②检测总线上各节点物理通路；

③测量 CAN 总线终端电阻；

④连接计算机 CAN 卡与接收端控制板 CAN 总线；

⑤重复步骤②和③。

(4) 合格判据。

参考表格 3－11，所有检查内容通过即合格。

2) 控制器供电电路导通检查

(1) 试验目的。

检查各控制器电源输入及弱电部分连接的正确性。

(2) 试验条件。

连接好系统各控制器的强、弱电源，并检查线束正确性之后即可开始测试。

控制器供电电路导通检查要求如表 3－13 所示。

表 3－13 控制器供电电路导通检查要求

<table>
<tr><td>测试名称</td><td colspan="7">控制器供电电路导通检查</td></tr>
<tr><td>测试步骤</td><td colspan="7">1. 使用万用表电阻挡，控制器所有电缆不连接电缆；
2. 将 COM 和 VΩ 端连接到以下点位，分别读取万用表的读数并记录</td></tr>
<tr><td rowspan="14">测试记录</td><td>行号</td><td>测点含义</td><td>COM 点位</td><td>VΩ 点位</td><td>要求值</td><td>测试值</td><td>若符合则打“√”</td></tr>
<tr><td>1</td><td rowspan="13">强电连接正确性检查</td><td>输入总正</td><td>功率板 1 总正</td><td><1 Ω</td><td>0 Ω</td><td>√</td></tr>
<tr><td>2</td><td>输入总正</td><td>功率板 2 总正</td><td><1 Ω</td><td>0 Ω</td><td>√</td></tr>
<tr><td>3</td><td>输入总正</td><td>功率板 3 总正</td><td><1 Ω</td><td>0 Ω</td><td>√</td></tr>
<tr><td>4</td><td>输入总正</td><td>功率板 4 总正</td><td><1 Ω</td><td>0 Ω</td><td>√</td></tr>
<tr><td>5</td><td>输入总正</td><td>功率板 5 总正</td><td><1 Ω</td><td>0 Ω</td><td>√</td></tr>
<tr><td>6</td><td>输入总正</td><td>功率板 6 总正</td><td><1 Ω</td><td>0 Ω</td><td>√</td></tr>
<tr><td>7</td><td>输入总负</td><td>功率板 1 总负</td><td><1 Ω</td><td>0 Ω</td><td>√</td></tr>
<tr><td>8</td><td>输入总负</td><td>功率板 2 总负</td><td><1 Ω</td><td>0 Ω</td><td>√</td></tr>
<tr><td>9</td><td>输入总负</td><td>功率板 3 总负</td><td><1 Ω</td><td>0 Ω</td><td>√</td></tr>
<tr><td>10</td><td>输入总负</td><td>功率板 4 总负</td><td><1 Ω</td><td>0 Ω</td><td>√</td></tr>
<tr><td>11</td><td>输入总负</td><td>功率板 5 总负</td><td><1 Ω</td><td>0 Ω</td><td>√</td></tr>
<tr><td>12</td><td>输入总负</td><td>功率板 6 总负</td><td><1 Ω</td><td>0 Ω</td><td>√</td></tr>
<tr><td>13</td><td>输入总正</td><td>输入总负</td><td>OL</td><td>OL</td><td>√</td></tr>
</table>

续表

<table>
<tr><td>测试名称</td><td colspan="7">控制器供电电路导通检查</td></tr>
<tr><td>测试步骤</td><td colspan="7">1. 使用万用表电阻挡，控制器所有电缆不连接电缆；
2. 将 COM 和 VΩ 端连接到以下点位，分别读取万用表的读数并记录</td></tr>
<tr><td rowspan="14">测试记录</td><td>行号</td><td>测点含义</td><td>COM 点位</td><td>VΩ 点位</td><td>要求值</td><td>测试值</td><td>若符合则打“√”</td></tr>
<tr><td>14</td><td rowspan="13">弱电连接正确性检查</td><td>弱电总正</td><td>功率板 1 弱电总正</td><td><1 Ω</td><td>0 Ω</td><td>√</td></tr>
<tr><td>15</td><td>输入弱电总正</td><td>功率板 2 弱电总正</td><td><1 Ω</td><td>0 Ω</td><td>√</td></tr>
<tr><td>16</td><td>输入弱电总正</td><td>功率板 3 弱电总正</td><td><1 Ω</td><td>0 Ω</td><td>√</td></tr>
<tr><td>17</td><td>输入弱电总正</td><td>功率板 4 弱电总正</td><td><1 Ω</td><td>0 Ω</td><td>√</td></tr>
<tr><td>18</td><td>输入弱电总正</td><td>功率板 5 弱电总正</td><td><1 Ω</td><td>0 Ω</td><td>√</td></tr>
<tr><td>19</td><td>输入弱电总正</td><td>功率板 6 弱电总正</td><td><1 Ω</td><td>0 Ω</td><td>√</td></tr>
<tr><td>20</td><td>输入弱电总负</td><td>功率板 1 弱电总负</td><td><1 Ω</td><td>0 Ω</td><td>√</td></tr>
<tr><td>21</td><td>输入弱电总负</td><td>功率板 2 弱电总负</td><td><1 Ω</td><td>0 Ω</td><td>√</td></tr>
<tr><td>22</td><td>输入弱电总负</td><td>功率板 3 弱电总负</td><td><1 Ω</td><td>0 Ω</td><td>√</td></tr>
<tr><td>23</td><td>输入弱电总负</td><td>功率板 4 弱电总负</td><td><1 Ω</td><td>0 Ω</td><td>√</td></tr>
<tr><td>24</td><td>输入弱电总负</td><td>功率板 5 弱电总负</td><td><1 Ω</td><td>0 Ω</td><td>√</td></tr>
<tr><td>25</td><td>输入弱电总负</td><td>功率板 6 弱电总负</td><td><1 Ω</td><td>0 Ω</td><td>√</td></tr>
<tr><td>26</td><td>输入弱电总正</td><td>输入弱电总负</td><td>OL</td><td>OL</td><td>√</td></tr>
</table>

（3）试验方法。

①使用万用表电阻挡，控制器所有电缆不连接电缆；

②将 COM 和 VΩ 端连接到各相关点位，分别读取万用表的读数并记录。

（4）合格判据。

参考表 3－13，所有检查内容通过即合格。

3）驱动电路导通检测

驱动电路导通检测要求如表 3－14 所示。

表 3-14 驱动电路导通检测要求

<table>
<tr><td>测试名称</td><td colspan="5">驱动电路导通检测</td></tr>
<tr><td>测试步骤</td><td colspan="5">1. 分别将平台端控制板和驱动板插入对应功率板；
2. 检测各控制板引脚到对应驱动板引脚的物理通路；
3. 检测驱动板各引脚到 MOSFET 开关管对应引脚的物理通路</td></tr>
<tr><td rowspan="10">测试记录</td><td>行号</td><td>测试步骤</td><td>要求（值）</td><td>测试值（结果）</td><td>若符合则打“√”</td></tr>
<tr><td>1</td><td>检测平台 1 控制板 PWM 引脚与对应驱动板驱动输入引脚的物理通路</td><td>导通</td><td>导通</td><td>√</td></tr>
<tr><td>2</td><td>检测平台 1 驱动板输出引脚与对应 MOSFET 引脚的物理通路</td><td>导通</td><td>导通</td><td>√</td></tr>
<tr><td>3</td><td>检测平台 2 控制板 PWM 引脚与对应驱动板驱动输入引脚的物理通路</td><td>导通</td><td>导通</td><td>√</td></tr>
<tr><td>4</td><td>检测平台 2 驱动板输出引脚与对应 MOSFET 引脚的物理通路</td><td>导通</td><td>导通</td><td>√</td></tr>
<tr><td>5</td><td>检测平台 3 控制板 PWM 引脚与对应驱动板驱动输入引脚的物理通路</td><td>导通</td><td>导通</td><td>√</td></tr>
<tr><td>6</td><td>检测平台 3 驱动板输出引脚与对应 MOSFET 引脚的物理通路</td><td>导通</td><td>导通</td><td>√</td></tr>
<tr><td>7</td><td>检测平台 4 控制板 PWM 引脚与对应驱动板驱动输入引脚的物理通路</td><td>导通</td><td>导通</td><td>√</td></tr>
<tr><td>8</td><td>检测平台 4 驱动板输出引脚与对应 MOSFET 引脚的物理通路</td><td>导通</td><td>导通</td><td>√</td></tr>
<tr><td>9</td><td>检测平台 5 控制板 PWM 引脚与对应驱动板驱动输入引脚的物理通路</td><td>导通</td><td>导通</td><td>√</td></tr>
</table>

续表

测试名称	驱动电路导通检测				
测试步骤	1. 分别将平台端控制板和驱动板插入对应功率板； 2. 检测各控制板引脚到对应驱动板引脚的物理通路； 3. 检测驱动板各引脚到 MOSFET 开关管对应引脚的物理通路				
测试记录	行号	测试步骤	要求（值）	测试值（结果）	若符合则打“√”
	10	检测平台5驱动板输出引脚与对应 MOSFET 引脚的物理通路	导通	导通	√
	11	检测平台5控制板 PWM 引脚与对应驱动板驱动输入引脚的物理通路	导通	导通	√
	12	检测平台5驱动板输出引脚与对应 MOSFET 引脚的物理通路	导通	导通	√

（1）试验目的。

检测平台6个控制板和驱动板引脚的正确性。

（2）试验条件。

将所有功率板插上驱动板和控制板。

（3）试验方法。

①分别将平台端控制板和驱动板插入对应功率板；

②检测各控制板引脚到对应驱动板引脚的物理通路；

③检测驱动板各引脚到 MOSFET 开关管对应引脚的物理通路。

（4）合格判据。

参考表3－13，所有检查内容通过即合格。

4）线圈及谐振电路电抗测量

（1）试验目的。

检测无人机无线供电平台电容、电感、线圈的容值和感值是否满足需求。

（2）试验条件。

使用阻抗分析仪测量器件参数。

（3）试验方法。

①不连接线圈、谐振电容和谐振电感；

②将阻抗分析仪调至120 kHz，分别接到器件两端，读数并记录。

（4）合格判据。

参考表3－15，所有检查内容通过即合格。

部分测试如图3－97所示。

表 3－15 线圈及谐振电路电抗测量要求

测试名称	线圈及谐振电路电抗测量					
测试步骤	1. 不连接线圈、谐振电容和谐振电感； 2. 将阻抗分析仪调至 120 kHz，分别接到以下器件两端，读数并记录					
测试记录	行号	检查部件	检测内容	要求值	测量值	若符合则打“√”
	1	发射线圈 P11	线圈感值	141 ±5 μH	142. 20 μH	√
			并联电容	192. 3 ±5 nF	192. 05 nF	√
			串联电容	13. 34 ±1 nF	13. 27 nF	√
			串联电感	9. 15 ±1 μH	9. 22 μH	√
	2	发射线圈 P12	线圈感值	141 ±5 μH	143. 15 μH	√
			并联电容	192. 3 ±5 nF	191. 30 nF	√
			串联电容	13. 34 ±1 nF	13. 27 nF	√
			串联电感	9. 15 ±1 μH	9. 27 μH	√
	3	发射线圈 P21	线圈感值	141 ±5 μH	142. 57 μH	√
			并联电容	192. 3 ±5 nF	190. 72 nF	√
			串联电容	13. 34 nF	13. 28 nF	√
			串联电感	9. 15 ±1 μH	9. 19 μH	√
	4	发射线圈 P22	线圈感值	141 ±5 μH	141. 95 μH	√
			并联电容	192. 3 ±5 nF	191. 47 nF	√
			串联电容	13. 34 ±1 nF	13. 28 nF	√
			串联电感	9. 15 ±1 μH	9. 29 μH	√
	5	发射线圈 P31	线圈感值	141 ±5 μH	143. 26 μH	√
			并联电容	192. 3 ±5 nF	190. 26 nF	√
			串联电容	13. 34 ±1 nF	13. 28 nF	√
			串联电感	9. 15 ±1 μH	9. 22 μH	√
	6	发射线圈 P32	线圈感值	141 ±5 μH	142. 74 μH（图 3－97（a））	√
			并联电容	192. 3 ±5 nF	192. 55 nF	√
			串联电容	13. 34 ±1 nF	13. 28 nF	√
			串联电感	9. 15 ±1 μH	9. 20 μH	√
	7	接收线圈 S1	线圈感值	120 ±5 μH	120. 88 μH（图 3－97（b））	√
			串联电容	14. 66 ±1 nF	14. 70 nF	√

续表

测试名称	线圈及谐振电路电抗测量					
测试步骤	1. 不连接线圈、谐振电容和谐振电感； 2. 将阻抗分析仪调至 120 kHz，分别接到以下器件两端，读数并记录					
测试记录	行号	检查部件	检测内容	要求值	测量值	若符合则打“√”
	8	接收线圈 S2	线圈感值	168 ± 5 μH	168. 95 μH（图 3 – 97（c））	√
			串联电容	10. 55 ± 1 nFH	10. 51 nFH	√
	9	接收线圈 S3	线圈感值	44. 4 ± 1 μH	44. 88 μH（图 3 – 97（d））	√
			串联电容	39. 62 ± 1 nFH	39. 72 nF	√

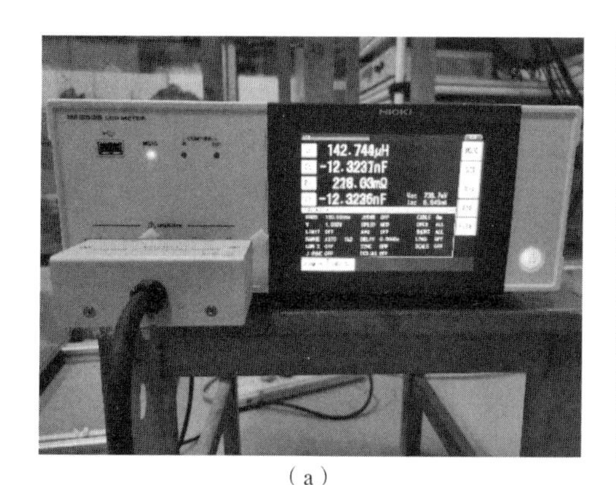

（a）

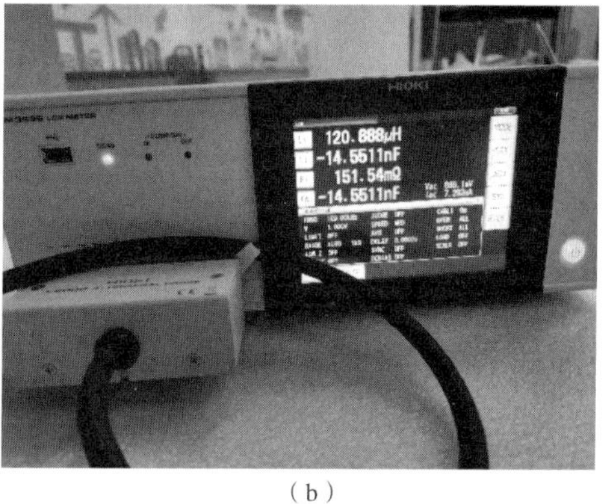

（b）

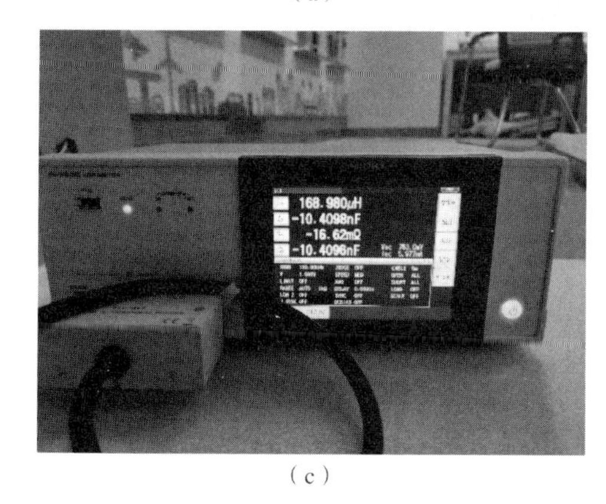

（c）

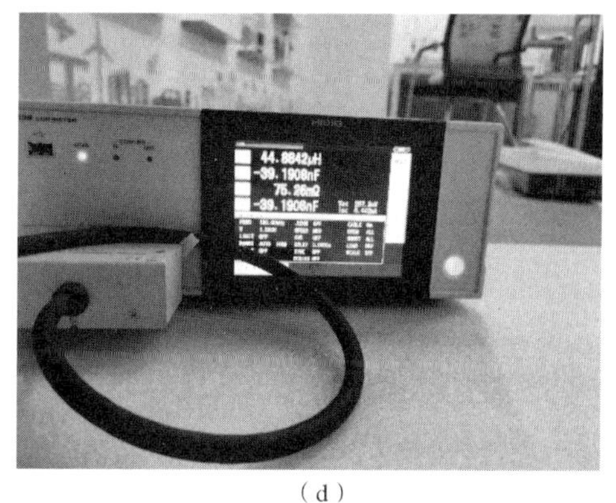

（d）

图 3 – 97　不同传能线圈测试

（a）1 000 W 发射线圈自感测试结果；（b）1 000 W 接收线圈自感测试结果；
（c）500 W 发射线圈自感测试结果；（d）100 W 发射线圈自感测试结果

3. 8. 2　无人机无线供电平台动态测试

外观检测主要包括外观缺陷检查，外形、质量、尺寸及端口检查，电气性能检测主要包括外围电路检测、电路通路测试、强弱电测试及通信测试等内容。

3.8.2.1 低压供电电压检测

1. 试验目的

测试无人机无线供电平台控制板的低压供电电压是否正常。

2. 试验条件

使用电压表、电流钳等仪器对无人机无线供电平台控制板的不同电压测试点进行测量。

3. 试验方法

(1) 分别将平台端控制板插入对应功率板;

(2) 功率板低压供电 12 V;

(3) 分别检测各低压电压 5 V、3.3 V、1.6 V。

4. 合格判据

参考表 3-16，所有检查内容通过即合格。

表 3-16 低压供电电压检测要求 V

<table>
<tr><td>测试名称</td><td colspan="5">低压供电电压检测</td></tr>
<tr><td>测试步骤</td><td colspan="5">1. 分别将平台端控制板插入对应功率板;
2. 功率板低压供电 12 V;
3. 分别检测各低压电压 5 V、3.3 V、1.6 V</td></tr>
<tr><td rowspan="9">测试记录</td><td>行号</td><td>测试步骤</td><td>要求
(值)</td><td>测试值
(结果)</td><td>若符合
则打“√”</td></tr>
<tr><td>1</td><td>检测平台 1~6 电压转换模块输出到控制板供电引脚的物理通路</td><td>导通</td><td>导通</td><td>√</td></tr>
<tr><td>2</td><td>检测接收端 1~3 电压转换模块输出到控制板供电引脚的物理通路</td><td>导通</td><td>导通</td><td>√</td></tr>
<tr><td>3</td><td>在测试点 TP1、TP4 测量平台 1~6 控制板低压供电电压</td><td>5 × (1 ±5%)</td><td>4.98 V</td><td>√</td></tr>
<tr><td>4</td><td>在测试点 TP2、TP4 测量平台 1~6 控制板低压供电电压</td><td>3.3 × (1 ±5%)</td><td>3.29 V</td><td>√</td></tr>
<tr><td>5</td><td>在测试点 TP3、TP4 测量平台 1~6 控制板低压供电电压</td><td>1.6 × (1 ±5%)</td><td>1.60 V</td><td>√</td></tr>
<tr><td>6</td><td>在测试点 TP1、TP4 测量接收端 1~3 控制板低压供电电压</td><td>5 × (1 ±5%)</td><td>4.99 V</td><td>√</td></tr>
<tr><td>7</td><td>在测试点 TP2、TP4 测量接收端 1~3 控制板低压供电电压</td><td>3.3 × (1 ±5%)</td><td>3.29 V</td><td>√</td></tr>
<tr><td>8</td><td>在测试点 TP3、TP4 测量接收端 1~3 控制板低压供电电压</td><td>1.6 × (1 ±5%)</td><td>1.60 V</td><td>√</td></tr>
</table>

3.8.2.2　数据指令测试

1．试验目的

检查无人机无线供电平台与上位机及计算机的通信功能是否正常。

2．试验条件

通过上位机和 CAN 卡等配合检查通信功能。

3．试验方法

（1）连接平台 1~6 与上位机 CAN 总线；

（2）连接接收端 1~3 与计算机 CAN 总线；

（3）功率板低压供电 12 V；

（4）上位机和计算机发送 CAN 信号，检测接收信号与 PWM 开关状态。

4．合格判据

参考表 3-17，所有检查内容通过即合格。

表 3-17　数据指令测试要求

<table>
<tr><td>测试名称</td><td colspan="5">数据指令检测</td></tr>
<tr><td>测试步骤</td><td colspan="5">1. 连接平台 1~6 与上位机 CAN 总线；
2. 连接接收端 1~3 与计算机 CAN 总线；
3. 功率板低压供电 12 V；
4. 上位机和计算机发送 CAN 信号，检测接收信号与 PWM 开关状态</td></tr>
<tr><td rowspan="10">测试记录</td><td>行号</td><td>测试步骤</td><td>要求（值）</td><td>测试值（结果）</td><td>若符合则打“√”</td></tr>
<tr><td>1</td><td>检测上位机能否接收到接收端状态信息 CAN 信号</td><td>可以</td><td>可以</td><td>√</td></tr>
<tr><td>2</td><td>检测上位机能否接收到平台状态信息 CAN 信号</td><td>可以</td><td>可以</td><td>√</td></tr>
<tr><td>3</td><td>检测计算机能否接收到平台状态信息 CAN 信号</td><td>可以</td><td>可以</td><td>√</td></tr>
<tr><td>4</td><td>计算机发送平台 1~6 开启请求，检测平台 PWM 开关状态</td><td>PWM 开</td><td>PWM 开</td><td>√</td></tr>
<tr><td>5</td><td>计算机发送平台 1~6 关闭请求，检测平台 PWM 开关状态</td><td>PWM 关</td><td>PWM 关</td><td>√</td></tr>
<tr><td>6</td><td>上位机发送平台 1~6 开启请求，检测平台 PWM 开关状态</td><td>PWM 开</td><td>PWM 开</td><td>√</td></tr>
<tr><td>7</td><td>上位机发送平台 1~6 关闭请求，检测平台 PWM 开关状态</td><td>PWM 关</td><td>PWM 关</td><td>√</td></tr>
<tr><td>8</td><td>上位机发送平台 1~6 开启请求，计算机发送对应平台关闭请求</td><td>PWM 关</td><td>PWM 关</td><td>√</td></tr>
<tr><td>9</td><td>上位机发送平台 1~6 关闭请求，计算机发送对应平台开启请求</td><td>PWM 关</td><td>PWM 关</td><td>√</td></tr>
</table>

3.8.2.3 能效测试

1. 试验目的

测试无人机无线供电平台对不同无人机在指定位置及无人机降落位置的传输功率、效率是否达到需求。

2. 试验条件

在平台功能都验证通过后，配合接收线圈、电子负载等，使用电流钳、电压表或功率分析仪等仪器对系统不同位置的传能功率、效率进行采集和计算。

3. 试验方法

（1）无人机无线供电平台安装及调试完成后设定传输距离、系统负载、偏移位置等条件，进行特定节点电压、电流采样，其中，为了避免无人机对测试的影响，进行传输功率、效率测试时选取单个模块的最小系统进行测试，测试点如图 3－98 所示。

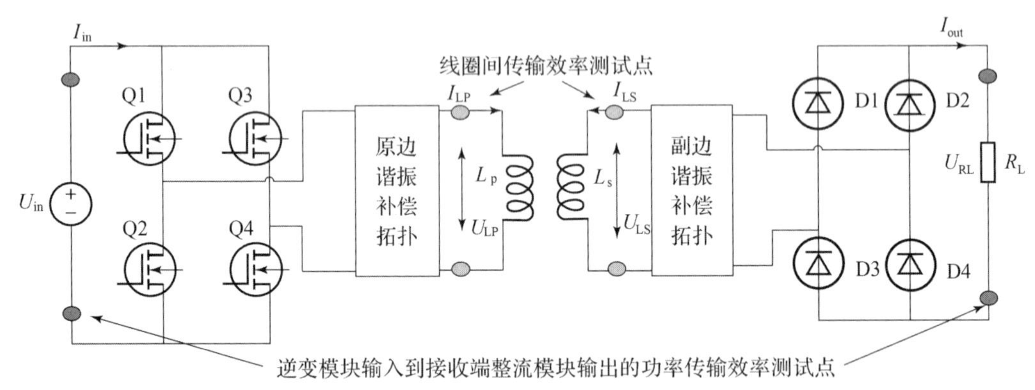

图 3－98 测试点说明示意

（2）进行接收端充电位置测试时，在无人机的机载接收线圈降落后对准区域内任意放置，如图 3－99 所示。

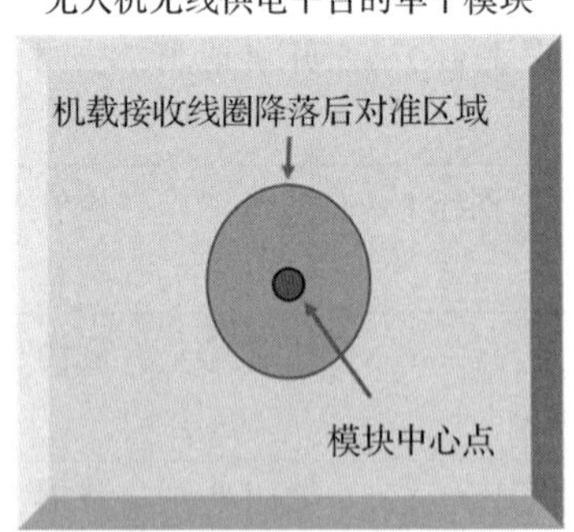

图 3－99 无线充电位置说明

（3）单套无人机的接受线圈可在无人机无线供电平台的对应模块内的指定位置处，实现充电时线圈间传输效率≥85.5%，传输效率 $= I_{LS} \times U_{LS} / (I_{LP} \times U_{LP})$。

（4）单套无人机的接收线圈在无人机无线供电平台模块内，无人机的机载接收线圈降落后对准区域内随机位置充电时，可实现逆变模块输入到接收端整流模块输出的功率传输效率≥60%，功率传输效率 $=I_{in}\times U_{in}/(I_{out}\times U_{RL})$。

4．合格判据

参考表 3－18，所有检查内容通过即合格。

表 3－18　能效测试要求

测试名称	能效测试
测试步骤	1. 无人机无线供电平台安装及调试完成后设定传输距离、系统负载、偏移位置等条件，进行特定节点电压、电流采样，其中，为了避免无人机对测试的影响，进行传输功率、效率测试时选取单个模块的最小系统进行测试，测试点如下图所示： 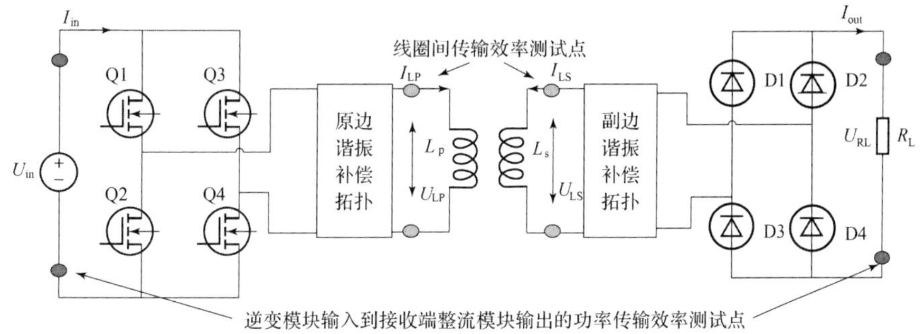 2. 进行接收端充电位置测试时，在无人机的机载接收线圈降落后对准区域内任意放置，如下图所示： 3. 通过测量直流端对端输入电压 U_{in}、输入电流 I_{in}、输出电压 U_{out}、输出电流 I_{out} 和内部主要器件阻抗，采用如下公式计算系统效率： $\eta=\frac{P_{out}}{P_{in}-P_{Dep}}$ 其中： $P_{out}=U_{out}\cdot I_{out}$ $P_{in}=U_{in}\cdot I_{in}$ P_{Dep} 主要由以下几部分组成。 （1）Q1、Q2、Q3、Q4 的内阻损耗：$R_Q\times I_{in}^2\times 2$ （2）D1、D2、D3、D4 的内阻损耗：$V_D\times I_{out}\times 2$

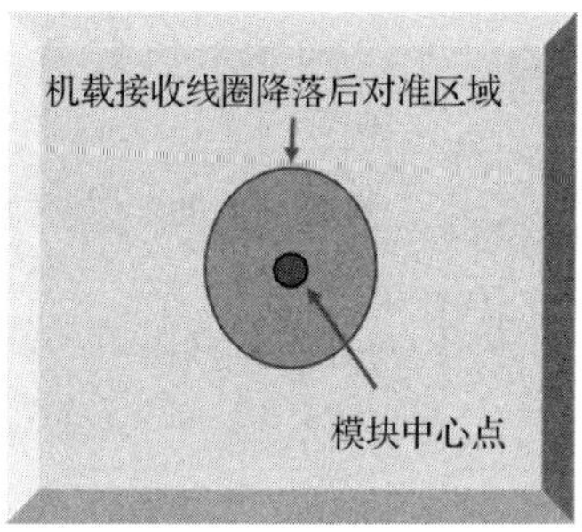

续表

测试名称	能效测试		
测试步骤	（3）串联电感 L_{f1} 交流阻抗损耗：$RL_{f1} \times I_{Lf1}^2$，其中直流逆变方波 $I_{Lf1} = \frac{\pi}{2\sqrt{2}} I_{in}$ （4）串联电容 C_1 交流阻抗损耗：$RC_1 \times I_1^2$，其中 $I_1 = \frac{2\sqrt{2}U_{in}}{\pi\omega L_{f1}} \angle -90^{\circ}$ （5）并联电容 C_{f1} 交流阻抗损耗：$RC_{f1} \times I_{Cf1}^2$，其中 $I_{Cf1} = \sqrt{I_{Lf1}^{\ 2} + I_1^2}$ （6）串联电容 C_2 交流阻抗损耗：$RC_2 \times I_2^2$，其中正弦交流整流为直流 $I_2 = \sqrt{2} I_{out}$ 4. 单套无人机的接收线圈在无人机无线供电平台模块内，无人机的机载接收线圈降落后对准区域内随机位置充电时，可实现逆变模块输入到接收端整流模块输出的功率传输效率≥60%，功率传输效率 $= I_{in} \times U_{in} / (I_{out} \times U_{RL})$。		
考核指标	合格判据	测量值	结论
小型线圈功率传输能力及效率	距离≥10 cm	10 cm	符合
	功率≥100 W	108.34 W	优于指标
	在指定位置能够满足线圈间传输效率≥85%	95.77%	优于指标
	在对准区域内任意位置能够满足逆变模块到接收端整流模块的功率传输效率≥60%	73.24%，18.73 V × 5.49 A /（60 V × 2.34 A） 偏移（9 cm，10 cm） 73.73%，22.62 V × 6.63 A/（60 V × 3.39 A） 偏移（5 cm，5 cm）	优于指标
中型线圈功率传输能力及效率	距离≥30 cm	30 cm	符合
	功率≥500 W	538.26 W	优于指标
	在指定位置能够满足线圈间传输效率≥85%	86.42%	优于指标
	在对准区域内任意位置能够满足逆变模块到接收端整流模块的功率传输效率≥60%	79.67%，75 V × 6.67 A/（80 V × 7.84 A） 偏移（15 cm，15 cm）	优于指标

续表

测试名称	能效测试		
大型线圈功率传输能力及效率	距离≥50 cm	50 cm	符合
	功率≥1 000 W	1 068.84 W	优于指标
	在指定位置能够满足线圈间传输效率≥85%	90.67%	优于指标
	在对准区域内任意位置能够满足逆变模块到接收端整流模块的功率传输效率≥60%	82.03%，71.18 V × 14.3 A/(120 V × 10.34 A) 偏移（15 cm，15 cm）	优于指标

第4章 抗偏移无线能量传输技术

在磁耦合无线能量传输系统中，当线圈匝数、匝间距和线径等物理参数固定，且系统固有谐振频率不变、接收端电阻不变时，两个线圈之间的互感值是影响传输效率的关键因素之一。接收线圈位置变化（轴向距离、径向偏移、角度偏移）是影响线圈互感的重要因素。因此，探究线圈偏移对系统传输效率的影响对于提高磁耦合无线能量传输系统的抗偏移能力具有重要意义。

4.1 磁耦合无线能量传输系统特性分析

磁耦合无线能量传输模型主要可以分为3种类型：耦合模理论模型、二端口网络模型、电路理论模型[174]。相比于耦合模理论模型和二端口网络模型，电路理论模型更容易求解系统的输出功率和传输效率等，因此本章选用电路理论模型对系统进行分析。

磁耦合无线能量传输系统的理论结构模型主要包括两线圈结构、三线圈结构和四线圈结构，如图4-1所示。两线圈结构主要由高频交流电源、发射线圈、接收线圈、负载组成。四线圈结构增加了电源线圈和负载线圈。四线圈结构的工作原理与两线圈结构的工作原理类似，高频交流电源产生的高频交流电作用于电源线圈，高频交流电的频率与各线圈的固有频率相同，电能依次从电源线圈、发射线圈、接收线圈、负载线圈传递到负载。相比于两线圈结构，四线圈结构传输距离较大，但是对于系统的传输效率影响较小。由于本书的研究主要针对磁耦合无线能量传输技术在无人机领域的应用，故较为简单的谐振结构更具有工程应用意义。因此，本章主要针对两线圈结构模型进行研究。

两线圈结构中补偿网络与线圈的连接方式有4种，分别为S-S型（串串结构）、S-P型（串并结构）、P-P型（并串结构）和P-S型（并并结构），如图4-2所示。

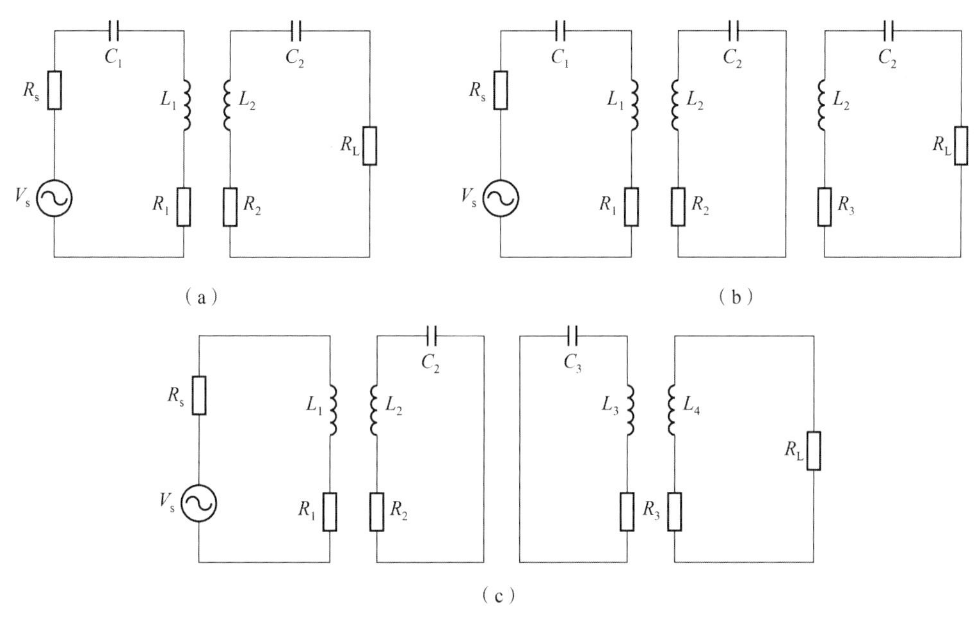

图 4－1　线圈结构示意

(a) 两线圈结构；(b) 三线圈结构；(c) 四线圈结构

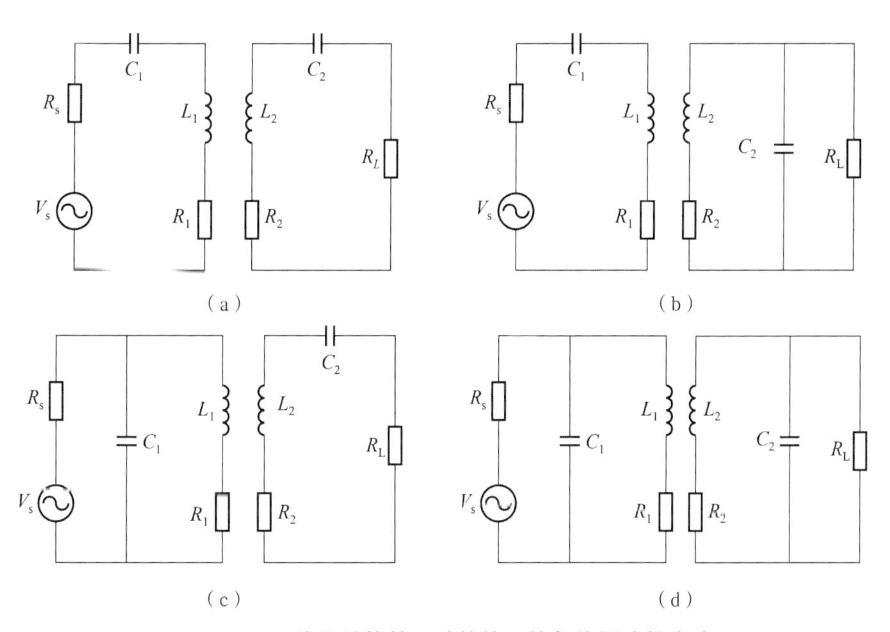

图 4－2　两线圈结构的 4 种补偿网络与线圈连接方式

(a) S－S 型；(b) S－P 型；(c) P－S 型；(d) P－P 型

在图 4－2 中，V_s为高频交流电源，R_s为电源内阻，R_1为发射线圈电阻，R_2为接收线圈电阻，C_1为发射线圈补偿电容，C_2为接收线圈补偿电容，L_1为发射线圈等效电感，L_2为接收线圈等效电感，R_L为负载电阻。

在 S－S 型磁耦合无线能量传输系统中，当系统谐振时，谐振频率为 ω_0，此时表现为纯阻性电路，阻抗最小。

$$\omega_0 = \frac{1}{\sqrt{L_1 C_1}} = \frac{1}{\sqrt{L_2 C_2}} \tag{4-1}$$

系统谐振时，系统的等效输入阻抗为

$$Z_{in} = R_1 + \frac{(\omega M)^2}{R_2 + R_L} \tag{4-2}$$

式中，M 为线圈之间的互感。

当系统发生谐振时，C_1，C_2分别为：$C_1 = \frac{1}{\omega^2 L_1}$，$C_2 = \frac{1}{\omega^2 L_2}$。同理可得 S－P、P－S、P－P 三种拓扑结构的补偿电容（表 4－1）和等效输入阻抗（表 4－2）。

表 4－1　两线圈结构 4 种拓扑结构的补偿电容

类型	C_1	C_2
S－S 型	$C_1 = \frac{1}{\omega^2 L_1}$	$C_2 = \frac{1}{\omega^2 L_2}$
S－P 型	$C_1 = \frac{1}{\omega^2 L_1}$	$C_2 = \frac{R_L \pm \sqrt{R_L^2 - 4\omega^2 L_2^2}}{2\omega^2 R_L L_2}$
P－S 型	$C_1 = \frac{L_1}{\left(R_1 + \frac{3\omega^2 M^2}{R_2 + R_L}\right)^2 + \omega^2 L_1^2}$	$C_2 = \frac{1}{\omega^2 L_2}$
P－P 型	$C_1 = \frac{L_1}{\left(\frac{3\omega^2 M^2}{R_L - \omega^2 C_2^2 R_L^2 L_2 + \omega^2 L_2^2}\right)^2}$	$C_2 = \frac{R_L \pm \sqrt{R_L^2 - 4\omega^2 L_2^2}}{2\omega^2 R_L L_2}$

表 4－2　两线圈结构 4 种拓扑结构的等效输入阻抗

类型	等效输入阻抗 Z_{in}
S－P 型	$R_1 + \frac{(\omega M)^2}{R_2 + j\omega L_2 + \frac{1}{\frac{1}{R_L} + j\omega C_2}}$
S－S 型	$R_1 + \frac{(\omega M)^2}{R_2 + R_L}$
P－S 型	$\frac{1}{j\omega C_1 + \frac{1}{R_1 + j\omega L_1 + \frac{(\omega M)^2}{R_2 + j\omega L_2 + \frac{1}{\frac{1}{R_L} + j\omega C_2}}}}$
P－P 型	$\frac{1}{j\omega C_1 + \frac{1}{R_1 + j\omega L_1 + \frac{(\omega M)^2}{R_2 + R_L}}}$

通过对比不同拓扑结构的发射线圈补偿电容 C_1 和接收线圈补偿电容 C_2 可知，相比于 S－S 型的 C_1 和 C_2，S－P 型的 C_2 和 P－P 型的 C_2 均与负载 R_L 有关，当负载 R_L 发生变化时，系统很难实现谐振状态。P－S 型的 C_1 和 P－P 型的 C_1 不仅与负载 R_L 有关，而且与线圈之间的互感 M 有关，而线圈之间的互感 M 容易受到线圈位置的影响，当线圈位置发生变化时，补偿电容会一直变化，很难使系统处于精确的谐振状态，故在实际中非常难以实现谐振。S－S 型无线能量传输系统中的补偿电容 C_1 和 C_2 只与系统的频率、线圈电感有关，不受线圈之间互感的影响，系统更容易保持谐振状态。

通过对比不同拓扑结构的等效输入阻抗 Z_{in} 可知。相比于 S－S 型的等效输入阻抗 Z_{in}，S－P 型、P－S 型和 P－P 型的等效输入阻抗 Z_{in} 为复数且公式复杂。当系统参数变化时，极易出现阻抗不匹配，而且很难设计阻抗匹配网络。而 S－S 型的等效输入阻抗 Z_{in} 表达式简单，更易计算，容易加入阻抗匹配网络以使系统处于阻抗匹配状态。综合考虑多种因素，本章选择 S－S 型两线圈结构作为研究对象。

4.1.1　S－S 型两线圈结构特性分析

以 S－S 型两线圈结构特性分析为例，S－S 型两线圈结构如图 4－1（a）所示，发射回路阻抗为 Z_1，接收回路阻抗为 Z_2。

$$\begin{cases} Z_1 = R_s + R_1 + j\omega L_1 + \dfrac{1}{j\omega C_1} \\ Z_2 = R_2 + R_L + j\omega L_2 + \dfrac{1}{j\omega C_2} \end{cases} \tag{4-3}$$

根据 KVL 定律，发射回路方程和接收回路方程分别为

$$\begin{cases} \dot{V}_{in} = Z_1 \dot{I}_1 - j\omega M \dot{I}_2 \\ 0 = -j\omega M \dot{I}_1 + Z_2 \dot{I}_2 \end{cases} \tag{4-4}$$

式（4－4）中，$\dot{I}_1$ 为发射回路电流，$\dot{I}_2$ 为接收回路电流，M 为线圈之间的互感，$M = k\sqrt{L_1 L_2}$，k 为线圈间的耦合系数。

$$\begin{cases} \dot{I}_1 = \dfrac{Z_2 \dot{U}_s}{Z_1 Z_2 + (\omega M)^2} \\ \dot{I}_2 = \dfrac{j\omega M \dot{U}_s}{Z_1 Z_2 + (\omega M)^2} \end{cases} \tag{4-5}$$

式（4－5）中，U_s 为激励电源电压。

系统的等效输入阻抗 Z_{in} 表达式为

$$Z_{in} = R_1 + j\omega L_1 + \frac{1}{j\omega C_1} + \frac{(\omega M)^2}{R_2 + R_L + j\omega L_2 + \dfrac{1}{j\omega C_2}} \tag{4-6}$$

当系统发生谐振时，系统为纯阻型电路。根据式（4－3）和式（4－4）可以求出系统得输出功率 P_o 为

$$P_o = \dot{I}_1^{\,2} R_L = \left(\frac{\omega M \dot{U}_s}{Z_1 Z_2 + (\omega M)^2} \right)^2 R_L = \frac{\omega^2 M^2 R_L}{(Z_1 Z_2 + (\omega M)^2)^2} U_s^2 \tag{4-7}$$

输入端输入功率为

$$P_{in} = U_s I_1 = |\dot{U}_s| \cdot |\dot{I}_1| = \frac{|Z_2|}{|Z_1 Z_2 + (\omega M)^2|} U_s^2 \tag{4-8}$$

S－S 型两线圈结构系统的传输效率 η 为

$$\eta = \frac{P_o}{P_{in}} = \frac{\omega^2 M^2 R_L}{|Z_1 Z_2^2 + (\omega M)^2 Z_2|} \tag{4-9}$$

由式（4－9）可以看出，系统的传输效率与 ω，M，R_L，Z_1 和 Z_2 等参数重要相关。当上述参数发生变化时，系统的传输效率也会发生变化。一般情况下，对于 S－S 型两线圈结构，当系统处于谐振状态时，系统的传输效率主要由 M，ω 以及 R_L 决定。

4.1.2 系统传输效率与工作角频率的关系

根据图 4－2（a）所示的 S－S 型两线圈结构，取 $L_1 = L_2 = 4.2\ \mu H$，$C_1 = C_2 = 2.380\ 95\ nF$，$R_s = 1\ \Omega$，$R_1 = R_2 = 3\ \Omega$，$M = 4\ \mu H$，$R_L = 10\ \Omega$。代入 S－S 型两线圈结构系统的效率公式，使用 MATLAB 进行计算，可得出工作角频率对系统传输效率的影响，如图 4－3 所示。

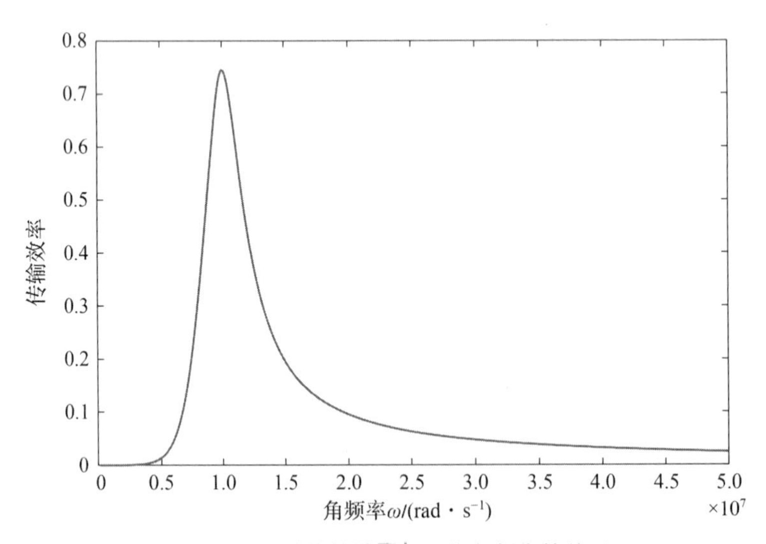

图 4－3 系统传输效率与工作角频率的关系

根据线圈电感 L_1，L_2，线圈补偿电容 C_1，C_2 可以计算出系统的谐振角频率为

$$\omega_0 = \frac{1}{\sqrt{L_1 C_1}} = \frac{1}{\sqrt{L_2 C_2}} = 10^7\ \text{rad/s} \tag{4-10}$$

由图4－3可以看出，当系统的工作角频率ω从0rad/s开始升高时，系统的传输效率也会跟着升高。当系统的工作角频率为$\omega_0 = 10^7$ rad/s时，系统的传输效率达到最高。然而，当系统的工作角频率高于ω_0时，传输效率急速降低，故只有系统工作角频率与谐振角频率相等时，系统的传输效率才达到最高值。

4.1.3 系统传输效率与工作角频率的关系（互感变化）

其他参数不变，使用MATLAB分别计算$M = 4$ μH，$M = 3$ μH，$M = 2$ μH时，工作角频率ω对系统传输效率的影响。由图6－4可以得出结论，相比于互感值$M = 3$ μH，$M = 2$ μH，互感$M = 4$ μH时，系统的传输效率最高，故互感M越大，系统的传输效率越高。

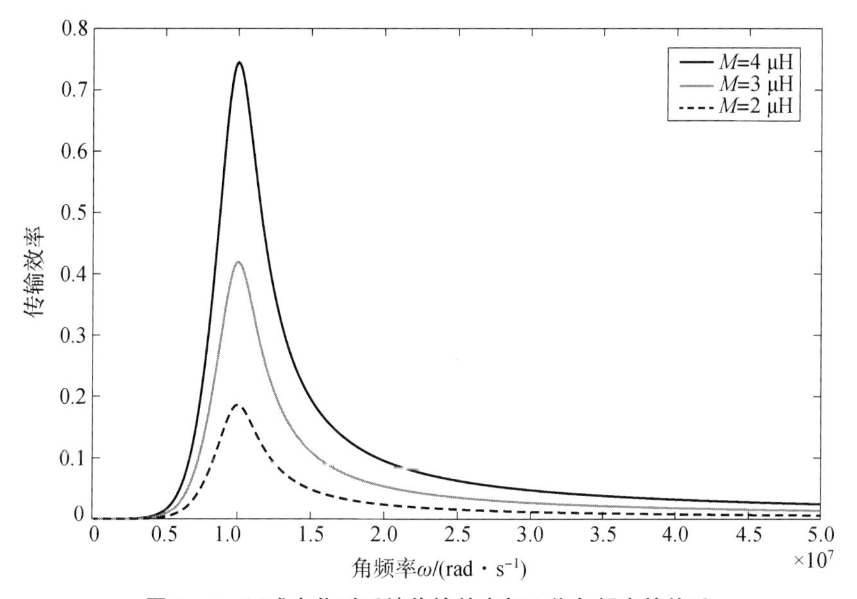

图4－4 互感变化时系统传输效率与工作角频率的关系

4.1.4 系统传输效率与谐振角频率的关系

当系统始终处于谐振状态时，取电源内阻$R_s = 1\Omega$，发射线圈与接收线圈内阻$R_1 = R_2 = 3\Omega$，负载电阻$R_L = 10\Omega$。令谐振角频率从0 rad/s一直升高，使用MATLAB分别研究互感$M = 4$ μH，$M = 3$ μH，$M = 2$ μH时，谐振角频率变化对系统传输效率的影响。如图4－5所示，随着系统的谐振角频率的升高，系统的传输效率先快速升高后趋于平稳。因此，若要使系统获得较高的传输效率，就应选取尽可能高的谐振角频率。相比于互感$M = 3$ μH，$M = 2$ μH，互感$M = 4$ μH时，系统的传输效率最高。互感M越大，系统的传输效率增速越高。

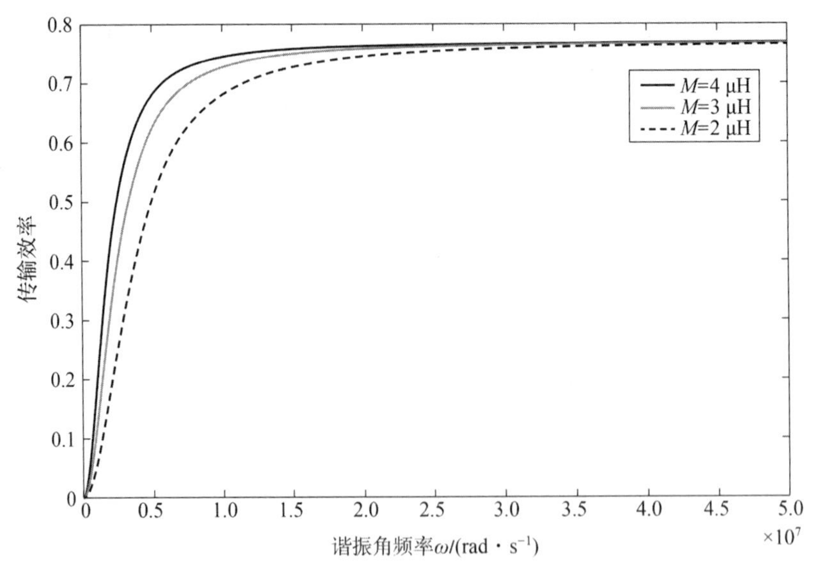

图 4－5　互感变化时系统传输效率与谐振角频率的关系

4.1.5　系统传输效率与负载电阻的关系

当系统处于谐振状态时，取 $R_s=1\Omega$，$R_1=R_2=3\Omega$，令负载电阻 R_L 从 0 Ω 增大到 200 Ω。使用 MATLAB 分别研究互感为 $M=4$ μH，$M=3$ μH，$M=2$ μH 时，负载电阻 R_L 变化对系统传输效率的影响。如图 4－6 所示，对于不同的互感，尽管系统的传输效率不同，但是总有一个负载电阻 R_L 使系统的传输效率最高。随着互感的减小，系统传输效率最高所对应的负载电阻 R_L 也减小。相比于互感 $M=3$ μH，$M=2$ μH，当互感 $M=4$ μH 时，系统的传输效率最高。当互感减小时，系统传输效率的下降速率随着负载电阻 R_L 的增大而升高。

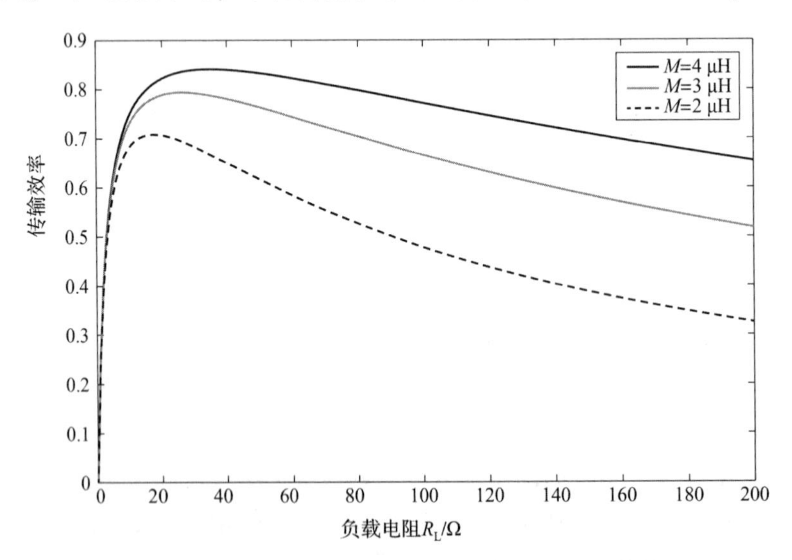

图 4－6　互感变化时系统传输效率与负载电阻 R_L 的关系

通过对S-S型两线圈结构的仿真和分析得出以下结论。当系统处于谐振状态时，传输效率达到最高。互感M越大，系统的传输效率越高。当系统处于谐振状态时，总有一个特定的负载电阻值R_L使系统的传输效率达到最高。互感越小，随着负载电阻R_L的增大，系统的传输效率下降越快。当系统处于谐振状态时，系统的谐振频率越高，系统的传输效率越高。从上面的分析可知，互感的变化对系统的工作频率、负载电阻和系统固有谐振频率都具有很大的影响。互感主要与线圈的固有参数和线圈的相对位置有关。当线圈的固有参数不变时，研究线圈的位置变化对互感的影响具有重要意义。

4.1.6　小结

本节首先介绍了磁耦合无线能量传输系统两线圈结构和四线圈结构的特点，分析了S-S型、S-P型、P-S型和P-P型结构中的补偿电容和等效输入阻抗。根据工程应用需求等综合因素，本节选择S-S型两线圈结构为研究对象，并用电路理论模型进行分析。然后研究了S-S型两线圈结构的传输特性，推导了系统传输效率公式，并分析了系统工作角频率、负载电阻、谐振频率对系统传输效率的影响。

4.2　系统抗偏移方法

磁耦合无线能量传输具有有线能量传输所不具有的优点，但与传统有线能量传输相比，传输效率低一直是磁耦合无线能量传输面临的主要问题。因此，如何提升无线能量传输系统的传输效率迅速成为国内外学者的研究热点。

典型的磁耦合无线能量传输系统由一个功率放大器（PA）、一个耦合系统、一个整流器和一个负载构成，如图4-7所示。

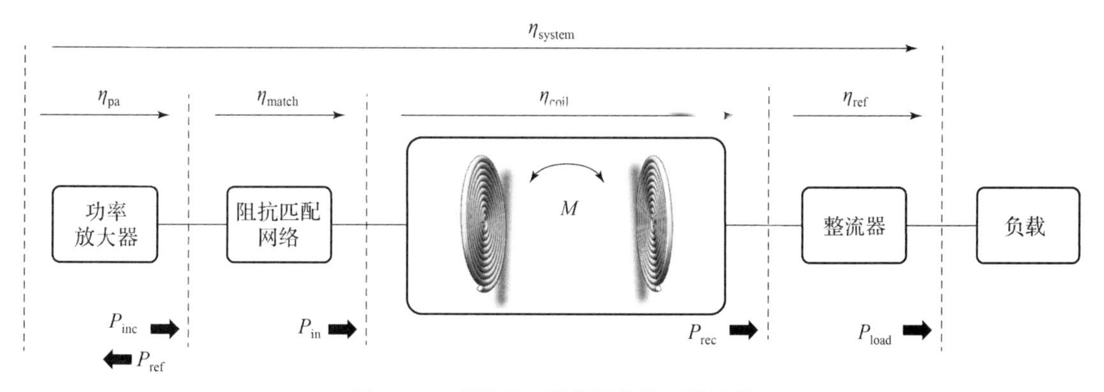

图4-7　磁耦合无线能量传输系统结构

在这里系统的整体效率η_{system}可以表示为[175]

$$\eta_{system}=\eta_{pa}\eta_{match}\eta_{coil}\eta_{ref} \tag{4-11}$$

式中，η_{pa}为功率放大器的效率，η_{match}为阻抗匹配网络的效率，η_{coil}为耦合系统的效率即线圈之间的效率，η_{ref}为整流器的效率。

$$\eta_{match}=\frac{P_{inc}-P_{ref}}{P_{inc}}=1-|S_{11}|^2 \tag{4-12}$$

$$\eta_{coil}=\frac{P_{rec}}{P_{in}} \tag{4-13}$$

$$\eta_{ref}=\frac{P_{load}}{P_{rec}} \tag{4-14}$$

式中，P_{inc}是系统的入射功率，P_{ref}是反射功率，P_{in}是发射功率，P_{rec}是整流器的入射功率，P_{load}是负载最终接收的功率，S_{11}是反射系数。在实际的无人机应用中，由于整流器在负载端，一旦确定，比较难改变，故η_{ref}在现实应用比较难提高，η_{match}与η_{coil}对系统的影响更大，所以本书通过提高η_{match}与η_{coil}来提高系统的传输效率。

线圈位置变化是影响无线能量传输效率的关键因素之一，线圈位置变化是指相对于发射线圈，接收线圈的轴向距离变化［图4-8（a）］和径向偏移变化［图4-8（b）］。

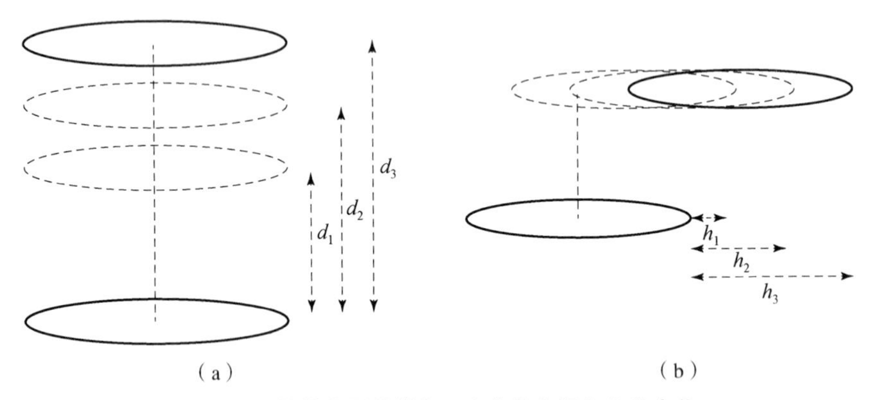

图4-8 接收线圈的轴向距离变化和径向偏移变化

（a）轴向距离变化；（b）径向偏移变化

当接收线圈发生轴向距离变化或径向偏移变化时，系统偏离原最佳参数匹配状态，导致系统传输效率降低。在接收线圈发生轴向距离变化或径向偏移变化时如何维持系统的高传输效率更是国内外学者关注的焦点。针对在接收线圈发生轴向距离变化或径向偏移变化时如何维持系统的高传输效率的问题，目前采用的方法主要是频率跟踪法、优化线圈法和阻抗匹配法。

4.2.1 频率跟踪法

磁耦合无线能量传输系统的工作频率是影响系统传输效率的关键因素之一。然而，当磁耦合无线能量传输系统中的负载、线圈之间的位置等参数发生变化时，系统的谐振频率会偏离原来的固有谐振频率，这会导致系统传输效率急剧下降。因此，有必要采取频率跟踪法使系统的工作频率始终等于谐振频率，该方法的关键是电源频率始终跟踪参数的变化，使系统保持谐振状态，维持系统的高传输效率。

2009 年，卡梅隆大学的无线充电研究团队 Cannon Benjamin L 对频率分裂进行了研究[176]。该团队通过调节每个接收线圈的补偿电容来实现系统的频率跟踪，以此提高系统的传输效率。使用该方法，系统的传输效率从原来的 50% 提升至 70%。

2012 年，三星公司使用锁相环实现了无线能量传输系统频率自适应跟踪[177]（图 4－9）。该技术是通过使用无线通信直接监控系统的传输效率从而自动自适应频率跟踪，在任意距离均可保持高于 70% 的传输效率。

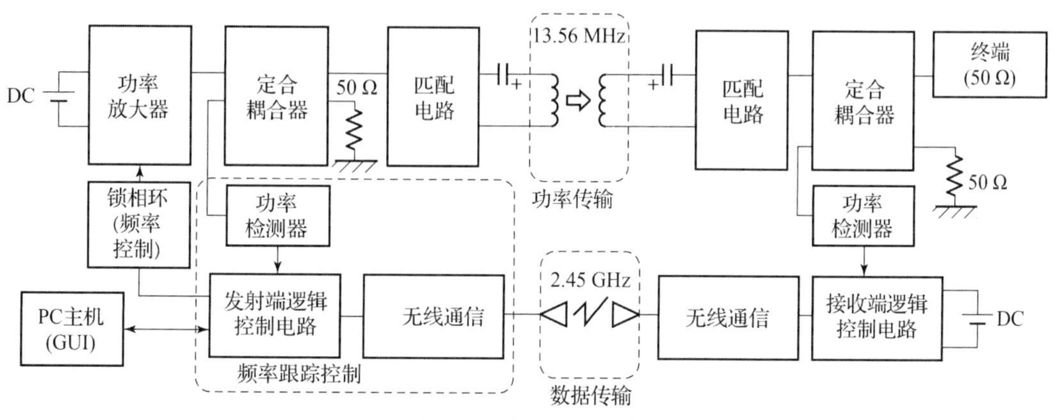

图 4－9　频率跟踪示意

2014 年，新加坡国立大学的 S. K. Panda 团队研究了无线能量传输系统中线圈不同轴向距离与不同径向偏移时系统的效率特性[178]。该团队发现频率随着线圈之间轴向距离和径向偏移的变化而变化，只有当系统的工作频率与电路的固有频率相等时，系统的传输效率才最高。因此，该团队通过 FPGA 检测接收线圈上的电流从而自动调节无线能量传输系统的工作频率，使系统始终保持高传输效率。

2016 年，卡塔尼亚大学的 Rosario Pagano 提出了一种多目标遗传算法[179]。该算法根据各自的设计约束，通过优化全桥串联谐振逆变器和同步全桥整流器输出电压的开关频率来最大化传输功率。

2016 年，韩国科学技术院的 Hong Songcheol 团队提出了基于频率跟踪的最高效率跟踪方法[180]（图 4－10）。该方法在利用 DC－DC 实现电压恒定输出的同时，利用频率跟踪装置实现系统的最高传输效率。试验结果表明，系统工作频率设置为 6.78 MHz，当线圈的轴向距离在 60 mm 以内时，系统的传输效率在 50% 以上。

2016 年，美国佐治亚大学的 Antonio ginart 团队提出了一种抗线圈偏移的频率跟踪方法[181]。该方法可以在线圈径向偏移的情况下保持较高的传输效率。试验结果表明，当接收线圈径向偏移小于 200 mm 时，该方法可以使输出电流增大 13.4%，系统的传输效率保持在 76.4% 以上。

2009 年，华南理工大学的张波团队推导了传输效率公式[85]，并对比了系统在谐振状态与失谐状态时的参数变化，提出了一种基于锁相环的频率跟踪方法[182]。该方法通过改变发射线圈从而改变系统的固有频率。试验结果表明，使用基于锁相环的频率跟踪方法可以提高系统的传输效率。

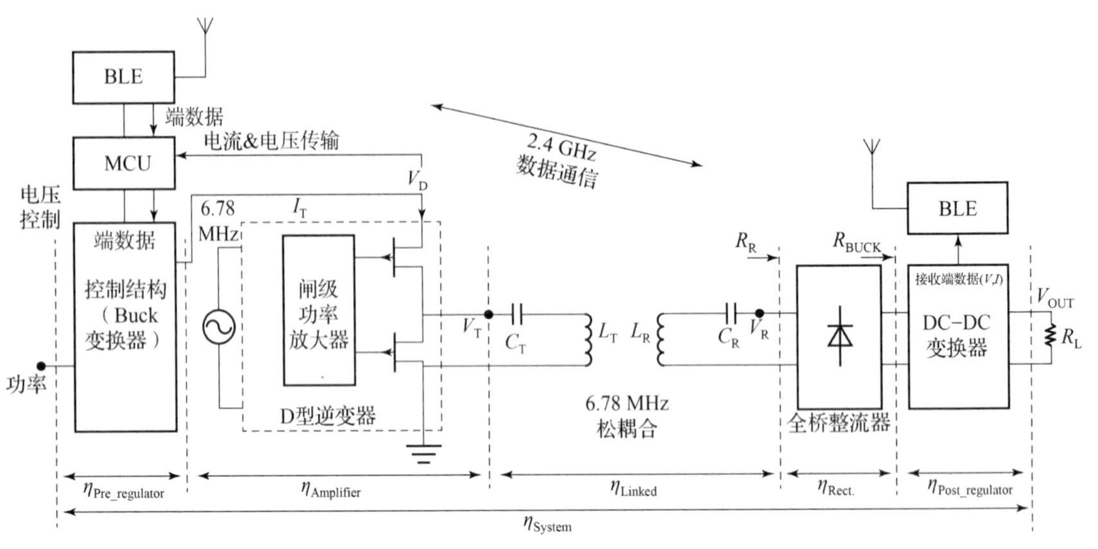

图 4 - 10　自适应无线能量传输

2016 年，天津工业大学的李阳教授团队研究了频率特性[180]。该团队为了使无线能量传输系统的输出功率满足实际需求，设计了基于蚁群算法的频率跟踪方法[183]。试验结果表明，当接收线圈的轴向距离在 50 cm 以内时，利用基于蚁群算法的频率跟踪装置可以使系统的传输效率提升 10%，并且系统的传输效率保持在 70% 以上。

2016 年，浙江大学的黄晓艳教授团队建立了无线充电系统的电路模型[184]，分析了其传输特性并提出了一种新的频率跟踪和占空比调制方法，使系统工作频率稳定 85 kHz 左右，实现了谐振式无线充电系统的恒流充电。

2016 年，北京化工大学的崔玉龙团队利用 FPGA 实现了无线能量传输系统频率自适应跟踪技术[185]。该技术可以应用于 S - S 型和 S - P 型结构，使用电压电流采集器采集回路的电压与电流，并利用 FPGA 对系统工作频率进行调节，达到系统的自适应用频率跟踪效果。

2017 年，中国科学院的李艳红团队研究了磁耦合无线能量传输系统的传输效率与线圈自感之间的关系[186]，利用 MATLAB 计算了发射线圈与接收线圈自感的最佳范围，并设计了一套能够实现自动频率跟踪的无线能量传输系统。试验结果表明，线圈的轴向距离为 20 cm 时，系统的接收功率可以达到 100 W，系统的传输效率保持在 90% 以上。

2018 年，北京航空航天大学的张伟团队提出一种应用于水下磁耦合无线能量传输的频率跟踪方法[187]。该团队分析了水下涡流效应会导致系统失谐，从而无线能量传输的效率急剧下降，故该团队设计了基于集成控制器的频率跟踪装置，使用该装置能够实现频率自动跟踪，保持高传输效率。

2019 年，江南大学的刘尚江设计了基于发射端逆变器的输出电压和接收端感应电流的频率跟踪方法[188]。试验结果表明，当线圈之间的互感和接收端负载发生变化时，采用此方法可以始终跟踪系统的固有频率，使系统保持较高的传输效率。

2020 年，天津工业大学的李阳教授团队提出了一种基于模糊复合控制器的自适应频率跟踪方法[189]（图 4－11）。使用模糊 PI 复合控制器来控制阻抗角（$h=0$），使系统的工作频率始终与谐振频率相等，从而使磁耦合无线能量传输系统一直保持在谐振状态。试验结果表明，当参数变化时，使用该方法可以更快、更准确地跟踪系统的谐振频率，系统可以保持较高的传输效率。

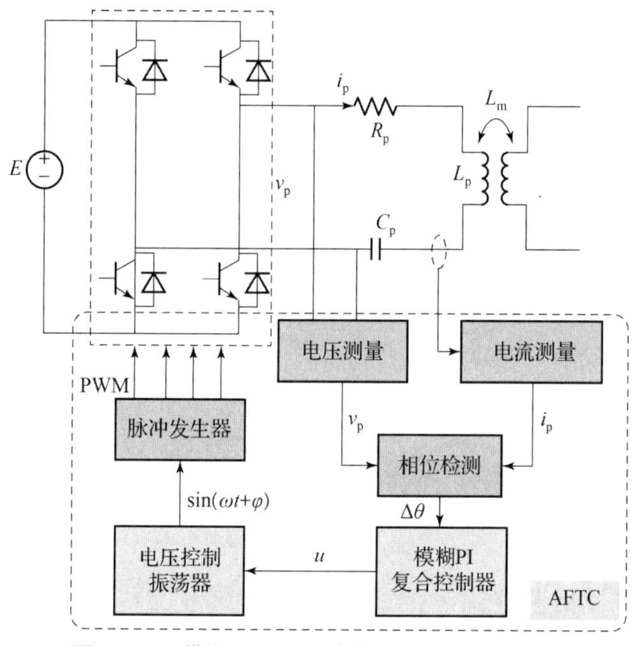

图 4－11　带有 AFTC 系统的 MCR－WPT 框图

以上团队都对频率跟踪技术进行了详细的研究。频率跟踪的实现方法一般分为硬件法和软件法。硬件法利用锁相环（Phase Locked Loop，PLL）电路，将系统的工作频率限制在一定的频率范围内，这样能提高频率跟踪的稳定性。但是，锁相环会导致相位补偿反应较慢。软件法则是利用控制算法（例如粒子群算法）实现频率跟踪，软件法更加符合电路小型化的要求，但是由于其计算复杂，可能造成系统的稳定性较差并且精度也可能无法满足具体需求。

4.2.2　优化线圈法

4.2.2.1　研究现状

线圈是无线能量传输系统的重要组成部分。线圈的优化设计对于无线能量传输系统效率的提升具有重要的意义。人们研究了切换线圈法，该方法的关键是通过切换不同的发射线圈维持系统的高传输效率，接着研究了改变线圈的缠绕方式来提高系统的传输效率。

2013 年，天津工业大学的李阳[190]总结了频率分裂现象与最大传输距离的关系。试验结果表明，无线能量传输系统的有效传输距离正比于发射线圈的直径。

2015 年，Kim J 等人设计了一种新颖的数字可编程发射线圈[191]，该发射线圈的半径可以通过编程改变以适应不同的传输距离（图 4－12）。当接收线圈与发射线圈的距离改变时，通过切换不同的发射线圈的开关实现效率的最大化。

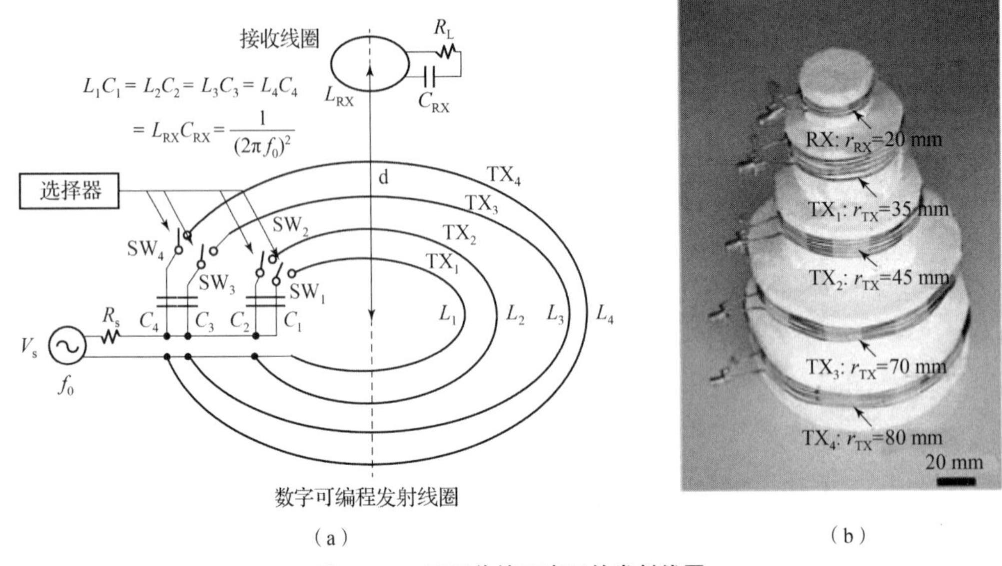

（a）　　　　　　　　（b）

图 4－12　不同传输距离下的发射线圈

（a）结构；（b）实物

2018 年，Qiu H 采用多环拓扑结构来大大减小无线能量传输系统的输入阻抗随距离的变化[192]，其中根据距离选择 4 个尺寸不同的环路之一。他根据使用定向耦合器和整流器测得的输入回波损耗，并编写了一种算法，以找到匹配网络中的最佳环路和电容，预制的无线能量传输系统在很大的距离范围内都具有高效的范围自适应操作（图 4－13）。

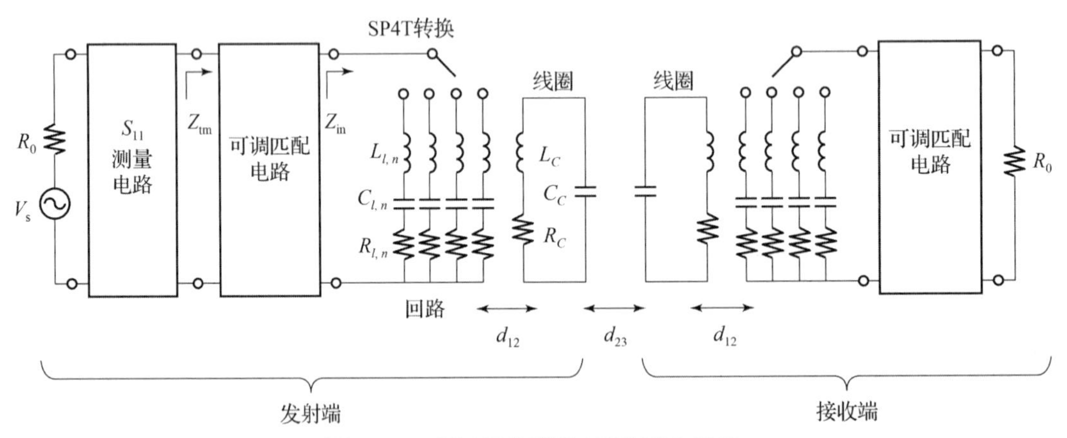

图 4－13　通过切换线圈实现距离自适应

2010 年，Y. Nagatsuka 提出了一种带有双面绕组的磁通管型矩形平面线圈[193]。该磁耦合器类似螺线管，可沿平面铁素体的最大长度引导磁通量，从而提高了对水平未对准的容忍度。

2013 年，C. H 等人提出了一种用于无线能量传输横向未对准的新型谐振器结构[194]。

该谐振器结构由集中线圈和几个小环形线圈组成，对于横向未对准，可改善约 30% 的传输效率。

2013 年，J. P. W. Chow 等人提出了一种具有高失准容差的新型接收器配置[195]。该接收器由两个正交放置的接收器线圈组成（图 4－14）。与传统接收线圈相比，正交接收线圈在线圈偏移或线圈垂直距离改变时效率更高。

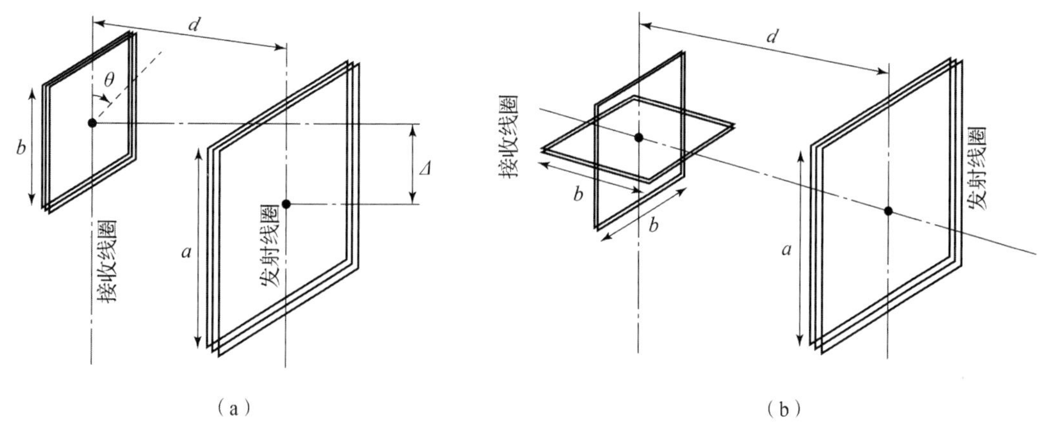

图 4－14　传统接收线圈与正交接收线圈

（a）传统接收线圈；（b）正交接收线圈

2013 年，M. Budhia 介绍了一种双 D 形单面磁通耦合器[196]。圆形耦合器是文献中最常见的拓扑，但是，它从根本上限制了耦合。它破坏了传统的圆形线圈和磁通管式线圈的特性，同时增加了垂直和横向偏移范围，使单个移动范围扩大了一倍。

2013 年，谭琳琳等人提出了一种关于传输线圈的优化方法[139]。该方法分析了线圈的参数，并总结了多参数目标函数，增大了线圈之间的互感，并且使线圈的电阻减小，因此提高了系统的传输效率。

2015 年，Zhu. Q 等人提出了四线圈结构[197]。他们通过优化线圈的补偿电容来扩展四线圈耦合，增加了线圈对准的容忍度并保持稳定的输出效率。

2020 年，Y. Zhuang 提出了一种具有多个双向子线圈的平面发射线圈结构[198]。该线圈结构可以在较大的传输距离和不对准变化范围内实现发射线圈和接收线圈之间相对恒定的互感，从而在较大的传输距离范围内保持耦合相对恒定（图 4－15）。

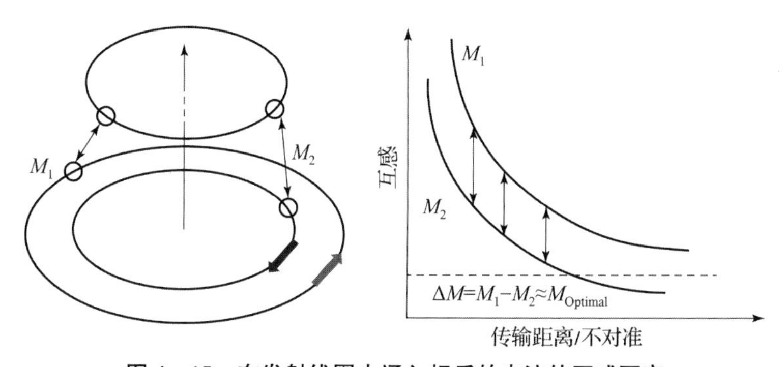

图 4－15　在发射线圈中通入相反的电流使互感不变

上述团队对线圈的优化进行了详细的研究。优化线圈法可分为切换线圈法和改变线圈缠绕方式。切换线圈法是指通过切换不同内径的发射线圈来适应线圈距离的变化，可是上述团队只研究了轴向变化，且切换发射线圈不能使系统阻抗匹配，系统不能达到最高传输效率和最高传输功率。改变线圈缠绕方式是指改变线圈的缠绕方式或者改变线圈形状，然而改变线圈缠绕方式设计比较复杂，需要大量的测试，只适用于一定范围内，在大范围内无法保持系统的高输出效率。

4.2.2.2 切换线圈法原理

如图 4-16 所示，V_{in}为等效输入电压源，R_n 为高频下发射线圈内阻，R_{RX}为接收线圈电阻，C_n 为发射线圈补偿电容，C_{RX}为接收线圈补偿电容，L_n 为发射线圈等效电感，L_{RX}为接收线圈等效电感，M_n 为线圈间的互感。

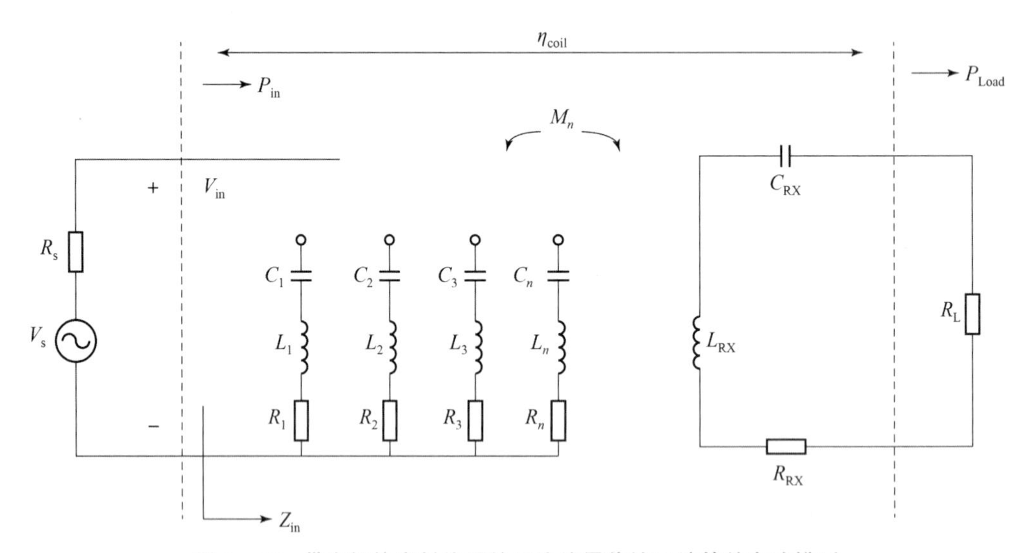

图 4-16 带有切换发射线圈的无线能量传输系统等效电路模型

当每个发射线圈回路均处在谐振状态时，线圈之间的效率如式（4-15）所示。

$$\eta_{coil}=\frac{(\omega M_n)^2R_L}{[(R_{RX}+R_L)R_n+(\omega M_n)^2](R_{RX}+R_L)} \tag{4-15}$$

分子、分母同时除以$(\omega M_n)^2R_L$，可得

$$\eta_{coil}=\frac{1}{\dfrac{[(R_{RX}+R_L)R_n+(\omega M_n)^2](R_{RX}+R_L)}{(\omega M_n)^2R_L}} \tag{4-16}$$

分母变形为

$$\eta_{coil}=\frac{1}{\left[\dfrac{(R_{RX}+R_L)R_n+(\omega M_n)^2}{(\omega M_n)^2}\right]\dfrac{(R_{RX}+R_L)}{R_L}} \tag{4-17}$$

$$\eta_{\text{coil}} = \frac{1}{\left[\frac{(R_{\text{RX}}+R_{\text{L}})}{\omega^2}\times\left(\frac{R_n}{M_n^2}\right)+1\right]\frac{(R_{\text{RX}}+R_{\text{L}})}{R_{\text{L}}}} \tag{4-18}$$

$$\gamma_n = \frac{M_n^2}{R_n} \tag{4-19}$$

$$\frac{\gamma_n}{\gamma_1} = \frac{(M_n/M_1)^2}{\frac{R_n}{R_1}} \tag{4-20}$$

式（4-20）为切换发射线圈的核心理论，通过切换发射线圈可以提升线圈之间的效率η_{coil}。当系统处于相同的谐振频率，且接收线圈和负载不变时，即ω，R_{L}，R_{RX}的值是恒定的，线圈之间的效率η_{coil}仅与γ_n有关，切换发射线圈只会改变发射线圈内阻R_n和线圈之间的互感M_{n}。R_1和M_1分别代表初始发射线圈的内阻和互感。当切换发射线圈时，如果$\gamma_n/\gamma_1>1$，则线圈之间的效率提升，γ_n/γ_1越大，线圈之间的效率越高，即系统的传输效率越高。

4.2.3　阻抗匹配法

4.2.3.1　国内外研究现状

在磁耦合无线能量传输系统中，线圈之间互感的变化或者接收端负载的变化，都会导致等效输入阻抗与激励源阻抗不匹配[199]，进而使整个系统的传输效率急剧下降。如下学者或团队研究了阻抗匹配法，该方法的关键是通过在负载或者输入端嵌入阻抗匹配网络，使系统阻抗匹配，维持系统的高传输效率。

2010年，东京大学的Teck Chuan Beh等人研究了阻抗匹配问题[159]，他们通过在输入端插入*LC*阻抗匹配网络使等效输入阻抗等于激励源阻抗，从而提高系统的传输效率。

2013年，该团队进一步研究了频率为13.56 MHz系统的自动阻抗匹配问题[200]。他们设计了自动阻抗匹配电路和阻抗匹配算法，试验结果表明，系统的传输效率提高并且传输范围扩展了。他们不但使传输效率提高到85%，还通过最速下降法使系统的自动匹配速度达到0.5~1.5 s，极大地提升了阻抗匹配的速度（图4-17）。

2014年，Juseop Lee为了补偿两个线圈之间相互耦合的变化[201]，提出了一种新的开关电容器阵列（图4-18），并验证新的设计方法和新的切换电容器阵列电路，制造并测试了在370 kHz下运行的无线能量传输系统。测试结果与理论显示出很好的一致性，并且反射功率比小于3%，开关电容器阵列电路效率较高。

2014年，Minfan Fu对系统传输效率进行分析[202]，以确定线圈、整流器和DC-DC转换器的最佳阻抗要求。一种新颖的级联升压-降压DC-DC转换器旨在为各种负载（包括电阻、超级电容器和电池）提供最佳的无线能量传输系统阻抗匹配。所提出的13.56 MHz无线能量传输系统在试验中可以达到70%以上的传输效率。

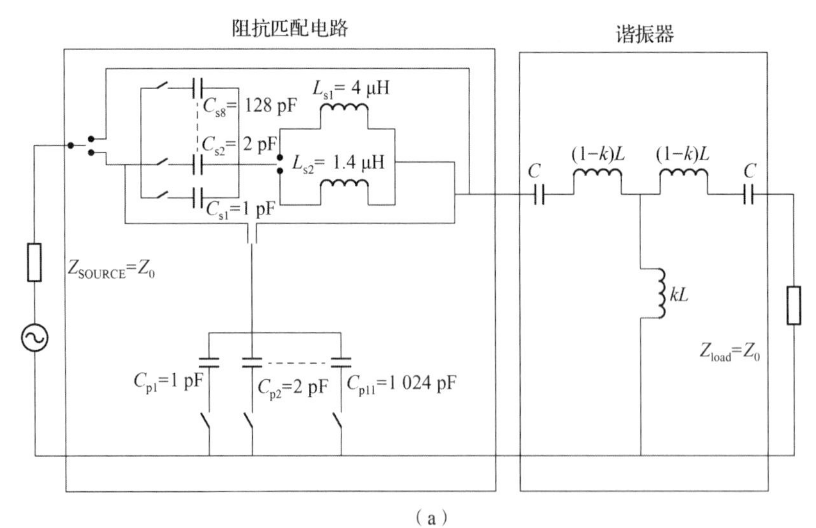

（a）

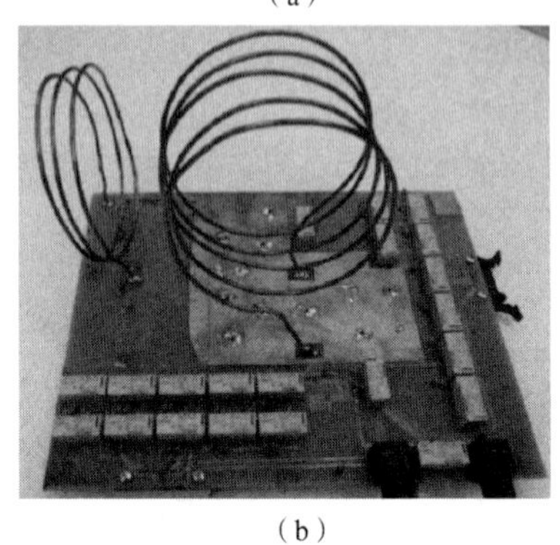

（b）

图 4－17　自动阻抗匹配

（a）电路；（b）实物

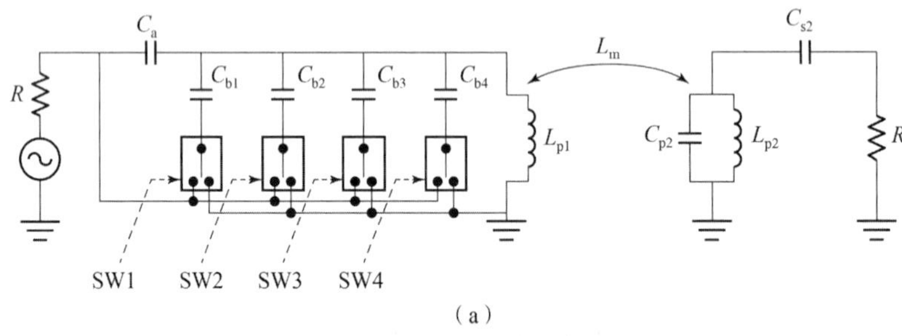

（a）

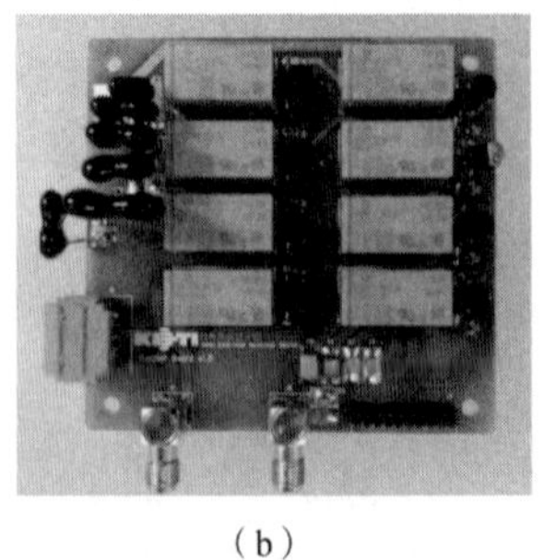

（b）

图 4－18　开关电容器阵列

（a）电路；（b）实物

2015 年，马来亚大学的 Surajit Das Barman 等人提出双边自适应阻抗匹配网络[203]。当线圈之间的轴向距离变化时，在输入端和负载端分别插入 *LC* 阻抗匹配网络来保持系统传输效率的最大化。试验结果表明，选用双边自适应阻抗匹配网络时，当传输距离为 15 ~ 35 cm 时，系统的传输效率高于 80%。

2015 年，韩国的 Thuc Phi Duong 等人提出了动态自适应阻抗匹配系统的方法[204]。当线圈偏移时，系统可以迅速达到阻抗匹配，匹配速度从原来的几分钟缩短至 1 s。当传输距离小于 50 cm 时，系统的传输效率在 80% 以上，当接收线圈的偏移角度小于 60°时，系统的传输效率在 74% 以上。

2017 年，马来亚大学的 Tanbir Ibne Anowar 等人提出四线圈阻抗匹配方案[205]。当线圈之间轴向距离变化时，四线圈 *LC* 阻抗匹配系统可以自适应阻抗匹配调节，试验结果表明，当传输距离小于 70 cm 时，S_{21} 参数提高了 10dB 了以上。

2013 年，东南大学的研究团队研究了阻抗匹配问题[206]，其利用电磁场仿真软件对阻抗匹配进行设计，试验结果表明，当传输距离在 50 cm 以内时，系统的传输效率高于 60%。

2015 年，电力科学院的李富林等人提出了一种新型负载阻抗匹配拓扑结构[207]。该结构在接收线圈后加入一个匹配馈电线圈，使负载等效阻抗达到最高传输效率所需的阻抗值。试验结果表明，当接收端为不同负载时，调整馈电线圈的不同参数进行匹配，均可以使等效负载值达到最优阻抗值，使系统的传输效率保持最高。

2015 年，Hongchang Li 团队提出了一种最高效率跟踪方法[208]。其在整流电路与负载之间加入 DC - DC 转换器（图 4 - 19），当负载变化时，通过调节 DC - DC 转换器的占空比使等效负载始终为最优值。该控制方案独特且突出，因为它可以将工作频率固定在接收侧谐振频率，并同时转换输入电压和负载电阻。因此，系统的输出电压可以保持恒定，并且传输效率始终是最高的。试验结果表明，在最大的耦合系数和负载电阻范围内，可以跟踪最高效率点并获得很高的整体效率。

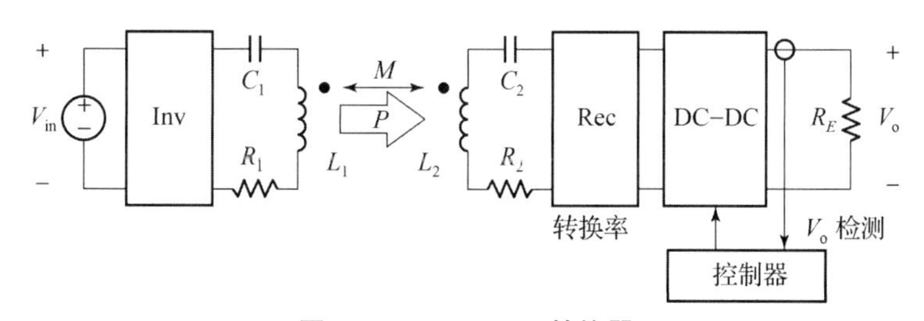

图 4 - 19　DC - DC 转换器

2016 年，国防科技大学的 Yanting Luo 团队提出频率跟踪与阻抗匹配相结合的系统抗偏移方法[209]。当负载阻抗或者互感发生变化时，通过调节激励源的工作频率和 *LC* 阻抗匹配网络的电容，提升系统的传输效率。

2016 年，湖南大学的邱利莎设计了基于 DC - DC 的负载端阻抗匹配方法[210]，并且运用 Simulink 搭建仿真模型，进行相关的阻抗匹配仿真。该方法可以使等效接收电阻始终保持最高传输效率所需的负载电阻。

2017 年，Ming Liu 设计了 E2 类 DC－DC 转换器的阻抗匹配方法[211]。试验结果表明，这种设计方法可以显著改善 E2 类 DC－DC 转换器效率的稳定性，并可以抵抗线圈相对位置和最终负载的变化，系统的效率变化范围从 47.5%~85.0% 缩小到 73.3%~83.7%。

2018 年，广东工业大学的申大得设计了输入端 LC 阻抗匹配网络设计方法[212]。当接收线圈轴向距离发生变化时，通过在输入端加入 LC 阻抗匹配网络，在提高系统传输效率的同时，保证了系统的最高传输功率。

2019 年，杭州电子科技大学的 Cheng Yuhua 团队进行了 L 阻抗匹配网络灵敏度分析[213]。在无线能量传输系统中，分别试验了 L 阻抗匹配网络对电容、电感和负载的灵敏度。

2020 年，白敬彩提出了磁耦合无线能量传输系统负载自适应阻抗匹配方法[214]。通过在线圈与负载之间嵌入 DC－DC 转换器，当负载阻抗变化时，调节 DC－DC 转换器使等效负载电阻为最高传输效率所需的电阻值，保证系统始终保持最高传输效率。

以上学者或团队对阻抗匹配法都进行了详细的研究。阻抗匹配电路分为输入端阻抗匹配和负载端阻抗匹配。阻抗匹配法一般分为 3 种，一种是变耦合系数的方法（加入中继线圈），一种是嵌入 LC 阻抗匹配电路的方法，一种是嵌入 DC－DC 电路的方法。变耦合系数的阻抗匹配需要在两线圈中加入中继线圈，可能造成系统结构复杂。LC 阻抗匹配网络需要设计可切换电容电感阵列，如果 LC 电路可变范围较大，则可切换电容电感阵列需要大量的电容和电感，导致电路结构复杂、体积大。此外，由于开关阵列比较多，切换电容电感阵列还能造成阻抗匹配延时。DC－DC 阻抗匹配网络一般放在接收端，可导致接收端复杂化。

4.2.3.2 原理

阻抗是电阻值与电抗值的矢量和。当激励源内阻与负载阻抗相等时，系统可以最高功率输出。这种工作状态称为阻抗匹配。在磁耦合无线能量传输系统中，线圈之间互感或负载的变化，都会导致等效输入阻抗与激励源阻抗不匹配。阻抗不匹配会引起系统的传输效率下降。为了解决阻抗不匹配的问题，需要在输入端或者负载端加入阻抗匹配电路。由于本节的研究主要针对磁耦合无线能量传输技术在无人机领域的应用，所以需要保持接收端简单化、轻量化，故选择输入端阻抗匹配技术。

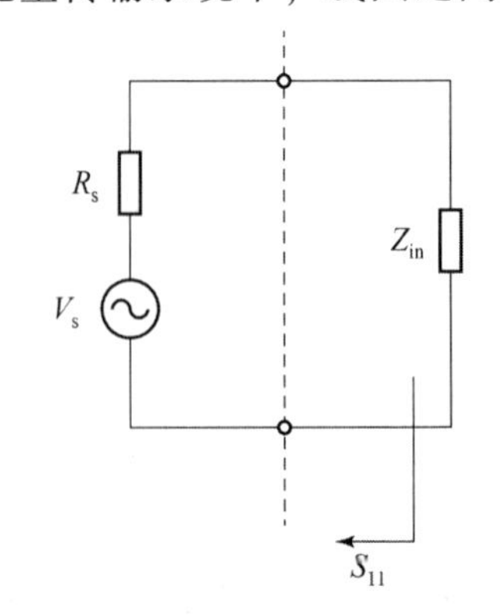

图 4－20 磁耦合无线能量传输系统的等效电路模型

图 4－20 所示为磁耦合无线能量传输系统的等效电路模型，V_s 为输入电压源，R_s 为电源内阻，Z_{in} 为等效输入阻抗，S_{11}是反射系数，阻抗匹配的效率 η_{match} 如式（4－21）所示。

$$\eta_{\text{match}} = \frac{4Z_{\text{in}}R_{\text{s}}}{(Z_{\text{in}}+R_{\text{s}})^2} = \frac{4R_{\text{s}}(R_{\text{RX}}+R_{\text{L}})[R_n(R_{\text{RX}}+R_{\text{L}})+\omega^2M^2]}{(R_{\text{RX}}+R_{\text{L}})(R_{\text{s}}+R_n)+\omega^2M^2} \tag{4-21}$$

$$S_{11} = \frac{Z_{\text{in}}-R_{\text{s}}}{Z_{\text{in}}+R_{\text{s}}} \tag{4-22}$$

通过 η_{match} 的一阶导数可以计算出达到最高的匹配效率的最佳输入阻抗 $Z_{\text{in,opt}}$ 为[215]

$$Z_{\text{in,opt}} = R_{\text{s}} \tag{4-23}$$

当线圈发生偏移时，互感 M 会发生变化。切换发射线圈时，R_n 会发生变化，这都会引起等效输入阻抗 Z_{in} 的变化。因此，为了使接收端功率达到最高，应嵌入阻抗匹配网络。L 阻抗匹配网络通常由电感阵列和电容阵列组成，其结构简单，故本书选择在输入端嵌入 L 阻抗匹配网络。嵌入 L 阻抗匹配网络的系统如图 4-21 所示。

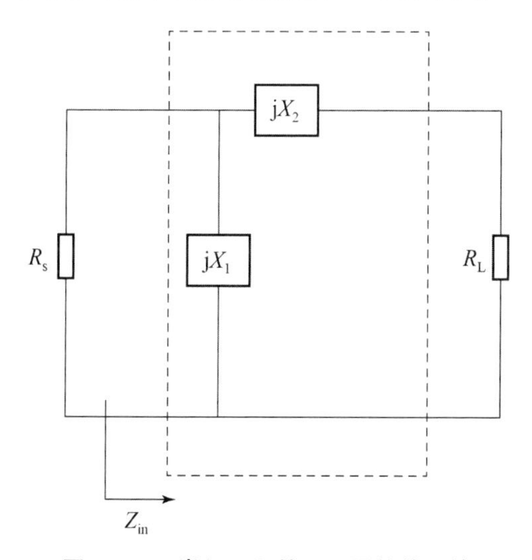

图 4-21 嵌入 L 阻抗匹配网络的系统

如图 4-21 所示，Z_{in} 为等效输入阻抗，R_{s} 为电源内阻。L 阻抗匹配网络中 X_1 和 X_2 代表电抗参数。嵌入 L 阻抗匹配网络后，等效输入阻抗为

$$Z_{\text{in}} = R_{\text{in}} + \text{j}X_{\text{in}} \tag{4-24}$$

由式（4-23）可知，为了实现系统的最高功率输出，需嵌入 L 阻抗匹配网络后的等效输入阻抗 Z_{in} 等于电源内阻 R_{s}，则参数 R_{in} 和 X_{in} 应满足：

$$R_{\text{in}} = \frac{{X_1}^2}{(X_1+X_2)^2+R_{\text{L}}^2}R_{\text{L}} = R_{\text{s}} \tag{4-25}$$

$$X_{\text{in}} = \frac{X_1R_{\text{L}}^2+X_1X_2(X_1+X_2)}{(X_1+X_2)^2+R_{\text{L}}^2} = 0 \tag{4-26}$$

当电源内阻 R_{s} 大于负载电阻 R_{L} 时，方程（4-25）和方程（4-26）存在实数解，此时系统处于阻抗匹配状态，可得到实数解 X_1 和 X_2 分别为

$$X_1 = -\sqrt{\frac{R_{\text{L}}}{R_{\text{s}}-R_{\text{L}}}}R_{\text{s}} \tag{4-27}$$

$$X_2 = \sqrt{R_L(R_s - R_L)} \tag{4-28}$$

图 4－22 所示为切换发射线圈与输入端阻抗匹配网络相结合的抗偏移无线能量传输系统电路模型。由式（4－20）可得，切换发射线圈使 $\gamma_n/\gamma_1>1$，线圈之间的效率 η_{coil} 提升。在切换发射线圈的基础上，在输入端嵌入 L 阻抗匹配网络，使等效输入阻抗 Z_{in} 始终等于电源内阻，系统的输出功率始终为最高。

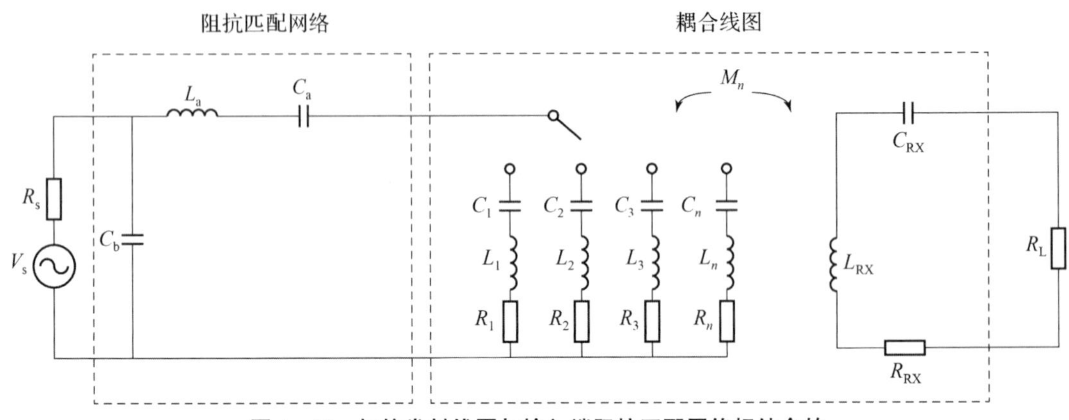

图 4－22　切换发射线圈与输入端阻抗匹配网络相结合的抗偏移无线能量传输系统电路模型

4.2.4　小结

本节根据系统效率公式提出切换发射线圈结合输入端阻抗匹配法实现系统的抗偏移。

4.3　线圈偏移对线圈互感及系统传输效率的影响

在本节中，首先利用 Maxwell 研究接收线圈位置变化（轴向距离、径向偏移、角度偏移）对线圈互感的影响；然后探究接收线圈位置变化（轴向距离、径向偏移）对线圈互感的影响规律；最后探究接收线圈位置变化（轴向距离、径向偏移）对系统传输效率的影响规律，并通过试验加以验证。

4.3.1　线圈偏移对线圈互感的影响

如图 4－23 所示，空间中两线圈位置包括轴向距离 d、径向偏移 h 和角度偏移 φ。华南理工大学的刘修泉[216]计算出空间不同位置下线圈之间的互感计算公式：

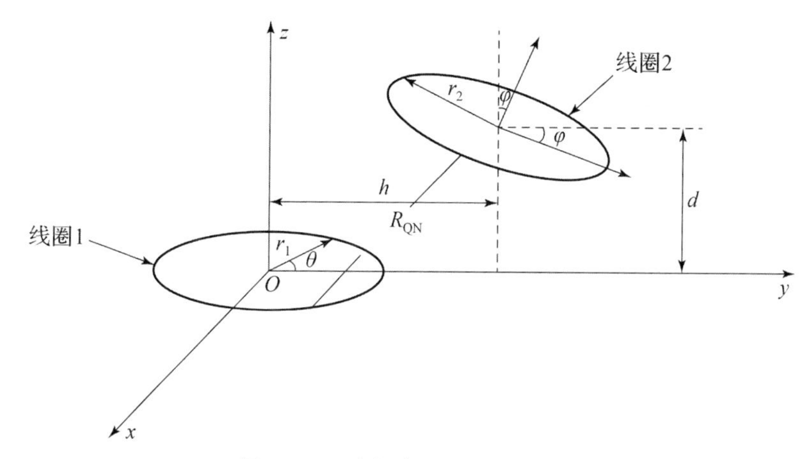

图 4－23　空间中两线圈位置示意

$$M = \frac{\mu_0 N_1 N_2}{4\pi}\int_0^{2\pi}\int_0^{2\pi}\frac{r_1 r_2(\cos\theta\cos\phi + \sin\theta\sin\phi\cos\varphi)\mathrm{d}\theta\mathrm{d}\phi}{R_{QN}}\cdot$$
$$\sqrt{(r_1\cos\theta - r_2\cos\phi)^2 + (r_1\sin\theta\cos\varphi + d - r_2\sin\phi)^2 + (-r_1\sin\theta\sin\varphi + h)^2} \tag{4-29}$$

由式（4－29）可知，当线圈的物理参数不变时，即 N_1 和 N_2 恒定时，互感 M 只与轴向距离 d、径向偏移 h 和角度偏移 φ 有关。轴向距离 d、径向偏移 h 和角度偏移 φ 是影响互感 M 的关键参数，探究轴向距离 d、径向偏移 h 和角度偏移 φ 对互感的影响规律具有重要意义。

4.3.1.1　线圈模型构建

为了更加直观地研究接收线圈轴向距离、径向偏移和角度偏移对线圈间互感的影响，使用 Maxwell 进行磁场仿真。观察接收线圈轴向距离 d、径向偏移 h 和角度偏移 φ 对线圈间互感的影响。建立三维直角坐标系，根据表 4－3 中发射线圈与接收线圈的参数在 Maxwell 中建模，并对线圈 1 和线圈 2 施加 10 A 的激励电流。Maxwell 中的线圈模型如图 4－24 所示。

表 4－3　线圈仿真参数

参数	发射线圈	接收线圈
线圈匝数	10	10
线圈内径/mm	25	25
线径/mm	0.5	0.5
匝间距/mm	0.01	0.01

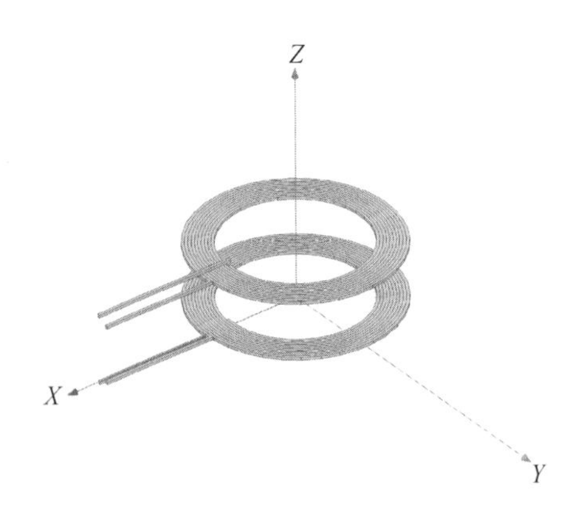

图 4－24 Maxwell 中的线圈模型

4.3.1.2 轴向距离变化对线圈互感的影响

当接收线圈径向偏移 $h=0$ mm，角度偏移 $\varphi=0°$时，利用 Maxwell 分别仿真接收线圈轴向距离 $d=0$ mm，$d=2.5$ mm，$d=5$ mm，$d=7.5$ mm，$d=10$mm，$d=12.5$ mm 时线圈的互感，并可以直观观察到不同线圈位置关系下的磁感应强度分布。

轴向距离变化时线圈之间磁感应强度分布如图 4－25 所示，磁感应强度在线圈周围时数值最大。随着线圈之间轴向距离的增大，线圈之间磁感应强度逐渐降低。

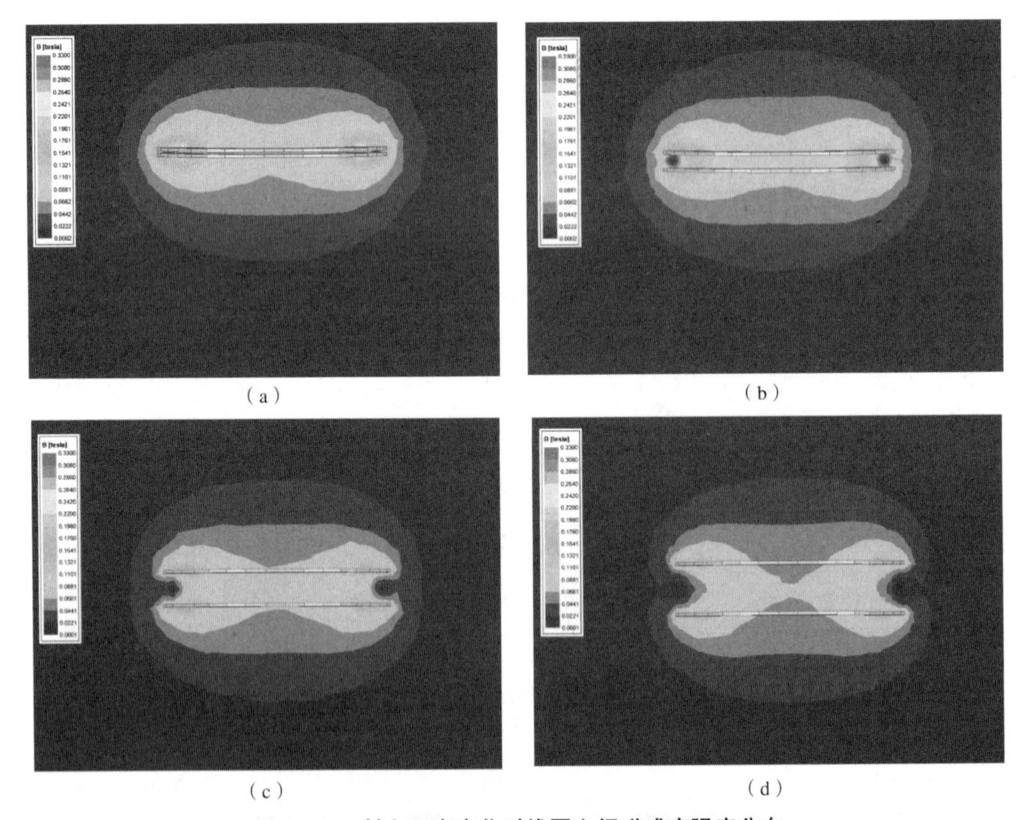

(a) (b) (c) (d)

图 4－25 轴向距离变化时线圈之间磁感应强度分布

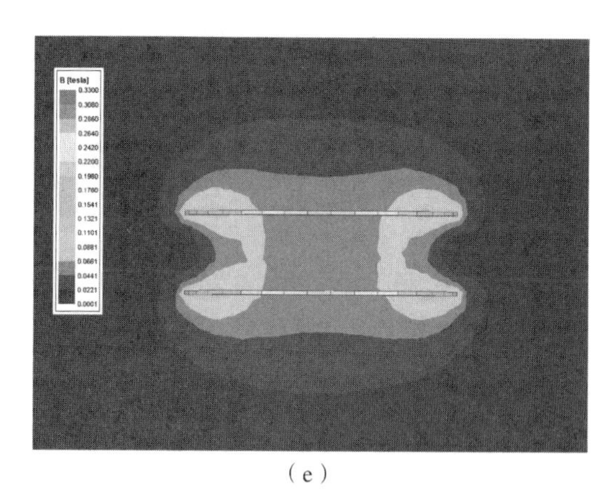

（e）

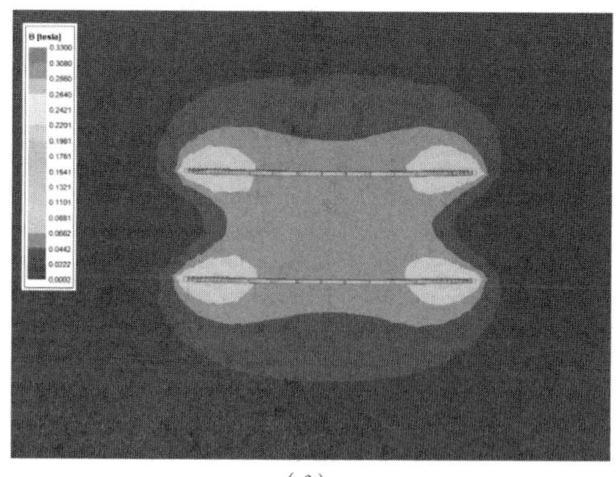

（f）

图 4－25　轴向距离变化时线圈之间磁感应强度分布（续）

（a）$d=0$；（b）$d=2.5$ mm；（c）$d=5$ mm；（d）$d=7.5$ mm；

（e）$d=10$ mm；（f）$d=12.5$ mm

当接收线圈轴向距离变化时，通过 Maxwell 仿真得到线圈之间的互感如表 4－4 所示。

表 4－4　轴向距离变化时线圈之间的互感

轴向距离/mm	互感/μH
0	3.39
2.5	2.57
5	1.75
7.5	1.25
10	0.92
12.5	0.69

4.3.1.3　径向偏移对线圈互感的影响

当接收线圈轴向距离 $d=10$ mm，角度偏移 $\varphi=0°$时，利用 Maxwell 分别仿真接收线圈径向偏移为 $h=0$ mm，$h=2.5$ mm，$h=5$ mm，$h=7.5$ mm，$h=10$ mm，$h=12.5$ mm 时线圈的互感，并可以直观观察到不同线圈位置关系下的磁感应强度分布。

径向偏移时线圈之间磁感应强度分布如图 4－26 所示，磁感应强度在线圈周围时数值最大。随着线圈径向偏移的增大，线圈之间的磁感应强度逐渐降低。

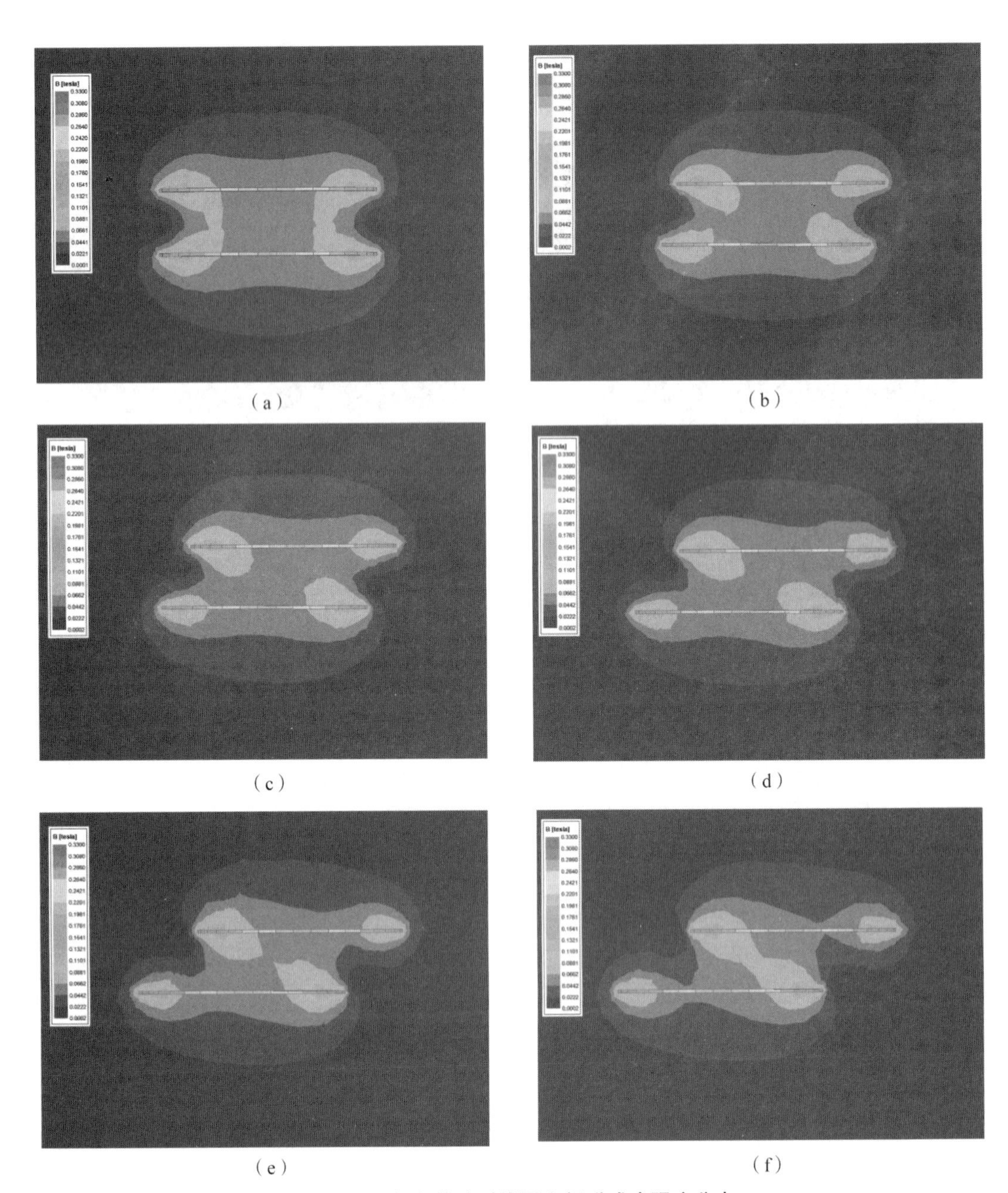

图 4-26　径向偏移时线圈之间磁感应强度分布

(a) $h=0$ mm；(b) $h=2.5$ mm；(c) $h=5$ mm；(d) $h=7.5$ mm；(e) $h=10$ mm；(f) $h=12.5$ mm

当接收线圈径向偏移时，通过 Maxwell 仿真得到线圈之间的互感如表 4-5 所示。

表 4-5　径向偏移时线圈之间的互感

径向偏移/mm	互感/μH
0	0.92
2.5	0.90

续表

径向偏移/mm	互感/μH
5	0. 83
7. 5	0. 74
10	0. 63
12. 5	0. 51

4. 3. 1. 4　角度偏移对线圈互感的影响

当接收线圈轴向距离 $d=12$ mm，径向偏移为 $h=0$ mm 时，利用 Maxwell 分别仿真接收线圈角度偏移为 $\varphi=5°$，$\varphi=10°$，$\varphi=15°$，$\varphi=20°$时线圈之间的互感，并可以直观观察到不同线圈位置关系下的磁感应强度分布。

角度偏移时线圈之间磁感应强度分布如图 4－27 所示，磁感应强度在线圈周围时数值最大。随着角度偏移的增大，线圈之间磁感应强度变化不明显。

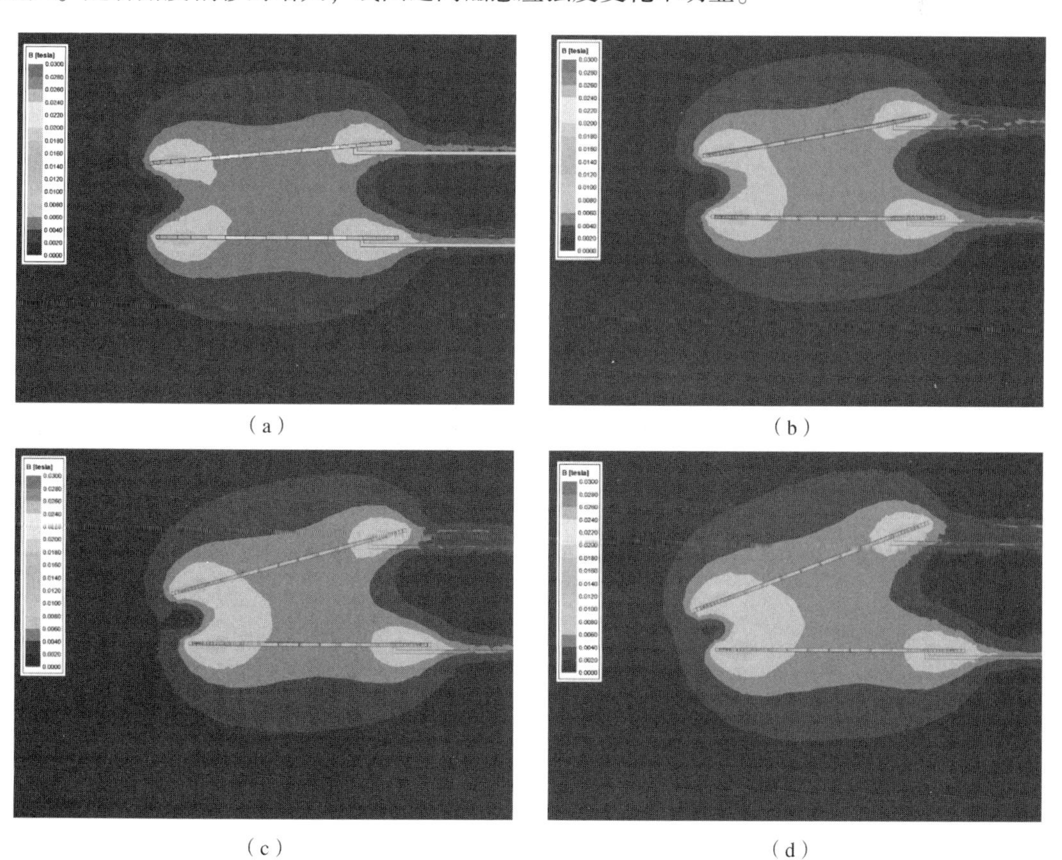

（a）　（b）　（c）　（d）

图 4－27　角度偏移时线圈之间磁感应强度分布

（a）$\varphi=5°$；（b）$\varphi=10°$；（c）$\varphi=15°$；（d）$\varphi=20°$

当接收线圈角度偏移时，通过 Maxwell 仿真得到线圈之间的互感如表 4 – 6 所示。

表 4 – 6　角度偏移时线圈之间的互感

角度偏移/(°)	互感/μH
5	0. 661
10	0. 670
15	0. 686
20	0. 709

根据表 4 – 4 ~ 表 4 – 6 分析可知，相比轴向距离变化和径向偏移，角度偏移对线圈之间的互感影响更小，故本书主要分析线圈轴向距离变化和径向偏移对线圈之间互感的影响。

4. 3. 1. 5　轴向距离变化和径向偏移对线圈互感的影响规律

根据 4. 3. 1. 1 节中的线圈模型，当接收线圈轴向距离从 0 mm 增大到 12. 5 mm，径向偏移从 0 mm 增大到 12. 5 mm 时，利用 Maxwell 分别计算不同情况下线圈的互感，仿真结果如4 – 28所示。

图 4 – 28 所示为线圈位置不同时线圈之间的互感。为了更加直观地观察轴向距离变化和径向偏移对线圈之间互感的影响规律，当轴向距离变化为 0 mm 或径向偏移为 0 mm 时，径向偏移或轴向距离变化对线圈互感的影响如图 4 – 29 所示。

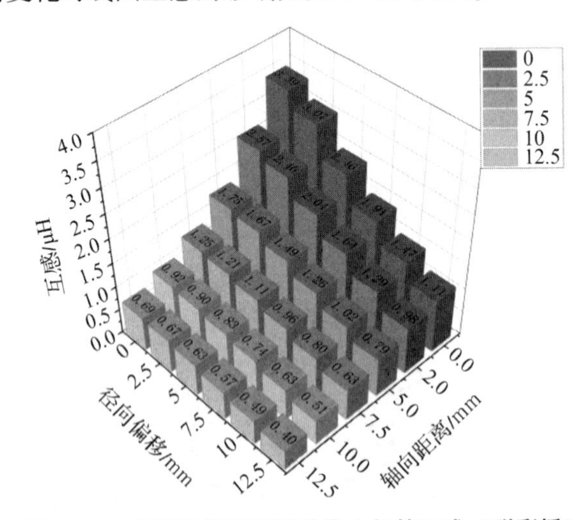

图 4 – 28　线圈位置不同时线圈之间的互感（附彩插）

当线圈轴向距离为 0 mm，径向偏移时，线圈之间的互感如图 4 – 29（a）所示。当线圈径向偏移为 0 mm，轴向距离变化时，线圈之间的互感如图 4 – 29（b）所示。如图 4 – 29 所示，线圈之间的互感随着轴向距离 d 的增加或者径向偏移 h 的增加而减小。当轴向距离为 0 mm，径向偏移为 12. 5 mm 时，线圈之间的互感为 1. 1 μH。当径向偏移为 0 mm，轴向距离为 12. 5 mm 时，线圈之间的互感值为 0. 69 μH。这说明同样情况下轴向距离变化相比径向偏移对线圈之间的互感影响更大。

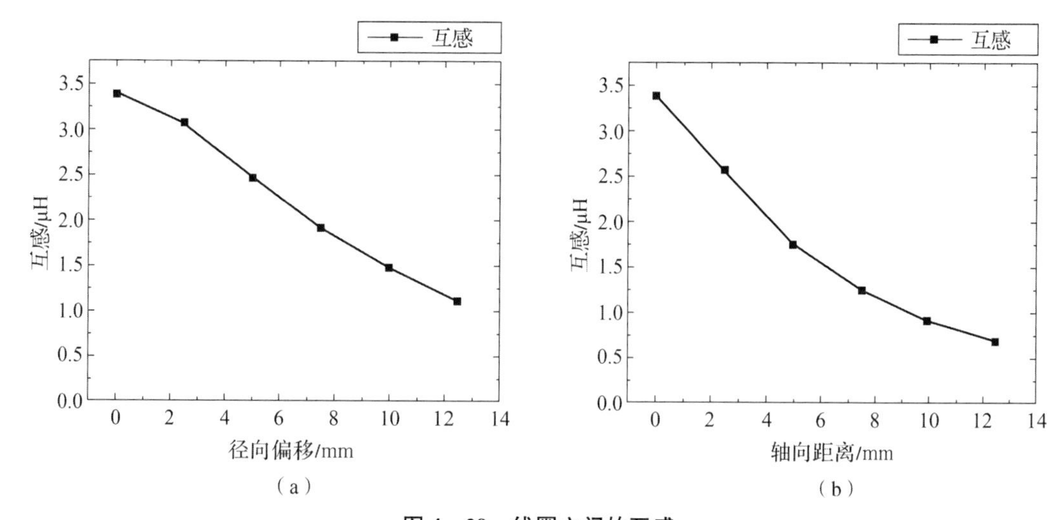

图 4-29　线圈之间的互感

(a) 径向偏移时的互感；(b) 轴向距离变化时的互感

根据式（4-30）可知，互感 M 与线圈距离 d 的 3 次方成反比[217]，故线圈之间的互感随着线圈轴向距离的增大先快速减小后缓慢减小。

$$M=\frac{\pi\mu_0\,(N_1N_2)^{\frac{1}{2}}(r_1r_2)^2}{d^3} \tag{4-30}$$

如图 4-30 所示，当轴向距离一定时，随着径向偏移的增大，线圈之间的互感减小。随着轴向距离的增大，径向偏移的增大对互感的影响变小。

4.3.1.6　试验与分析

为了研究发射线圈与接收线圈之间互感的变化规律，利用阻抗分析仪的 LCR 功能测量当线圈位置变化时线圈之间的互感。阻抗分析仪如图 4-31（a）所示，线圈如图 4-31（b）所示。发射线圈与接收线圈的内径均为 25 mm。

试验方案如下。

（1）校准仪器，阻抗分析仪选用 LCR 模式，设置测量频率为 1 MHz，设置电压为 1 V。

（2）测量发射线圈的自感 L_a 与接收线圈的自感值 L_b。

（3）将发射线圈与接收线圈的一端相连时，阻抗分析仪的夹具分别夹发射线圈与接收线圈的另一端。当接收线圈轴向距离 d 从 0 mm 增大到 12.5 mm，径向偏移 h 从 0 mm 增大到 12.5 mm 时，利用阻抗分析仪分别测量线圈位置不同时的电感 L_c。根据式（4-31）计算可得线圈位置不同时线圈之间的互感 M_a。

$$M_a=\frac{L_c-L_a-L_b}{2} \tag{4-31}$$

在 1 MHz 的频率下，利用 LCR 表测量图 4-31（b）所示的发射线圈与接收线圈。发射线圈与接收线圈的电气参数如表 4-7 所示。

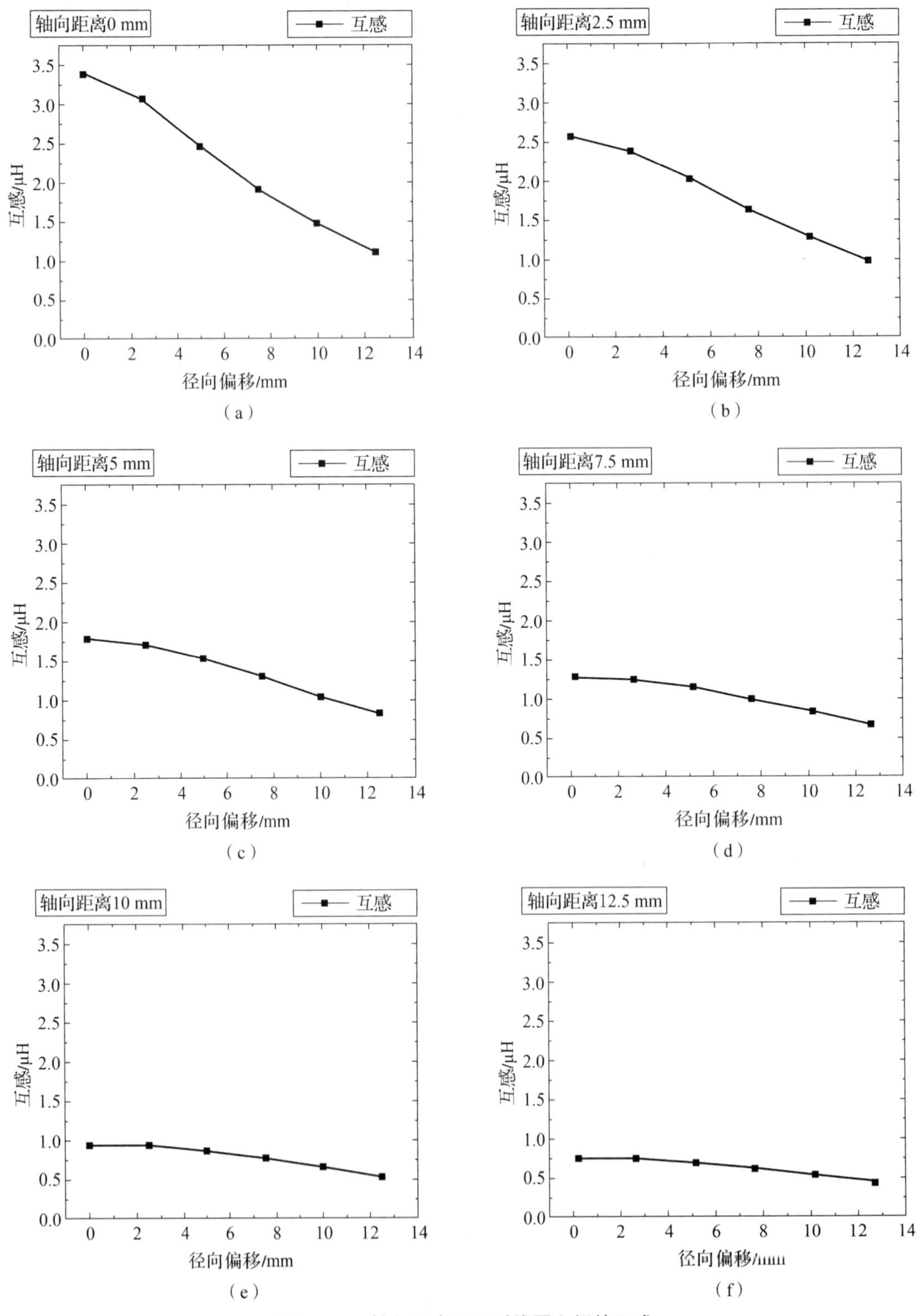

图 4-30　轴向距离不同时线圈之间的互感

（a）轴向距离为 0 mm；（b）轴向距离为 2. 5 mm；（c）轴向距离为 5 mm；（d）轴向距离为 7. 5 mm；（e）轴向距离为 10 mm；（f）轴向距离为 12. 5 mm

（a）

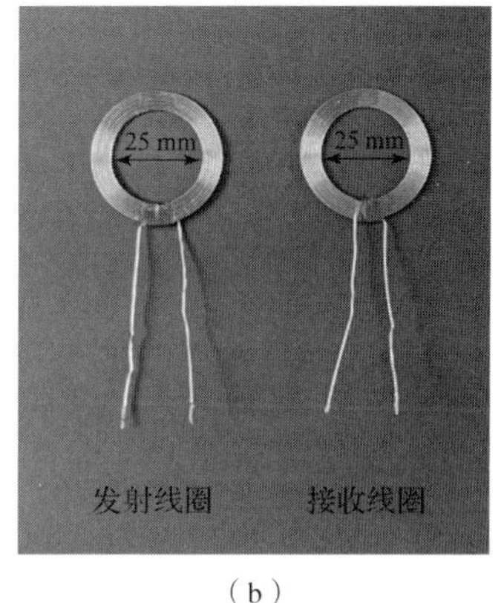

（b）

图 4 – 31　阻抗分析仪与线圈

（a）阻抗分析仪；（b）发射线圈与接收线圈

表 4 –7　发射线圈与接收线圈的电气参数

电气参数	发射线圈	接收线圈
线圈匝数	10	10
线圈内径/mm	25	25
线径/mm	0. 5	0. 5
自感/μH	4. 83	4. 83
电阻/Ω	0. 51	0. 51

根据式（4 –31）的计算结果，线圈位置不同时线圈之间的互感如图 4 –32 所示。

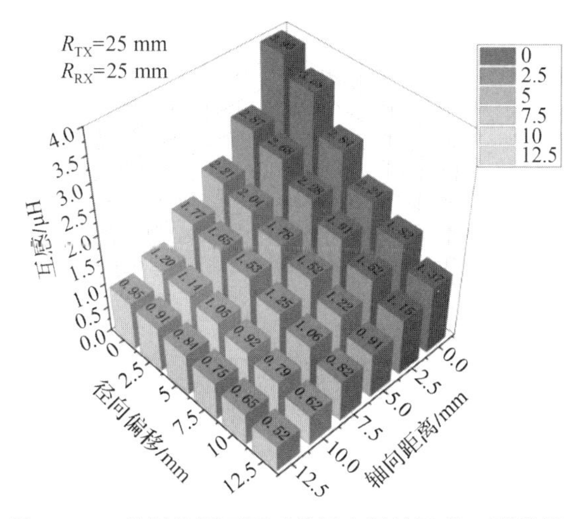

图 4 –32　线圈位置不同时线圈之间的互感（附彩插）

为了更加直观地观察轴向距离变化和径向偏移对线圈之间互感的影响规律，当轴向距离为 0 mm 或径向偏移为 0 mm 时，径向偏移或轴向距离变化对线圈之间互感的影响如图 4 –33 所示。当线圈轴向距离为 0 mm，径向偏移时，线圈之间的互感如图 4 –33（a）所示。

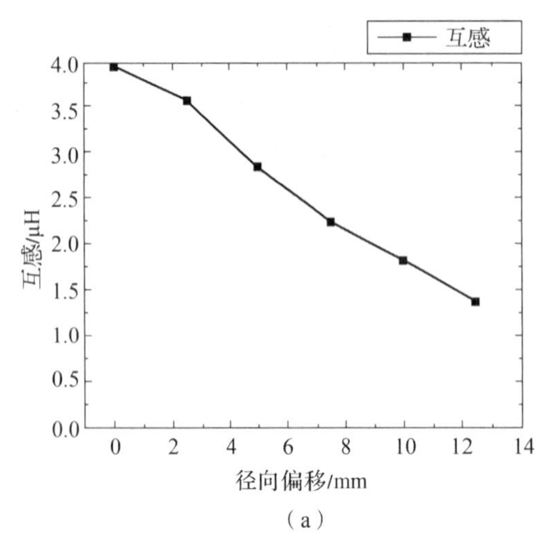

(a)

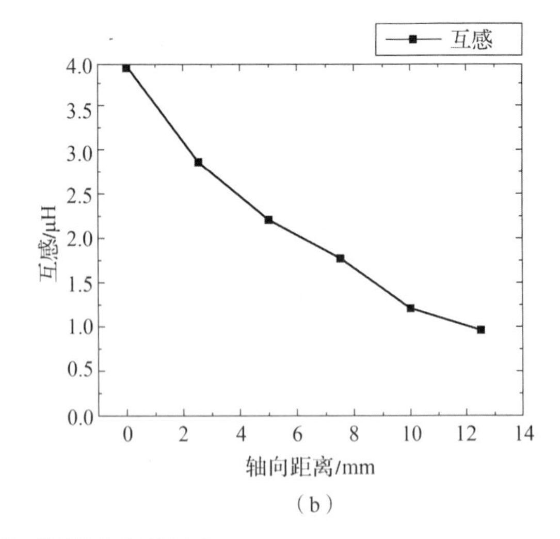

(b)

图 4-33 线圈位置变化时线圈之间的互感

(a) 径向偏移时的互感；(b) 轴向距离变化时的互感

由图可知，线圈之间的互感随着轴向距离 d 的增加或者径向偏移 h 的增加而减小。当轴向距离为 0 mm，径向距离为 12.5 mm 时，线圈之间的互感为 1.37 μH。当径向距离为0 mm，轴向距离为 12.5 mm 时，线圈之间的互感为 0.95 μH。这说明同样情况下轴向距离变化相比径向偏移对线圈之间互感的影响更大。

如图 4-34 所示，当轴向距离一定时，随着径向偏移的增大，线圈之间的互感变小。当轴向距离增大时，径向偏移的增大对互感的影响变小，这也与 Maxwell 仿真结果趋势完全相同。

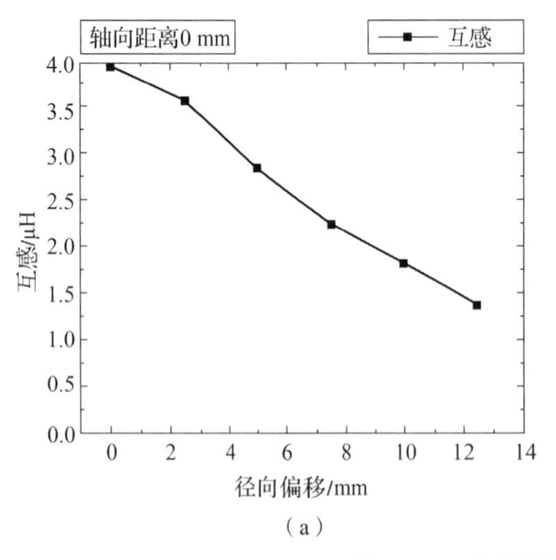

(a)

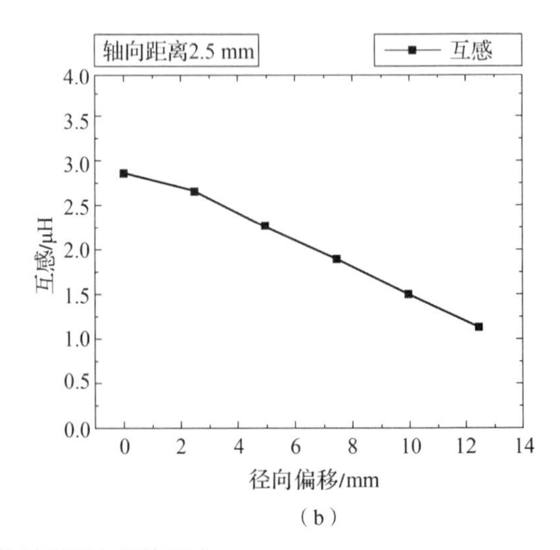

(b)

图 4-34 线圈位置变化时线圈之间的互感

(a) 轴向距离为 0 mm；(b) 轴向距离为 2.5 mm

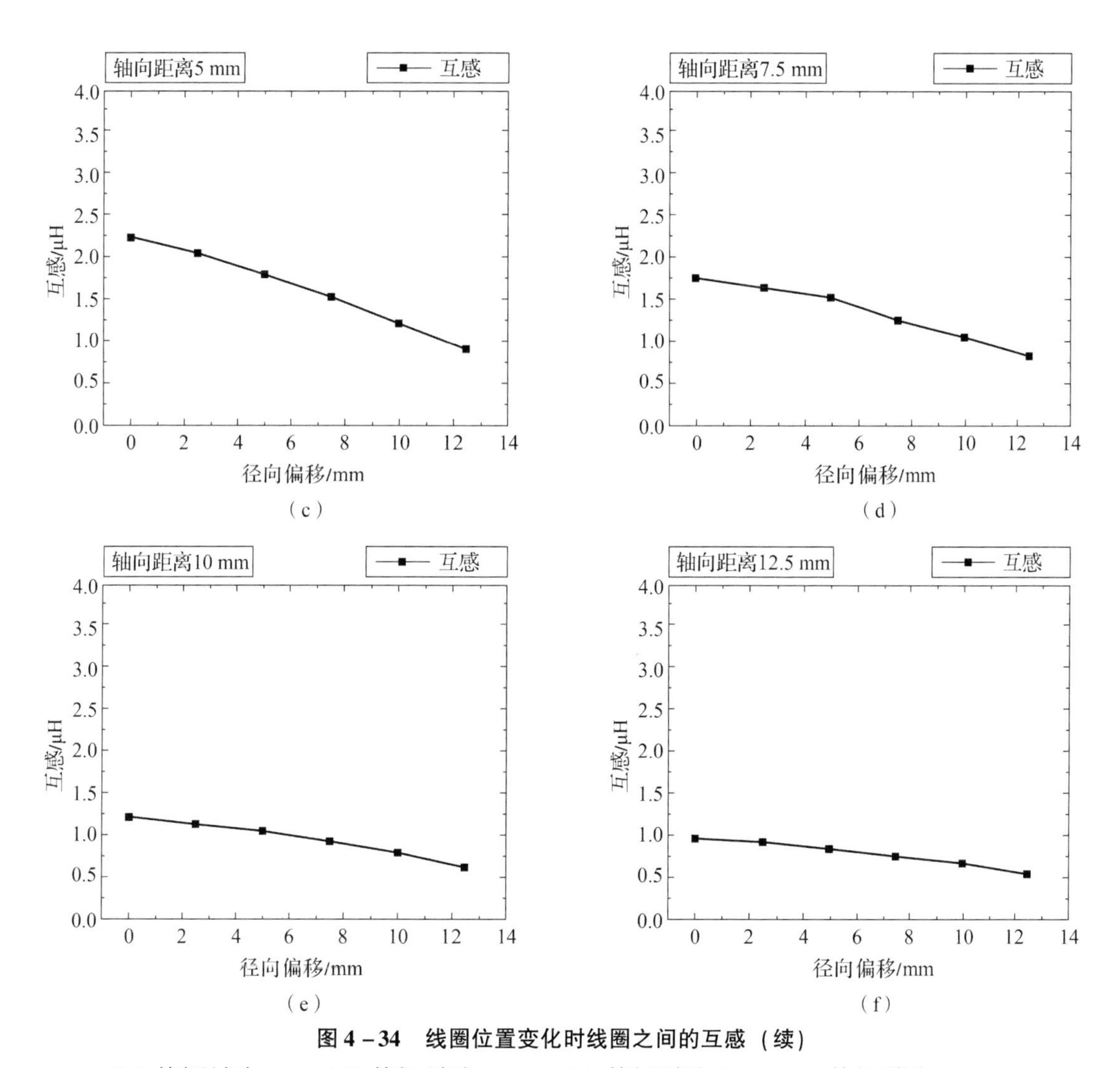

图 4－34　线圈位置变化时线圈之间的互感（续）

(c) 轴向距离为 5 mm；(d) 轴向距离为 7.5 mm；(e) 轴向距离为 10 mm；(f) 轴向距离为 12.5 mm

4.3.2　线圈偏移对系统传输效率的影响

4.3.2.1　系统电路模型构建

为了研究接收线圈轴向距离变化和径向偏移对无线能量传输系统传输效率的影响规律，根据图 4－2（a）所示的 S－S 型结构电路图搭建 Simulink 模型，如图 4－35 所示。

系统谐振频率 $f_0 = 1$ MHz，电源内阻 $R_s = 50\ \Omega$，$R_L = 10\ \Omega$，线圈的内阻和自感由 Maxwell 仿真结果可知。$R_1 = R_2 = 0.55\ \Omega$，$L_1 = L_2 = 4.12\ \mu H$，$C_1 = C_2 = 6.03$ nF，线圈之间的互感为 4.3.1.5 节中 Maxwell 的仿真结果。

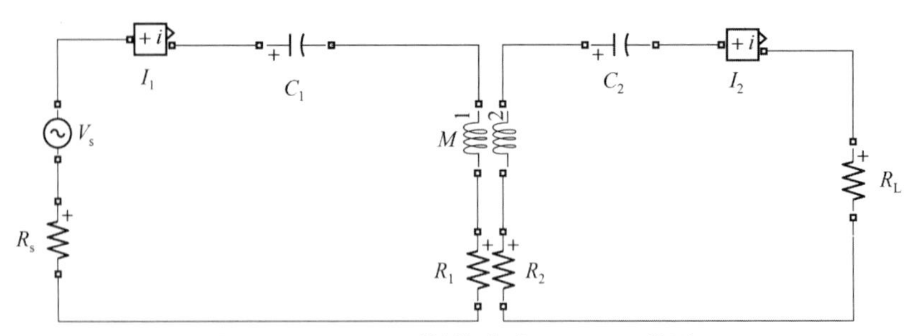

图4－35 S－S型结构电路Simulink模型

4.3.2.2 轴向距离变化和径向偏移对系统传输效率的影响规律

当轴向距离从0 mm增大到12.5 mm，径向偏移从0 mm增大到12.5 mm时，根据4.3.1.5节中的互感，利用Simulink计算不同情况下无线能量传输系统的传输效率，计算结果如图4－36所示。

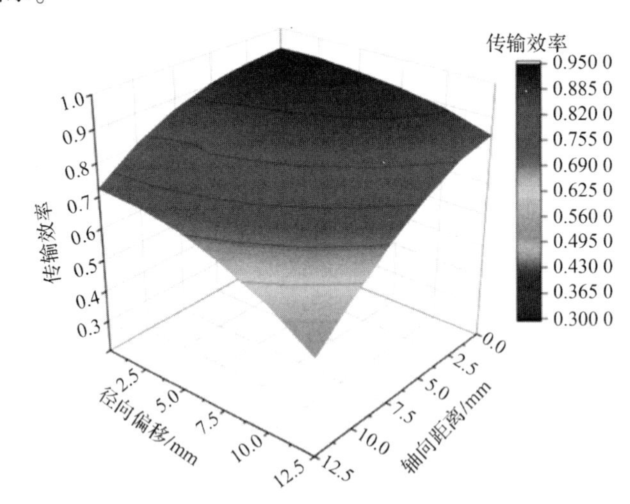

图4－36 线圈位置不同时无线能量传输系统的传输效率（附彩插）

为了更加直观地观察轴向距离变化和径向偏移对系统传输效率的影响规律，当轴向距离为0 mm或径向偏移为0 mm时，径向偏移或轴向距离变化对系统传输效率的影响如图4－37所示。

当线圈轴向距离为0 mm，径向偏移时，无线能量传输系统的传输效率如图4－37（a）所示。当线圈径向偏移为0 mm，轴向距离变化时，无线能量传输系统的传输效率如图4－37（b）所示。如图4－37所示，无线能量传输系统的传输效率随着轴向距离d的增加或者径向偏移h的增加而降低。当轴向距离为0 mm，径向距离为12.5 mm时，无线能量传输系统的传输效率为78.68%。当径向距离为0 mm，轴向距离为12.5 mm时，无线能量传输系统的传输效率为72.52%。这说明同样情况下轴向距离变化相比径向偏移对系统的传输效率影响更大。

如图4－38所示，当轴向距离一定时，随着径向偏移的增大，无线能量传输系统的传输效率持续降低。当轴向距离增大时，随着径向偏移的增大，无线能量传输系统的传输效率下降速率在升高。这与线圈之间互感的变化规律不同。

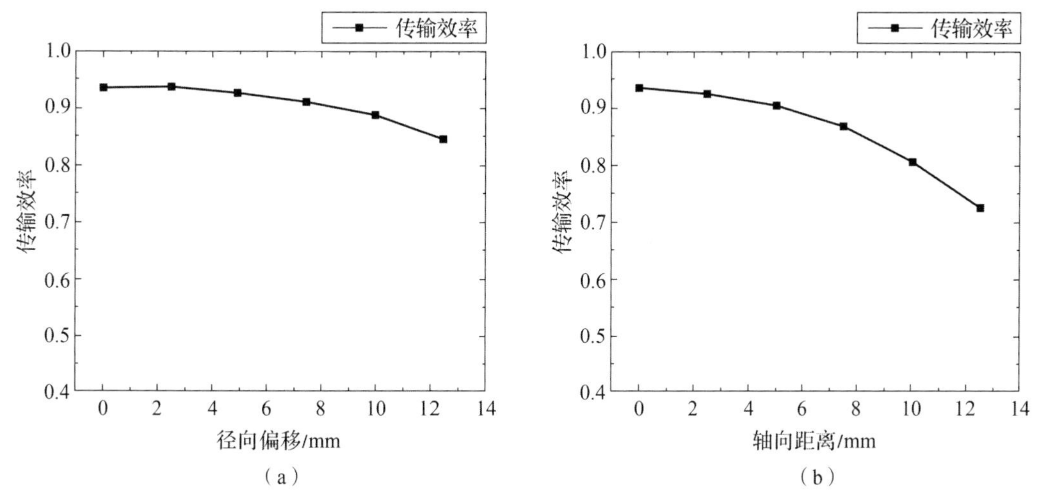

图 4 - 37　无线能量传输系统的传输效率

(a) 径向偏移时系统的传输效率；(b) 轴向距离变化时系统的传输效率

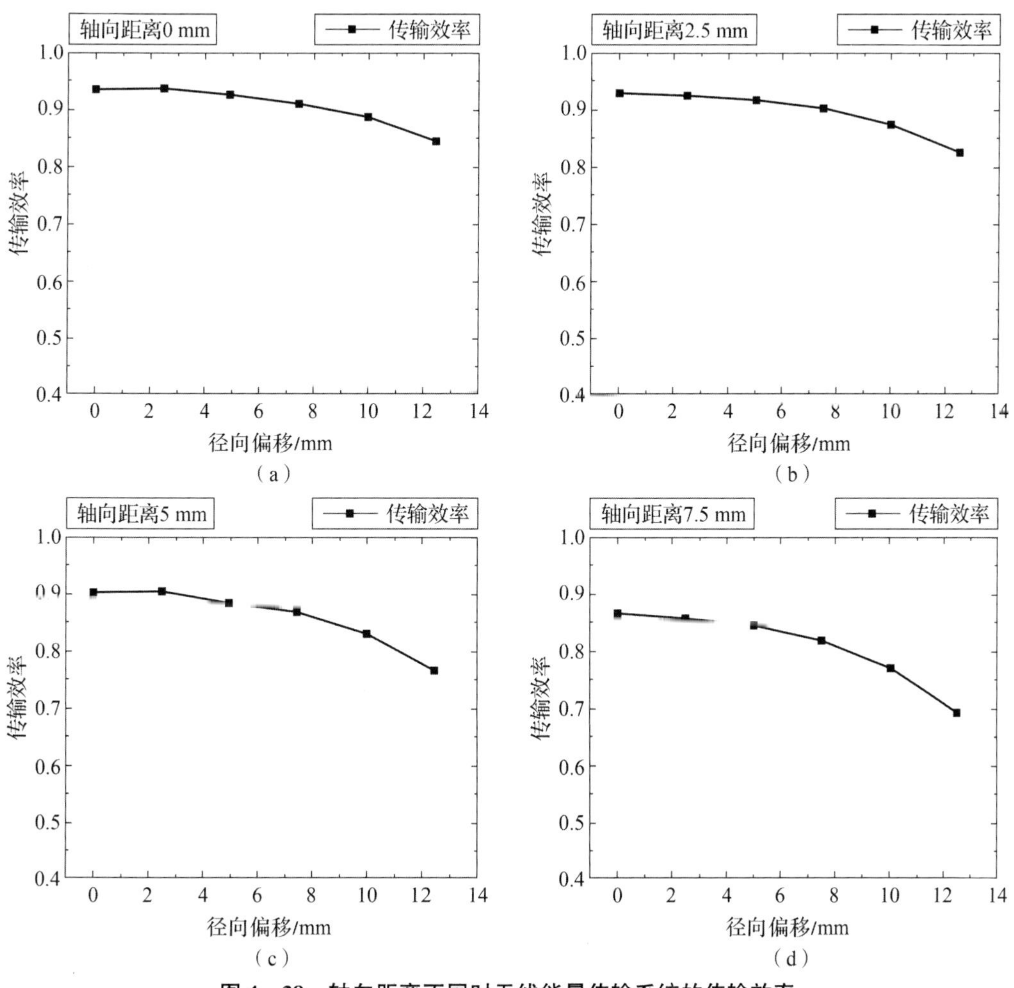

图 4 - 38　轴向距离不同时无线能量传输系统的传输效率

(a) 轴向距离为 0 mm；(b) 轴向距离为 2. 5 mm；(c) 轴向距离为 5 mm；(d) 轴向距离为 7. 5 mm

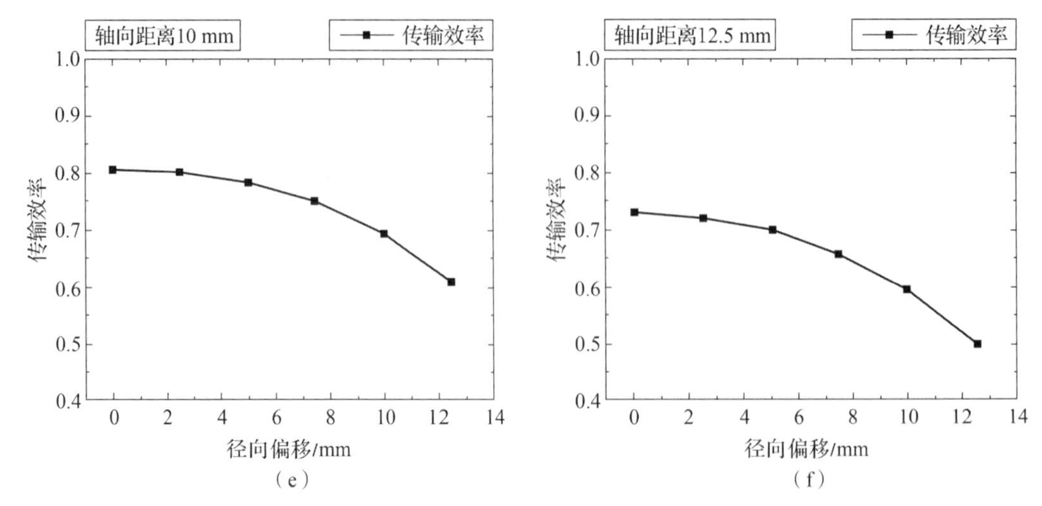

图 4-38 轴向距离不同时无线能量传输系统的传输效率（续）

(e) 轴向距离为 10 mm；(f) 轴向距离为 12.5 mm

4.3.2.3 试验与分析

为了研究在试验条件下，线圈位置变化时无线能量传输系统传输效率的变化规律，搭建磁耦合无线能量传输系统试验平台。磁耦合无线能量传输系统试验平台由 5 个部分组成，如图 4-39 所示，包括信号发生器、功率放大器、发射线圈与接收线圈、示波器、LCR 表。本系统采用线圈为 4.3.1.6 节中的线圈。

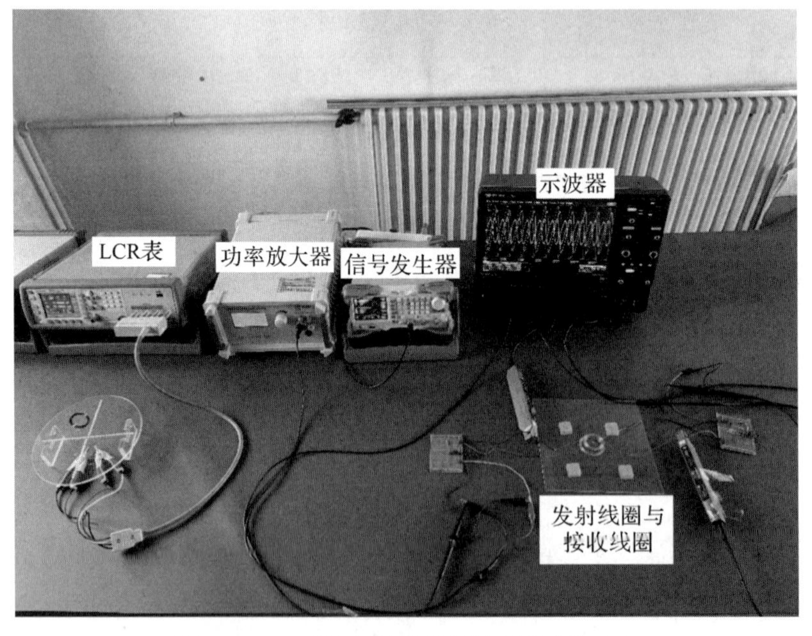

图 4-39 磁耦合无线能量传输系统试验平台

试验方案如下。

（1）利用 LCR 表测量在频率 1 MHz 下的线圈的自感和内阻，并计算补偿电容。

（2）利用电压探头和电流探头测量线圈在不同位置时发射端和接收端的电流与电压。

（3）计算线圈在不同位置时系统的传输效率。

将发射线圈与接收线圈连入磁耦合无线能量传输系统试验平台，信号源频率设置为 $f_0=1$ MHz，$R_s=50\ \Omega$，$R_L=10\ \Omega$，线圈的内阻和自感由表 4－7 可知，$R_1=R_2=0.51\ \Omega$，$L_1=L_2=4.83\ \mu$H，发射线圈与接收线圈的补偿电容 $C_1=C_2=5.24$ nF，当轴向距离从 0 mm 增大到 12.5 mm，径向偏移从 0 mm 增大到 12.5 mm 时，根据示波器的电流值与电压值，计算线圈在不同位置时系统的传输效率。

当线圈轴向距离为 0 mm，径向偏移变化时，无线能量传输系统的传输效率如图 4－40（a）所示。当线圈径向偏移为 0 mm，轴向距离变化时，无线能量传输系统的传输效率如图 4－40（b）所示。如图 4－40 所示，无线能量传输系统的传输效率随着轴向距离 d 的增加或者径向偏移 h 的增加而降低。当轴向距离为 0 mm，径向偏移为 12.5 mm 时，无线能量传输系统的传输效率为 67.37%。当径向偏移为 0 mm，轴向距离为 12.5 mm 时，无线能量传输系统的传输效率为 64.08%。这说明同样情况下轴向距离变化相比径向偏移对无线能量传输系统的传输效率影响更大。这与线圈之间互感的变化趋势相近，也符合 Simulink 仿真的变化趋势。

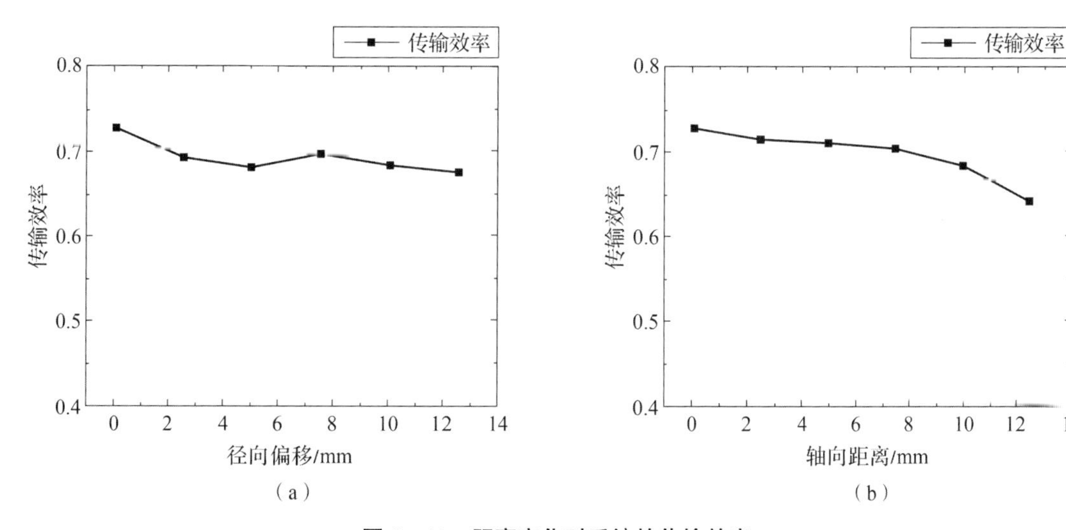

图 4－40　距离变化时系统的传输效率

（a）径向偏移时系统的传输效率；（b）轴向距离变化时系统的传输效率

如图 4－41 所示，当轴向距离一定时，随着径向偏移的增大，无线能量传输系统的传输效率持续降低。虽然试验中个别点存在误差，但与 Simulink 仿真的变化趋势相近。

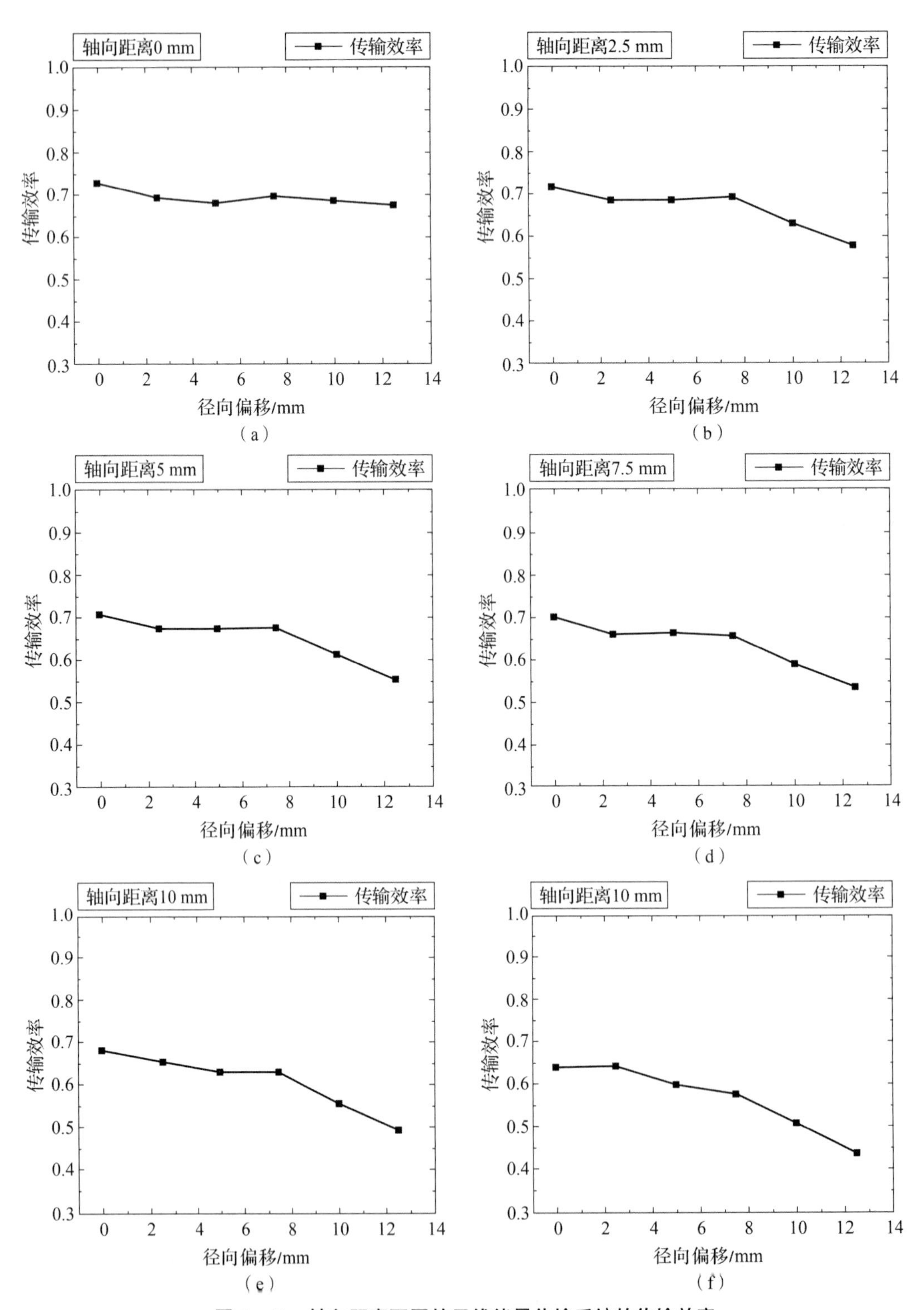

图 4－41　轴向距离不同的无线能量传输系统的传输效率

(a) 轴向距离为 0 mm；(b) 轴向距离为 2.5 mm；(c) 轴向距离为 5 mm；
(d) 轴向距离为 7.5 mm；(e) 轴向距离为 10 mm；(f) 轴向距离为 12.5 mm

4.3.3　小结

本节首先利用Maxwell建立线圈模型，仿真了线圈轴向距离变化、径向偏移和角度偏移时线圈之间的磁感应强度，随后探究了线圈轴向距离变化、径向偏移对线圈之间互感的影响规律。仿真和试验结果表明，线圈之间的互感随着线圈轴向距离变化和径向偏移的增大而减小，同样情况下轴向距离变化相对于径向偏移对线圈之间互感的影响更大。随着轴向距离变化的增大，径向偏移的增大对线圈之间互感的影响变小。最后，探究了接收线圈位置变化（轴向距离变化、径向偏移）对系统传输效率的影响规律。仿真和试验表明，无线能量传输系统的传输效率随着线圈轴向距离变化和径向偏移的增大而降低，同样情况下轴向距离变化相对于径向偏移对传输效率的影响更大。当轴向距离一定时，随着径向偏移的增大，无线能量传输系统的传输效率持续降低。当轴向距离增大时，随着径向偏移的增大，无线能量传输系统的传输效率下降速率升高。

4.4　系统抗偏移优化技术研究

在磁耦合无线能量传输系统中，线圈偏移会导致互感的变化，从而引起等效输入阻抗与激励源阻抗不匹配，使整个系统的传输效率急剧下降。系统的传输效率主要由阻抗匹配的效率、线圈之间的效率、整流系统的效率组成。利用切换线圈法可以提升线圈之间的效率。利用阻抗匹配法可以提升阻抗匹配的效率。

本节首先用Maxwell仿真了不同内径发射线圈的内阻值，并仿真出线圈在不同位置时不同内径发射线圈与接收线圈的互感，总结出当接收线圈偏移不同距离时切换不同内径的发射线圈可以使线圈之间的效率达到最高；然后用Simulink搭建磁耦合无线能量传输系统电路模型，并计算不同内径发射线圈与接收线圈的传输效率，接下来在切换发射线圈获得最高传输效率的前提下，在磁耦合无线能量传输系统电路模型中嵌入L阻抗匹配网络，使接收端功率始终保持最高值。

4.4.1　切换线圈法

4.4.1.1　不同内径发射线圈的电阻

根据式（4-20）可知，通过切换发射线圈可以提升线圈之间的效率η_{coil}。当系统处于相同的谐振频率，且接收线圈和负载不变时，线圈之间的效率η_{coil}仅与γ_n有关，而γ_n只与线圈之间互感M_n和发射线圈内阻R_n有关，故计算不同内径发射线圈的电阻R_n具有重要意义。

单层平面线圈电阻计算公式，即Ferreira公式[215]如下所示：

$$R_{DC}=\frac{4\rho mNl_w}{n_s\pi d_s^{\ 2}} \tag{4-32}$$

$$R_{AC}=R_{DC}\left(1+\frac{f^2}{f_h^2}\right) \tag{4-33}$$

$$f_h=\frac{2\sqrt{2}\rho}{\pi r_s^{\ 2}\mu\sqrt{n_sNk}} \tag{4-34}$$

式中，R_{DC}为直流电阻；ρ 为铜的电阻率（$1.75\times10^{-8}\Omega\cdot m$）；$m$ 为线圈层数；N 为线圈匝数；l_w 为线长度；n_s 为线的数量；d_s 为线的直径。交流公式中f_h 是交流电阻为直流电阻 2 倍时的交流频率；k 为铜线截面中铜导体面积与整个界面面积之比。从式（4－33）可以看出，当线径、股数等线圈物理参数固定且线圈通电频率固定时，线圈内阻与线圈直径成正比。

表 4－8 所示为不同内径的发射线圈的仿真参数。根据表 4－8 所示的发射线圈的仿真参数，为了计算发射线圈 n（$n=1\sim5$）的内阻 R_n 和自感 L_n，利用 Maxwell 建立 2D 线圈模型，在 1 MHz 的频率下利用 Maxwell 计算不同内径线圈的电阻 R_n 和自感 L_n，计算结果如图 4－42 所示，线圈内阻随着线圈内径的增大线性增大。

表 4－8　发射线圈的仿真参数

仿真参数	发射线圈 1	发射线圈 2	发射线圈 3	发射线圈 4	发射线圈 5
线圈匝数	10	10	10	10	10
线圈内径/mm	25	30	35	40	42.5
线径/mm	0.5	0.5	0.5	0.5	0.5
匝间距/mm	0.01	0.01	0.01	0.01	0.01

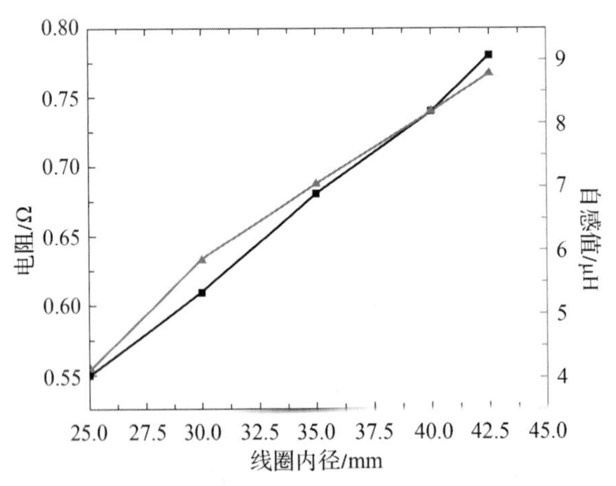

图 4－42　1 MHz 频率下不同内径线圈的电阻与自感

4.4.1.2 不同内径发射线圈与接收线圈的互感

γ_n 不仅与发射线圈的内阻 R_n 有关，还与线圈之间的互感 M_n 有关，故计算不同内径的发射线圈与接收线圈之间的互感 M_n 也具有重要意义。

表 4－9 所示为接收线圈的仿真参数。

表 4－9 接收线圈的仿真参数

仿真参数	接收线圈
线圈匝数	10
线圈内径/mm	25
线径/mm	0.5
匝间距/mm	0.01

在 Maxwell 中，根据表 4－8、表 4－9 的仿真参数设置发射线圈与接收线圈模型。在接收线圈内径不变的前提下，改变发射线圈内径，仿真出接收线圈在不同位置时的互感大小。

当接收线圈位置变化时，图 4－43（a）～（e）分别为发射线圈 n（$n=1\sim5$）与接收线圈的互感 M_n。

如图 4－43 所示，当发射线圈与接收线圈内径相同时，径向偏移与轴向距离均为 0 mm 时，互感最大。但是，随着接收线圈轴向距离、径向偏移的增大，互感急剧减小。

当发射线圈内径为 30 mm 时，接收线圈径向偏移为 0 mm 时，发射线圈与接收线圈之间的互感最大。当发射线圈内径为 35 mm，接收线圈径向偏移为 5 mm 时，发射线圈与接收线圈之间的互感最大。当接收线圈内径为 40 mm，接收线圈径向偏移 7.5 mm 时，发射线圈与接收线圈之间的互感最大。当接收线圈内径为 42.5 mm，接收线圈径向偏移为 10 mm 时，发射线圈与接收线圈之间的互感最大。

4.4.1.3 优化设计方法

当系统处于相同的谐振频率，且接收线圈和负载不变时，线圈之间的效率 η_{coil} 仅与 γ_n 有关。根据发射线圈 n（$n=1\sim5$）与接收线圈之间互感 M_n 和发射线圈 n（$n=1\sim5$）的内阻 R_n，计算线圈位置变化时的 γ_n。

当接收线圈轴向距离变化和径向偏移时，图 4－44（a）～（d）所示分别为切换发射线圈 n（$n=1\sim5$）的 γ_n/γ_1。

由式（4－20）可知，对于切换发射线圈 n，如果

$$\frac{\gamma_n}{\gamma_1}=\frac{(M_n/M_1)^2}{\dfrac{R_n}{R_1}}>1$$

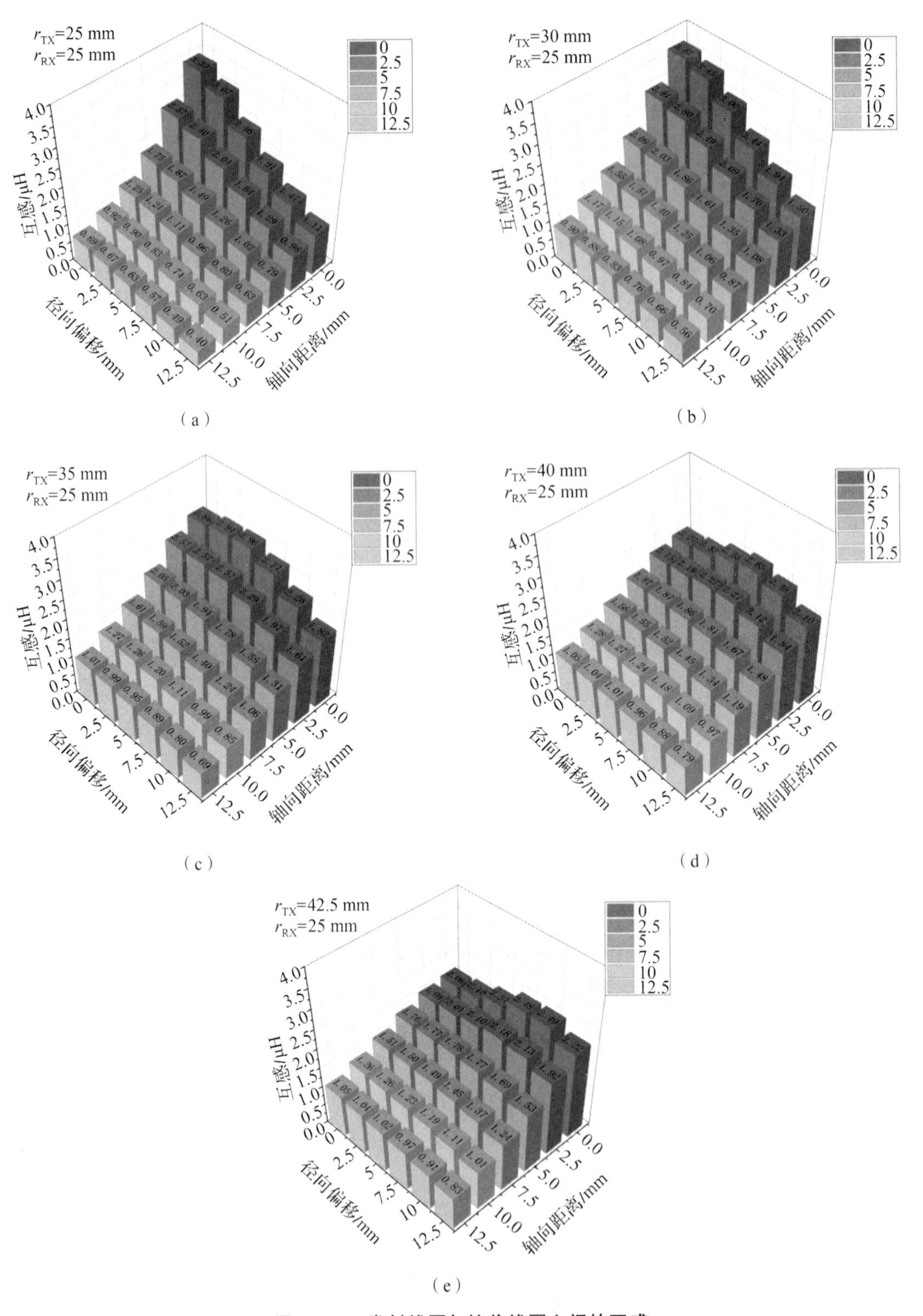

(a)　(b)　(c)　(d)　(e)

图 4-43　发射线圈与接收线圈之间的互感

(a) 发射线圈内径为 25 mm；(b) 发射线圈内径为 30 mm；(c) 发射线圈内径为 35 mm；
(d) 发射线圈内径为 40 mm；(e) 发射线圈内径为 42.5 mm

则线圈之间的效率（η_{coil}）提高。因此，切换发射线圈 n 可以提高系统的传输效率。γ_n/γ_1 越大，线圈之间的效率越高。如图 4－44 所示，当径向偏移小于 5 mm 时，切换线圈 2 的 γ_2/γ_1 最大。当径向偏移大于 5 mm 小于 7.5 mm 时，切换线圈 3 的 γ_3/γ_1 最大。当径向偏移大于 7.5 mm 小于 10 mm 时，切换线圈 4 的 γ_4/γ_1 最大。当径向偏移大于 10 mm 小于 12.5 mm 时，切换线圈 5 的 γ_5/γ_1 最大。

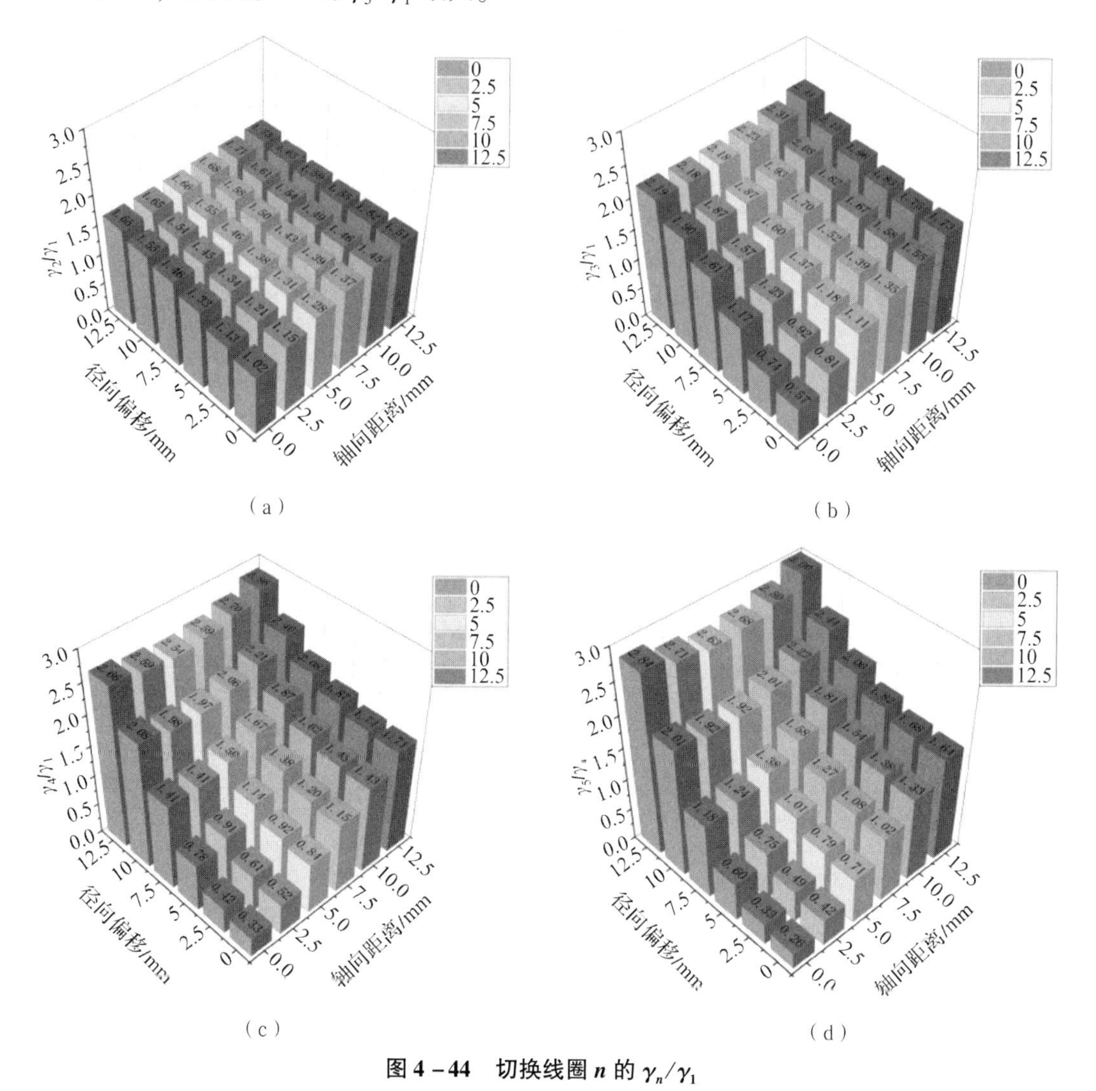

图 4－44　切换线圈 n 的 γ_n/γ_1

（a）切换线圈 2 的 γ_2/γ_1；（b）切换线圈 3 的 γ_3/γ_1；（c）切换线圈 4 的 γ_4/γ_1；（d）切换线圈 5 的 γ_5/γ_1

为了验证通过切换发射线圈可以提高系统的传输效率且符合 γ_n/γ_1 的趋势，通过 Simulink 测试切换不同发射线圈时系统的传输效率。无线能量传输系统的 Simulink 仿真模型如图 4－45 所示，电源内阻 $R_s = 50\ \Omega$，电源频率 $f_0 = 1$ MHz，负载电阻 $R_L = 10\ \Omega$，发射线圈 n（$n = 1 \sim 5$）的自感、补偿电容和电阻由表 4－10 可知，接收线圈的自感、补偿电容和电阻由表 4－11 可知。发射线圈 n（$n = 1 \sim 5$）与接收线圈之间的互感 M_n 为 4.4.1.2 节中 Maxwell 的仿真结果。

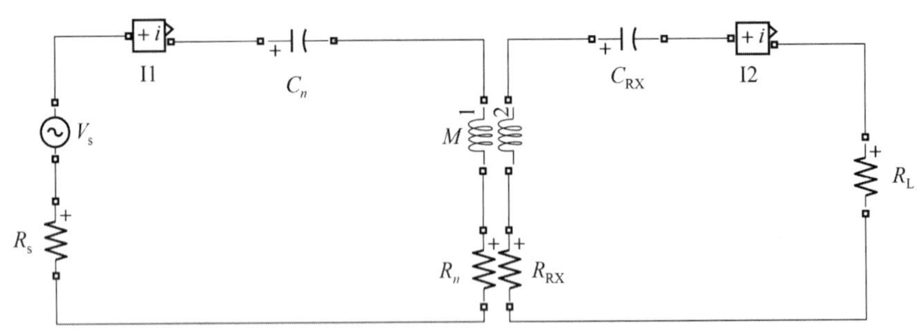

图 4－45 无线能量传输系统的 Simulink 仿真模型

表 4－10 发射线圈仿真参数

仿真参数	发射线圈 1	发射线圈 2	发射线圈 3	发射线圈 4	发射线圈 5
线圈匝数	10	10	10	10	10
线圈内径/mm	25	30	35	40	42. 5
线圈自感/μH	4. 13	5. 84	7. 04	8. 20	8. 79
线圈补偿电容/nF	6. 13	4. 34	3. 60	3. 09	2. 88
线圈电阻/Ω	0. 55	0. 61	0. 68	0. 74	0. 78

表 4－11 接收线圈仿真参数

仿真参数	接收线圈
线圈匝数	10
线圈内径/mm	25
线圈自感/μH	4. 13
线圈补偿电容/nF	6. 13
线圈电阻/Ω	0. 55

当接收线圈位置变化时，不同内径的发射线圈与接收线圈的效率如图 4－46 所示。当接收线圈径向偏移小于 5 mm，发射线圈内径为 30 mm 时系统传输效率最高。当接收线圈径向偏移大于5 mm 小于 7. 5 mm，发射线圈内径为 35 mm 时系统传输效率最高。当接收线圈径向偏移大于 7. 5 mm 小于 10 mm，发射线圈内径为 40 mm 时系统传输效率最高。当接收线圈径向偏移大于 10 mm 小于 12. 5 mm，发射线圈内径为 42. 5 mm 时系统传输效率最高。这符合前述 γ_n/γ_1 的趋势。

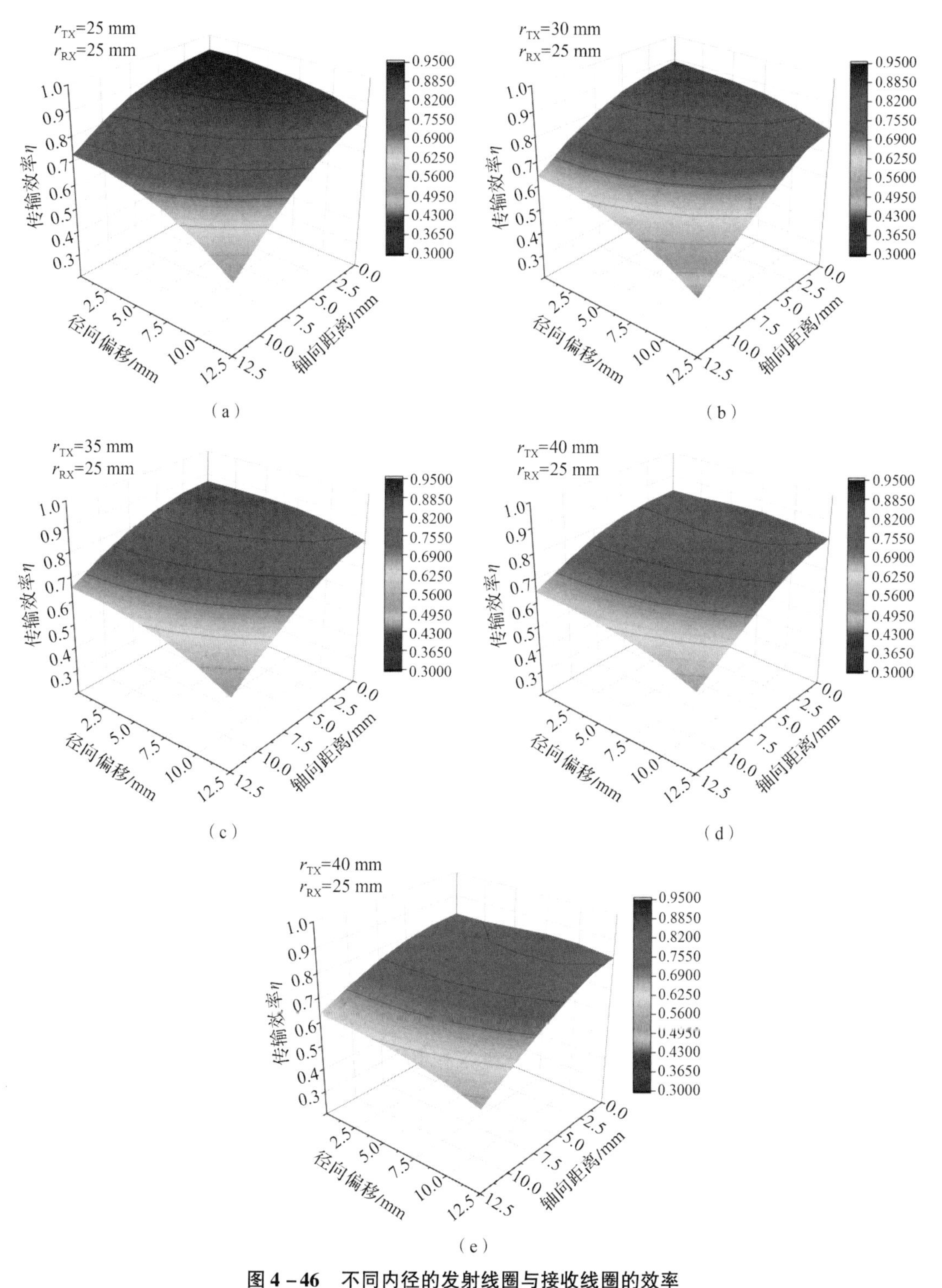

图 4－46　不同内径的发射线圈与接收线圈的效率

(a) 发射线圈内径为 25 mm；(b) 发射线圈内径为 30 mm；(c) 发射线圈内径为 35 mm
(d) 发射线圈内径为 40 mm；(e) 发射线圈内径为 42.5 mm

4.4.2 切换线圈法结合阻抗匹配法

在切换发射线圈获得最高线圈之间效率的前提下，为了研究嵌入阻抗匹配网络是否进一步提高系统的效率，并且可以保持接收端功率最高，设计嵌入阻抗匹配网络的无线能量传输系统 Simulink 仿真模型，如图 4－47（a）所示，未嵌入阻抗匹配网络的无线能量传输系统 Simulink 仿真模型如图 4－47（b）所示。

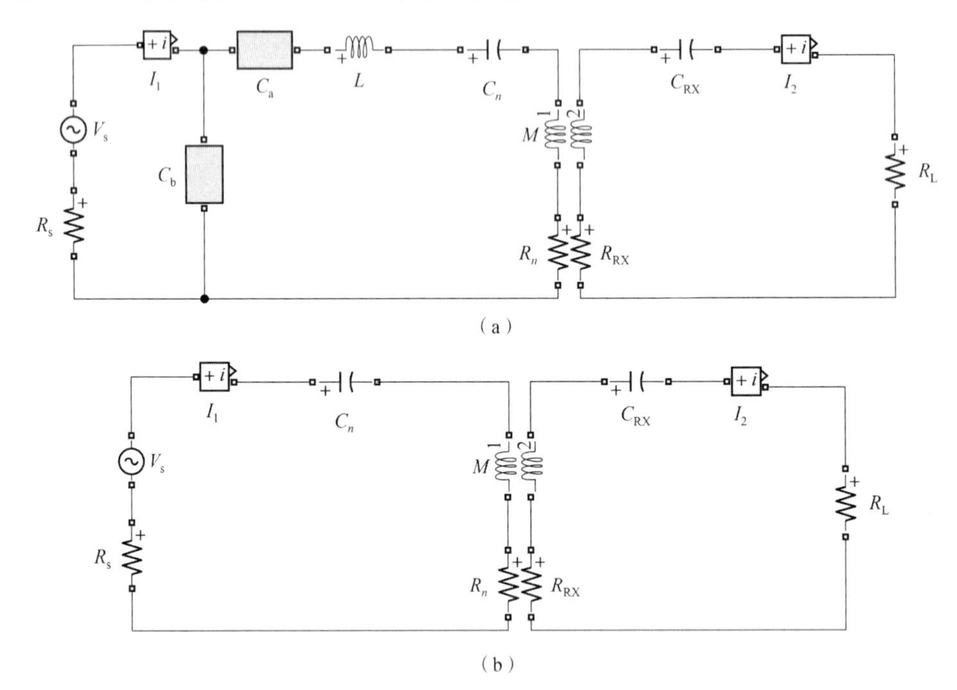

图 4－47 无线能量传输系统 Simulink 仿真模型

（a）嵌入阻抗匹配网络的无线能量传输系统 Simulink 仿真模型；

（b）未嵌入阻抗匹配网络的无线能量传输系统 Simulink 仿真模型

如图 4－47 所示，在无线能量传输系统 Simulink 仿真模型中，电源内阻 $R_s=50\ \Omega$，电源频率 $f_0=1$ MHz，负载电阻 $R_L=10\ \Omega$。发射线圈 n（$n=1\sim5$）的自感、补偿电容和电阻由表 4－10 可知。接收线圈的自感、补偿电容和电阻由表4－11可知。发射线圈 n（$n=1\sim5$）与接收线圈之间的互感 M_n 为 4.4.1.2 节中 Maxwell 的仿真结果。当接收线圈位置变化时，需要匹配不同的电容和电感以使系统达到阻抗匹配状态，不同发射线圈所需匹配的电容和电感的范围如表 4－12 所示。

表 4－12 不同发射线圈所需匹配的电容和电感范围

匹配电感和电容	发射线圈 1	发射线圈 2	发射线圈 3	发射线圈 4	发射线圈 5
匹配电感/μH	0.44～0.96	0.53～0.63	0.60～1.28	0.64～1.33	0.64～1.32
匹配电容/nf	0.44～5.88	0.27～5.07	0.82～4.47	1.07～4.10	1.20～3.98

未嵌入阻抗匹配网络的接收功率如图4-48（a）所示。嵌入阻抗匹配网络的接收功率如图4-48（b）所示。当接收线圈径向偏移超过12.5 mm时，接收功率降低到2.5 W以下［图4-48（a）］。在相同条件下，嵌入阻抗匹配网络后，接收功率始终保持在7.5 W以上［图4-48（b）］。嵌入阻抗匹配网络后，系统的接收功率得到提高。

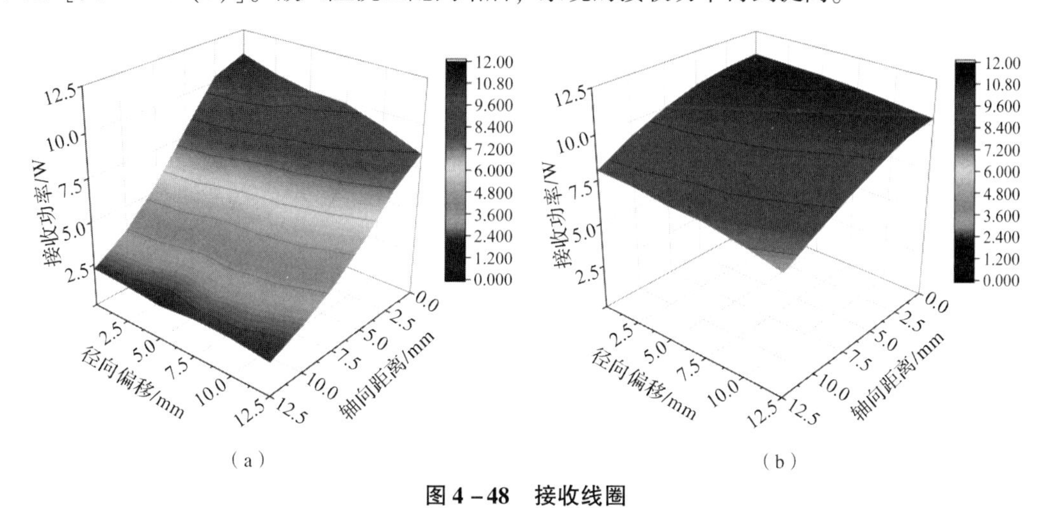

（a）　　（b）

图4-48　接收线圈

（a）未嵌入阻抗匹配网络的接收功率；（b）嵌入阻抗匹配网络的接收功率

4.4.3　试验与分析

4.4.3.1　试验设置

本节通过两个试验验证切换发射线圈与在输入端嵌入阻抗匹配网络来提高系统传输效率的可行性。试验1验证通过切换不同内径的发射线圈来提高系统的传输效率，试验2验证了在切换不同内径发射线圈的同时，在输入端嵌入阻抗匹配网络提高了接收功率。

为了验证本书所设计的结构，搭建磁耦合无线能量传输系统试验平台。该试验平台主要由5部分组成，分别为信号发生器、功率放大器、耦合线圈、LCR表和示波器。图4-49（a）所示为具有恒定内径的接收线圈和具有不同内径的发射线圈。图4-49（b）所示为磁耦合无线能量传输系统试验平台，信号发生器产生频率为1 MHz的正弦信号来驱动功率放大器，功率放大器为发射线圈供电，该电能无线传输到接收线圈。每个发射线圈都处于相同的谐振状态，谐振频率$f_0=1$ MHz。

试验方案如下。

（1）校准仪器。阻抗分析仪选用LCR模式，设置测量频率为1 MHz，设置电压为1 V，用阻抗分析仪测量不同内径的发射线圈的自感和电阻，并计算补偿电容。

（2）分别使用示波器电压探头和电流探头测试在不同传输距离时发射端和接收端的电压和电流。

（3）计算不同传输距离时发射端和接收端的功率并计算磁耦合无线能量传输系统的传输效率。

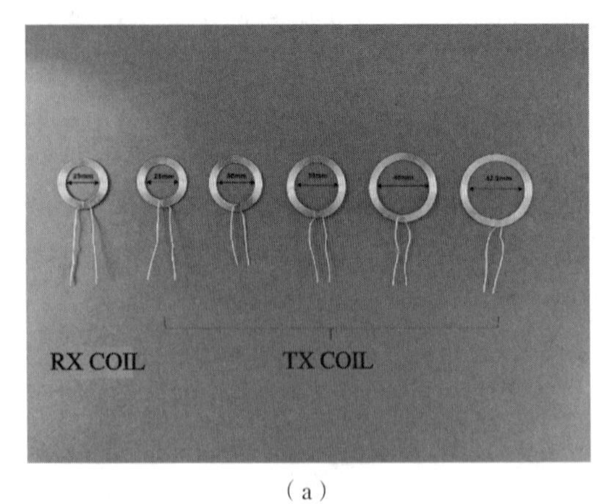

（a）

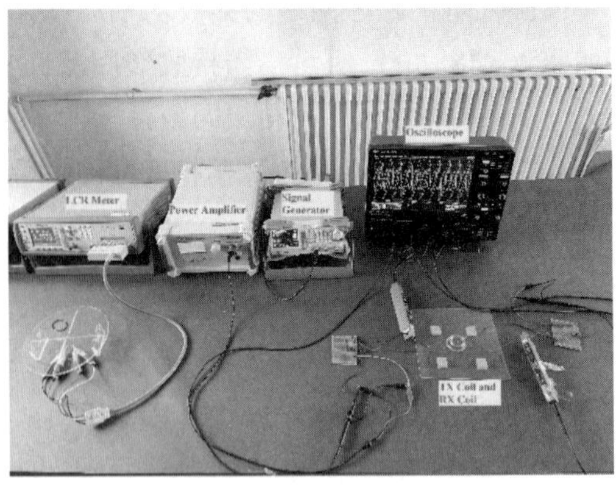

（b）

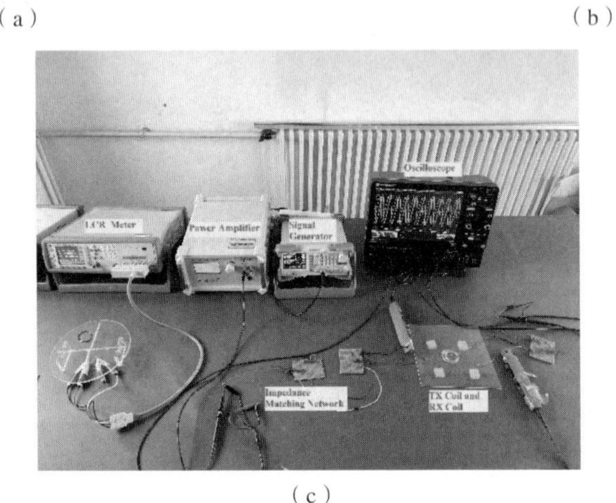

（c）

图 4－49 发射/接收线圈与磁耦合无线能量传输系统试验平台

（a）不同内径的发射线圈与接收线圈；（b）未嵌入阻抗匹配网络的磁耦合无线电能传能系统；
（c）嵌入阻抗匹配网络的磁耦合无线能量传输系统

（4）在切换发射线圈获得线圈之间最高传输效率的前提下，计算未嵌入阻抗匹配网络的系统接收功率和嵌入阻抗匹配网络的系统接收功率。

根据试验方案的（1）步骤，利用阻抗分析仪分别测试图 4－49（a）中的发射线圈与接收线圈。表 4－13 所示为发射线圈的测量参数。表 4－14 所示为接收线圈的测量参数。

表 4－13 发射线圈的测量参数

测量参数	发射线圈 1	发射线圈 2	发射线圈 3	发射线圈 4	发射线圈 5
线圈匝数	10	10	10	10	10
线圈内径/mm	25	30	35	40	42. 5
线圈自感/μH	4. 83	6. 21	7. 54	8. 22	9. 49
线圈补偿电容/nF	5. 24	4. 04	3. 36	2. 87	2. 67
线圈电阻/Ω	0. 51	0. 62	0. 71	0. 79	0. 86

表4-14 接收线圈的测量参数

测量参数	接收线圈
线圈匝数	10
线圈内径/mm	25
线圈自感/μH	4.83
线圈补偿电容/nF	5.24
线圈电阻/Ω	0.51

4.4.3.2 切换发射线圈试验

当接收线圈位置变化时，不同内径的发射线圈与接收线圈的传输效率如图4-50所示。当接收线圈径向偏移小于5 mm，发射线圈内径为30 mm时传输效率最高。当接收线圈径向偏移大于5 mm小于7.5 mm，发射线圈内径为35 mm时传输效率最高。当接收线圈径向偏移大于7.5 mm小于10 mm，发射线圈内径为40 mm时传输效率最高。当接收线圈径向偏移大于10 mm小于12.5 mm，发射线圈内径为42.5 mm时传输效率最高。由于试验中存在误差，系统不能完全谐振，故试验中系统的传输效率低于仿真中系统的传输效率，但试验趋势基本符合仿真趋势。由此可以看出，当接收器线圈位置发生变化时，切换不同内径的发射线圈可以提高磁耦合无线能量传输系统的传输效率。

4.4.3.3 切换发射线圈结合阻抗匹配试验

在切换发射线圈的同时，在输入端嵌入L阻抗匹配网络。未嵌入阻抗匹配网络的磁耦合无线能量传输系统如图4-49（b）所示，嵌入阻抗匹配网络的磁耦合无线能量传输系统如图4-49（c）所示。图4-51（a）所示为未嵌入阻抗匹配网络的接收功率，图4-51（b）所示为嵌入阻抗匹配网络的接收功率。显然，嵌入阻抗匹配网络后，系统的接收功率得到提高。然而，由于可调电容器是离散的，它不能实现完全阻抗匹配，所以在接收端无法获得理想的最高功率。

最后可以得出结论，当接收线圈的径向偏移小于其自身内径的20%，发射线圈内径为接收线圈内径的1.2倍时系统的传输效率最高。当接收线圈的径向偏移小于其自身内径的30%，发射线圈内径为接收线圈内径的1.4倍时系统的传输效率最高。当接收线圈的径向偏移小于其自身内径的40%，发射线圈内径为接收线圈内径的1.6倍时系统的传输效率最高。当接收线圈的径向偏移小于其自身内径的50%，发射线圈内径为接收线圈内径的1.7倍时系统的传输效率最高。在切换发射线圈的基础上，在输入端嵌入阻抗匹配网络可以实现接收端功率最高。

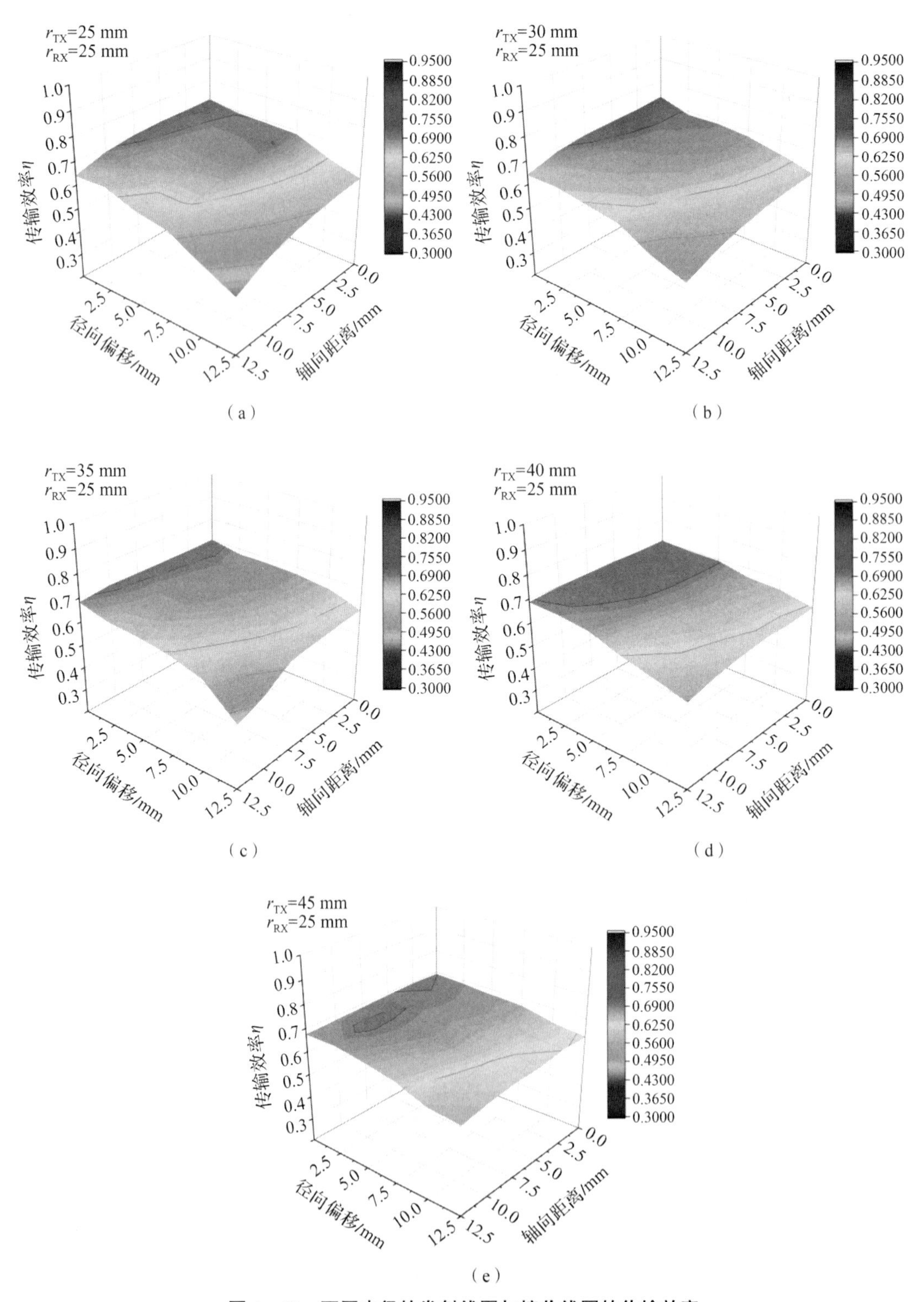

(a) (b) (c) (d) (e)

图 4-50 不同内径的发射线圈与接收线圈的传输效率

(a) 发射线圈内径为 25 mm；(b) 发射线圈内径为 30 mm；(c) 发射线圈内径为 35 mm；(d) 发射线圈内径为 40 mm；(e) 发射线圈内径为 42. 5 mm

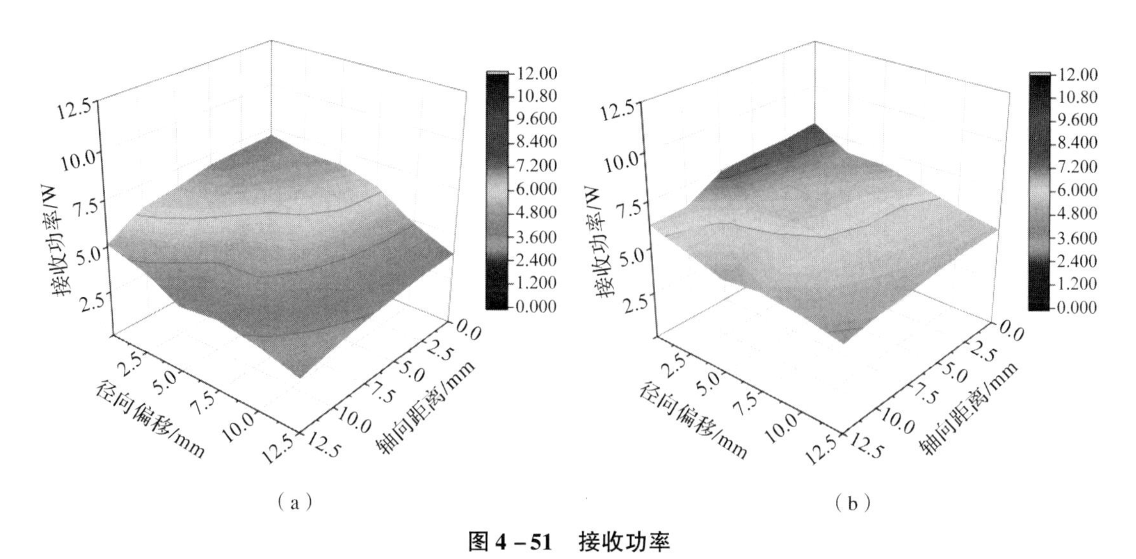

图 4－51　接收功率

（a）未嵌入阻抗匹配网络的接收功率；（b）嵌入阻抗匹配网络的接收功率

4.4.4　小结

本节首先利用 Maxwell 仿真发射线圈 n（$n=1\sim5$）与接收线圈的互感，仿真了发射线圈 n（$n=1\sim5$）的电阻和自感。利用线圈之间的互感和发射线圈电阻，计算出发射线圈 n（$n=1\sim5$）的 γ_n/γ_1 值。根据 γ_n/γ_1，得出当接收线圈径向偏移小于 5 mm，发射线圈内径为 30 mm 时传输效率最高；当接收线圈径向偏移大于 5 mm 小于 7.5 mm，发射线圈内径为 35 mm 时传输效率最高；当接收线圈偏移大于 7.5 mm 小于 10 mm，发射线圈内径为 40 mm 时传输效率最高；当接收线圈偏移大于 10 mm 小于 12.5 mm，发射线圈内径为 42.5 mm 时传输效率最高。

然后，通过 Simulink 建立磁耦合无线能量传输系统模型，验证了该方法的正确性。利用 Simulink 搭建嵌入阻抗匹配网络的磁耦合无线能量传输系统模型和未嵌入阻抗匹配网络的磁耦合无线能量传输系统模型，验证了在切换发射线圈的基础上，嵌入阻抗匹配网络可以进一步提高系统的效率，并可以使系统始终保持最高输出功率。

最后，根据仿真模型搭建磁耦合无线能量传输系统试验平台，制作了不同内径的发射线圈，验证了切换发射线圈结合阻抗匹配网络可以提高系统的抗偏移能力，并得出发射线圈与接收线圈的内径规律。当接收线圈的径向偏移小于其自身内径的 20%，发射线圈内径为接收线圈内径的 1.2 倍时系统的传输效率最高。当接收线圈的径向偏移小于其自身内径的 30%，发射线圈内径为接收线圈内径的 1.4 倍时系统的传输效率最高。当接收线圈的径向偏移小于其自身内径的 40%，发射线圈内径为接收线圈内径的 1.6 倍时系统的传输效率最高。当接收线圈的径向偏移小于其自身内径的 50%，发射线圈内径为接收线圈内径的 1.7 倍时系统的传输效率最高。在切换发射线圈的基础上，在输入端嵌入阻抗匹配网络可以实现接收端功率最高。

4.5 小结

磁耦合无线能量传输技术实现了供电电源与用电设备之间的完全电气隔离，具有安全、可靠、灵活等诸多优点。然而，当接收线圈相对于发射线圈出现轴向距离变化或径向偏移时，系统的效率和接收功率都会出现急剧下降。此外，磁耦合无线能量传输系统直流电源的能量是有限的，而在海岛、高原等极端环境下，能源补给站距离后方基地远，供应保障难，无法保障磁耦合无线能量传输系统直流电源不间断供电。针对以上问题，本章首先研究了线圈偏移对线圈互感及磁耦合无线能量传输系统效率的影响，并总结了影响规律。其次，本章提出基于切换线圈法与阻抗匹配方法的系统抗偏移优化方法，并通过一系列试验仿真进行了验证。

第5章 无人机磁耦合无线能量传输技术

5.1 无人机电源现状

随着科学技术的不断进步，无人化作战成为未来战争不可逆转的趋势，近几次局部冲突表明，无人作战装备已经走上战场，并在侦察监视、精准打击、中继通信等方面发挥出重要作用，成为未来军用装备的发展方向。电驱动无人作战装备由于储能电池容量小、续航时间短，所以现有返场依赖人员更换电池的方式已成为制约电驱动无人作战装备能源保障的瓶颈。

5.1.1 无人机用电特性及动力电池

无人作战装备具有体积小、质量小等优势，在军用领域具有广阔的应用前景。由于无人作战装备对电源的尺寸、质量、续航时间等条件有严格要求，所以电源保障面临着诸多关键性技术难题。无人作战装备对电源系统的主要需求是：质量小、体积小，在低温条件下具有高快充能力和高功率密度，可以为无人机提供足够的飞行动力；振动小，不干扰诸如拍摄图像任务设备的正常工作；噪声小，以保证无人机的隐蔽性；易于启动，可靠性高。

5.1.1.1 无人机用电特性

无人机总体的用电规律为起飞阶段的功率最高，姿态保持（巡航）时功率最低，战术机动时功率较高。旋翼无人机和固定翼无人机具有各自不同的特点。表5-1所示为无人机在各阶段的用电特性。

表 5-1 无人机在各阶段的用电特性

序号	无人机类型	起飞阶段	姿态保持阶段/C	战术机动阶段（抗风、快速爬升、加速）/C	工作温度范围/℃
1	旋翼	功率最高，4 C/2 s	2	3	-20~50
2	固定翼滑跑起飞式	功率最高，1 C/30 s	0.2~0.3	0.5	-40~50
3	固定翼发射起飞式	功率最高，5~7 C/2 s	1~1.5	2~3	-20~50

旋翼无人机在起飞阶段电池工作电流最大，一般为 4 C/2 s 左右，主要为电动机启动时产生的大电流和克服重力惯性需要的推力产生的电流。在姿态保持阶段（巡航阶段），电池工作电流一般为 1.5~2 C。在战术机动时，由于需要大推力，所以电池工作电流达到 3~4 C。在各个阶段，只要电池电压不低于电动机和控制设备的最低工作电压即可。电池的工作温度范围为 -20~50 ℃。

固定翼滑跑起飞式无人机在起飞阶段电池工作电流大概为 1 C 左右，时间为 30 s，主要提供足够的速度。在姿态保持阶段（巡航阶段），电池工作电流为 0.2~0.3 C。战术机动时电池工作电流为 0.5 C 左右。电池的工作温度范围为 -40~50 ℃。

固定翼发射起飞式无人机包括巡飞弹、手抛式、车载发射等，其发射方式采用炮射方式、手抛式等。在起飞阶段，工作电流最大，达到（5~7）C/2 s，这时需要提供大推力保持无人机姿态，以避免摔机。在姿态保持阶段（巡航阶段），电池工作电流一般为 1~1.5 C。在战术机动时，工作电流一般为 2~3 C。电池的工作温度范围为 -20~50 ℃。

5.1.1.2 无人机动力电池

无人机需要克服自身的重力做功，因此对于电池的质量要求较高，而增大电池容量又会导致质量增加；另外，无人机对电池的功率的要求特别高，当从悬停状态迅速提高油门到最高速度时，电池功率会迅速提高，在短时间内会提高几倍。无人机电池的常见要求包括高能量/质量比、高放电率（5 min~2 h 任务）、耐低温性能、对冲击和振动的恢复能力，以及准确的剩余电量计量。

目前，电驱动无人机主要是轻型战术无人机，所用电池主要是聚合物锂离子电池（图 5-1），部分无人机用锂离子电池的技术参数如表 5-2 所示。

图 5－1　聚合物锂离子电池

表 5－2　部分无人机用锂离子电池的技术参数

电池型号	额定容量/A·h	额定电压/V	充电电流/A	充电电压/V	持续放电电流/A	瞬间放电电流/A	电池尺寸/（cm×cm×cm）	质量/g
12 000 mA·h 6 s 15 C	12	22.8	6～12	26.1	180	360	190×72×53	1 500
16 000 mA·h 6 s 15 C	16	22.8	8～16	26.1	240	480	190×77×63	1 900
22 000 mA·h 6 s 25 C	22	22.8	10～20	26.1	550	1 100	205×92×62	2 400
25 000 mA·h 6 s 10 C	25	22.8	10～20	26.1	250	500	210×92×67	2 500
32 000 mA·h 6 s 10 C	32	22.8	10～20	26.1	320	640	216×125×61	3 500

锂离子电池指以含锂的化合物制成的蓄电池，其充放电的过程中只有锂离子，而没有金属锂的存在。锂离子电池的材料可以分为三元锂、磷酸铁锂、钛酸锂、钴酸锂、锰酸锂等。锂离子电池技术是一种材料体系灵活、技术进步快的电池储能技术。锂离子电池可以根据不同的应用需求进行有针对性的性能改进，与其他类型的电池相比具有先天的优势。相较于其他化学电池，锂离子电池的特点在于：能量密度高（如三元锂离子电池的能量密度可达 200 W·h/kg）；循环寿命较长（普遍能达到 2 000 次以上）；自放电率低（月自放电 2%）；能量转化率高；无记忆效应，可以进行不同深度的充放电循环；充放电倍率较高，可以进行快速充放电。但是，相较于无人作战装备对所用动力电池具有能量密度高、充放电倍率高、低温特性好的要求，当前所用锂离子电池还存在一些问题，如能量密度不够高（锂离子电池能量密度最高在 220 W·h/kg 左右）、低温环境适应性差（低温适应性一般在 －20 ℃以上，不能满足全天候、全疆域的作战需求）。

5.1.2　无人机电能保障特点

5.1.2.1　有线式充电

目前无人机电池主要采用充电器进行有线式充电（图 5－2），这种充电方式结构简单、充电速度高、能量转换效率高且成本较低，一般具备同时对多块电池充电的能力。

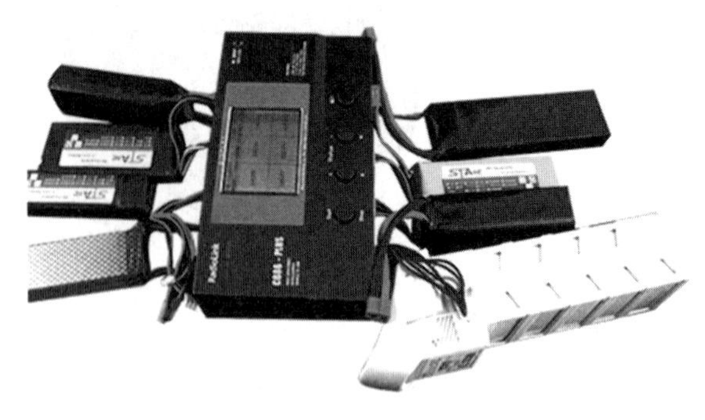

图 5-2 无人机电池有线式充电

波士顿无人机制造商 CyPhy Works 发明了可永不着陆的 Parc 无人机，可执行空中巡航任务。Parc 无人机用一条“微丝”连接电源，既可以传输数据，也可从外部发电机、车辆或其他设备获得电力（图 5-3）。也就是说，Parc 无人机能在空中一直运作不着陆。这种用“微丝”连接电源的结构有明显的弊端，即无人机的飞行范围和经过涵洞、隧道等的路线均受到了限制。

图 5-3 用“微丝”连接电源的 Parc 无人机

5.1.2.2 接触式充电

2015 年 5 月 12 日，德国柏林的 SkySense 公司利用一款金属平板代替运油机的作用，充电平板具有镀金的底座，其表面是蜂巢结构，整个表面被分成有规则的若干份。通过外接电源，充电平板可以为无人机提供 100～240 V 的充电电压和 10 A 的充电电流。

无人机也要进行相应的改造，需要将无人机中的充电触点通过导线连接到落脚架，并在导线尽头安装一个镀金弹簧，这样无人机只要降落在充电平板上，通过与平面上的镀金弹簧触点接触完成充电。这种解决方案主要针对外出作业的无人机，使无人机的“降落—充电—起飞”全过程独立实现，不需要有人在现场进行干预和辅助（图 5-4）。

图 5－4　接触式充电无人机

5.1.2.3　空中有线充电

悉尼大学澳大利亚研究中心机器人领域研究者 Daniel Wilson 发明的一种无人机空中有线充电对接系统，可以使无人机在空中对接时根据需求进行充电（图 5－5）。该系统主要依靠于高度协调的 GPS、惯性运动传感器和红外线技术。一架领航无人机和一架跟随无人机通过一根电力导线传输电力。领航无人机拖着一个锥形的充电器，并向外传送其搭载的传感器数据。利用这些数据，跟随无人机会试图紧跟着领航无人机，并飞行至准确的位置。一旦准备就绪，跟随无人机就会用其头锥和充电器进行对接，完成空中有线充电。考虑到系统“连接管”的质量以及空中的风力和湍流影响，实际上要准确完成对接难度比较高，因此该系统只适用于某些特殊的军用无人机。

图 5－5　无人机空中有线充电对接系统

5.2　无人机无线充电需求

国内外均有无人机无线充电技术的相关研究成果，但现阶段的研究均处于试验样品阶段，传输功率通常低于 500 W，线圈间传输距离小于 30 cm，线圈传能功率质量比较低，导致无人机无线充电系统参数指标与实际需求还有较大差距。

5.2.1 高效率实现

应用于无人机的无线充电系统必须满足传输效率高、传输距离大、接收端偏移容忍度好等基本要求。同时，应用于无人机的无线充电系统的磁耦合机构是一个复杂的电磁系统，涉及磁场耦合、高频谐振、能量变换以及电磁兼容等多个环节。拟将电路/磁路参数融合，实现一体化正向建模，提高磁耦合机构的耦合性能，提升电路与磁路的配合程度，最终达到系统所需的传输功率、传输效率、传输距离、质量以及成本等指标。在此基础上，进一步研究磁耦合机构的电磁学特性，揭示磁耦合机构的结构和参数（发射/接收线圈电流、电压、匝数、自感、互感、磁芯、补偿电容）对磁场分布规律、衰减特征、耦合状态的影响机制，研究线圈损耗、磁芯损耗、电容损耗、介质损耗等对能量传输的影响机理，丰富高效高功率密度磁耦合机构设计的理论依据。

为了满足系统对效率指标和传输距离指标的要求，同时保证系统具有良好的稳定性、充电灵活性和电磁安全性，需要对磁耦合机构的耦合性能、小型化、侧移适应特性、传输距离特性、结构设计与优化及电磁兼容性展开深入的研究，以达到系统对所需的传输功率、传输效率和传输距离的需求。

5.2.2 轻量化小尺寸实现

为了避免增加无人机载重负担，接收端磁耦合机构的尺寸和质量均需要满足严格的要求。目前，在电动汽车、自动导引车（AGV）等场合应用的磁耦合机构通常以满足功率、效率要求为设计目标，采用大量铁氧体材料提升原、副边耦合性能和磁屏蔽性能，对尺寸和质量方面的设计难以实现无人机无线充电系统的上述要求。而且，以电动汽车为代表的应用不存在较大的偏移，偏移容忍度的设计与无人机需求不符。因此，如何在有限的空间和载重条件下，最大限度地减小磁耦合机构的体积和质量，同时满足传输效率和偏移容忍度的要求，是一个难点。

5.2.3 强偏移能力

如前文所述，由于无人机停靠位置不确定，设计磁耦合机构时需保证较高的偏移容忍度，当发射线圈和接收线圈出现严重不对准情况时仍可保证较强的耦合性能。对于无人机无线充电系统，磁耦合机构保证了磁场分布，是能量传输的基本前提。电路拓扑承担了阻抗变换、无功补偿等功能，电路拓扑设计的好坏直接决定了能量是否可以高效传输。目前常用的补偿结构有串联、并联等基本补偿结构和 LCL、LCC 等复合补偿结构。在原、副边采用不同种类的补偿结构将使系统输出呈现恒压、恒流等不同特性，其对不同负载供电需求的适应性也不同。拓扑参数（如电感、电容）的取值将决定系统输入/输出阻抗特性，进一步影响负载高效区是否可实现。同时，不同拓扑输出特性对耦合系数、负载变化和元件漂移的敏感性不同，有必要通过合理选择元件参数实现较强的抗偏移特性。综上，如何选取适合无人机无线充电系统的电路拓扑是一个难点，具有强抗偏移性的电路拓扑设计是需要突破的一项关键技术。

无人机无线充电系统对系统的鲁棒性、可靠性及环境适应性有极高的要求，因此需要分析发射拓扑结构的传输特性和各谐振元件偏移理想值对功率传输效果的影响，初选具有大移动范围的适合中功率、中距离快速无线充电的谐振网络拓扑结构。对初选后的拓扑参数与传输特性之间的关系进行量化，通过理论计算得到拓扑传递函数，分别从时域和复频域确定提升抗偏移特性的参数取值范围。

5.2.4 高频高功率实现

在无线能量传输系统中，逆变电源将电网的电能转变为高频交流电，进而在空间中激发高频磁场，这是能量传输的基础，也意味着逆变电源的性能将决定能量传输是否达标。目前，基于H形全桥拓扑的逆变结构已广泛应用于各种无线输能应用场合。其中的开关管通常采用硅基MOSFET，频率较低时该结构具备稳定可靠的输出特性。为了有效增大无人机无线充电系统的传输距离，选择200 kHz作为系统工作频率。该频率下常用的硅基MOSFET会由于开关频率过高导致损耗较高，显著降低逆变器效率。同时，无人机停靠位置不同带来的耦合系数变化和负载电池充电状态的不同带来的等效负载改变，对逆变器工作过程中的电压、电流都会带来冲击，因此需要对工作过程中逆变器的输出情况进行实时监控，并设计相应的保护电路。另外，考虑到原边控制的需要，在逆变电路中设计相应的信号检测和处理电路也是必要的。因此，设计高频高功率逆变电源是一个难点，也是需要突破的一项关键技术。

针对系统对高效率以及小型化（便携化、隐蔽化）的需求，分析无人机无线充电系统传输功率、传输效率、传输距离、频率的基本规律和综合特性，研究发射端逆变电源的主电路拓扑结构，设计能够实现系统功率及效率要求的小型化逆变装置；针对设备对无人机无线充电系统智能化、自动化的需求，分析电池充电过程对原边的影响，突破原边控制的负载检测和负载估计技术。

5.2.5 高稳定性及快速充电能力

如前文所述，无人机无线充电系统面临耦合系数和负载变化的情况。通过磁耦合机构和补偿拓扑的优化设计可以逐渐减小其对传输特性的影响。但为了保证其应用的稳定可靠，必须在接收端研制高稳定能量接收变换器。同时，缩短充电时间也至关重要。因此拟研究快速充电控制策略，实现短时间补电，提升磁耦合无线能量传输技术在特殊设备中的应用前景。

目前，采用副边控制的无人机无线充电系统的电能拾取机构一般由接收谐振腔、高频整流电路、DC－DC变换器及负载组成，其仅能够实现对系统功率或最高效率的单参数控制，无法满足储能设备对恒流、恒压以及最高效率充电的多参数控制需求。为了实现任意给定功率情况下的最高传输效率控制，需要探索新的调节手段和具有自适应参数调节功能的控制器，以满足负载和耦合参数动态变化情况下的系统输出鲁棒性。因此，研究高稳定性能量接收变换器及快速充电控制策略是一个难点，也是需要突破的一项关键技术。

由于无人机的载重有限，高稳定性高效率能量接收变换器的设计是一个重大挑战，同时需要考虑接收变换器的质量和体积。传统多级能量变换会由于较大的充电电流以及各个环节中不可避免的内阻问题增加系统损耗，导致接收端整体效率降低，且系统的质量和体积较大，不适用于无人机接收端。为了提升接收端拾取能量的能力，需要在保证系统的质量和体积的前提下，对阻抗调节电路拓扑进行改进，同时研究快速控制算法，提升工作效率，保证充电稳定性。

5.2.6 电磁兼容及抗干扰能力

本章节设计的无人机无线充电系统以高频磁场作为能量载体，在交变的磁场环境下靠近接收线圈的无人机机体会产生涡流并改变空间中的磁场分布，进而造成能量损失，降低系统传输效率。另外，泄露的高频交变磁场也会对无人机中的导航及其他电子设备产生干扰。针对复杂的电磁环境，有必要研究在此情况下无人机机体对系统传输性能的影响，建立碳纤维的环境涡流损耗及空间磁场约束模型，深入分析碳纤维机体的材质、尺寸以及放置位置等因素与系统传输性能的关系。因此，合理设计磁耦合机构磁屏蔽方案是一个难点，也是需要突破的一项关键技术。

研究内容包括：频率配置、接地设计、剩磁设计、软件抗干扰设计、机构和结构设计等。由于无人机无线充电系统大多需要采用铁氧体磁性材料作为磁芯，所以需要对这些磁性组件在系统中进行合理配置，考虑采用布局和整体配对抵消等方法，使系统合成磁场和磁矩达到最小。同时，研究采用高磁导率金属或屏蔽性能更好的替代材料制成外壳，以最大限度地减少剩磁矩，并通过磁试验对设计方案的有效性进行验证，完成额外干扰与控制分析研究。

5.3 总体方案与技术路线

针对无人机的灵活快速充电需求，开展无人机无线充电系统研究，突破系统集成、远距离磁耦合、传能高效化等关键技术，研制无人机无线充电系统试验平台，为无人作战装备智能化能源保障提供技术依据。

5.3.1 总体方案

采用理论分析、结构设计、系统建模、参数优化、控制策略、仿真分析和试验验证相结合的研究方法，解决理论研究的主要问题，突破各项关键技术，推进实用化进程。拟采取的总体技术路线如图 5-6 所示。

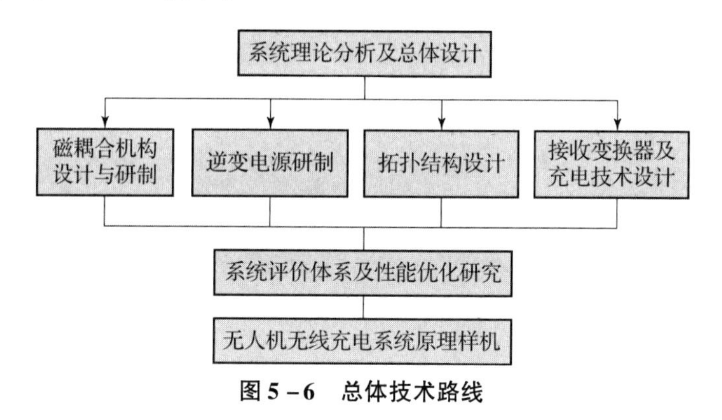

图 5-6　总体技术路线

5.3.2 系统整体架构建立

为了实现无人机自主、灵活、快速充电，无人机无线充电系统需满足传输距离大、转换效率高的要求，通过分析系统功能及性能指标，研制包括逆变电源、磁耦合机构、接收变换器在内的系统整体架构及各功能模块，构建能量流、信息流的完整通路，建立各模块的控制与配合渠道，使系统各模块协同工作，实现智能化快速无线充电。

综合研究逆变电源、磁耦合机构、谐振补偿拓扑、接收变换器、负载等多个模块的级联与匹配，提出满足系统应用要求的设计方案，通过理论计算选取合适的系统参数，经机电热磁一体化仿真完成验证，证明系统方案合理可行。在满足装备充电需求的基础上，提高充电的快速性、准确性和稳定性。

无人机无线充电系统完整结构如图 5-7 所示。工频交流输入经功率变换和谐振补偿之后给原边线圈供电，在空间产生时变电磁场，接收线圈由于磁共振原理接收到感应电压，经过接收补偿之后进行整流滤波和 DC-DC 变换以匹配负载。这里发射端和接收端补偿电路的主要作用是通过谐振匹配，降低发射线圈和接收线圈的交流阻抗，增大发射线圈电流，降低系统无功损耗。

结合无人机信息化设备传输距离大、转换效率高的应用需求，为了保证发射端结构简单、稳定性高，未采用 DC-DC 变换器，即工频整流之后接直流母线并直接进行逆变。同时，为了保证接收端轻量化与简单化，副边也未采用 DC-DC 变换器，即副边线圈接收到的能量直接整流滤波后提供给负载。在控制策略上，采用原边移相控制方法，为负载提供恒压充电、恒流充电等多种充电模式，同时满足快速性与可靠性需求。

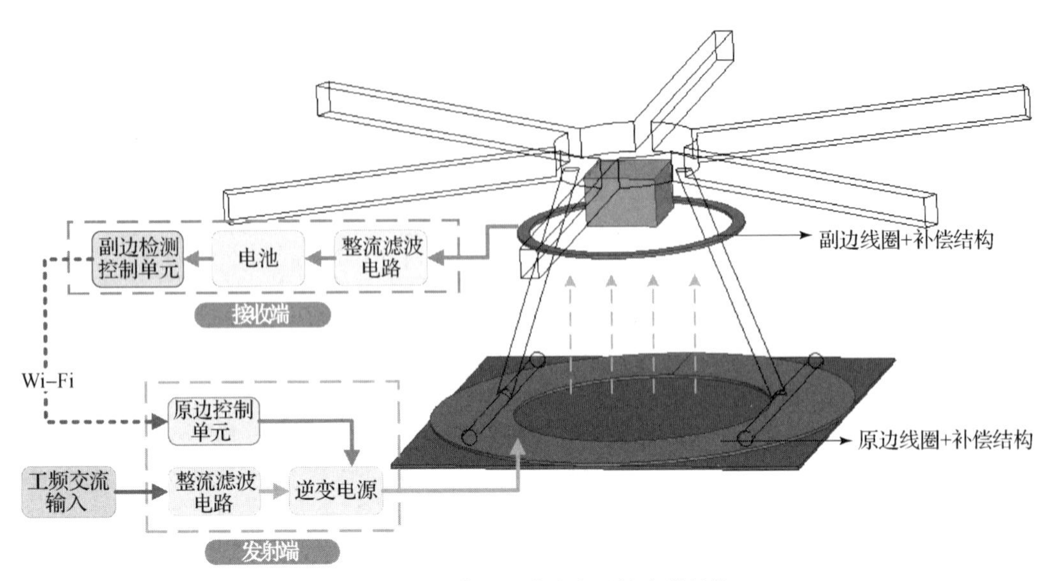

图 5-7 无人机无线充电系统完整结构

5.4 关键子部件设计

5.4.1 高效率磁耦合机构设计与研制

应用于现代战场中的无人机无线充电系统要求效率高、传输距离大，因此，如何使磁耦合机构在保证大传输距离的前提下降低损耗、缩小结构尺寸成为无人机无线充电系统研制过程中的重点与难点。为了满足系统对效率指标和传输距离指标的要求，同时保证系统具有良好的稳定性、充电灵活性和电磁安全性，需要对磁耦合机构的耦合性能、小型化、侧移适应特性、传输距离特性、结构设计与优化及电磁兼容性展开深入的研究，以满足系统对所需的传输功率、传输效率和传输距离的需求。同时，在上述研究的基础上，应提出合理的磁耦合机构设计方法，并制作磁耦合机构样机，最后通过功率和效率试验来验证设计方案的有效性及设计完成的磁耦合机构的适用性。

5.4.1.1 理论计算与仿真

磁耦合机构是无人机无线充电系统的核心部分，其优劣对系统功率及效率等的影响较大。本小节以输出功率和传输效率为目标，基于无人机无线充电系统互感耦合模型，开展高效率磁耦合机构设计。

首先，对磁耦合机构的基本参数进行筛选和确定，并初步论证方案的可行性。其次，通过理论计算得到初选出的关键参数的取值范围及优化方法。再次，搭建系统“电路－磁路”一体化仿真模型，验证和修正理论计算结果，探究可能存在的设计问题。最后，结合需满足的工作参数和相应指标要求，给出对磁耦合机构进一步优化的方法以及预计达到的目标。

下面详细介绍磁耦合机构设计方案。

1. 线圈类型选择

由于系统效率要求在90%以上，所以按照系统效率分解，估算副边整流及充电电路效率为97%，磁耦合机构效率需达到93%。初步仿真结果表明，对于接收线圈远小于发射线圈的情况，相同尺寸的圆形线圈的耦合系数大于DD线圈，较大的耦合系数通常意味着较高的效率。为了实现指标要求的高效率，本方案初步确定采用圆形线圈。

2. 线圈尺寸

考虑到无人机携带线圈的质量要求，初步确定采用原、副边线圈不对称式设计。在此基础上，通过仿真发现，在传输距离为30 cm的情况下，为了尽可能提高传输效率，副边线圈外径应尽量大（不超过40 cm），考虑到为支撑结构留下空间，可设定为38 cm。原边线圈尺寸无限制，需另外通过仿真结果确定。

3. 线径

根据电池充电电压范围为22.2～25.2 V，在500 W的情况下，充电电流为19.8～22.5 A。忽略副边整流桥损耗，换算到副边线圈电流不超过25 A。为了避免因长时间工作线材发热，线圈电流密度不应超过5 A/mm^2。该线材的频率特性较好，对趋肤效应的抑制效果明显，在200 kHz下交流内阻小。原边线圈没有严格质量限制，为了节约成本，选用利兹线，并采用多股并绕方式以减小线圈内阻。

4. 匝间距

根据前期研究结果，在相同外径的情况下，密绕线圈的耦合系数通常大于有匝间距的线圈，但适当的匝间距能有效抑制匝间邻近效应，增大品质因数，对系统效率的提升具有重要作用。目前，初步确定原、副边线圈均采用密绕方式。后期进一步优化时将考虑匝间距的选取。

5. 匝数

为了满足接收端质量限制要求（不超过0.8 kg），副边线圈不超过0.4 kg。经称量，按照外径为380 mm计算，仿真结果表明增大副边线圈线宽能增大耦合系数。原边线圈匝数需根据公式和进一步的仿真结果确定。

6. 磁芯类型、材料

根据接收端质量限制，副边线圈不宜添加磁芯。原边无质量限制，为了增大耦合系数和品质因数，采用密铺方式。整体形状为长方体，边沿与线圈相切。选择锰锌铁氧体，以满足能量传输要求。

7. 磁屏蔽

由于涡流效应，在原边线圈下方和副边线圈上方加入铝板可避免关键位置电磁辐射超标，改善磁耦合机构的电磁兼容性，但添加铝板通常会减小耦合系数和品质因数，从而降低效率，而系统工作时的电磁兼容性目前未知，故设计方案中不添加铝板。

8. 其他参数

在有限元仿真软件 Maxwell 中建立仿真模型，如图 5-8 所示。

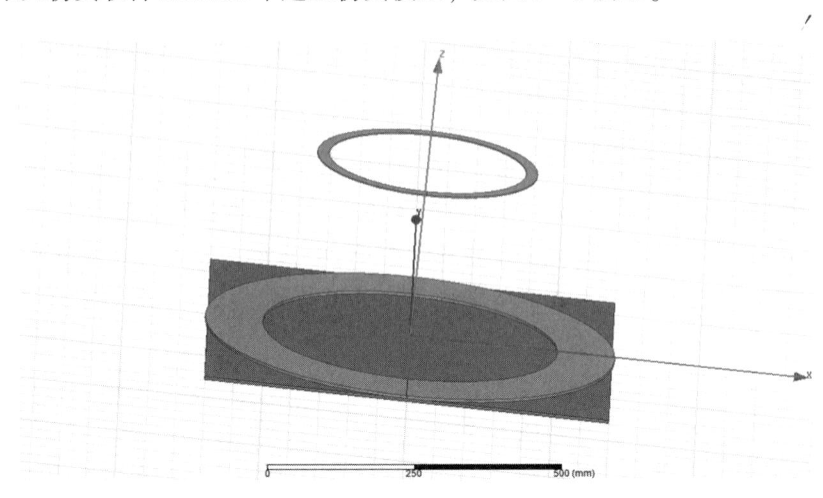

图 5-8 系统采用的磁耦合机构仿真模型

如图 5-9、图 5-10 所示，当线圈外径为 350~400 mm，线宽为 80~120 mm 时，耦合系数具有较高水平。仿真表明，互感随线宽的增大而减小，最终可选取线宽为 100 mm。

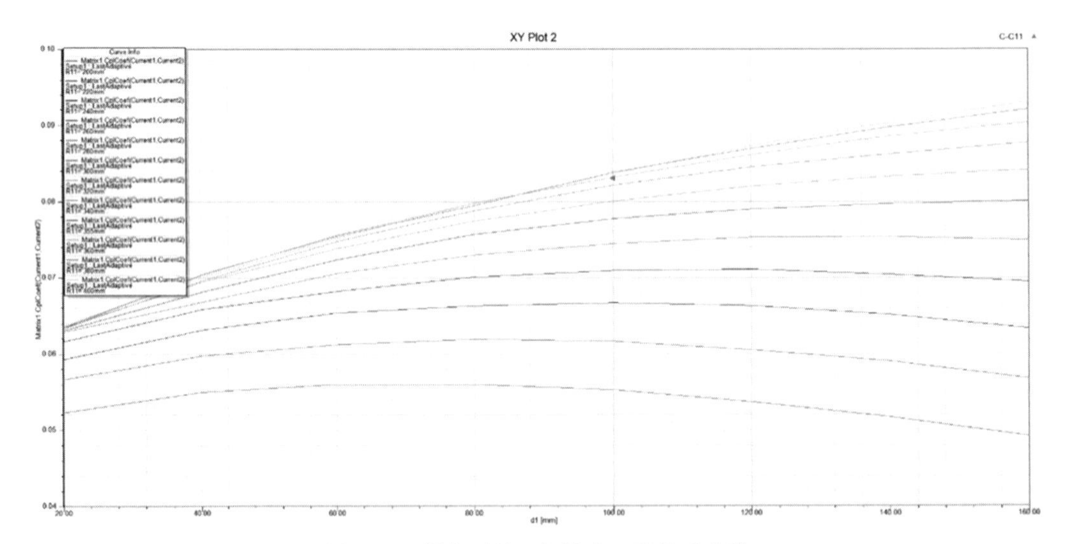

图 5-9 耦合系数 k 与线宽 d 的关系曲线

根据额定输出功率要求（$P_{\text{rating}}=500$ W），由输出功率表达式计算原边线圈的安匝数：

$$P_{\text{out}}=P_{\text{tran}}-P_{\text{loss-s}}=\omega MI_{\text{p}}I_{\text{s}}-\frac{\omega L_{\text{s}}}{Q_{\text{s}}}I_{\text{s}}^{2}\approx\omega M_{0}(N_{\text{p}}I_{\text{p}})(N_{\text{s}}I_{\text{s}})=P_{\text{rating}} \tag{5-1}$$

在忽略补偿电感内阻的情况下，磁耦合机构效率为

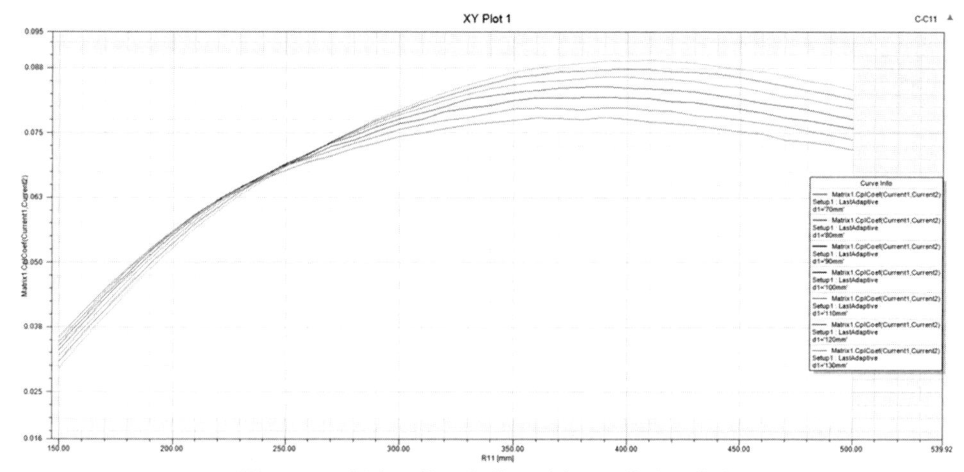

图5-10　耦合系数 k 与线圈外径 R_{11} 的关系曲线

$$
\begin{aligned}
\eta &= \frac{\omega M I_{\mathrm{p}} I_{\mathrm{s}} - \dfrac{\omega L_{\mathrm{s}}}{Q_{\mathrm{s}}} I_{\mathrm{s}}^{2}}{\omega M I_{\mathrm{p}} I_{\mathrm{s}} + \dfrac{\omega L_{\mathrm{p}}}{Q_{\mathrm{p}}} I_{\mathrm{p}}^{2}} = \frac{1 - \dfrac{I_{\mathrm{s}}}{k I_{\mathrm{p}} Q_{\mathrm{s}}}\sqrt{\dfrac{L_{\mathrm{s}}}{L_{\mathrm{p}}}}}{1 + \dfrac{I_{\mathrm{p}}}{k I_{\mathrm{s}} Q_{\mathrm{p}}}\sqrt{\dfrac{L_{\mathrm{p}}}{L_{\mathrm{s}}}}} \\
&= \frac{k Q_{\mathrm{p}} Q_{\mathrm{s}} - Q_{\mathrm{p}} \dfrac{N_{\mathrm{s}} I_{\mathrm{s}}}{N_{\mathrm{p}} I_{\mathrm{p}}}\sqrt{\dfrac{L_{\mathrm{s0}}}{L_{\mathrm{p0}}}}}{k Q_{\mathrm{p}} Q_{\mathrm{s}} + Q_{\mathrm{s}} \dfrac{N_{\mathrm{p}} I_{\mathrm{p}}}{N_{\mathrm{s}} I_{\mathrm{s}}}\sqrt{\dfrac{L_{\mathrm{p0}}}{L_{\mathrm{s0}}}}}
\end{aligned}
\tag{5-2}
$$

等效单匝互感 M_0 与线宽 d 的关系曲线如图5-11所示。

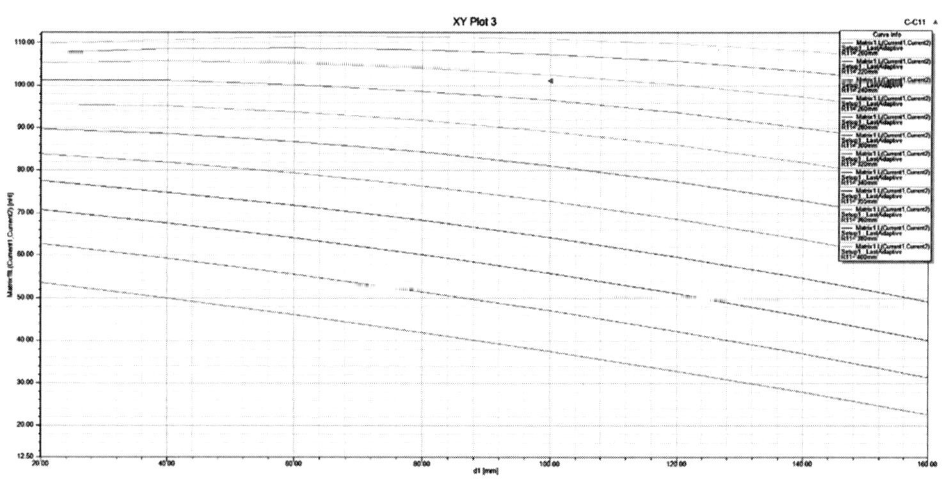

图5-11　等效单匝互感 M_0 与线宽 d 的关系曲线

其中，

$$
Q_{\mathrm{p}} = \frac{L_{\mathrm{p}}}{r_{\mathrm{p}}} \cdot \frac{{N_{\mathrm{p}}}^{2} L_{\mathrm{p0}}}{r_{\mathrm{p}}} \tag{5-3}
$$

$$
Q_{\mathrm{s}} = \frac{L_{\mathrm{s}}}{r_{\mathrm{s}}} \cdot \frac{{N_{\mathrm{s}}}^{2} L_{\mathrm{s0}}}{r_{\mathrm{s}}} \tag{5-4}
$$

设定副边线圈内阻 $r_p \geq 0.02\ \Omega$，对应 $Q_s \leq 905$，则 $Q_s = 600$，符合实际。分别画出 N_p 和 I_p，N_p 和 r_p 的关系曲线，如图 5-12 所示。

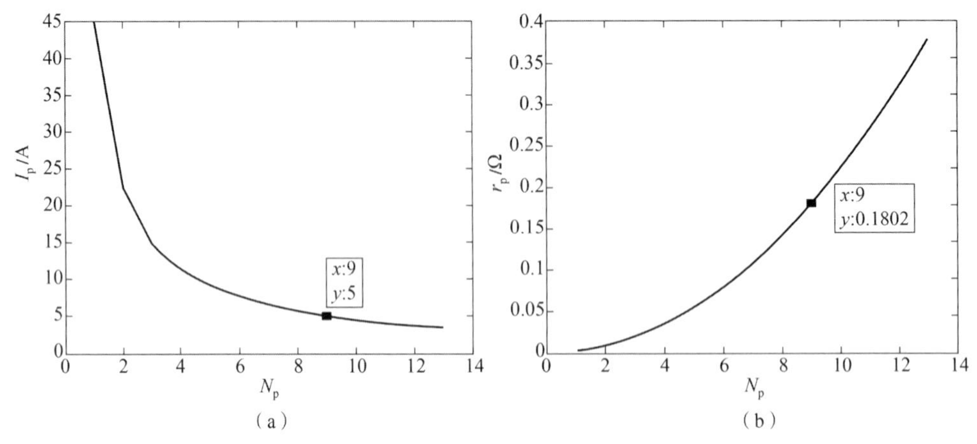

图 5-12 安匝数曲线

(a) 电流与匝数的关系曲线；(b) 内阻与匝数的关系曲线

5.4.1.2 电路仿真

上一小节中通过磁路仿真和理论计算初步得到磁耦合机构的关键参数，本小节搭建系统电路模型，进行电路仿真，目的在于验证和精确给出相关参数取值，相关参数包括自感、互感、耦合系数、输出功率、充电电压、充电电流、逆变器输出电流、原边线圈电流、副边线圈电流、系统效率、耦合机构效率。

根据磁场仿真结果，有以下表达式：

$$
\begin{aligned}
M &= M_0 N_p N_s \\
L_p &= N_p^2 L_{p0} \\
L_s &= N_s^2 L_{s0}
\end{aligned}
\tag{5-5}
$$

系统电路仿真模型如图 5-13 所示。

仿真中用电阻代替电池负载，并根据电池特性设为 1.2 Ω，输入其他参数，得到仿真结果如下。

当直流母线电压为 175 V 时，负载电压为 24.7 V，电流为 20.6 A，输出功率为 507 W，满足功率要求。

逆变器输出电压波形如图 5-14 所示，为 ±175 V 方波。

逆变器输出电流波形如图 5-15 所示。

原边线圈电流波形如图 5-16 所示，有效值为 6.3 A。

副边线圈输出电压波形如图 5-17 所示，为 ±26 V 方波。

副边线圈电流波形如图 5-18 所示，有效值为 23 A。

经计算，系统输入功率为 560 W，输出功率为 507 W，整体效率为 90.5%。

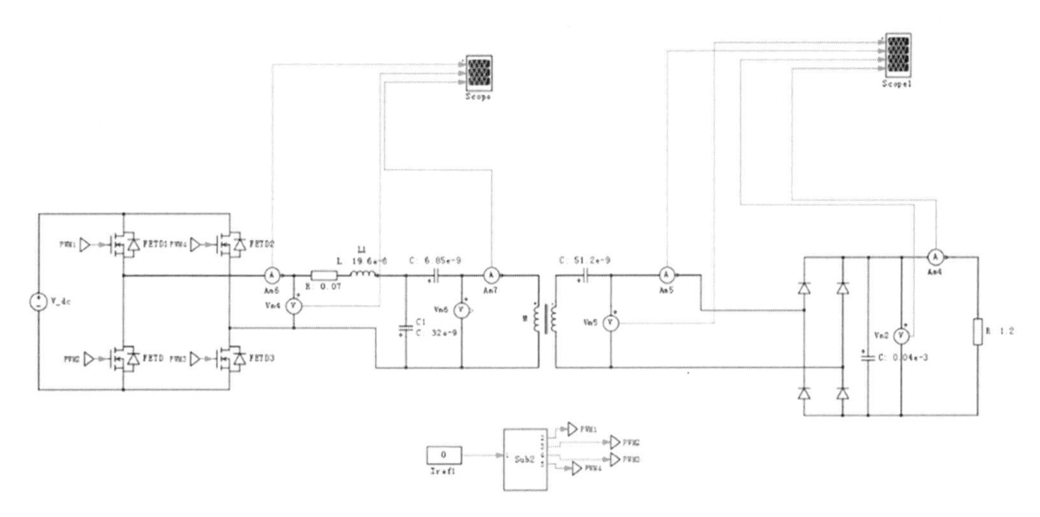

图 5-13　系统电路仿真模型

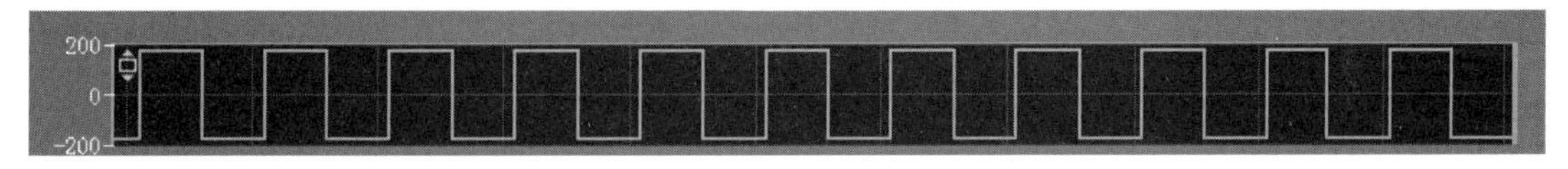

图 5-14　逆变器输出电压波形

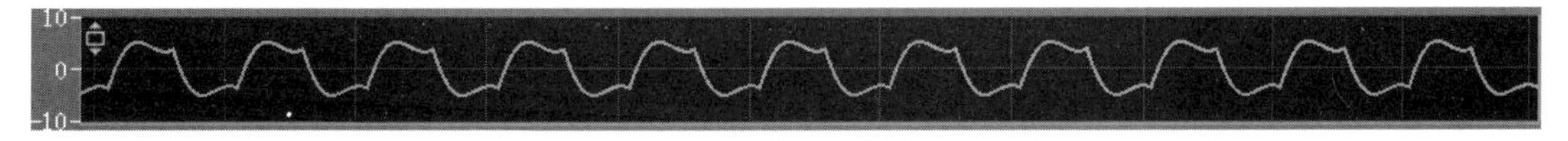

图 5-15　逆变器输出电流波形

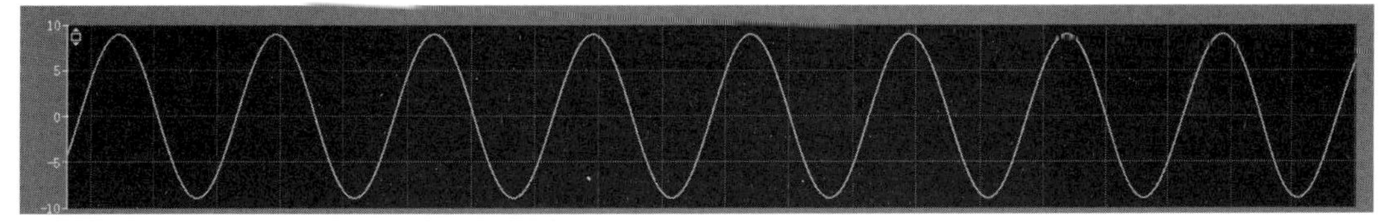

图 5-16　原边线圈输出电流波形

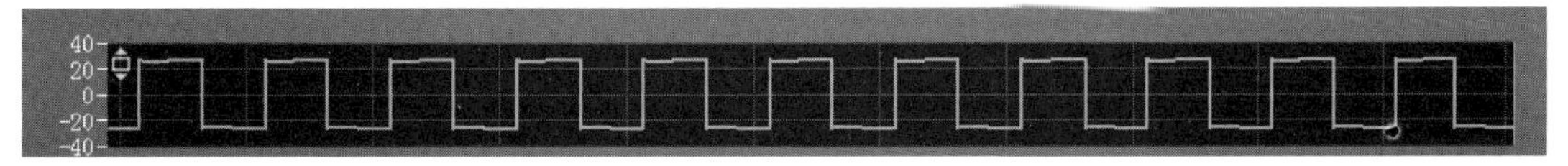

图 5-17　副边线圈输出电压波形

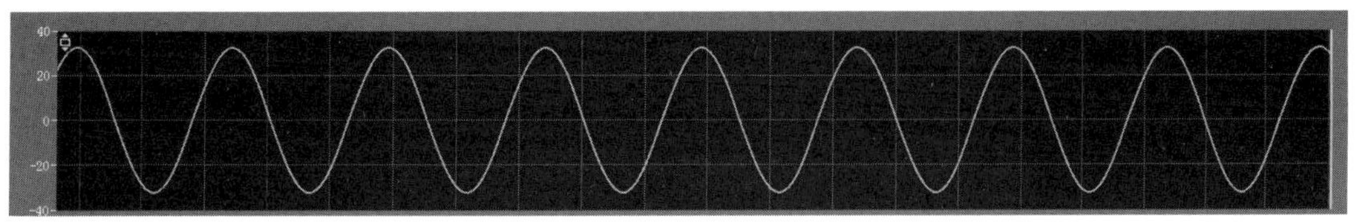

图 5-18　副边线圈电流波形

5.4.1.3 机械结构及热设计

接收端需实现轻量化的目标，PLA 材料的机械性能和物理性能良好，也具有良好的抗拉强度及延展度，并且质量较小，可以采用实验室现有的 3D 打印机打印加工，十分方便，故采用 PLA 材料制作副边线圈的支撑结构。设计接收端时，采用可拆卸的组合，以方便对副边线圈的高度进行调整。

原边由于摆放在地面上，所以对于质量没有要求。ABS 材料十分坚硬，具有抗冲击性强、耐划、尺寸稳定等特性，同时兼具了防潮、耐腐蚀、易加工等特性，故选用 ABS 材料加工原边线圈机械结构。各部分 3D 效果如图 5－19～图 5－21 所示。

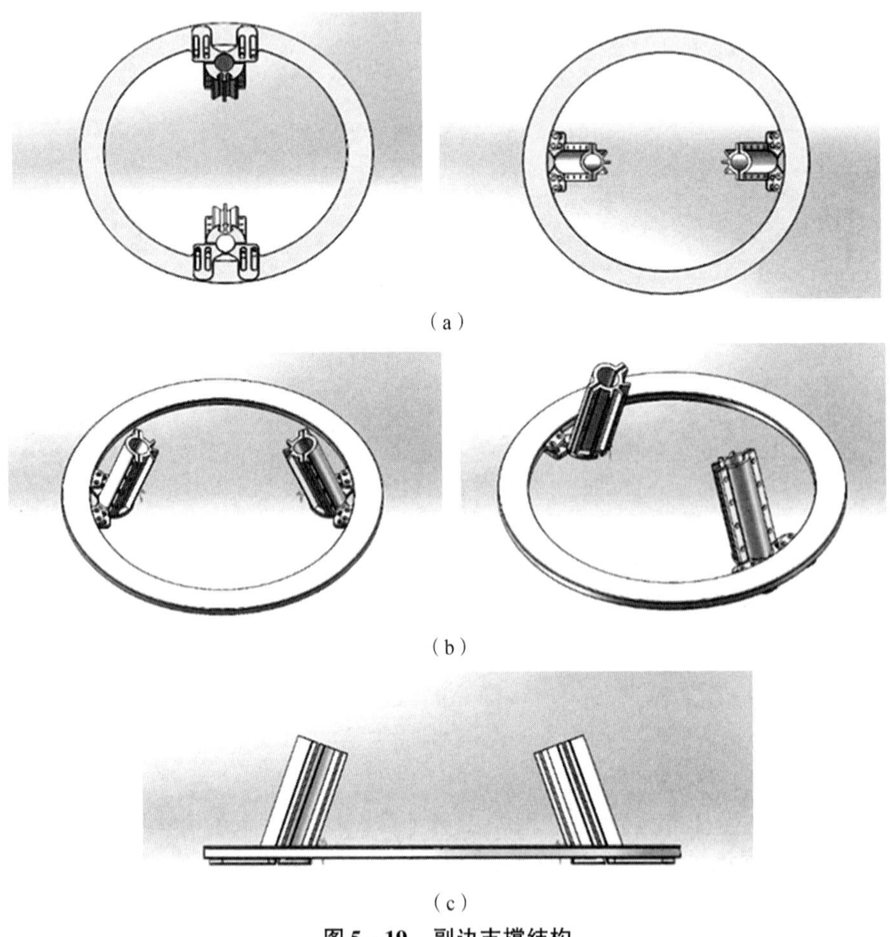

（a）

（b）

（c）

图 5－19　副边支撑结构

（a）俯视图；（b）侧视图；（c）前视图

在技术方案论证初期，已经充分考虑了设备的环境适应性。无人机无线充电系统将长期处于交变的温度场中，高低温交变对磁耦合机构和电路系统的影响主要取决于上、下限温度的持续时间以及变化的速率和次数。通过在地面上对无人机无线充电系统进行温度梯度试验，对其环境适应性进行验证。

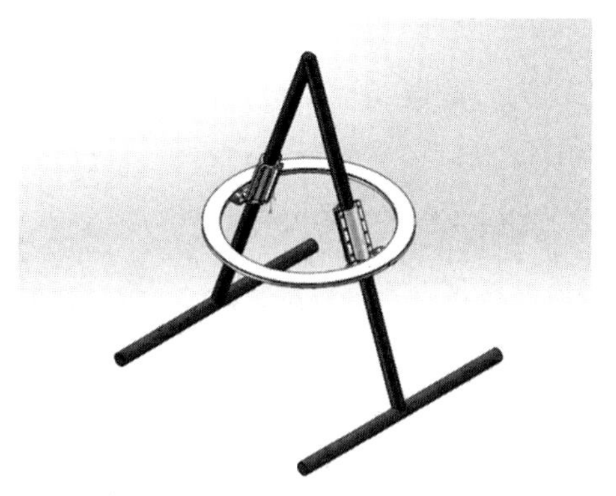

图5－20　无人机无线充电系统磁耦合机构整体效果

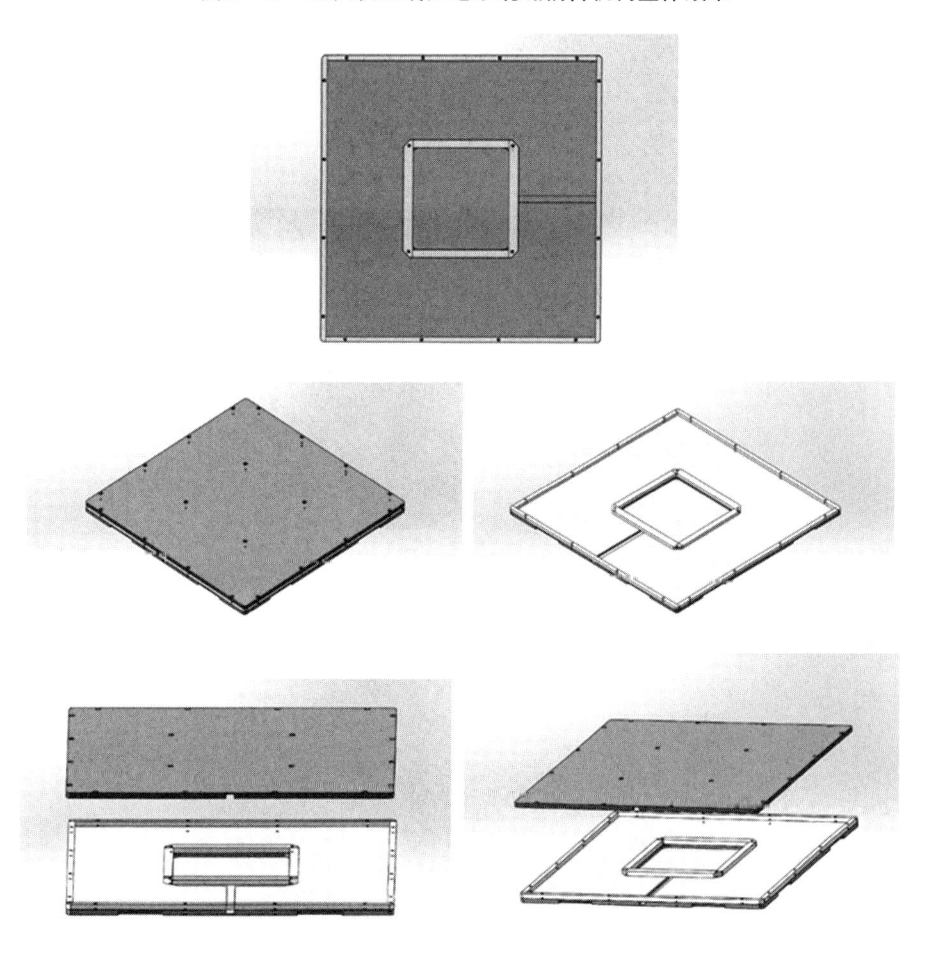

图5－21　原边底盘及盘盖

5.4.1.4　磁耦合机构试验测试

1. 电气参数测试

绕制原、副边线圈时已进行匝间绝缘处理。使原、副边线圈距离 30 cm，中心正对，用 LCR 表分别测试电气参数。

2. 热参数测试

用热成像仪对磁耦合机构进行测温，环境温度约为 27 ℃。系统运行 30 min 的温度分布如图 5－22～图 5－24 所示。

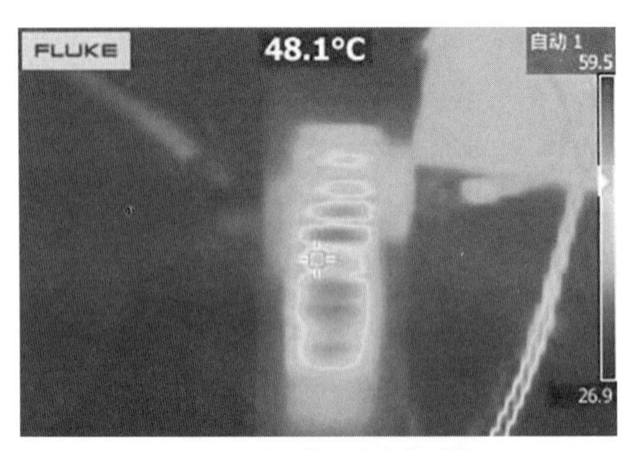

图 5－22 副边谐振电容温度分布

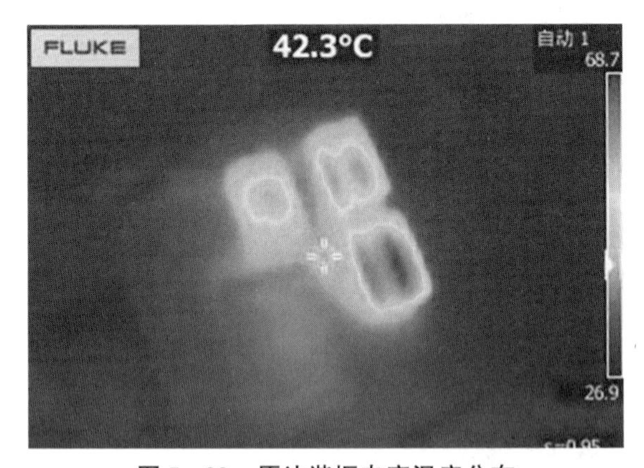

图 5－23 原边谐振电容温度分布

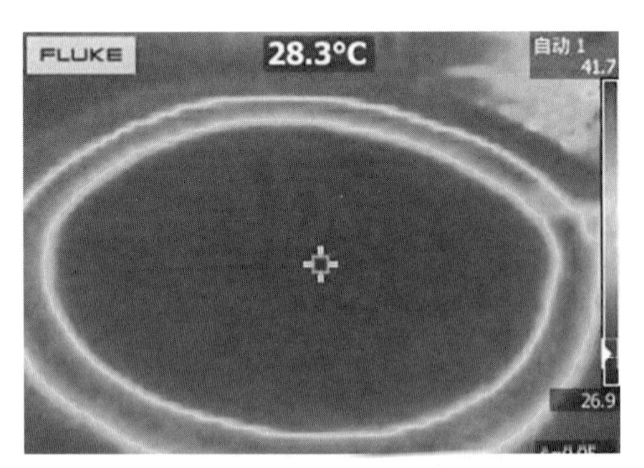

图 5－24 副边线圈温度分布

原边线圈由于电流小、体积大，所以温升始终不明显，如图 5－25 所示。

系统运行 30 min 时各部分温升非常缓慢，原、副边线圈温度不高，原、副边谐振电容温度较高，需选用更合适的电容以提高安全性。

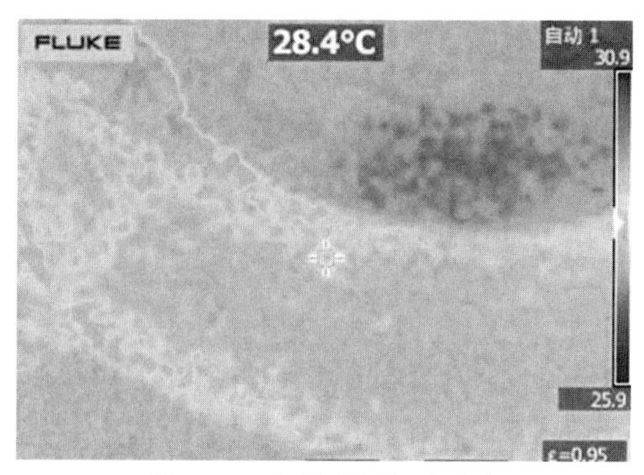

图 5-25　原边线圈温度分布

5.4.2　强抗偏移电路拓扑结构及高功率逆变电源研制

考虑到无人机无线充电系统对灵活性、可靠性以及环境适应性的需求，分析发射拓扑的传输特性和各谐振元件偏移理想值对功率传输效果的影响，研究具有大移动范围的适合中功率、中距离快速无线充电的谐振网络拓扑结构；在此基础上针对系统对高效率的需求以及对小型化（便携化、隐蔽化）的需求，分析无人机无线充电系统的传输功率、传输效率、传输距离、频率的基本规律和综合特性，研究发射端逆变电源的主电路拓扑结构，设计能够实现系统功率及效率要求的小型化逆变装置；针对设备对无人机无线充电系统智能化、自动化的需求，分析不同负载对原边的影响，突破原边控制的负载检测和负载估计技术；针对系统对鲁棒性的要求，分析不同控制策略下电源的动态响应特性，结合模拟电路的高速特性和数字电路的高鲁棒性，实现原边控制策略及数字电路设计方法。

5.4.2.1　主电路拓扑结构设计

LCC-S 补偿拓扑具有恒压输入时恒压输出的特性，与传统低阶补偿拓扑相比，该补偿拓扑具有零输入无功功率的特性，对元器件参数偏差不敏感，可以通过调整补偿电感调节输入/输出增益，并且易于实现软开关，因此在获得恒定电压输出时具有较高效率。因此，本系统采用 LCC-S 补偿拓扑（图 5-26）。

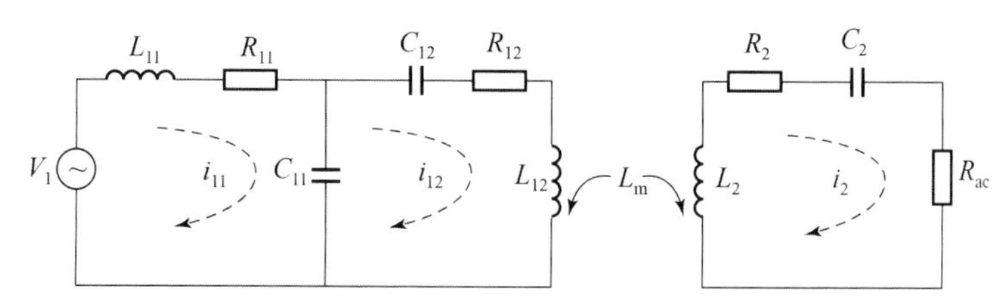

图 5-26　LCC-S 补偿拓扑

设逆变输出由其基波分量 U_s 组成，副边从整流电路的输入端看去，等效成一个等效阻抗 Z_{eq}。系统的工作频率为 20 kHz，在该频率下，L_{01} 与 C_{01} 的串联阻抗等于 L_0 的阻抗，原

边相当于一个 LCC 谐振电路。若副边反映到原边的反映阻抗为纯阻性，那么当满足 $L_0=L_1$，$f=\dfrac{1}{2\pi\sqrt{L_0C_0}}$时可得$|I_1|=\dfrac{U_s}{\omega L_1}$，其中 $\omega=2\pi f$。若 Z_{eq}为纯阻性，且远大于 L_1的内阻，则 Z_{eq}两端的电压 U_L满足：

$$U_L=|j\omega M\dot{I}_1|=kU_s\frac{\sqrt{L_{11}L_2}}{L_1} \tag{5-6}$$

在稳定条件下，该式的各项参数均不发生明显变化，且该式与等效负载 Z_{eq}无关，因此整个拓扑有原边线圈电流恒定、副边负载电压恒定的特点。若等效负载为无穷大，则等效于副边不存在、原边空载，此时原边依旧能正常工作。

由上式可知，在发射线圈电流不变的情况下提高 U_L，或者在 U_L不变的情况下耦合系数 k 或者副边线圈电感 L_2更小。该特点在副边与原边电压比$\dfrac{U_L}{U_s}$较小时更加突出，采用该方法可使电压比$\dfrac{U_L}{U_s}$提高至$\sqrt{\dfrac{L_{11}}{L_1}}$倍。将 L_0等效为 L_{01}与 C_{01}的串联是为了提高谐振电路对高次电流谐波的过滤效果。

副边谐振条件为 $\omega L_2-\dfrac{1}{\omega C_2}=0$，根据实际测量得到副边线圈电感 L_2，进而得到串联补偿电容 $C_2=48\ \text{nF}$。

原边谐振条件为 $\omega L_{11}-\dfrac{1}{\omega C_{11}}=0$，$\omega L_{12}-\dfrac{1}{\omega C_{12}}-\dfrac{1}{\omega C_{11}}=0$，需先确定补偿电感 L_{12}。根据 $V_1\approx j\omega L_{11}i_{12}$以及负载输出功率

$$P_L=|i_2|^2R_{ac}=\frac{(\omega_0^2C_{11}L_m)^2R_{ac}}{(R_2+R_{ac})^2}V_1^2 \tag{5-7}$$

得到补偿电感 L_{12}。

谐振拓扑等效输入阻抗频率特性曲线如图 5－27 所示。

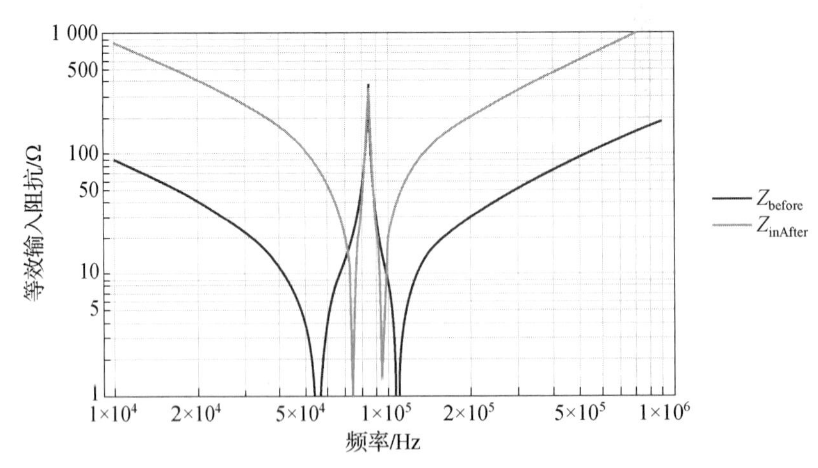

图 5－27 谐振拓扑等效输入阻抗频率特性曲线（附彩插）

为了给逆变器输出电压留出余量，保证输出功率，选取 $V_1=128\ \mathrm{V}$，原边线圈电流 $I_\mathrm{p}=5\ \mathrm{A}$ 时，进一步计算得到 $C_{11}=31.7\ \mathrm{nF}$，$C_{12}=6.9\ \mathrm{nF}$。

5.4.2.2　LCC－S 补偿拓扑试验测试

配置原、副边补偿网络，连接补偿网络，用网络分析仪分别对原、副边线圈扫频，谐振点均为 201 kHz，说明双边配谐良好（图 5－28）。

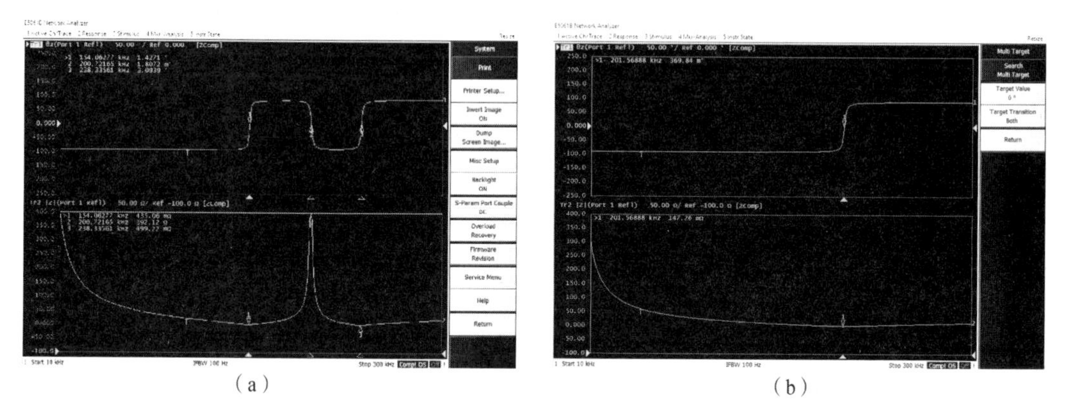

（a）　　　　　　（b）

图 5－28　补偿拓扑谐振点测试

（a）原边；（b）副边

5.4.2.3　逆变器拓扑选择与分析

考虑系统的效率、可靠性以及控制的便捷性，选用全桥逆变器作为逆变结构。全桥逆变器较其他结构具有输出可靠性高、控制灵活的优势。针对其开关损耗高的问题，拟采用目前较为成熟的软开关技术，并利用损耗更低的新型电力电子器件予以解决，进而提高系统的效率。

全桥逆变器的电路拓扑如图 5－29 所示。全桥逆变器电路有 4 个桥臂，可以看成由两个半桥电路组合而成。其工作原理是斜对角的两个开关管为一组且同时导通，两组开关管交替导通半个周期。

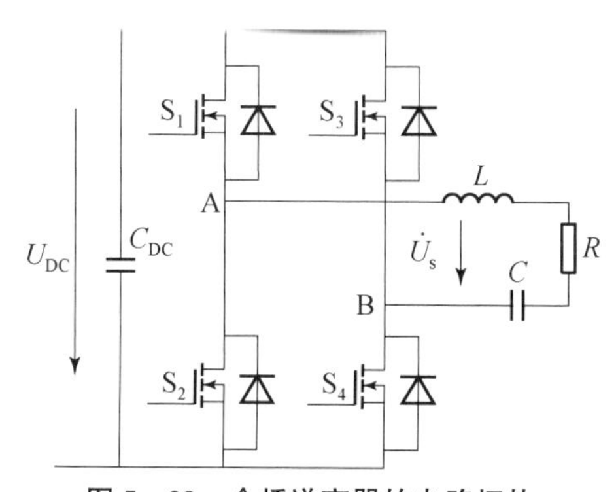

图 5－29　全桥逆变器的电路拓扑

全桥逆变器的优点是结构简单、对称，在不考虑死区的影响下，输出交流的幅值 $U_{s,max}=U_{DC}$，因此，同半桥逆变器相比，当负载相同时，其输出电压和电流的幅值都是半桥逆变器的2倍。全桥逆变器适用于各个功率等级的逆变电路，而且不存在直流侧中点电压平衡的问题，控制方便、灵活。

发射端变换器的具体参数指标如表5－3所示。

表5－3 发射端变换器的具体参数指标

性能	指标
额定功率/kW	1
额定开关频率/kHz	201
输入电压/V	AC220
额定输出电流/A	AC10
效率/%	≥97

由于系统采用原边控制策略，所以需要对原边拓扑结构的电压、电流及相位进行测量，再利用控制器对副边参数进行估计，进而进行充电功率的控制。因此，原边还需要对逆变器及拓扑结构的电压、电流等参数进行检测的模块。逆变器电路PCB如图5－30所示。

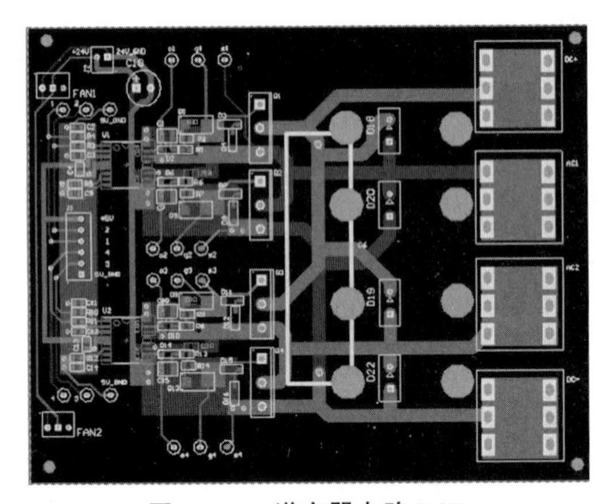

图5－30 逆变器电路PCB

5.4.2.4 功率电路、驱动电路与吸收电路设计

1．功率电路设计

为了使系统在200 kHz工作频率下仍能够保持较高的传输效率，拟采用SiC器件作为逆变器的开关器件。作为第三代宽禁带半导体器件，SiC器件具有高开关频率、低开关损耗、低通态电阻等优点，特别适用于对效率、体积和质量有严格要求的功率变换系统。SiC器件的高开关频率特性也对驱动电路的性能提出了更高要求。拟针对其工作特性，通过深入探究其工作机理，建立能够准确反映自身寄生参数和开关过程的物理模

型，从而更加准确地描述其开关过渡过程的工作特性，进而为相应的驱动电路设计提供理论支撑，实现高性能驱动控制，在确保其安全、快速开关的同时，避免驱动电路输出特性与功率器件开关特性不一致造成的额外开关损耗以及潜在的不安全问题。

对于功率器件选择问题，目前常用的全控型开关器件主要有IGBT、MOSFET两大类。根据系统工作频率（200 kHz）以及功率传输等级（500 W）的要求，选用MOSFET作为主开关器件。具体选择MOSFET型号时，可按照以下步骤确定：首先，确定开关管的耐压、耐流值，系统最高输入电压约为310 V，最大输入电流约为3 A，考虑上电冲击以及器件温升，选取开关管时应保留充分余量；其次，关心开关器件的导通电阻，导通电阻直接影响开关管的散热、效率，在其他指标合适的情况下，尽量选用导通电阻较小的开关管；最后，根据系统工作频率的要求考察开关管的上升时间、开通延迟时间、下降时间、关断延时时间等参数，以确保系统在工作时能够导通、关断顺畅，使开关管工作时开关损耗较低。最终确定的MOSFET参数如表5-4所示。

表5-4　MOSFET参数

具体参数	数值
漏源极耐压 V_{DS}/V	650
漏极电流最大值 I_D/A	77.5
导通电阻 $R_{DS(ON),Max}$/Ω	0.041
体二极管 $\frac{di}{dt}$/μs	300
上升时间 t_r/ns	10
下降时间 t_f/ns	7
栅极电荷 Q_g/nC	290

2. 驱动电路设计

简单来说，驱动电路是对PWM控制信号进行功率放大，使之能够有效地驱动开关管完成开关动作。驱动电路的输出会直接影响开关管的开关损耗、开关时间等，因此驱动信号的质量对开关管的工作状态、运行效率有重要影响。

所选芯片为隔离式双通道栅极驱动器，具有4 A源和6 A吸收峰值电流，驱动频率最高可达5 MHz。输入侧通过5.7 kV增强型隔离栅与两个输出驱动器隔离。两个高端驱动器为具有可编程死区时间（DT）的半桥驱动器，并且具有硬件死区功能，引脚在设置均为高电平时同时关闭两个输出。每个器件均可接受高达25 V的V_{DD}电源电压。宽输入V_{CCI}范围为3～18 V，使驱动器适合与模拟和数字控制器连接。仅需一路供电电源，高压端的浮地电源采用自举电容实现。该芯片延时最长为40ns，满足速度需求。

3. 吸收电路设计

硬件电路在设计时会因为走线、布局等因素，不可避免地产生寄生电感、寄生电容等分布参数。MOSFET 开关频率高、切换速度高，受体二极管和杂散参数的影响，在开通与关断的瞬间，会产生较大的电压冲击。为了避免较大的电压尖峰击穿开关管，必须选用合适的吸收电路。常用的吸收电路有充放电型 RCD 电路和放电阻止型 RCD 电路两种，如图 5－31 所示。

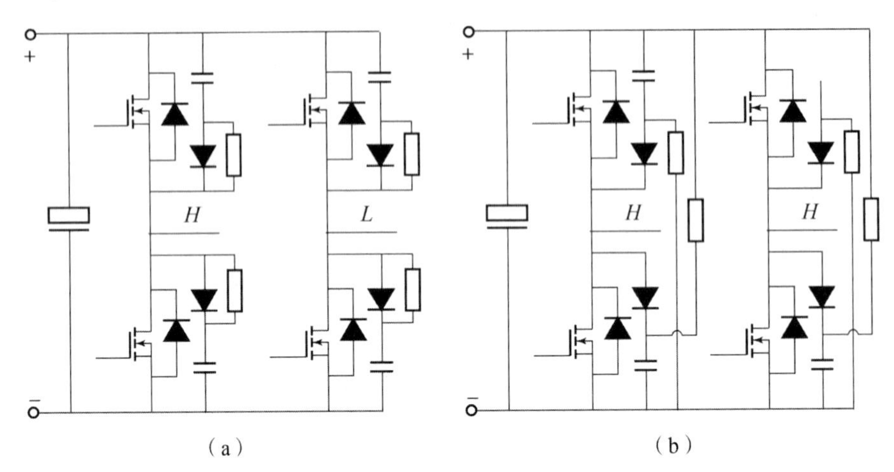

图 5－31 两种吸收电路

(a) 充放电型 RCD 电路；(b) 放电阻止型 RCD 电路

通过试验对比具体两种电路的优劣，在设计 PCB 时，预留两种电路接口。与放电阻止型 RCD 电路相比，充放电型 RCD 电路对 200 kHz 工作频率下开关尖峰的吸收效果更好且电路吸收损耗也较低，因此系统拟选用充放电型 RCD 电路，其中 C_s 选用 CBB 电容，电阻选择了 50 Ω，20 W 铝壳电阻。

5.4.2.5 控制电路、信号处理电路与保护电路设计

1. 控制电路、信号处理电路设计

控制电路、信号处理电路设计详见本书 2.2.3 节，这里不再赘述。

STM 最小系统及电源仿真电路如图 5－32 所示。

2. 保护电路设计

传感器检测与变换电路输出的信号一方面提供给 STM32 的 ADC 采样，另一方面为故障检测电路提供信号。系统的主要故障类型有母线过压、欠压故障，MOSFET 过流（短路）故障。其中母线过压、欠压故障检测是通过传感器检测母线电压信息，并在软件中判断当前状态实现的。除此之外，充电电压、电流信息由负载侧检测并传送至初级侧主控器，通过软件判断是否过压、过流等。一旦发生 MOSFET 过流（短路）故障，往往需要及时处理，因此需要通过硬件电路快速动作以保护系统不受破坏。

带自锁功能的过流保护电路如图 5－33 所示，传感器输出信号与高速比较器比较，当超过报警阈值时，输出上升脉冲，RS 触发器动作，并将信号锁存，经与非门驱动小型继

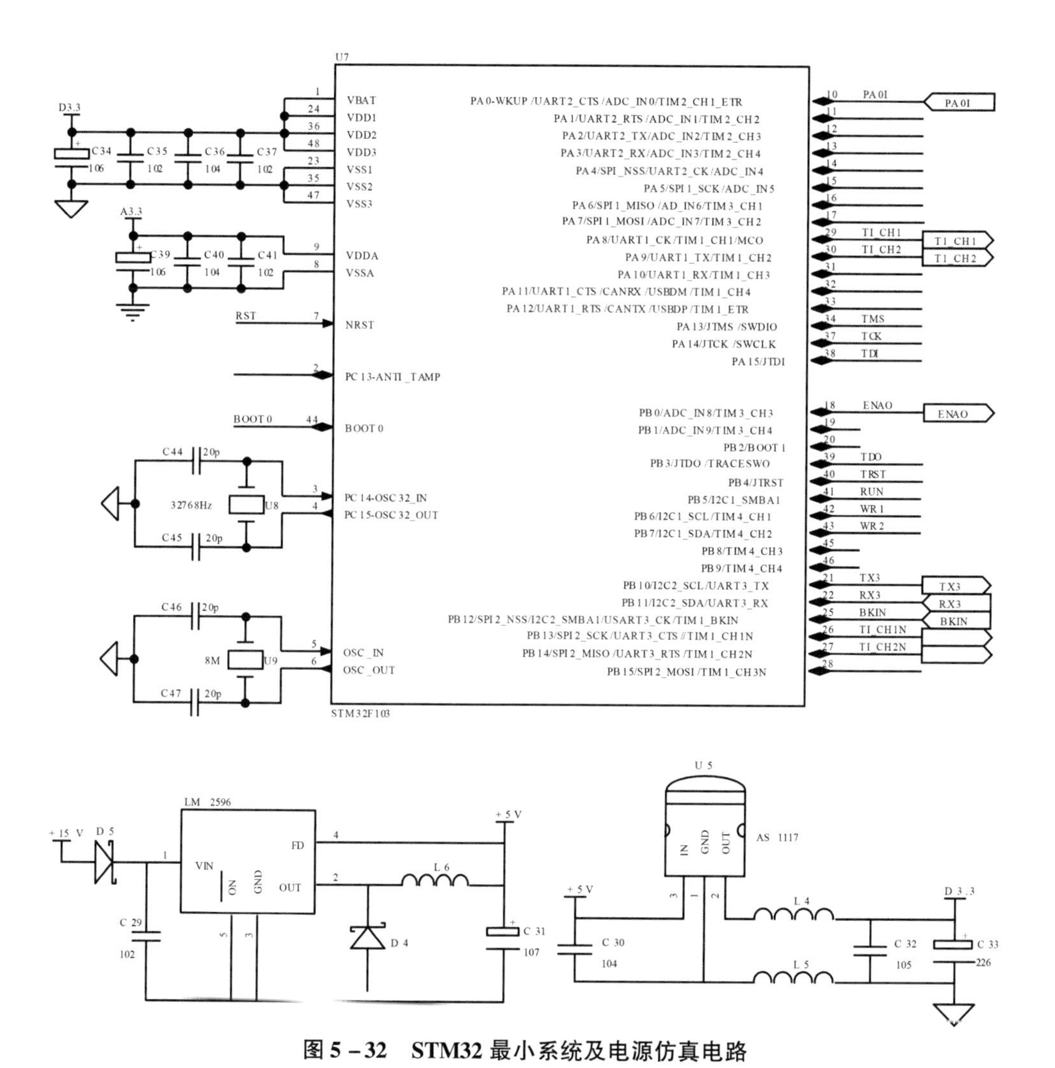

图 5-32　STM32 最小系统及电源仿真电路

电器，通过继电器控制固态继电器（SSR）动作，切断母线电源，从而保护开关管。当查明故障清除后，经控制器复位后，电路才能正常工作。

5.4.2.6　逆变器控制策略及仿真验证

无人机无线充电系统的逆变器控制方式拟采用移相控制方式。图 5-34 所示为移相式驱动信号波形，可以看出随着相角 α 增大，在一个有效周期内开关管导通的时间相应缩短，等效的输出信号的占空比也相应减小，使负载接收的功率降低，反之亦然。分析仿真结果，改变相角 α 可以有效地改变输出电压基波的电压有效值，进而改变系统的传输功率与效率。

全桥移相式电路拓扑结构具有以下优点：固有软开关特点，使可控器件的开关损耗下降，同时兼顾变频调压的功能。移相式控制方式在具体执行时是通过控制 PWM 信号的导通时间、插入延时时间来完成的。

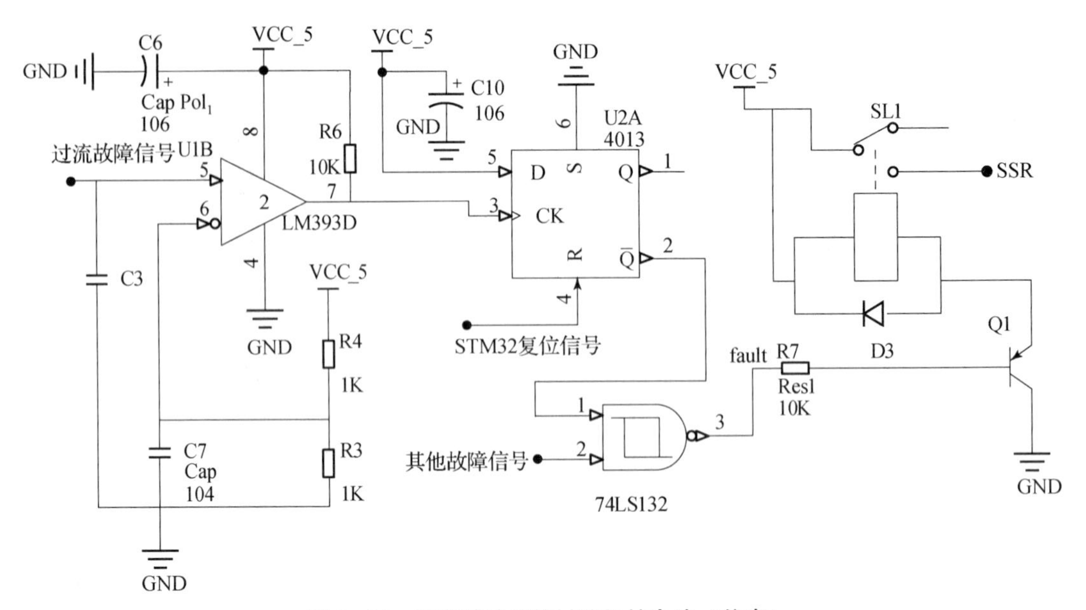

图 5-33 带自锁功能的过流保护电路（仿真）

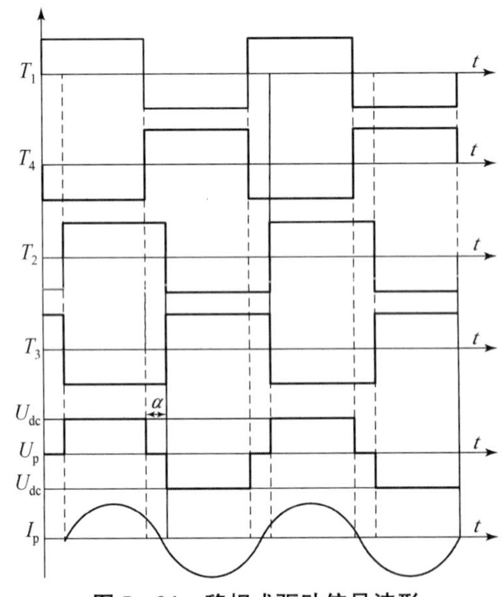

图 5-34 移相式驱动信号波形

系统控制参数设计决定系统的稳定性与控制性能，将系统电路拓扑在 Simulink、Candence SPB 中进行联合仿真，以确定系统最佳控制参数，如图 5-35 所示。在控制电路中，次级侧控制器将电池充电的电流、电压信息传递给初级侧主控制器，主控器依据此信息进行调整，实现相关控制效果。为了在当前系统不额外增加硬件的基础上达到较好的控制效果，在主控制程序设计时引入数字 PI 控制算法。数字 PI 控制算法具有原理简单、鲁棒性强、参数整定与设计方法完备、可靠性强的优点，在工业控制中用途广泛。

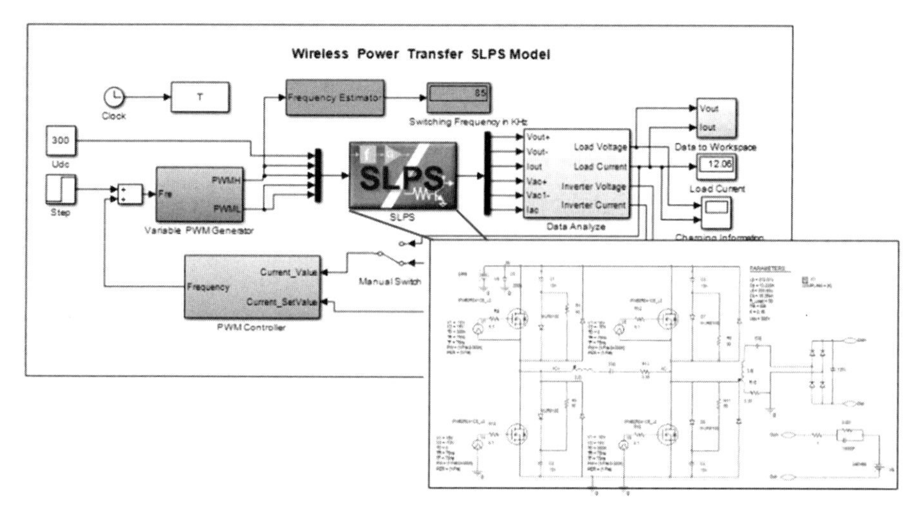

图 5-35　联合仿真示意

仿真结果最终体现在控制器参数的整定上，在进行 PI 控制参数设置时，采用“试凑”的方法来确定控制参数的取值。“P”是控制器的主要部分，“P”部分的取值过大会使系统的调整幅度过大而带来系统的振荡，反之会使系统的调整幅度过小，调整时间变得很长；“I”部分的主要作用在于减小系统最后的稳态误差。根据“P”“I”部分参数的取值不同，仿真结果如图 5-36、图 5-37 所示。

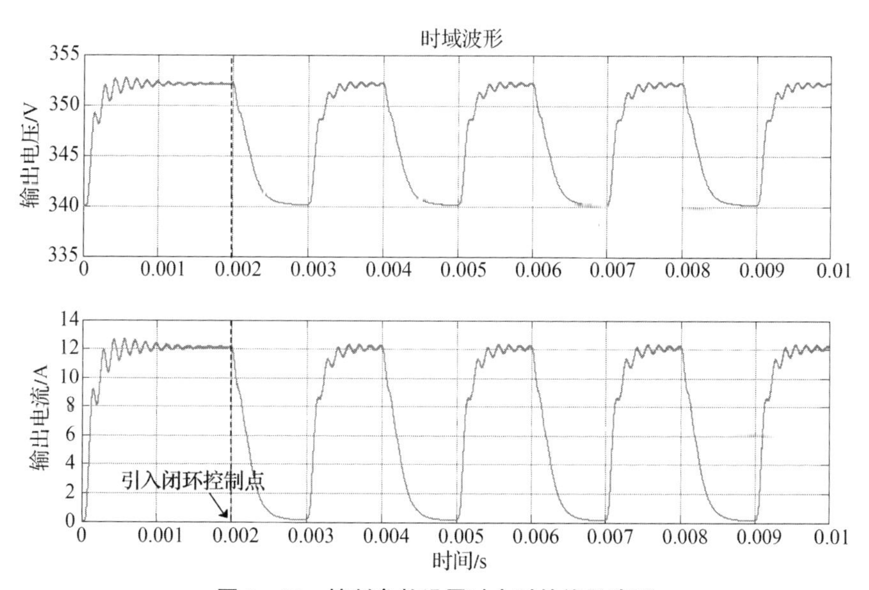

图 5-36　控制参数设置过大时的信号波形

在选取控制参数时应尽量控制超调量以维持系统平稳调整的过程，最终“P”“I”部分参数分别取值 3 和 1，仿真结果如图 5-38 所示，从中可以看出系统在启动闭环控制之前电流维持在 12 A 左右，而突然电流设定值为 10 A 时，系统开始调整，经过 5 次调整，电流最终稳定在 10 A。需要说明的是，数字 PI 控制算法是在连续 PID 控制器的输入端加入采样保持模块来实现的，采样时间等效了真实的初、次级周期信息交互时间。

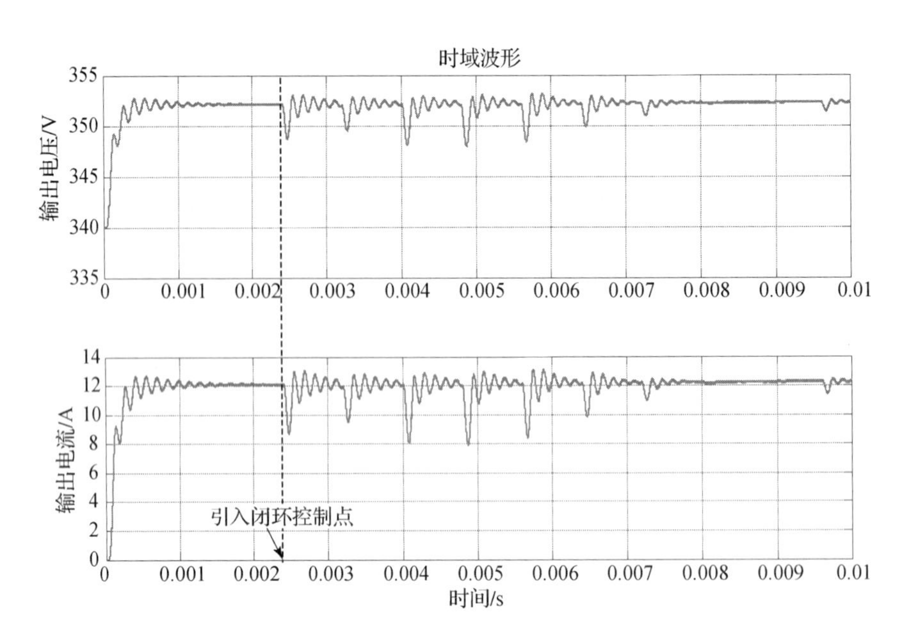

图 5-37 控制参数设置过小时的信号波形

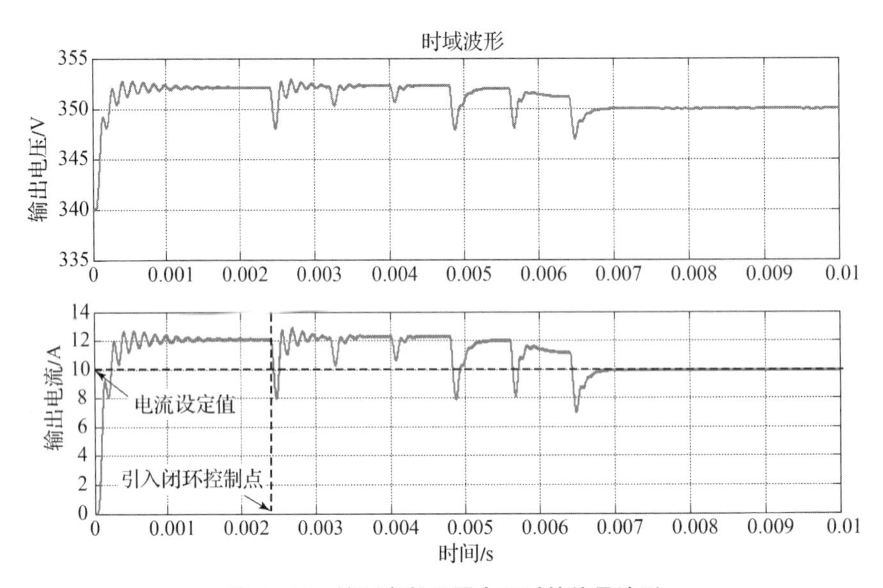

图 5-38 控制参数设置合理时的信号波形

5.4.2.7 逆变器机械结构及热设计

在系统设计初期，就已经对系统的可靠性进行了分析和设计。通过可靠性设计，比较不同方案的可靠性水平，为最优方案的选择及优化提供依据。在可靠性设计中，发现影响系统可靠性的主要因素，找出薄弱环节，采取相应的设计措施，提高系统的可靠性。

电路的 PCB 设计考虑振动和冲击对模块的影响，各模块的机械结构均采用抗振动、抗冲击的设计，并注意结构的隔热、散热效果，同时在研制过程中充分考虑“三防”设计；

各电路模块生产以后，对 PCB 进行“三防”处理，在出厂前进行长时间的功能测试与拷机、温度试验等可靠性试验，以保证交付设备的可靠性。

完成发射端散热器及风扇的安装，搭建高频逆变电源试验平台，利用红外热成像仪测量发射端各部分的温度变化，如图5-39所示。测量结果表明，逆变器中除了直流母线接线端温度为60 ℃外，其他地方的温度均低于30 ℃。逆变器热稳定性能良好，长时间工作（30 min）时具有一定的可靠性。

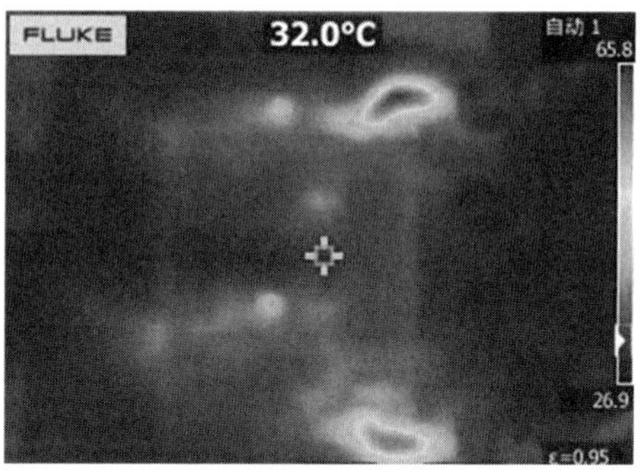

图5-39 长时间工作温度变化趋势

5.4.2.8 发射端变换器试验测试及优化设计

1. 发射端变换器试验测试

对发射端变换器的输出电压以及驱动信号等进行测试，如图5-40所示。

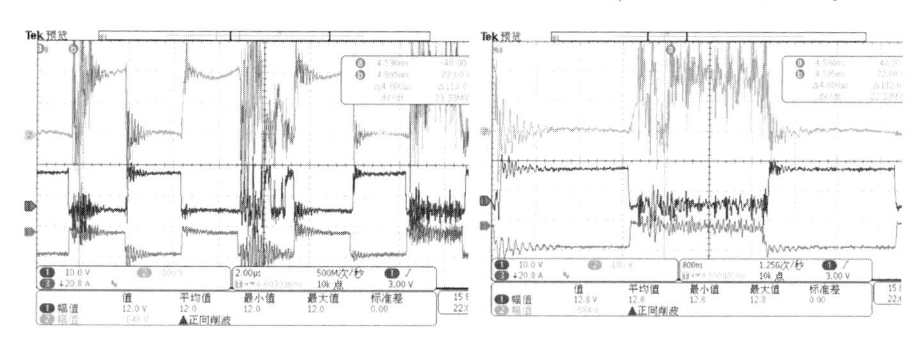

图5-40 发射端变换器的输出电压以及驱动信号测试示意

通道①为 GS 两端驱动信号，通道②为管子两端电压，通道③为信号发生器输出驱动信号。通过分析是否驱动信号受干扰导致后面的信号噪声很大，重新布局驱动信号线之后波动现象解决，可以保证系统在500 W以上功率正常运行。

正常情况下负压二极管和电容的信号波形可测得为图5-41中通道②所示波形，存在充电和放电过程，说明负压部分工作正常。

重新布局驱动信号线后，测得高频逆变电源驱动波形如图5-42所示，波形为上下桥臂驱动波形，可见驱动波形满足基本要求，只不过在开通和关断时会产生一定幅度的尖峰，这是由于电路中存在杂散电感，在换流过程中 di/dt 较大，引起了电压尖峰。本电源的输出接有 LC 谐振环节，该环节具有滤波作用，故空载波形的尖峰并不会对后面的电路产生影响。

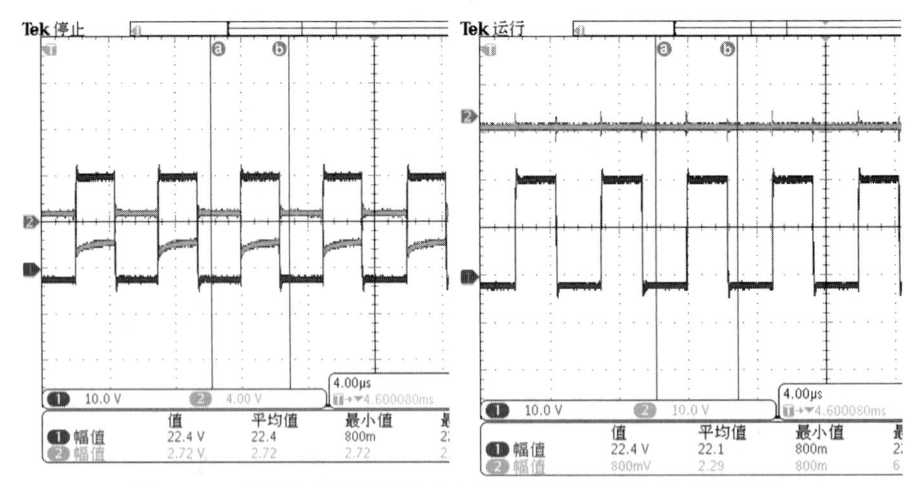

图 5 - 41　发射端变换器的输出电压以及驱动信号（正常情况下）

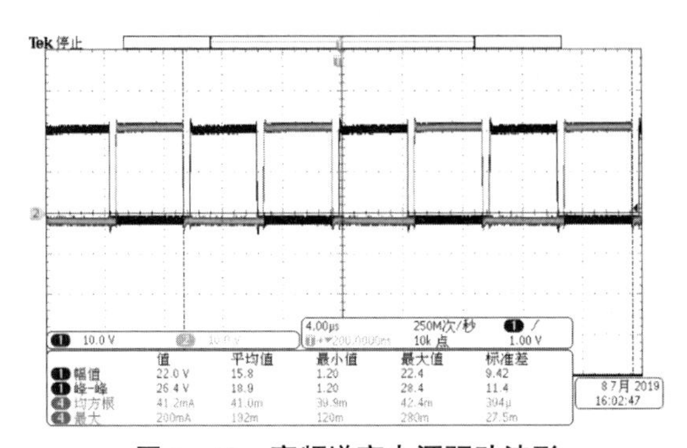

图 5 - 42　高频逆变电源驱动波形

在弱感性电阻负载的条件下，测得逆变器输入/输出 1 kW 功率时的效率为 96.45%，如图 5 - 43 所示，试验条件下最高效率可达 97%。

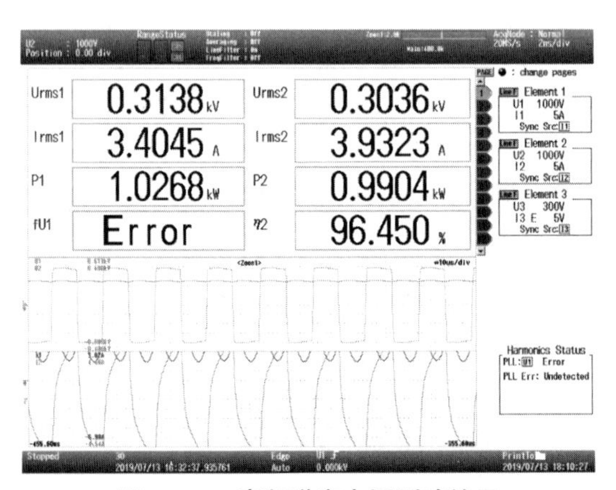

图 5 - 43　高频逆变电源测试结果

接无人机无线充电系统进行试验，电子负载阻值设为 1.2 Ω，可稳定输出 500～800 W 功率，能满足无人机无线充电系统的功率要求（图 5 - 44）。

图 5 - 44　电子负载测试结果

2. 逆变器输出电流优化

串入 L_s 和 C_s 可滤除高次谐波，如图 5 - 45 所示。让 C_s 和 L_s 谐振，根据负载阻抗大小，设计合适带宽的滤波器即可。

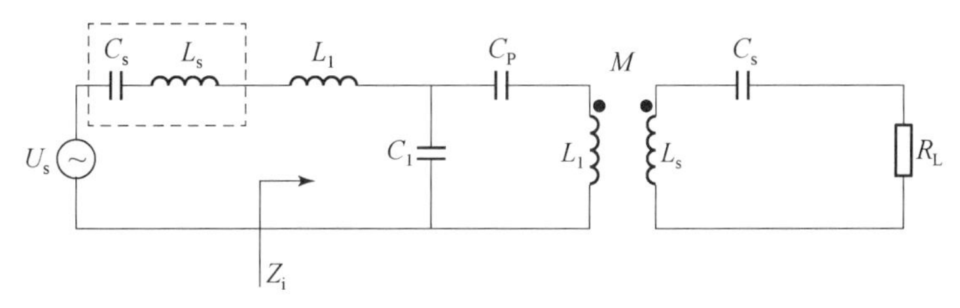

图 5 - 45　逆变器输出电流优化方法

等效滤波器如图 5 - 46 所示。

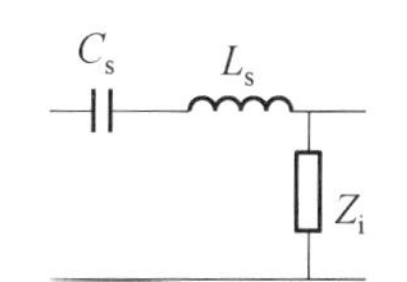

图 5 - 46　等效滤波器

其中

$$Z_i = \frac{\omega_0^2 L_{f1}^2}{R_{eq}} = \frac{\omega_0^2 L_{f1}^2}{\omega_0^2 M^2 / R_L} = \frac{L_{f1}^2}{M^2} R_L \tag{5-8}$$

充电时电池电压范围为 22.2 ~ 25.2 V，利用充电功率 500 W 计算得等效电阻的范围为 0.99 ~ 1.27 Ω。代入系统电路参数，系统谐振时得 Z_i 的范围为 38.775 ~ 49.962 Ω。

系统的传递函数为

$$H(s) = \frac{Z_i C_s \cdot s}{L_s C_s \cdot s^2 + Z_i C_s \cdot s + 1} \tag{5-9}$$

代入系统的 L_s，C_s 参数即可画出其波特图。

由串联谐振电路的特性可知，系统的带宽与系统的 Q 值有关。

$$Q = \frac{\omega_0 L_s}{Z_i},\ \Delta f = \frac{1}{Q} f_0 \tag{5-10}$$

其包括了三次谐波 $f_3 = 600$ kHz 和五次谐波 $f_5 = 1\ 000$ kHz 的范围，不能起到滤波的效果。此时系统的波特图如图 5 - 47 所示（用频率和幅度表示，下同）。

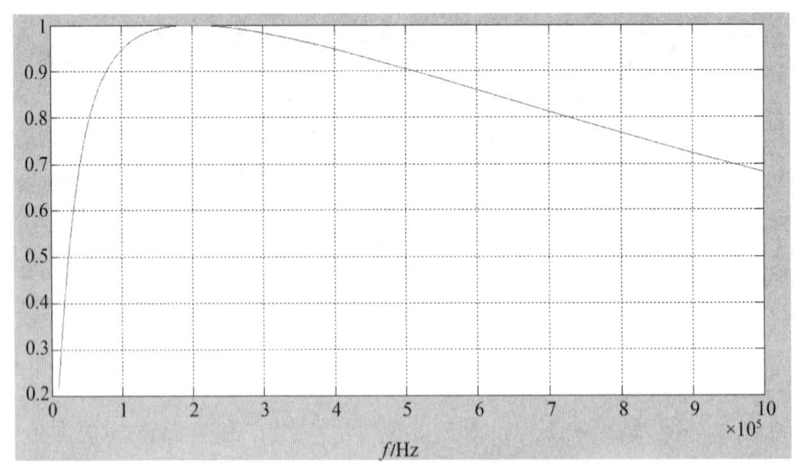

图 5-47 接入电感前系统的波特图

系统带宽频率范围为 100～400 kHz。可以滤除三次谐波 f_3 = 600 kHz 和五次谐波 f_5 = 1 000 kHz。系统的频率响应如图 5-48 所示。

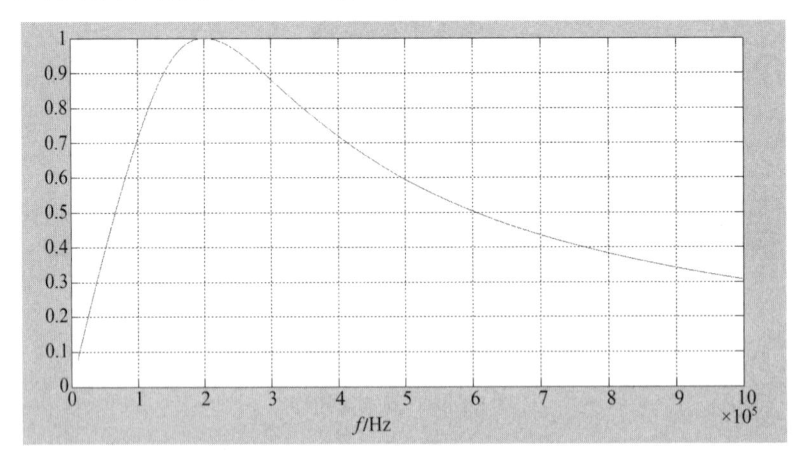

图 5-48 接入电感后系统的波特图

选取该参数对系统进行仿真，将接入电感前、后逆变器输出电流波形进行对比，如图 5-49、图 5-50 所示。

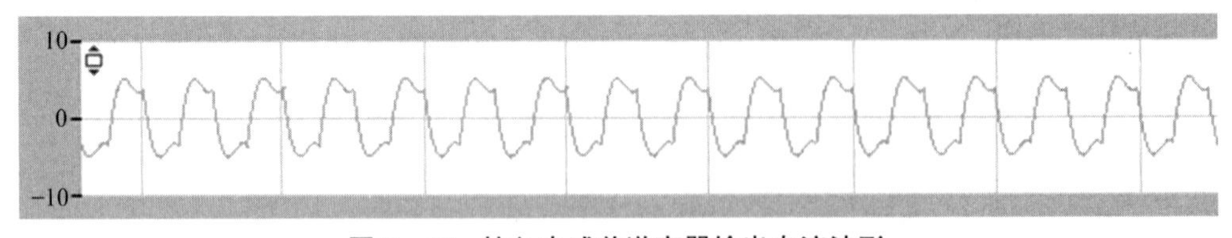

图 5-49 接入电感前逆变器输出电流波形

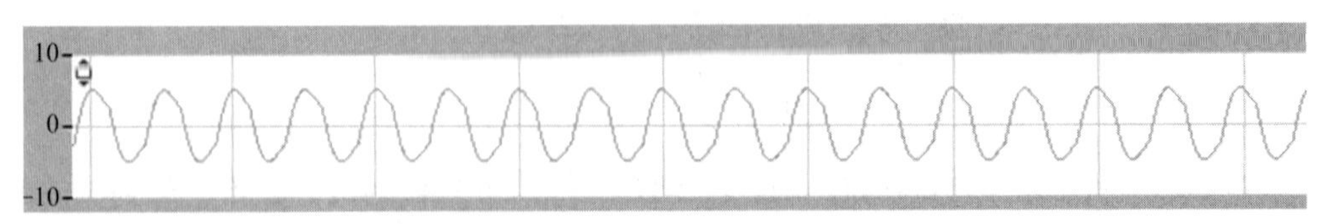

图 5-50 接入电感后逆变器输出电流波形

可见，该参数可非常可观地改善逆变器输出电流波形，有助于提高逆变器效率。

综上，串入的电感越大效果越好，但也需要考虑电容的耐压。结合实验室条件可确定切实可行的参数。

5.5　无人机无线充电系统样机研制

5.5.1　无人机无线充电系统试验平台搭建

将前述高效率磁耦合机构、强抗偏移电路拓扑结构、大功率逆变电源、接收端能量接收变换器及软件辅助设计完成后，搭建无人机无线充电系统试验平台，如图 5－51 所示。

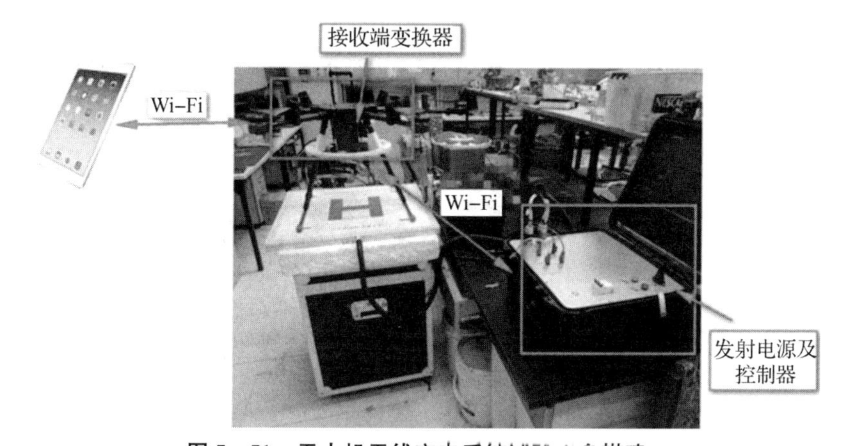

图 5－51　无人机无线充电系统试验平台搭建

系统结构如下：发射端功率变换装置，包括逆变器、原边补偿拓扑、发射线圈；接收端功率变换装置，包括接收线圈、整流器、无人机电池负载；原副边通信和上位机 PAD 通信等控制关系。接收端功率变换装置中的 Wi－Fi 模块作为 Wi－Fi 信号发送模块，原边控制器和 PAD 作为 Wi－Fi 信号接收模块。原边控制器接收副边的电压、电流信息用于闭环控制。

5.5.2　接线方法

无人机无线充电系统试验平台发射端面板如图 5－52 所示，面板左下角有逆变器输出电压和电流测量端口，电流端口为红色端口，若不接入功率分析仪，则需用导线将此端口短接，若要接入功率分析仪，则将功率分析仪电流端口串联至该端口即可。电压端口测的是逆变器输出电压，不接功率分析仪时可放置不用，接功率分析仪时并入功率分析仪电压端口即可。

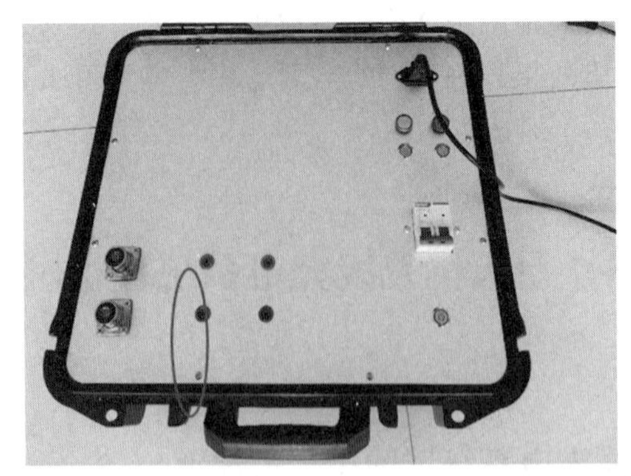

图 5-52 无人机无线充电系统试验平台发射端面板

无人机无线充电系统试验平台接收端如图 5-53 所示。无人机铝盒的前盖右下方孔为电池输出线，若电池电压低于 24 V，则可将电池接线头公母相接（中间孔出来的线为连接线），一头与无人机最上部的电动机引线相连，一头与电池相连。

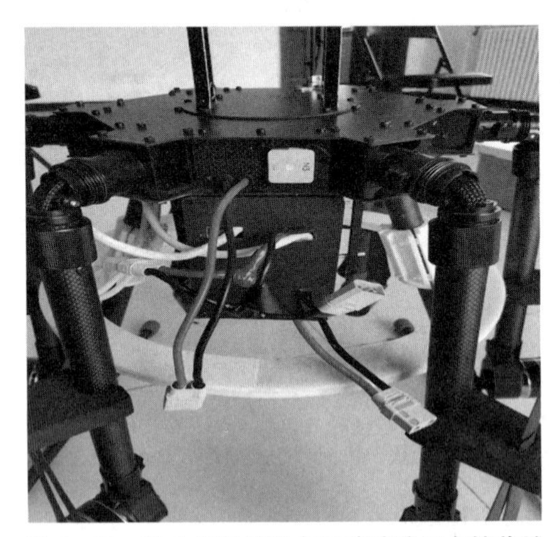

图 5-53 无人机无线充电系统试验平台接收端

5.6 性能验证

5.6.1 充电方式测试

5.6.1.1 测试要求

无人机无线充电系统充电方式示意如图 5-54 所示。

(1) 无人机能携带接收天线和接收转换装置等升空飞行。

(2) 无人机能自主停在试验平台上，启动无线充电系统能开始充电。

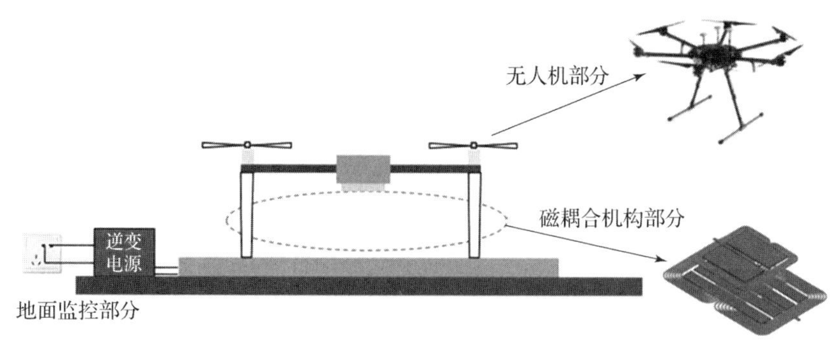

图5-54　无人机无线充电系统充电方式示意

5.6.1.2　测试工具

无人机、遥控器、计算机。

5.6.1.3　测试方法

首先通过遥控器启动无人机，无人机携带接收天线和接收转换装置等升空飞行，通过遥控操作使无人机停在试验平台上，然后启动地面发射装置，通过计算机监测软件读取充电信息，如发射端电流等。

5.6.1.4　测试结果

无人机悬停无线充电测试如图5-55所示，无线充电方式测试结果如图5-56所示。

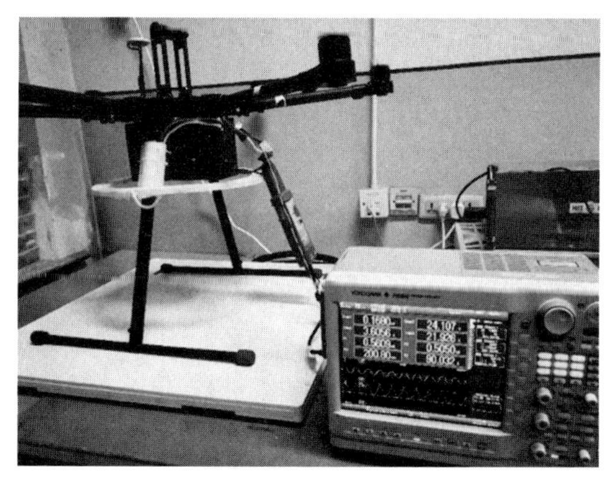

图5-55　无人机悬停无线充电测试

5.6.1.5　测试结论

无人机能携带接收天线和接收转换装置等升空飞行，无人机能自主停在试验平台上，启动无线充电系统后能开始充电（图5-56）。

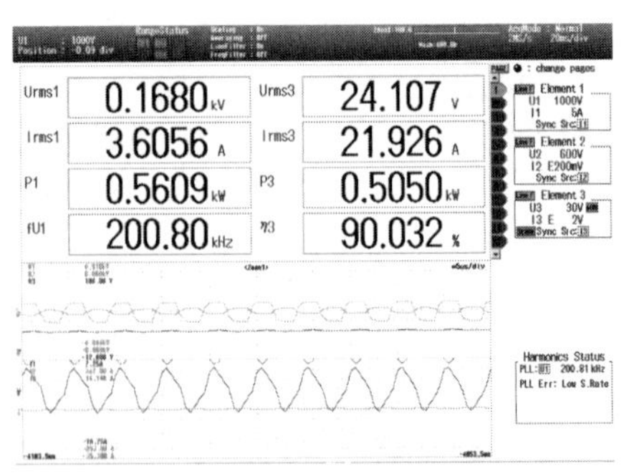

图 5－56　无线充电方式测试结果

5.6.2　功率及效率测试

5.6.2.1　测试要求

（1）接收端输出功率不低于 500 W。

（2）发射端输出到接收端转化装置的输出效率不低于 90%。

（3）接收端电压、电流自适应变化可代替无人机充电器。

5.6.2.2　功率及效率指标测试说明

图 5－57 所示为无人机无线充电系功率及效率统测试方案框图。其中，发射端电能变换效率为测量仪器 1、2 之间的效率，接收端电能变换效率为测量仪器 3、4 之间的效率，电磁传输部件效率为测量仪器 2、3 之间的效率。无人机无线充电系统发射端输出到接收端转化装置的输出效率为测量仪器 2、4 之间的效率。接收端输出功率指测量仪器 4 测得的接收端电能变换器输出功率。

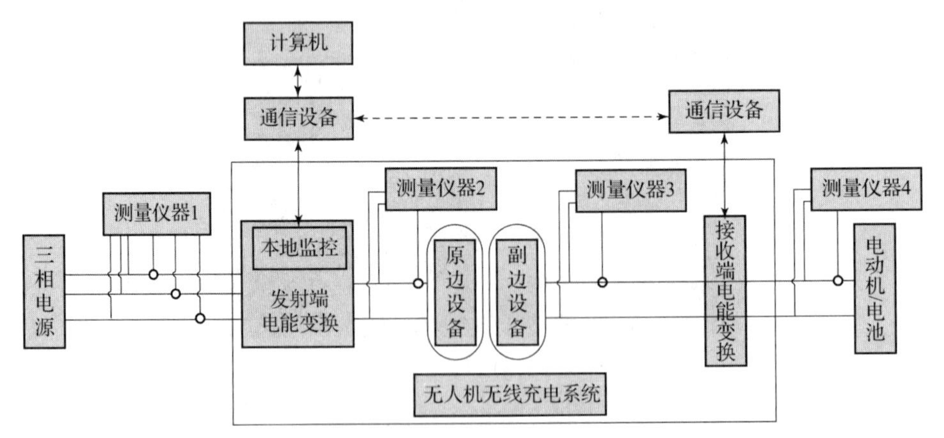

图 5－57　无人机无线充电系统功率及效率测试方案框图

5.6.2.3　测试工具

功率分析仪、示波器、高频电流探头、差分电压探头。

5.6.2.4　测试方法

1. 接收端输出功率测试

在图5-57中，测量仪器4接入功率分析仪，启动无人机无线充电系统开始充电。记录接收端电能变换器输出功率数值，同时记录充电电压和充电电流数值。以上工作需重复多次。

2. 输出效率测试

在图5-57中，测量仪器2、4中接入功率分析仪，启动无人机无线充电系统开始充电。记录发射端电能变换器输出功率数值，以及接收端电能变换器输出功率数值，计算二者比值。以上工作需重复多次。

5.6.2.5　测试结果

测试结果如表5-5、表5-6所示。

表5-5　接收端输出功率测试结果

无人机功率需求	接收端电能变换器输出电压/V	接收端电能变换器输出电流/A	接收端电能变换器输出功率/W
500 W	23.98	21.31	509
	24.15	21.59	515
	25.51	20.91	531

表5-6　输出效率测试结果

无人机功率需求	发射端电能变换器输出功率/W	接收端电能变换器输出功率/W	测试效率/%
500 W/90%	548.8	505	92.0
	558.5	509	91.1
	579	531	91.7

5.6.2.6　测试结论

接收端输出功率超过500 W，满足功率指标。在超过500 W的功率条件下，系统效率>90%，满足效率指标。在发射端功率变化时接收端输出电压、电流可以自适应变化代替无人机充电器。

5.6.3　传输距离及接收规律测试

5.6.3.1　测试要求

传输距离不小于30 cm。

5.6.3.2 测试工具

功率分析仪、高频电流探头、差分电压探头、卷尺。

5.6.3.3 测试方法

在磁耦合机构中改变地面耦合机构的离地距离（通过卷尺测量），启动无人机无线充电系统开始充电，记录接收端电能变换器输出功率数值及传输效率数值。以上工作需重复多次。

5.6.3.4 测试结果

测试结果如表 5-7 所示。

表 5-7 传输距离测试结果

传输距离/cm	发射端电能变换器输出功率/W	接收端电能变换器输出功率/W	测试效率/%
30	557.4	510	91.5
32	551.0	502	91.1
34	557.3	505	90.6

5.6.3.5 测试结论

无人机无线充电系统在传输距离不小于 30 cm 的情况下可以输出 500 W 功率，满足传输距离指标。随着传输距离的增大，系统效率降低。

5.6.4 接收线圈尺寸和接收系统总质量测试

5.6.4.1 测试要求

接收线圈外径小于 40 cm，接收系统（包括接收天线和转换装置等）总质量不大于 0.8 kg。

5.6.4.2 测试工具

卷尺、电子秤。

5.6.4.3 测试方法

如图 5-59 所示，采用卷尺测量接收线圈的外径，记录数值，不大于 40 cm 则满足要求。如图5-60所示，利用电子秤测量接收系统（包括接收天线和接收端转换装置）质量，记录数值，总质量不大于0.8 kg则满足要求。

5.6.4.4 测试结果

如图5-58所示，接收线圈外径为39 cm。

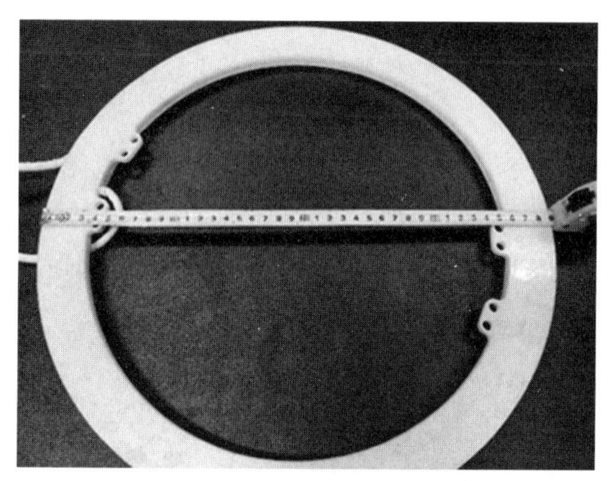

图5-58　接收线圈尺寸测试

如图5-59所示，去除盒子质量后，副边机械结构装载线圈后的质量为719 g。

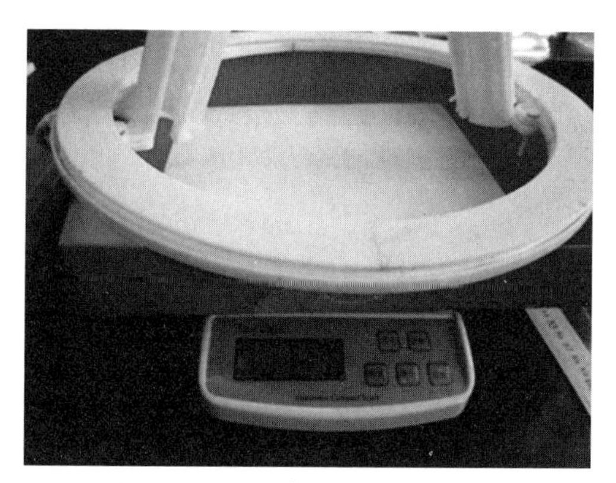

图5-59　接收系统总质量测试

5.6.4.5 测试结论

测试结果39 cm < 40 cm，719g < 800 g，满足尺寸和质量要求。

5.6.5 无线充电监控系统测试

5.6.5.1 测试要求

无线充电监控系统可显示电池充电信息。

5.6.5.2 测试工具

平板电脑一台。

5.6.5.3 测试方法

在连接电池线后，PAD 端可通过 Wi－Fi 与副边控制板连接，通过 PAD 搜索无人机 Wi－Fi 网络，手指点击“连接状态”按钮，指示灯变绿色表示 Wi－Fi 网络连接成功，启动系统进行监控测试。

5.6.5.4 测试结果

PAD 端 App 界面如图 5－60 所示，与功率分析仪读数基本吻合，软件运行正常。

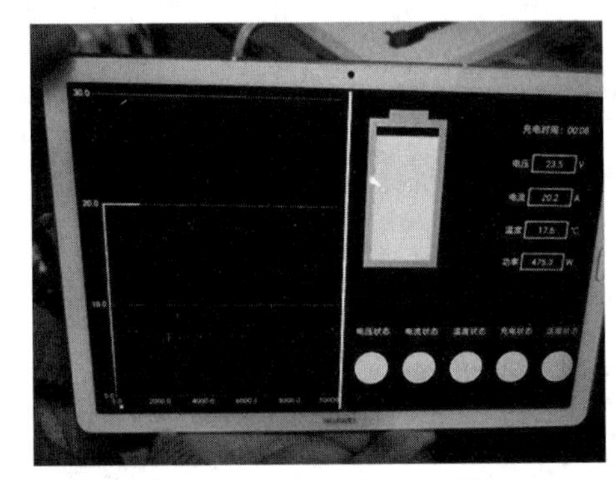

图 5－60 PAD 端 App 界面

5.6.5.5 测试结论

无线充电监控系统可正确实时显示电池充电信息，包括电压、电流、温度和充电功率。

第6章 无人车磁耦合无线能量传输技术

6.1 无人车用电需求

针对未来无人装备智能、自主供电、高效模块化集成的需求，为了显著提升供电便捷性，解决全自动供电问题，需采用磁耦合无线能量传输技术。磁耦合无线能量传输技术具备以下特点和优势。

（1）便捷全自动供电。相对于传统的有线供电方式，磁耦合无线能量传输方式具有便利、节省空间、不易破坏设施，以及不受雨雪等不良天气影响等优点，能够显著提升便捷性，实现全自动供电。

（2）模块化集成。采用模块化技术，能够根据集群大小等实际供电需要，快速实现百瓦到千瓦功率等级无线能量传输系统的快速成组，以及供电过程中的快速能量调配。

（3）区域动态供电。无人装备无须停靠，可实现不影响载荷工作的不间断供电，并且相对于微波、激光的能量传输方式，不需要精确对准，能够在一定距离、一定范围的区域内实现无线能量传输与电能无线供给。

（4）相对高的能量利用效率。相对于微波、激光的能量传输方式，磁耦合无线能量传输技术效率更高；在采用电池等有限能源的情况下，能够更有效地减小电源的体积和质量，并延长装备的运维周期。

（5）电磁隐蔽性更高。相对于微波、激光等能量传输方式，磁耦合无线能量传输技术采用频率更低的磁耦合传能，能够有效降低被远距离侦测手段发现的可能性，具有更高的电磁隐蔽性。

本章重点面向无人装备的线圈与补偿网络多目标优化、高效功率变换拓扑与集成、模块化可拓展无线能量传输系统设计、无线能量传输系统功率与效率自适应控制策略、磁耦合无线能量传输技术验证与样机研制等方面，解决高效能源补给这一无人集群装备快速推广应用的关键技术瓶颈。对于陆地无人车，构建具备无线能量传输功能的驻车场，实现陆地无人车集群的快速无线能量补给；对于空中无人机，实现自主周转的停机坪能源补给。

6.2 总体方案和技术路线

图6－1所示为单模块无线能量传输系统整体结构框图，其由发射端和接收端两个部分组成，二者之间通过交变磁场进行耦合。本项目开展模块化、高效高功率的无线能量传输技术研究。首先，研究面向无人集群装备的线圈与补偿网络多目标优化技术；其次，研究高效功率变换拓扑与集成技术；再次，研究无线能量传输系统功率与效率自适应控制策略；最后，对高效无线能量传输系统进行技术验证与样机研制。

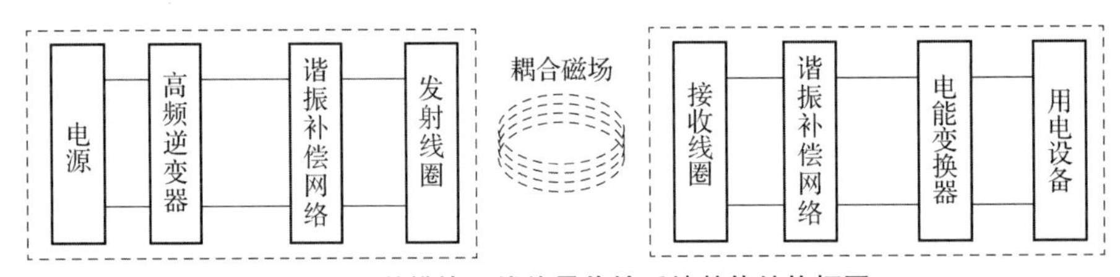

图6－1 单模块无线能量传输系统整体结构框图

未来可像组装积木一样将单模块无线能量传输系统搭建成多种应用的模块化系统。通过系统级集成的方法，将多无线能量传输模块搭建成串并联系统，单模块功率等级不变，集成系统的总输出功率成倍提升，从而有效减小器件所承受的应力，降低系统研发难度，也便于实现系统的模块化。图6－2所示为模块化无线能量传输系统整体结构框图。

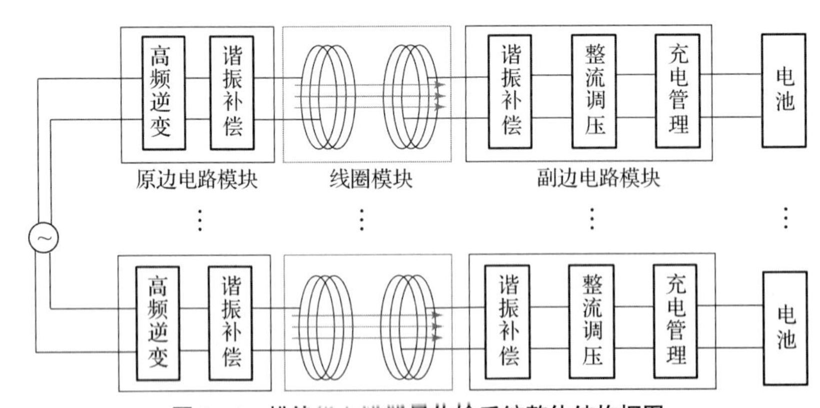

图6－2 模块化无线能量传输系统整体结构框图

无线能量传输系统的工作原理为：直流或工频交流电源通过高频逆变器产生高频电压或电流，注入谐振补偿网络，在发射线圈中产生高频电流，从而在空间激发高频交变磁场。接收线圈在高频交变磁场的激励作用下产生高频感应电流并注入谐振补偿网络，再经电能变换器输出适用于用电设备的电能形式，实现用电设备的无电气接触式电能供给。

无线能量传输系统设计流程与设计方法如图 6－3 所示。

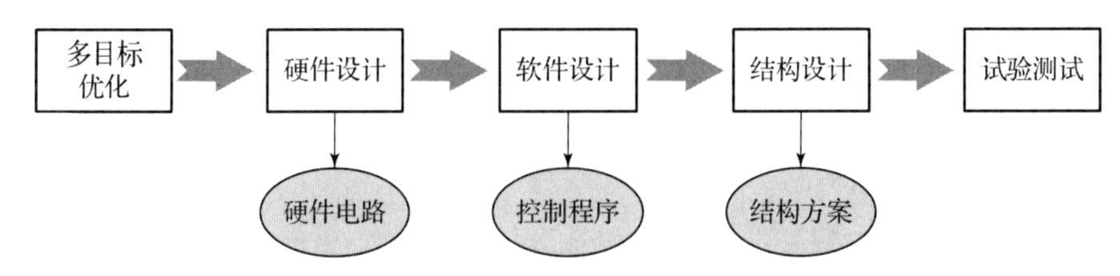

图 6－3　无线能量传输系统设计流程与设计方法

无线能量传输系统的设计方案包括发射端设计、接收端设计、系统模块化集成设计等部分。

6.2.1　发射端设计

发射端是无线能量传输系统的核心部分，它的主要任务是将电能转化为磁场，并通过空气或其他介质传输出去。在设计发射端时，需要考虑以下几个因素。

（1）电源选择。根据应用需求选择合适的电源，如电池、交流电源等。需要考虑电源的电压和电流容量，以满足系统的能量需求。

（2）发射线圈设计。设计发射线圈，使其能够产生所需的磁场。发射线圈的匝数、线径和绕制方式都会影响磁场的强度和分布。

（3）磁芯设计。选择合适的磁芯材料和形状，以实现高效的能量传输。磁芯的尺寸和形状对磁场的分布和传输效率有很大影响。

（4）功率控制。设计功率控制电路，以调节发射端的输出功率。这可以通过控制电源的电压或电流来实现，以适应不同的应用场景和需求。

6.2.2　接收端设计

接收端是无线能量传输系统的另一个核心部分，它的主要任务是接收磁场并将其转化为电能。在设计接收端时，需要考虑以下几个因素。

（1）接收线圈设计。设计接收线圈，使其能够接收发射端发出的磁场。接收线圈的匝数、线径和绕制方式应与发射线圈匹配，以确保高效的能量接收。

（2）磁芯设计。与发射端类似，选择合适的磁芯材料和形状，以实现高效的能量接收。磁芯的尺寸和形状应与发射端匹配，以确保良好的能量传输效果。

（3）整流滤波。将接收到的交流电转化为直流电，并进行滤波处理，以获得稳定的输出电压。可以采用桥式整流器或开关整流器进行整流，并使用电容或电感进行滤波。

（4）充电控制。设计充电控制电路，以控制充电过程，防止过充和欠充。充电控制电路包括电压和电流检测电路，以及相应的控制逻辑和保护电路。

6.2.3 系统模块化集成设计

将无线能量传输系统进行模块化集成管理可以保证系统工作的独立性，将发射端和接收端独立设计成模块进行管理，以方便单模块到模块化无线能量传输系统的拓展。在系统模块化集成设计中要考虑以下几个因素。

（1）模块之间的接口设计。确保模块之间的接口匹配和连接可靠，以实现良好的能量传输和通信效果。

（2）模块之间的协同工作。确保各模块能够协同工作，实现高效的无线能量传输和系统控制。

（3）模块化系统的性能优化。根据实际应用需求和系统性能要求，对模块进行性能优化和调整，以提高系统的整体性能。

（4）模块化系统的功率分配。根据实际应用需求和系统性能要求，对各模块功率进行调节，以满足多种负载装备的供电需求。

6.3 关键子部件设计

6.3.1 线圈设计

6.3.1.1 发射线圈设计

1. 发射线圈物理参数设计

无线能量传输线圈包括接收线圈和发射线圈两部分。这两部分中线圈尺寸的研究包括线圈线径、线圈形状、线圈大小、线圈匝数与匝间距的研究。接收线圈和发射线圈的尺寸、传输距离都有限制，对系统的传输效率以及周围的电磁环境也有要求。因此，必须对线圈尺寸的相关参数逐一研究。这里采用控制变量法研究每个参数对线圈电感和耦合系数的影响，得到相关参数的最优值。

研究发现，在高频条件下，直径越大的铜导线因交流电阻产生的损耗越高。因此，在选取线圈导线时，应考虑高频条件下导线的交流阻抗和集肤效应。在实际应用中，一般选择截面积之和满足所设计电流密度的多股铜导线并绕的利兹线。利兹线是一种由多股独立绝缘的导体绞合而成导线，其最大的优势在于能够有减小低高频条件下导体的集肤效应电阻，但是随着频率的提高，每股导线之间的邻近效应电阻会不断增大，到一定频率后甚至会比集肤效应电阻更大，因此利兹线有其适用的频率范围。如图 6－4 所示，利兹线由 N 股直径相同的细漆包线组成，D_1是利兹线直径，D_2是单根导线直径。不同频率下导体截面电流密度分布情况如图 6－5 所示。

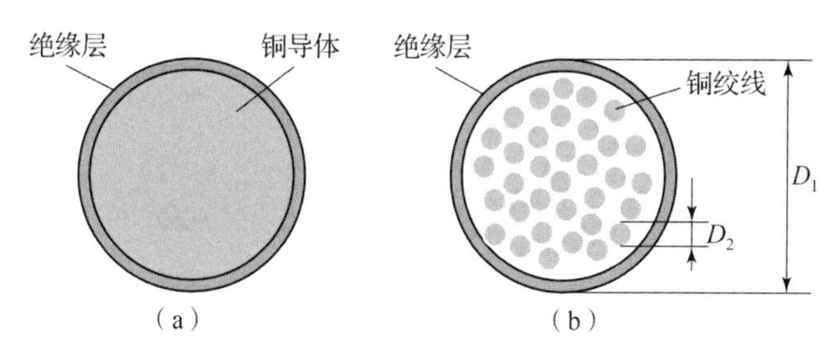

图 6-4　漆包线与利兹线截面示意

(a) 漆包线；(b) 利兹线

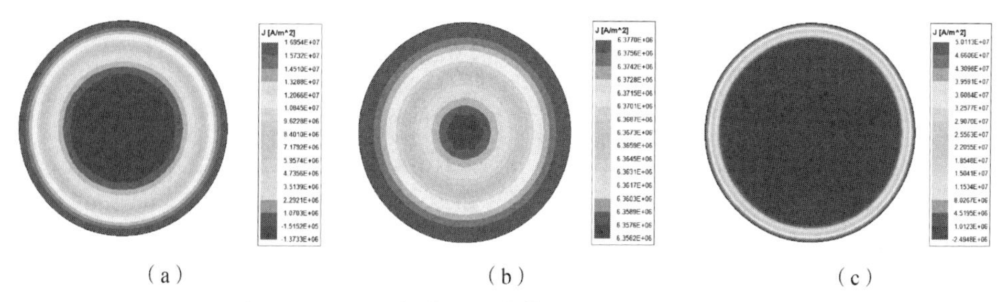

图 6-5　不同频率下导体截面电流密度分布情况

(a) 1 kHz；(b) 85 kHz；(c) 1 MHz

根据目前的相关标准，利兹线在 1 MHz 以下的频率范围内具有较小的高频电阻，而在更高频率的使用条件下往往采用漆包线或者空心的铜管或者电镀高电导率材料的镀银复合导线。在线圈设计过程中，谐振频率越高、线圈面积越大、匝数越多，导线的交流阻抗越高。

要研究无线能量传输线圈的形状，就要分析各种形状下线圈的电感、损耗、耦合系数等相关参数，根据各种形状下线圈参数的不同，找到最适合高功率无线能量传输的线圈形状。对于各种不同的形状，在有限元仿真软件 Ansys Maxwell 中建立 3D 仿真模型，其中包括圆形、矩形、正六边形和正八边形。在建模时，考虑线圈的大小限制，为了保证形状仿真的正确性，所有形状都是在尺寸为 10 cm × 10 cm 情况下的最大图形。建立图 6-6 所示模型。

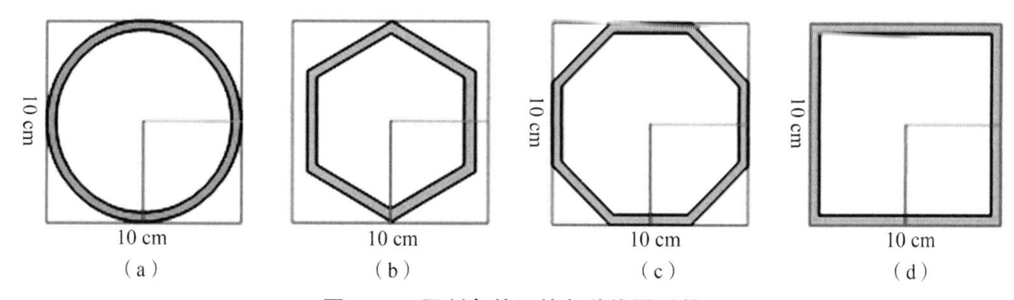

图 6-6　限制条件下的各种线圈形状

(a) 圆形；(b) 正六边形；(c) 正八边形；(d) 正方形

通过 Ansys Maxwell 对上述线圈形状进行涡流场仿真试验，在 1 A 的激励电流下，各线圈形状的仿真结果如表 6-1 所示。

表 6-1 各线圈形状仿真结果

形状	周长/cm	面积/cm^2	电感/nH	损耗/W
圆形	29.851 3	70.882 2	203.1	0.107 91
正六边形	28.5	58.619 0	240.5	0.083 11
正八边形	31.480 23	74.765 5	246.5	0.097 81
正方形	38	90.25	353.0	0.101 89

不同形状线圈周围的磁场分布如图 6-7 所示。

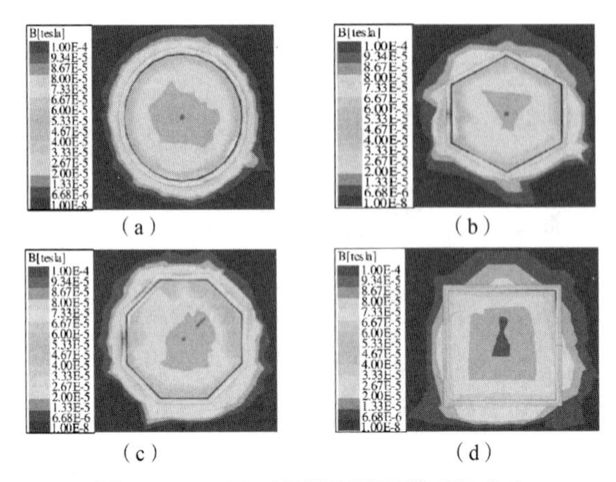

图 6-7 不同形状线圈周围的磁场分布

(a) 圆形线圈周围磁场分布；(b) 正六边形线圈周围磁场分布；
(c) 正八边形线圈周围磁场分布；(d) 正方形线圈周围磁场分布

通过仿真发现，正方形线圈的电感远大于其他形状线圈，但是圆形线圈中的电流分布最均匀，即圆形线圈周围磁场分布最均匀。由线段构成的其他形状线圈，电流集中分布在线段两边，线段中间电流则较小。同样地，正方形线圈、正六边形线圈、正八边形线圈周围磁场分布不均匀。

在设计高功率无线能量传输线圈时，线圈电感和线圈周围磁场分布都是重要指标，因此，为了在增大线圈电感的同时保证线圈周围磁场分布均匀，人们提出了应用于无人车无线能量传输系统的圆角矩形线圈，如图 6-8 所示。

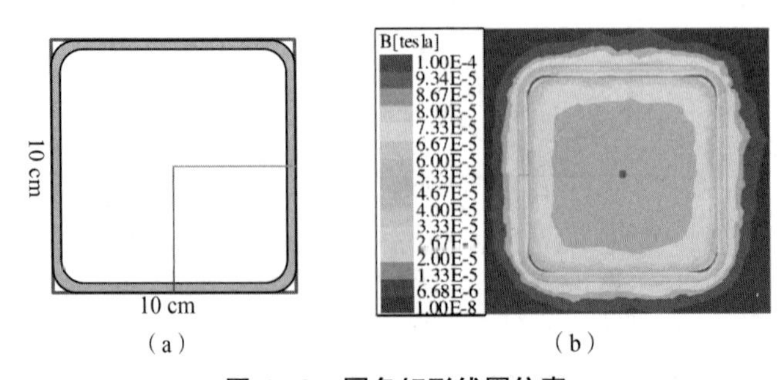

图 6-8 圆角矩形线圈仿真

(a) 圆角矩形线圈；(b) 圆角矩形线圈周围磁场分布

同样，对圆角矩形线圈进行 1 A 电流激励下的涡流场仿真，发现其电感在圆形线圈电感和正方形线圈电感之间，而它周围磁场分布也较均匀。为了进一步验证此形状线圈的好坏，仿真圆角矩形线圈以及其他各形状线圈的耦合系数，在线圈距离为 5 cm 的情况下得到表 6－2 所示的仿真结果。从表 6－2 可以看出，圆角矩形线圈的耦合系数远大于其他形状的线圈。而在高功率谐振式无线能量传输系统中，线圈的耦合系数不仅关系到线圈的传输功率、传输效率，还关系到线圈周围的磁场强度。

表 6－2　各种形状线圈的耦合系数仿真结果

形状	圆形	正六边形	正八边形	正方形	圆角矩形
耦合系数	0. 107 91	0. 083 114	0. 097 817	0. 101 89	0. 122 13

通过以上分析可以知道，在高功率谐振式无线能量传输系统中采用圆角矩形线圈更好。但是，在通常情况下，线圈都不止 1 匝，当线圈匝数不为 1 时，圆角矩形线圈的圆角设计有两种方法，一种是每一匝的圆角都一致，另一种是圆角从里到外递增。如图 6－9 所示，线圈外径为 200 mm，线圈的匝数为 10，线圈宽度为 5 mm，线圈匝间距为 3 mm。

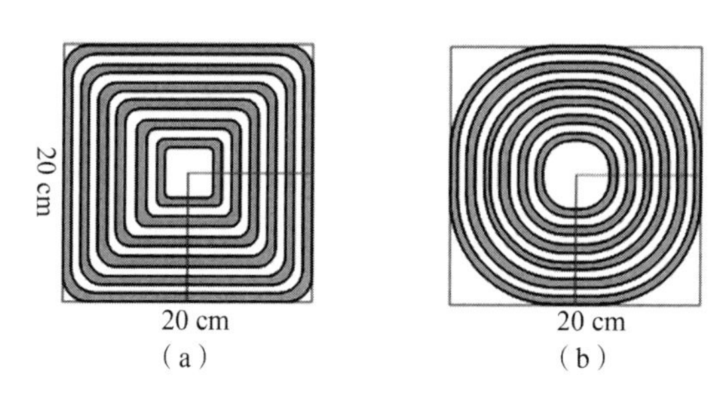

图 6－9　两种不同的圆角设计

（a）每一匝的圆角相同；（b）圆角从里到外递增

通过 Ansys 仿真软件，在 1 A 的电流激励下搭建两线圈相距 50 mm 的双线圈仿真模型，得到表 6－3 所示的仿真结果。从表 6－3 可以看出，两种不同圆角设计的仿真结果中，线圈电感和耦合系数都相差不大。从图形上来看，第二种圆角设计所占用面积和所用导线长度都明显比第一种圆角设计小，且损耗也低于第一种圆角设计，因此采用第二种圆角设计，即圆角从里到外递增的形式。

表 6－3　两种不同圆角设计仿真结果

圆角类型	线圈电感/μH	损耗/W	耦合系数
每一匝圆角相同	11. 821 57	0. 009 63	0. 332 42
圆角从里到外递增	11. 102 62	0. 008 76	0. 323 65

线圈大小设计即线圈外径与内径的设计，线圈外径与内径的设计必须考虑线圈的匝数与匝间距，达到相同电感设计要求时，线圈外径越大，所需匝数就越少；线圈内径越小，

匝间距越大。通常要满足所设计的电感有很多组外径、内径、匝数与匝间距符合要求，但是要想耦合系数更大，传输效率更高，就要找到最合适的线圈大小。线圈的匝间距对线圈大小影响较大，因此必须先找出该线径下最合适的线圈匝间距。

线径通过计算可知为5 mm，通过阅读文献并结合实际应用情况固定线圈外径为300 mm，线圈匝数为10，匝间距为0.5~5 mm，以步进为0.5 mm进行仿真，得到图6-10所示的仿真结果。从图6-10可以看出，随着匝间距的增加，线圈的电感逐渐减小，且耦合系数呈现先增大后减小的趋势。因此，可以看分析得出5 mm线圈的最佳匝间距为4 mm左右。

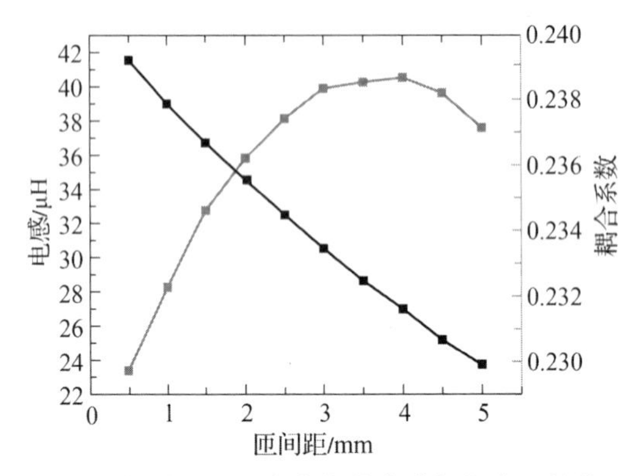

图6-10 随匝间距离变化的电感与耦合系数关系

线圈大小往往会受到外部条件的约束，而通常接收线圈的大小受到的约束更多。线圈越大，匝数就越少。为了能够满足一定功率等级下两线圈所需的电感，在确定线圈匝间距之后，就需要确定线圈的匝数。同样地，固定线圈外径为300 mm，匝间距为4 mm，匝数在5~12范围内变化，得到表6-4和图6-11所示的结果。从图6-11可以看出，线圈的最佳匝数为9左右，但是这个匝数会根据线圈外径的变化而变化，因为当电感确定后，线圈外径越大，所需匝数就越少。

表6-4 线圈匝数变化仿真结果

外径/mm	匝间距/mm	匝数	电感/μH	耦合系数	内径/mm
300	4	5	12.394	0.126 69	218
300	4	6	15.748	0.130 26	200
300	4	7	18.99	0.132 28	182
300	4	8	21.988	0.133 42	164
300	4	9	24.597	0.133 47	146
300	4	10	26.793	0.132 93	128
300	4	11	28.566	0.131 4	110
300	4	12	29.689	0.129 61	92

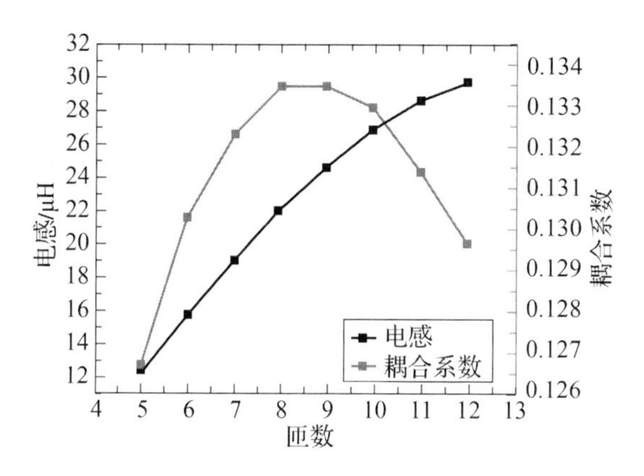

图 6-11　线圈匝数与线圈电感和耦合系数的关系

2. 发射线圈电气参数设计

在采用平面螺旋线圈作为系统的磁耦合机构时，平面螺旋线圈的磁场叠加不均匀，使线圈周围的磁场分布趋于中间强，四周逐渐变弱。在这种情况下，只有两线圈的轴心重合才能使该距离下的互感最大。在研究发射线圈大小时发现，如果发射线圈与接收线圈大小一致，那么线圈的抗偏移能力就受到接收线圈大小的限制，线圈的对准和抗偏移能力就有待提高。当接收线圈和发射线圈水平位置发生偏移时，发射线圈和接收线圈的耦合系数将大幅减小，造成系统功率输出不稳定、传输效率降低。因此，考虑两线圈的抗偏移能力并结合发射线圈面积较大的优势，为了减小发射线圈间和接收线圈之间的互感波动并稳定输出功率，发射线圈尺寸往往需要大于接收线圈尺寸，使发射线圈的中心区域面积相对较大，从而获得较稳定的输出功率和较高的传输效率。因此，为了设计满足抗偏移能力要求的发射线圈，首先需要分析线圈之间的互感。

根据分析以及指标参数对发射线圈的限制，考虑发射线圈安装所需面积，设置发射线圈最大外径为 650 mm，根据前面接收线圈的电感计算可以知道，发射线圈的电感要在 35. 388 μH 附近，再结合线圈尺寸研究的结果，在线圈外径确定的情况下，匝数对线圈的电感影响最大，因此需要先确定线圈匝数。

对比发射线圈与接收线圈外径指标可知，发射线圈外径远远比接收线圈的外径大，根据前面的分析可以知道，外径增大后匝数就会减小，但是匝数减小过多又会导致线圈填充率下降，中心磁场强度降低，耦合系数减小。根据匝数与线圈电感和耦合系数的关系，8 匝和 9 匝是比较好的情况，因为接收线圈面积较小，所以选择 9 匝，而发射线圈面积较大，故选择 8 匝。将匝数 N 带入线圈电感计算公式可知线圈匝间距为 23. 4 mm，可以看出，计算出的线圈匝间距远远大于线圈线径，此时耦合系数较小。

在线径和匝数确定的情况下，扩大线圈的外径，又要保证线圈电感不变，可以考虑电感并联的情况，即双股导线并绕的形式，采用此种形式不仅可以增大发射线圈的面积，还能够减小线圈等效电阻。采用双股导线并绕时，匝间距变成 6. 7 mm。设计发射线圈参数，如表 6-5 所示。

表 6－5　采用双股并绕式发射线圈参数

线圈线径/mm	线圈匝数	外径/mm	匝间距/mm
5	8	650	6. 7

根据表 6－6 搭建发射线圈仿真模型，如图 6－12 所示。

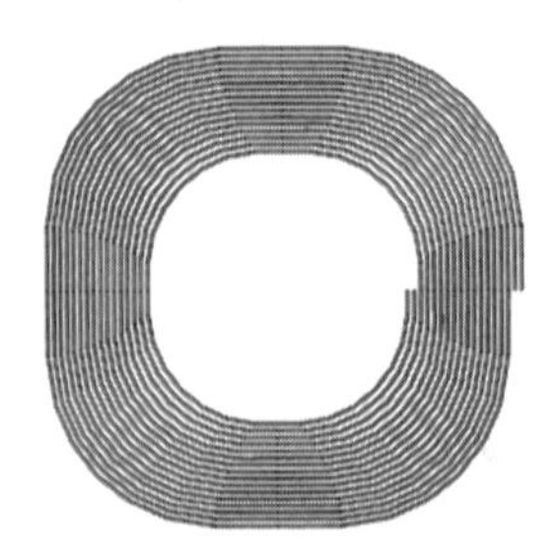

图 6－12　发射线圈仿真模型

根据公式计算发射线圈的电感、分布电容和交流等效电阻。仿真和计算结果如表6－6 所示。

表 6－6　发射线圈计算与仿真结果

线圈参数	线圈电感/μH	交流等效电阻/mΩ
计算结果	34. 9	33. 642
仿真结果	37. 437	30. 76

对比接收线圈的电感可以看出，发射线圈的电感偏大，需要对发射线圈进行调整。调整的目的是减小发射线圈的电感，而在匝数、匝间距离确定的情况下要改变线圈的电感就只有改变线圈外径的大小。这里为了方便调整，保持线圈一边外径不变，改变线圈另一边的外径，减小到 620 mm。调整后的双股并绕发射线圈参数如表 6－7 所示。仿真模型如图 6－13 所示。

表 6－7　调整后的双股并绕发射线圈参数

线圈线径/mm	线圈匝数	线圈匝间距/mm	长外径/mm	短外径/mm
5	8	6. 67	650	620

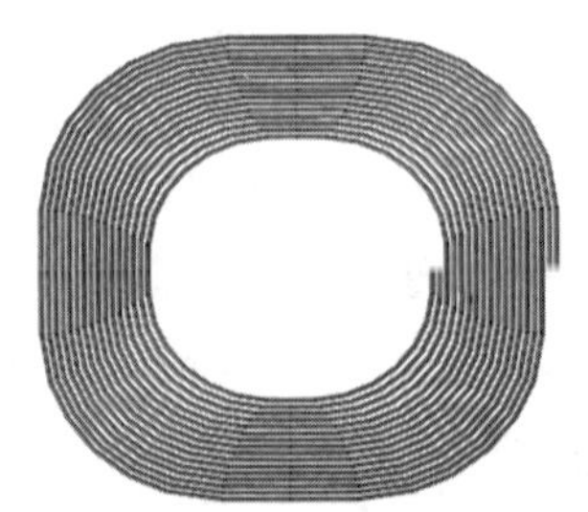

图 6－13　调整后的发射线圈仿真模型

对双股并绕发射线圈仿真模型进行仿真分析，得到表 6－8 所示结果。

表 6－8　双股并绕发射线圈仿真分析结果

线圈参数	线圈电感/μH	交流等效电阻/mΩ
仿真结果	35.1	45.6

6.3.1.2　接收线圈设计

1. 接收线圈物理参数设计

无人车无线能量传输系统接收线圈仿真模如图 6－14 所示，其参数如表 6－9 所示。

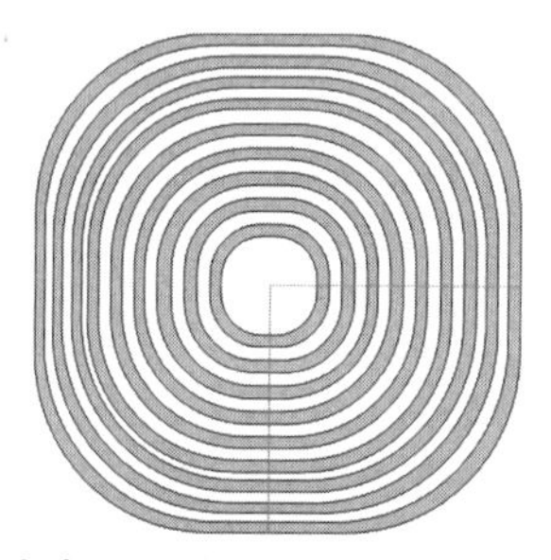

图 6－14　无人车无线能量传输系统接收线圈仿真模型

表 6－9　无人车无线能量传输系统接收线圈仿真模型参数

线径/mm	匝数	外径/mm	匝间距/mm
5	9	320	4.375

在无线能量传输系统中，螺旋线圈分为平面式螺旋线圈和层绕式螺旋线圈。层绕式螺旋线圈占用体积较大，比较笨重。其优点在于磁力线的分布较为集中，所形成磁路的长度较大，有利于减缓磁感应强度衰弱的速度，但层绕式螺旋线圈的体积较大，不适合便携式电子设备以及无人机等终端。相比之下，平面式螺旋线圈占用的体积较小，而且其厚度也小。其优点在于装置小巧，适用于便携式电子设备和终端，其缺点在于磁力线过于分散，所形成磁路的长度比较小，线圈之间的耦合能力相比于层绕式螺旋线圈较差。传统耦合线圈模型如图 6－15 所示。

（a）

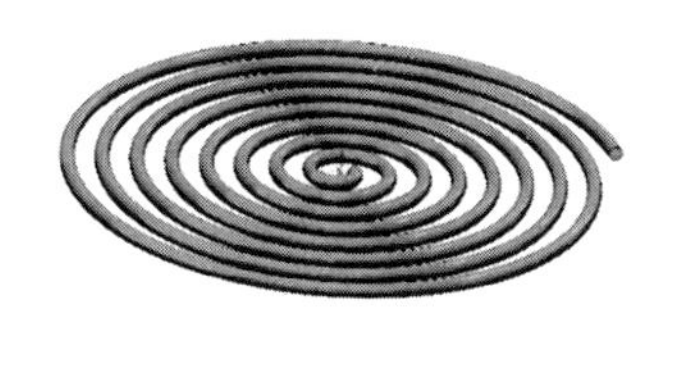

（b）

图 6－15　传统耦合线圈模型

（a）层绕式螺旋线圈模型；（b）平面式螺旋线圈模型

一般而言，无线能量传输系统的耦合线圈是装在充电基站内部或无人机机载端的脚架上，在这种情况下，对耦合线圈的体积和耦合能力就有较为严格的要求。在相同的传输距离下，平面式螺旋线圈在耦合能力上比层绕式螺旋线圈差，较大的体积会让无人机机载端变得过于厚重。

在平面式螺旋线圈的基础上，通过在平面式螺旋线圈的发射线圈上增加一组平面螺旋线圈形成了阵列式螺旋线圈结构。在无线能量传输过程中，交流电压经过小的平面螺旋线圈与大的平面螺旋线圈分别产生一个磁场，磁场的叠加效应让磁场强度和磁力线紧密程度都有一定程度的加强，从而给接受线圈提供更强的磁场，产生更大的感生电流。耦合线圈模型如图 6 - 16 所示。无人机接收线圈参数如表 6 - 10 所示。

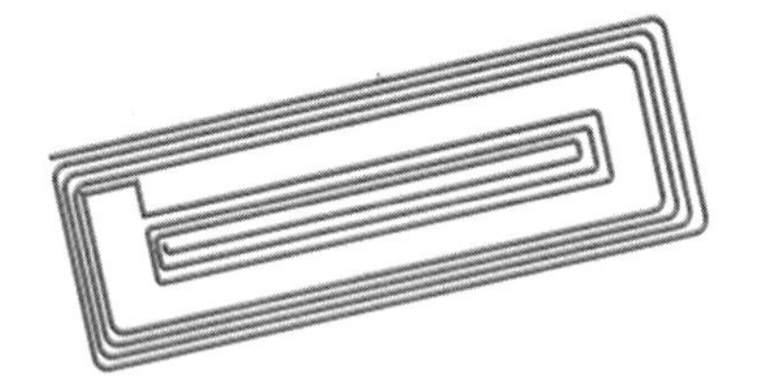

图 6 - 16 耦合线圈模型

表 6 - 10 无人机接收线圈参数

线圈线径/mm	线圈匝数	长外径/mm	短外径/mm
5	8	68	24

接下来主要对传统耦合线圈和改进耦合线圈进行仿真对比分析。使用 Maxwell 进行仿真分析。Maxwell 可对涡流、位移电流等进行仿真分析。Maxwell 通过计算线圈损耗和功率损耗，可给出能量密度图形、*B/H* 分布图等，形成的图形十分直观。针对传统耦合线圈模型和改进耦合线圈模型，利用 Maxwell 进行仿真，并选择合适的激励源来查看模型的磁场分布图。

2. 接收线圈电气参数设计

接收线圈在无人车无线能量传输系统中也可以叫作车载线圈。在实际应用中，接收线圈所受限制较多，因此一般先确定接收线圈参数，再根据接收线圈参数对发射线圈进行设计。

通过有限元仿真软件，搭建参数如表 6 - 9 所示的接收线圈仿真模型，如图 6 - 14 所示。

无人车无线能量传输系统接收线圈计算结果和仿真结果对比如表 6 - 11 所示。

表 6 - 11 无人车无线能量传输系统接收线圈参数计算结果与仿真结果对比

线圈参数	线圈电感/μH	交流等效电阻/mΩ
计算结果	23. 66	40. 4
仿真结果	25. 388	37. 523

从表 6 - 11 可以看出，线圈电感的计算结果都比仿真结果小，而分布电容和等效交流电阻的计算结果却比仿真结果大，但对比接收线圈的计算结果和仿真结果，发现计算结果和仿真结果还是比较接近的。这为后面的发射线圈设计打下了基础。

无人机无线充电系统接收线圈参数计算结果与仿真结果对比如表 6 - 12 所示。

表 6 - 12　无人机无线充电系统接收线圈计算结果与仿真结果对比

线圈参数	线圈电感/μH	交流等效电阻/mΩ
计算结果	3.18	8.02
仿真结果	3.0	8.23

6.3.2　补偿网络拓扑结构和参数设计

6.3.2.1　补偿网络拓扑结构设计

无线能量传输系统所采用的松耦合变压器存在无法忽视的漏感，为了提升系统的传输功率及传输效率，补偿系统中的无功功率，需要在无线能量传输系统中加入补偿网络。针对无线能量传输系统的松耦合变压器，一般采用在系统原、副边添加补偿电容的方式进行补偿。

对于感应耦合无线能量传输系统，原边回路可以通过调节原边补偿网络参数使之工作在谐振状态，从而使原边等效阻抗虚部为零，增大系统的功率因数。此时，电源提供的能量将通过磁耦合机构全部传输到副边负载，在同等输出功率的情况下，无须为系统提供无功功率，因此减小了电源的容量，提升了电源的利用率。同时，由于发射支路上的品质因数较大，支路上的谐振电流也随之增大，系统的传输能力也随之提高。副边回路增加补偿网络后，可以消除接收线圈造成的副边感应电动势与电流的相位差，降低系统中的无功功率，提高系统的传输效率。

目前较为简单的补偿网络根据电感、电容元件的串并联形式可简单分为 S - S、S - P、P - S、P - P 四种，其结构简单且易实现，但简单的补偿网络存在抗偏移能力较弱，易受耦合系数、谐振频率以及负载的影响，开关器件上的电压、电流应力大等问题。因此，由电感、电容元件组成的复合谐振网络应用越来越多，常见的有 LCL 型、CLC 型、LCC 型等。

LCL - LCL（双边 LCL）拓扑结构如图 6 - 17 所示。

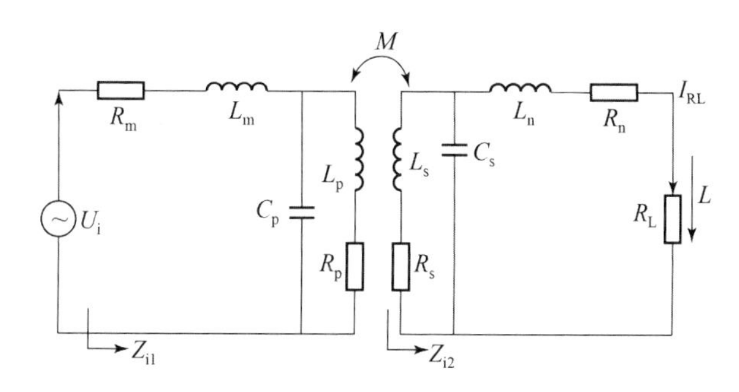

图 6 - 17　LCL - LCL 拓扑结构

双边 LCL 拓扑结构除固有谐振点之外，还存在一个与负载参数无关的次谐振点，次谐振点频率高于固有谐振点频率，且该谐振点具有更高的输出功率。但在正常负载条件下，系统在固有谐振点处的效率要远高于次谐振点的效率，因此次谐振点可以不考虑。

双边 LCL 拓扑结构具有以下特点。

（1）双边 LCL 拓扑结构在谐振条件下可以实现恒流输出的前提是尽可能减小收发线圈和补偿电感的损耗内阻，即采用高频特性好、电导率高的材料制作电感，同时收发线圈的损耗等效阻抗对恒流特性的影响较补偿电感大，在实际中应尽量增大收发线圈的品质因数，这不仅可以提升输出端恒流特性的能力，还可以获得更高的转换效率。

（2）负载输出电流在不同工作频率下存在多极值点问题，但仅在固有谐振频率下具有恒流特性，系统应避免在固有谐振点外的其他谐振点运行。

（3）在输出电流的有效波动范围内，存在负载电阻的合理区间，其使双边 LCL 系统工作在恒流模式。在逆变器输出方波的激励下，系统对三次及以上谐波具有高效的滤除效果。

耦合线圈中含有固定电阻、高频分布电容等影响因素，这些因素会对电路造成一定影响。另外，耦合线圈添加磁屏蔽与不添加磁屏蔽测得的电感也不相同，加磁屏蔽材料能增大电感和品质因数，有利于系统性能提升。根据安装的位置，要考虑耦合线圈的大小与厚度。

补偿电容利用自身容抗来耦合线圈的感抗，使系统达到谐振状态。由于工作在高频状态，所以选择补偿电容时要考虑它的高频性能；为了防止被击穿，要考虑耐高压性能；等效内阻应小，以降低内部损耗。通过计算得到补偿电容的大小，为了减小电容中的电流，采用将多个 CBB 电容串并联的方式。补偿电容分布如图 6－18 所示。

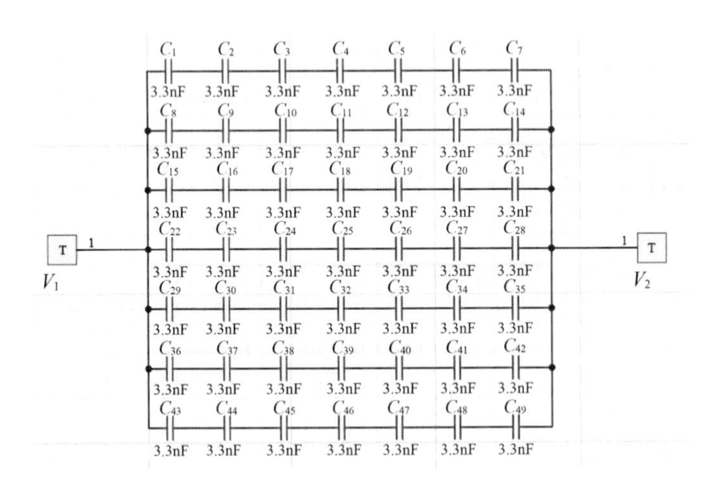

图 6－18 补偿电容分布

6.3.2.2 补偿网络参数设计

具体如表 6－13、表 6－14 所示。

表 6－13　发射、接收线圈电感

<table>
<tr><th>发射线圈自感/μH</th><th>接收线圈自感/μH</th><th>间隔 15 cm 时的互感/μH</th></tr>
<tr><td>70. 1</td><td>43. 3</td><td rowspan="3">6. 5</td></tr>
<tr><td>内阻/mΩ</td><td>内阻/mΩ</td></tr>
<tr><td>89</td><td>60</td></tr>
</table>

表 6－14　补偿网络谐振参数

发射端谐振电感 L_1/μH	发射端串联谐振电容 C_{p1}/nF	发射端并联谐振电容 C_{p2}/nF	接收端谐振电感 L_2/μH	接收端串联谐振电容 C_{s1}/nF	接收端并联谐振电容 C_{s2}/nF
30	70. 68	175	30	152. 8	208. 9
内阻/mΩ	内阻/mΩ	内阻/mΩ	内阻/mΩ	内阻/mΩ	内阻/mΩ
30	13. 2	11. 6	30	12. 8	11. 9

6. 3. 3　高效功率变换拓扑结构与集成方法

6. 3. 3. 1　模块化供电拓扑结构分析和功率变换拓器拓扑结构设计

1. 模块化供电拓扑结构分析

在模块化供电拓扑结构中，整个系统被划分为多个独立的模块，每个模块之间相互独立，各模块可以独立工作，互不影响。模块化设计使电源系统可以根据实际需求进行定制和扩展，方便应对不同的应用场景。

模块化设计降低了系统的复杂性，使故障排查和维修更加便捷。通过优化模块的设计和组合，可以实现更高的电源转换效率，减少能源浪费，提高系统的稳定性，某个模块的故障不会导致整个系统瘫痪，可以通过更换单个模块的方式排除系统故障，恢复系统的正常工作。

图 6－19 所示为模块化逆变电路。在整个控制器的供电电路设计中需要兼顾运放等供电，需要多路电源供电，因此设计了图 6－20 和图 6－21 所示的供电电路。

该模块可将 600 V 电压降到 12 V，为整个控制系统提供电源。

2. 功率变换器拓扑结构设计

无线能量传输系统首先需要借助高频逆变器在发射端产生高频电流，再利用磁耦合机构进行电－磁－电的转换，为接收端的用电设备供电。作为无线能量传输系统的核心环节之一，高频逆变器是影响系统整体性能的关键。因此，根据应用场合和性能指标的不同，无线能量传输系统对高频逆变器有不同的特定需求。

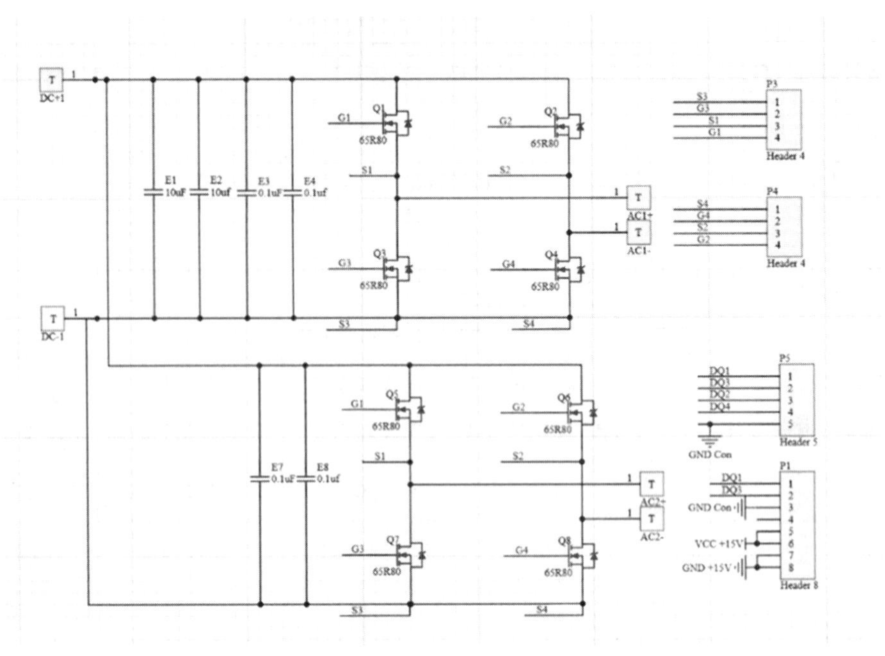

图 6-19 模块化逆变电路（仿真）

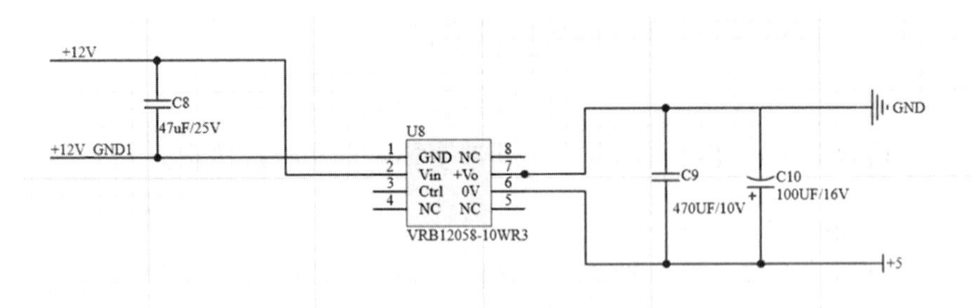

图 6-20 12 V 转 5 V 控制器供电电路（仿真）

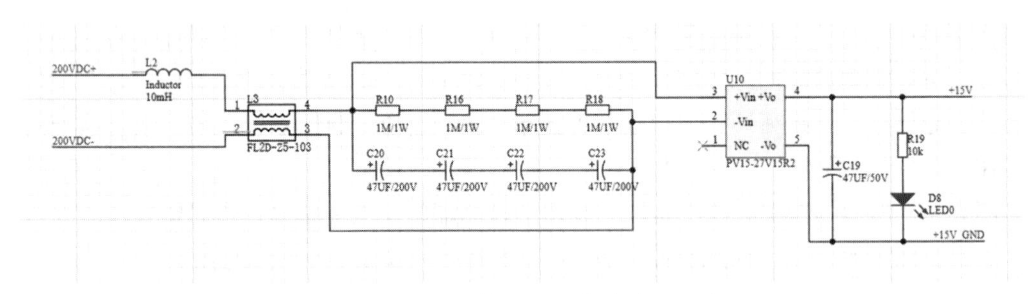

图 6-21 600 V 转 15 V 电源电路（仿真）

在无线能量传输系统对逆变器的基本要求中，根据应用场合的不同，其侧重点也有所不同。在低功率等级应用中（如植入式医疗设备和消费电子设备等），为了减小系统的体积，逆变器应相对侧重于拓扑结构的简化和功率密度的提升。对于功率变化范围较大的应用（如家用电器和蓄电池无线供电等），其功率会随着负载和供电需求的不同而产生一定范围的变化，则逆变器应相对侧重于输出可调能力的提升。在高功率应用中，逆变器的散热设计相对较难，同时其产生的高频电磁辐射和干扰也较大，逆变器应相对侧重于软开关的实现和保障，以实现逆变器效率的提升，同时提高逆变器的电磁兼容能力以防止高频电磁辐射对周围环境产生干扰。除了以上基本需求外，无线能量传输系统在不同的应用场合对高频逆变器还有不同的特定需求，选择和设计适用于不同应用场合的高频逆变器是提升系统整体性能的关键。

为了降低逆变过程中的器件损耗，在满足基本电路要求的条件下，选取器件时要遵循三条基本准则：①尽可能降低开关管的开关损耗；②通过开关管电流的最大值不能超过电流额定值的 2 倍；③工作在正常条件下的开关器件，其额定电压不但要有一定的余量，而且要高于浪涌电压。

综合考虑选取电压型逆变电路，直流侧电压基本无脉动，直流回路呈现低阻抗。为了应对逆变电路中的电流过大问题，采用双路并联逆变器，起到分流作用，减小逆变器的负荷，确保 MOS 管温度不会超过限定值，保证了电路的安全性。并联逆变器如图 6－22 所示。

图 6－22　并联逆变器

双路逆变器并联可满足高频工作环境要求，具有很高的换向强度，损耗低，便于驱动。

无线能量传输系统接收端的电能变换电路一般是指整流滤波电路，通常为了保持恒压或者恒流输出，往往会在后级加入 DC－DC 变换器。

现在用于无线能量传输系统的整流器拓扑结构种类很多，常见的有半波整流器、桥式整流器、E 类整流器等。全桥整流电路适用于中高功率场合，具备电流应力小的特点。整流电路选择全桥整流，二极管采用低导通损耗、反向恢复时间极短、体积小的功率变换器件。

整流电路是电力电子电路中出现最早的一种，它的作用是将交流电变为直流电供给直流用电设备。整流电路的应用十分广泛，例如直流电动机，电镀、电解电源，同步发电机励磁，通信系统电源等。

由于在交流电源的正、负半周都有整流输出电流流过负载，所以该电路为全波整流。在一个周期内，整流电压波形脉动两次，脉动次数多于半波整流电路，该电路属于双脉波整流电路。在变压器二次绕组中，正、负两个半周电流方向相反且波形对称，平均值为零，即直流分量为零，不存在变压器直流磁化问题，变压器绕组的利用率也高，可以获得较高的能量变换性能。

由于单相桥式整流电路结构简单，可靠性强，所以本项目选用单相桥式整流电路。其原理仿真图如图 6－23 所示。

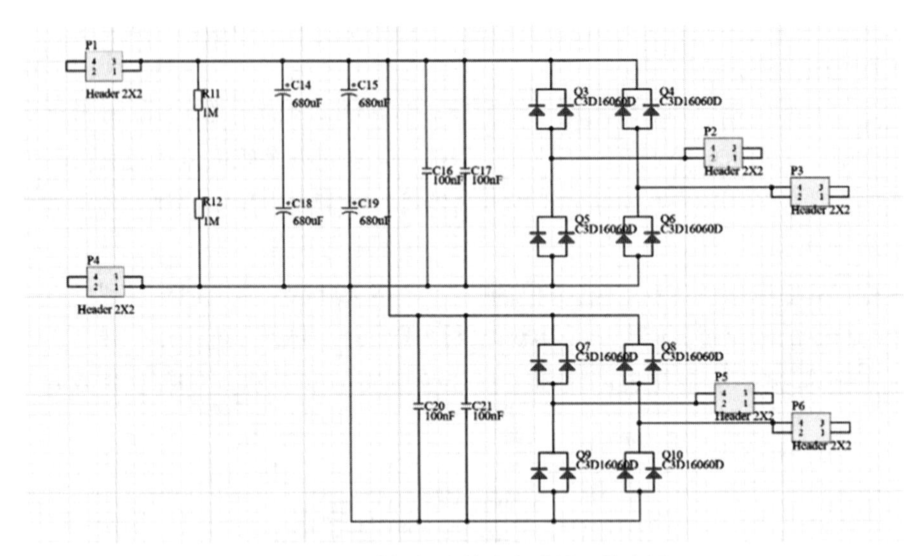

图 6－23 单相桥式整流电路原理仿真图

系统的工作频率较高，普通整流模块并不能满足要求，高频整流二极管反向恢复时间短，开通关断损耗低，因此采用高频整流电路，同时采用两路整流电路并联的形式，进一步降低了损耗和系统运行时器件的温度。

6.3.3.2 功率变换器工作状态以及典型运行特征分析

1. 功率变换器工作状态分析

图 6－24 所示为带电阻性负载的单相桥式全控整流电路。在单相桥式全控整流电路中，晶闸管 VT_1 和 VT_4 组成一对桥臂，VT_2 和 VT_3 组成另一对桥臂。在 u_1 正半周（即 a 点电位高于 b 点电位），若 4 个晶闸管均不导通，则负载电流 i_d 为零，u_d 也为零，VT_1、VT_4 串联承受电压 u_2。设 VT_1 和 VT_4 的漏电阻相等，则它们各承受 u_2 的一半。若在触发角 a 处给 VT_1 和 VT_4 加触发脉冲，VT_1 和 VT_4 即导通，电流从电源 a 点经 VT_1、R、VT_4 流回 b 点。

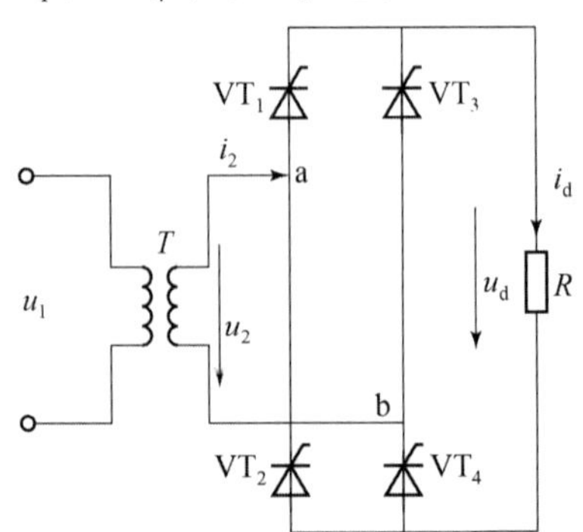

图 6－24 带电阻性负载的单相桥式全控整流电路

当 u_2 过零时，流经晶闸管的电流也降到零，VT_1 和 VT_4 关断。在 u_2 负半周，仍在触发延迟角 a 处触发 VT_2 和 VT_3（在 VT_2 和 VT_3 的 a 点电位为零处 $\omega t=\pi$），VT_2 和 VT_3 导通，电流从电源 b 端流出，经 VT_3、R、VT_2 流回电源 a 端。到 u_2 过零时，电流又降为零，VT_2 和 VT_3 关断。此后又是 VT_1 和 VT_4 导通，如此循环地工作下去。晶闸管承受的最大正向电压和反向电压分别为 $\sqrt{2}u_2/2$ 和 $\sqrt{2}u_2$。

由于在交流电源的正、负半周都有整流输出电流流过负载，所以该电路为全波整流。在一个周期内，整流电压波形脉动两次，脉动次数多于半波整流电路，故该电路属于双脉波整流电路。在变压器二次绕组中，正、负两个半周电流方向相反且波形对称，平均值为零，即直流分量为零，不存在变压器直流磁化问题，变压器绕组的利用率高。

图 6－25 所示为阻感性负载时的单相全桥电压型逆变电路。在阻感性负载时，可以采用移相的方式来调节逆变电路的输出电压，移相调压实际就是调节输出电压脉冲的宽度。在全桥逆变电路中，各个 IGBT 管的栅极信号仍为 180°正偏，180°反偏，且 V_1 和 V_2 的栅极信号互补，V_3 和 V_4 的栅极信号互补，但 V_3 的基极信号不是比 V_1 落后 180°，而是只落后 θ。也就是说，V_3 和 V_4 的栅极信号不是分别和 V_2、V_1 的栅极信号同相位，而是前移了 $180°-\theta$。这样，输出电压 u_o 就不再是正、负各为 180°的脉冲，而是正、负各为 θ 的脉冲。

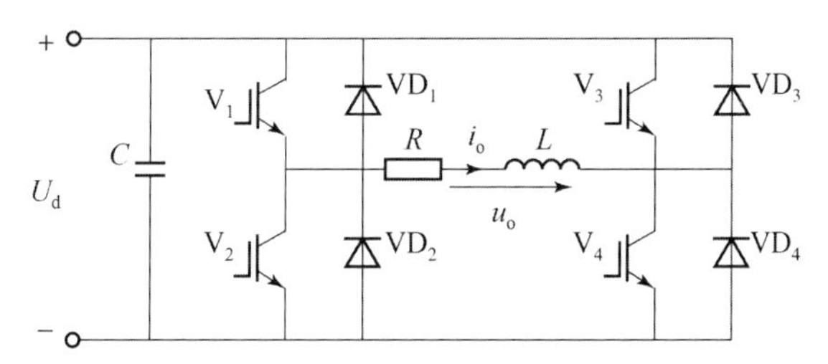

图 6－25　单相全桥电压型逆变电路（阻感性负载）

设在 t_1 时刻前 V_1 和 V_4 导通，输出电压 u_o 为 U_d，V_3 和 V_4 的栅极信号反向，V_4 截止，而因负载电感中的电流 i_o 不能突变，所以 V_3 不能立刻导通，VD_3 导通续流。因为 V_1 和 VD_3 同时导通，所以输出电压为零。到 t_2 时刻 V_1 和 V_2 栅极信号反向，V_1 截止，而 V_2 不能立刻导通，VD_2 导通续流，和 VD_3 构成电流通道，输出电压为 $-U_d$。到负载电流过零并开始反向时，VD_2 和 VD_3 截止，V_2 和 V_3 开始导通，u_o 仍为 $-U_d$。在 t_3 时刻 V_3 和 V_4 栅极信号再次反向，V_3 截止，而 V_4 不能立刻导通，VD_4 导通续流，u_o 再次为零。之后循环此过程。

2. 功率变换器典型运行特征研究

功率变换器是一种将输入电源的电压和电流转换为所需输出电压和电流的器件。本书主要应用了高频逆变器、高频整流器以及 DC－DC 变换器。

高频逆变器在高频状态下，将母线直流电压变换为交流电压，全桥逆变电路的电能转化率决定了系统传输效率，如果采用合适的控制电路，选择合适的电路器件，则能大幅降低逆变电路的损耗。在全桥逆变电路中，损耗来自二极管的导通损耗与功率开关管的开关损耗。其有以下主要特征。

（1）直流侧为电压源，或并联有大电容，相当于电压源。直流侧电压基本无脉动，直流回路呈现低阻抗。

（2）由于直流电压源的钳位作用，交流侧输出电压波形为矩形波，并且与负载阻抗角无关。交流侧输出电流波形和相位因负载阻抗情况的不同而不同。

（3）当交流侧为阻感负载时需要提供无功功率，直流侧电容起缓冲无功能量的作用。为了给交流侧向直流侧反馈的无功能量提供通道，逆变桥各臂都并联了二极管。

高频整流电路即在高频条件下将交流电变换为直流电，无线能量传输系统接收端的电能变换电路一般是指整流滤波电路，通常为了保持恒压或者恒流输出，往往会在后级加入DC－DC变换器。

DC－DC变流电路是将直流电变为另一固定电压或者可调电压的直流电，包括直接直流变流电路和间接直流变流电路。直接直流变流电路也称为斩波电路（DC hopper），它的功能是将直流电变为另一种固定电压或者可调电压的直流电，在这种情况下，输入与输出之间不隔离。间接直流变流电路是在直流交流电路中增加了交流环节，在交流环节中通常采用变压器实现输入/输出之间的隔离，因此也称之为带隔离的DC－DC变流电路或直－交－直电路。

升降压斩波电路（buck－boost）中电容与电感很大。升降压斩波电路的基本工作原理是：当可控开关V处于通态时，电源E经V向电感L供电，使其储存能量，此时电流为i_1。同时，电容C维持输出电压基本恒定并向负载R供电。此后，使V关断，电感L中储存的能量向负载释放，电流为i_2。可见，负载电压极性为上负下正，与电源电压极性相反，与前面介绍的降压斩波电路和升压斩波电路的情况正好相反，因此该电路也称作反极性斩波电路。

6.3.4 变换器集成优化与高效电能变换实现

6.3.4.1 发射端变换器集成优化

双路逆变器并联，在同一块PCB上画出两路逆变，其满足高频工作环境要求，具有很高的换向强度，损耗低，便于驱动。

常用的全桥逆变电路开关管一般为IGBT或者MOSFET。MOSFET相较于IGBT而言，工作时通态损耗更低，更适用于中高频工作环境，且其驱动电路较简单，有优良的热稳定性，能满足本书试验设计要求，因此选用的开关器件为C3M0065090D，其主要参数如表6－15所示。

表6－15 C3M0065090D主要参数

参数名称	参数值
V_{DS}/V	900
V_{GS}/V	－6～＋15
I_D/A	36
R_{ON}（导通电阻）/mΩ	65

表 6－15 中，V_{DS}为 MOSFET 漏－源极额定直流电压，I_D为漏－源极最大电流，V_{GS}为栅极阈值电压。

为了使逆变器更安全可靠地工作，并提高系统效率，需要使逆变器工作于软开关状态。现代电力电子装置发展趋势是小型化和轻量化，同时对装置效率和电磁兼容性有更高要求，而滤波电感、电容和变压器在装置体积中占据很大比例，通过提高开关频率可以减小滤波器的参数，并使变压器小型化，从而有效地减小装置的体积和质量，但是提高开关频率会导致开关损耗增加，电路元器件发热严重，电路效率下降，电磁干扰增大。

6.3.4.2　接收端变换器集成优化

图 6－26 所示为高频整流电路 PCB 模型。桥式整流电路由 4 个二极管组成，结构简单，工作稳定，可靠性和稳定性高。桥式整流电路可以将交流输入电压转换为直流输出电压，转换效率较高，降低了能量损耗。桥式整流电路的输出电压高，纹波电压较低，管子所承受的最大反向电压较低。因此，本项目选用单相桥式整流电路。其仿真原理图如图 6－27 所示。

图 6－26　高频整流电路 PCB 模型

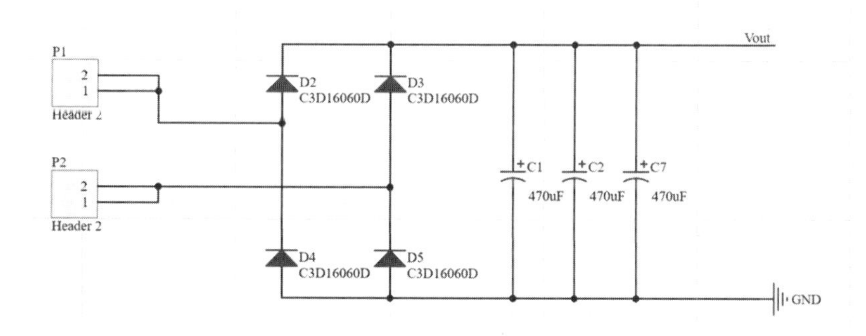

图 6－27　单相桥式整流电路仿真原理图

系统工作的频率较高，普通整流模块并不能满足要求。高频整流二极管反向恢复时间短，开通关断损耗小，因此选择肖特基二极管。根据系统工作参数，选用的肖特基二极管型号为 C3D16060D，利用封装模块将 4 个独立式肖特基二极管封装在一起，其主要参数如表 6－16 所示。

表 6 – 16　C3D16060D 主要参数

参数名称	参数值
V_{RRM}反向重复峰值电压/V	600
V_F（TC = 25 ℃）最大降落电压/V	1.5
I_F（AV）（TC = 25 ℃）平均整形正向电流/A	2 × 23

经过高频整流后输出的直流电会有高次谐波产生，不利于系统性能的稳定，在高频整流电路输出端需滤除高次谐波。选用耐压大于 900 V 的滤波电容进行滤波。

6.3.4.3　无线能量传输软件集成设计

结合硬件设计，在驱动逆变器时需要用到 4 路 PWM 波，因此在 DSP 芯片中选择 EPwm1 A、EPwm1B、EPwm2A、EPwm2B 进行驱动。其中，EPwm1 A 和 EPwm1B 为一对带有死区时间、互补的 PWM 波；EPwm2A 和 EPwm2B 为一对带有死区时间、互补的 PWM 波。相应的程序配置如图 6 – 28 和图 6 – 29 所示。

```
main.c  pwm.c ×
59 void EPWM1_Init(Uint16 tbprd)   //tbprd 为设定的频率
60 {
61     // Setup Sync初始化时基模块TB
62     EPwm1Regs.TBCTL.bit.SYNCOSEL = TB_SYNC_DISABLE;  //  Pass through   值为3 禁用EPWMxSYNCO信号
63     // Allow each timer to be sync'ed
64     EPwm1Regs.TBCTL.bit.PHSEN = TB_DISABLE;     // 值为0  禁止TBCTR加载相位
65     EPwm1Regs.TBPHS.half.TBPHS = 0;             //ePWM时基计数器的相位设为0
66     EPwm1Regs.TBCTR = 0x0000;                   // Clear counter 清零时基计数寄存器
67     EPwm1Regs.TBPRD = tbprd;                    //设定 PWM 周期为 tbprd+1 个 TBCLK 时钟周期  时基计数寄存器设为tbprd
68     EPwm1Regs.TBCTL.bit.CTRMODE = TB_COUNT_UP;     // Count up 值为0 向上计数模式
69     EPwm1Regs.TBCTL.bit.HSPCLKDIV=TB_DIV1;     //不分频即TBCLK=150M
70     EPwm1Regs.TBCTL.bit.CLKDIV=TB_DIV1;          //
71
72     // Setup shadow register load on ZERO
73     //初始化比较模式 CC
74     EPwm1Regs.CMPCTL.bit.SHDWAMODE = CC_SHADOW;  // 值为0 影子装载模式  直接装载模式  ，与影子装载相对应
75     EPwm1Regs.CMPCTL.bit.SHDWBMODE = CC_SHADOW;
76     EPwm1Regs.CMPCTL.bit.LOADAMODE = CC_CTR_ZERO; //决定CMPA或者CMPB主寄存器何时从映射寄存器中加载数据
77     EPwm1Regs.CMPCTL.bit.LOADBMODE = CC_CTR_ZERO;
78 //    // Set actions
79     EPwm1Regs.AQCTLA.bit.ZRO = AQ_SET    ;
80     EPwm1Regs.AQCTLA.bit.CAU = AQ_CLEAR    ;          // Clear PWM1A on event A, up count
81     EPwm1Regs.AQCTLB.bit.ZRO = 0    ;
82     EPwm1Regs.AQCTLB.bit.CBU = AQ_CLEAR;             // Set PWM1B on Zero
83
```

图 6 – 28　EPwm1 配置程序

```
main.c  pwm.c ×
98 void EPWM2_Init(Uint16 tbprd)   //tbprd 为设定的频率
99 {
100     // Setup Sync初始化时基模块TB
101     EPwm2Regs.TBCTL.bit.SYNCOSEL = TB_SYNC_DISABLE;  //  Pass through   值为3 禁用EPWMxSYNCO信号
102     // Allow each timer to be sync'ed
103     EPwm2Regs.TBCTL.bit.PHSEN = TB_DISABLE;     // 值为0  禁止TBCTR加载相位
104     EPwm2Regs.TBPHS.half.TBPHS = 0;             //ePWM时基计数器的相位设为0
105     EPwm2Regs.TBCTR = 0x0000;                   // Clear counter 清零时基计数寄存器
106     EPwm2Regs.TBPRD = tbprd;                    //设定 PWM 周期为 tbprd+1 个 TBCLK 时钟周期  时基计数寄存器设为tbprd
107     EPwm2Regs.TBCTL.bit.CTRMODE = TB_COUNT_UP;     // Count up 值为0 向上计数模式
108     EPwm2Regs.TBCTL.bit.HSPCLKDIV=TB_DIV1;     //不分频即TBCLK=150M
109     EPwm2Regs.TBCTL.bit.CLKDIV=TB_DIV1;          //
110
111     // Setup shadow register load on ZERO
112     //初始化比较模式 CC
113     EPwm2Regs.CMPCTL.bit.SHDWAMODE = CC_SHADOW;  // 值为0 影子装载模式  直接装载模式  ，与影子装载相对应
114     EPwm2Regs.CMPCTL.bit.SHDWBMODE = CC_SHADOW;
115     EPwm2Regs.CMPCTL.bit.LOADAMODE = CC_CTR_ZERO; //决定CMPA或者CMPB主寄存器何时从映射寄存器中加载数据
116     EPwm2Regs.CMPCTL.bit.LOADBMODE = CC_CTR_ZERO;
117 //    // Set actions
118     EPwm2Regs.AQCTLA.bit.ZRO = AQ_SET    ;
119     EPwm2Regs.AQCTLA.bit.CAU = AQ_CLEAR    ;          // Clear PWM2A on event A, up count
120     EPwm2Regs.AQCTLB.bit.ZRO = 0    ;
121     EPwm2Regs.AQCTLB.bit.CBU = AQ_CLEAR;             // Set PWM2B on Zero
122
123    // EPwm2Regs.DBCTL.bit.IN_MODE = DBA_ALL;
124     EPwm2Regs.DBRED = DBTIME1;      //设定死区时间  该数X Tbclk  为死区时间
125     EPwm2Regs.DBFED = DBTIME1;
```

图 6 – 29　Epwm2 配置程序

6.3.4.4　高效电能变换仿真验证分析

在 MATLAB/Simulink 中搭建 DC－DC 电路仿真模型，对所设计的硬件电路进行验证。DC－DC 变换器开环仿真模型与输出电压波形如图 6－30 所示。

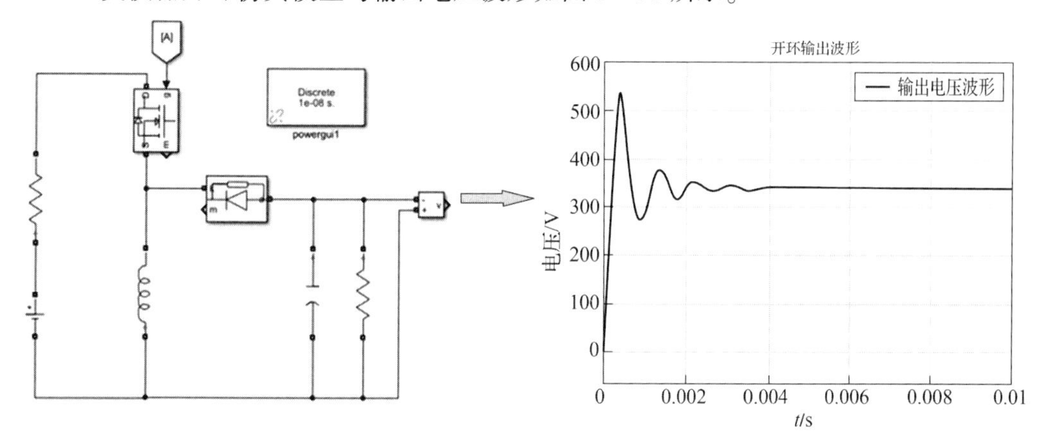

图 6－30　DC－DC 变换器开环仿真模型与输出电压波形

从图 6－30 分析得出，DC－DC 变换器在开环情况下，输出电压波形波动较大。将图 6－30中的开环 DC－DC 变换器增加闭环控制，如图 6－31 所示，输出电压无超调，稳定时间缩短。

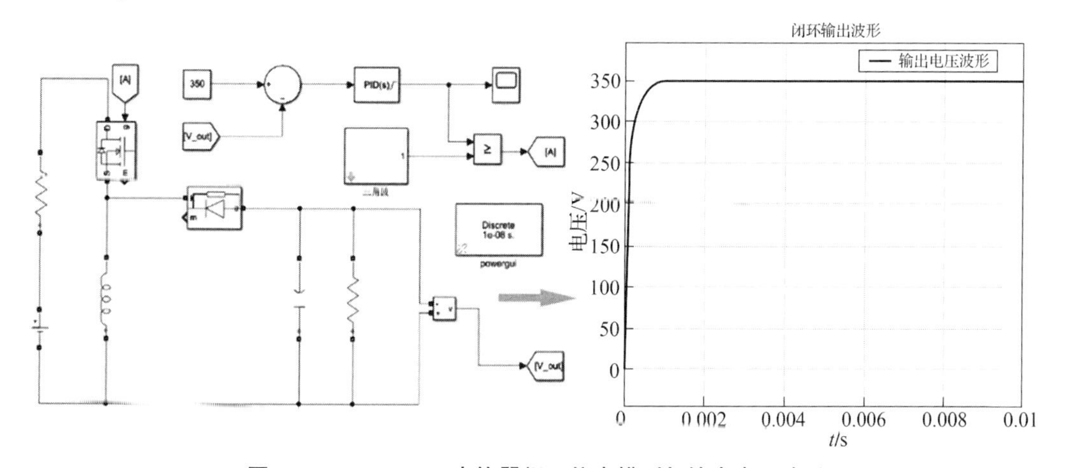

图 6－31　DC－DC 变换器闭环仿真模型与输出电压波形

整体电路 Simulink 仿真如图 6－32 所示。在 MATLAB 中搭建整体电路仿真模型，包括逆变器、发射线圈及其拓扑结构、接收线圈及其拓扑结构、整流桥、DC－DC 变换器。

根据上述理论，对各个参数进行设定，利用 Simulink 进行电路仿真，系统重要节点波形仿真结果如图 6－33 所示。逆变器输出电压、电流波形如图 6－33（a）所示，输出电压波形为方波，符合设计要求。发射线圈和接收线圈电流波形如图 6－33（b）、（c）所示，波形为稳定的正弦波。整流桥输入、输出电压波形如图 6－33（d）、（e）所示，整流桥输入电压波形为近似方波，输出电压波形经过短时间波动后稳定为恒定波形。图 6－33（f）所示为系统输出电压波形。

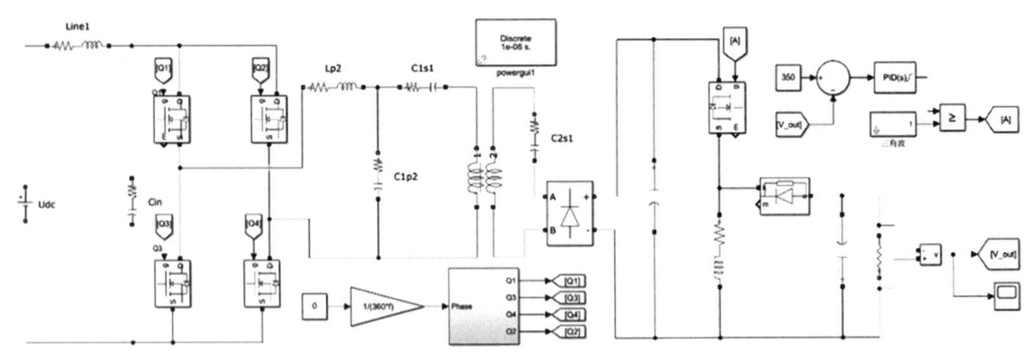

图 6－32　整体电路 Simulink 仿真

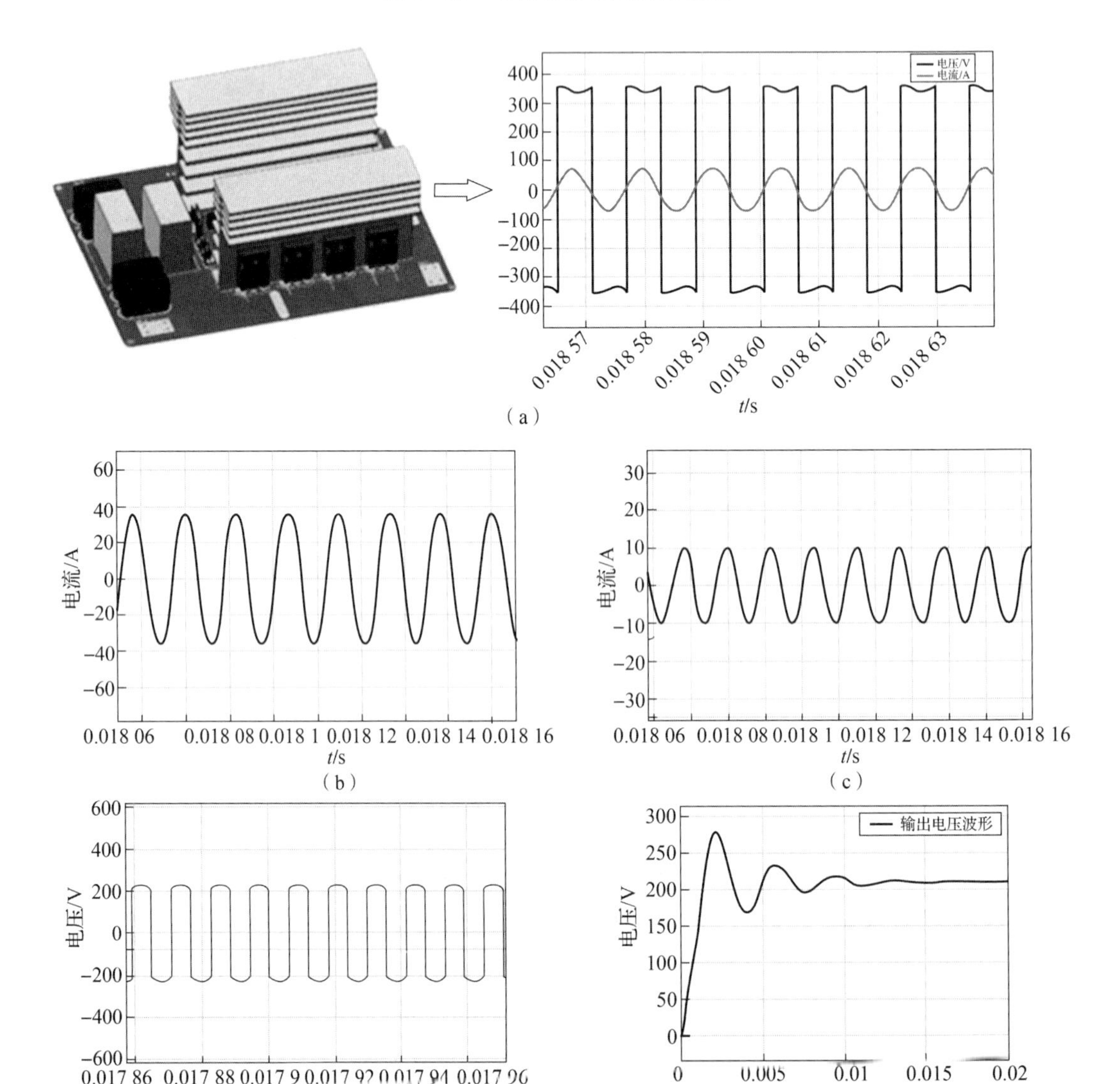

图 6－33　系统重要节点波形仿真结果

（a）逆变器输出电压、电流波形图；（b）发射线圈电流波形；（c）接收线圈电流波形

（d）整流桥输入电压波形；（e）整流桥输出电压波形

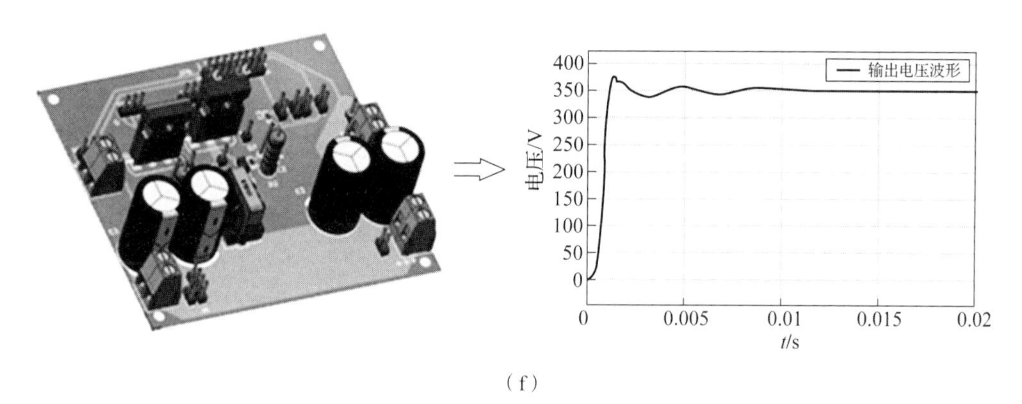

（f）

图 6－33　系统重要节点波形仿真结果（续）

（f）系统输出电压波形图

6.3.4.5　高效电能变换试验验证分析

在如下试验条件下，进行试验验证。

（1）试验场景：实验室室内环境。

（2）温度：10～20 ℃。

（3）相对湿度：20%～65%。

（4）大气压力：86～106 kPa。

装备与设备安装地点应无强烈振动和冲击，使用地点无爆炸危险介质，周围介质不含有腐蚀金属和破坏绝缘的有害气体及导电介质。

搭建试验平台，如图 6－34 所示。试验验证得到逆变器和整流桥输出电压、电流波形，如图 6－35 和图 6－36 所示。

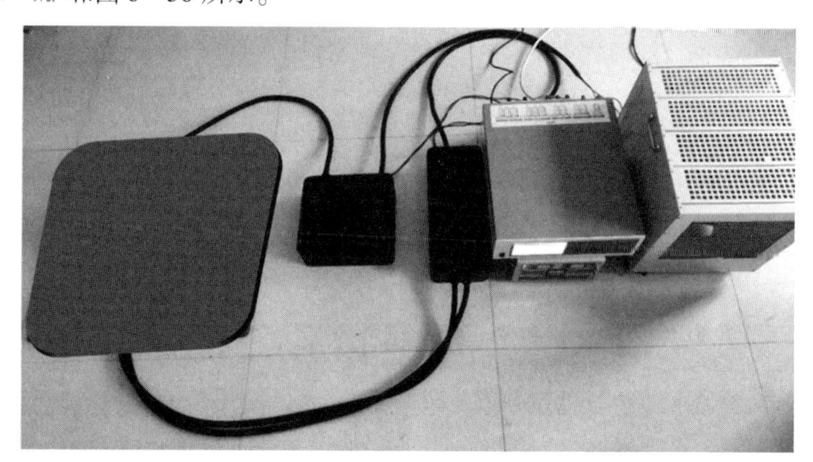

图 6－34　试验平台

从图 6－35 可以看出输入电压为 600 V 左右，在试验允许误差范围内，验证了所设计的逆变器符合要求。

从图 6－36 可以看出，整流桥输出电压在 490 V 左右，在试验允许的误差范围内，验证了所设计的整流桥符合要求。

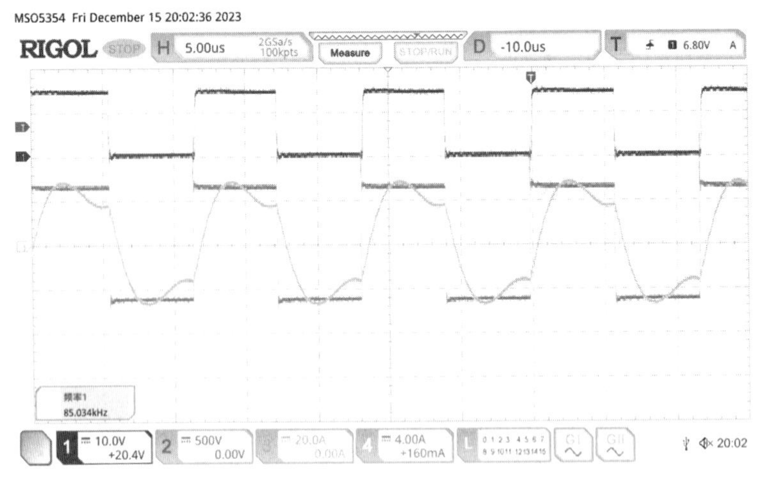

图 6－35　逆变器输出电压、电流波形

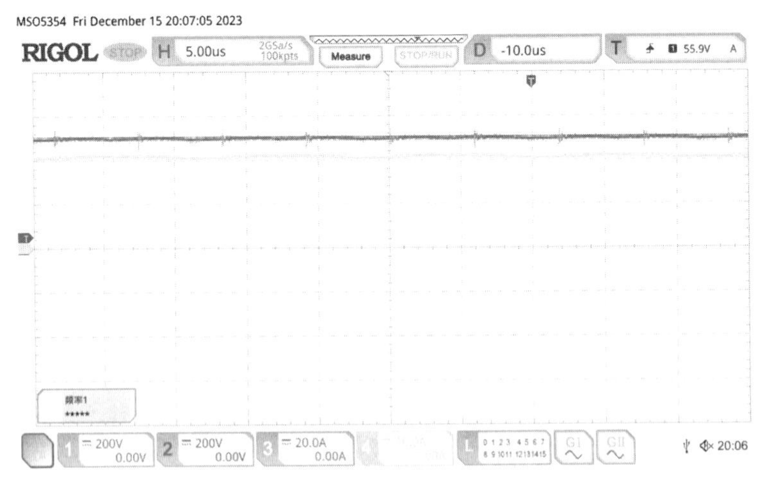

图 6－36　整流桥输出电压、电流波形

在额定工况下分析测试结果：当发射、接收线圈正对且负载额定时，驱动波形中高电平电压为 15 V，占空比为 50%，符合设计要求。功率分析仪测试结果如图 6－37 所示。

[CH1]	[TEST]		
U_{rms} :	623.12	V	U - Auto [300V]
I_{rms} :	18.097	A	I - Auto [10A]
P :	11.240	kW	
Upk : 648.64 V	Ipk : 23.334 A		
U+pk : 648.64 V	I+pk : 23.334 A		
U-pk : 598.41 V	I-pk : 12.351 A		
Udc : 623.09 V	Idc : 18.033 A		

[CH2]	[TEST]		
U_{rms} :	490.80	V	U - Auto [150V]
I_{rms} :	20.774	A	I - Auto [10A]
P :	10.196	kW	
Upk : 497.43 V	Ipk : 21.060 A		
U+pk : 497.43 V	I+pk : 21.060 A		
U-pk : 481.80 V	I-pk : 20.402 A		
Udc : 490.79 V	Idc : 20.774 A		

图 6－37　额定工况下功率分析仪测试结果

通过功率分析仪显示的数据可知，单模块无线能量传输系统样机最终输出电压基本保持在490 V左右，输出电流为20.774 A，传输功率为10.196 kW。进一步计算可知，系统最高传输效率为90.71%，系统最高传输功率为10.196 kW，满足高效无线能量传输系统的技术指标要求。

6.4 单模块无线能量传输系统样机研制

6.4.1 发射端硬件电路设计

6.4.1.1 总体设计方案

1. 高频逆变电路设计要求

（1）输入电压：≥600 V。

（2）工作频率：85 kHz。

（3）驱动电路：具备驱动10 kW逆变器的能力。

（4）隔离电路：驱动电路与主电路之间进行电气隔离，主电路和控制电路隔离。

2. 谐振补偿电路设计

（1）封装：SIP。

（2）耐压值：有效值约为1 300 V。

（3）额定电流：约65 A。

（4）原边补偿电容：采用多路并联、多个串联的连接形式。

6.4.1.2 高频逆变电路设计

经综合考虑，选取电压型逆变电路，其直流侧电压基本无脉动，直流回路呈现低阻抗。为了应对逆变电路中的电流过大问题，采用双路并联逆变器，以起到分流作用，减小逆变器的负荷，确保MOS管温度不会超过限定值，保证电路的安全性。逆变器PCB如图6-38所示。

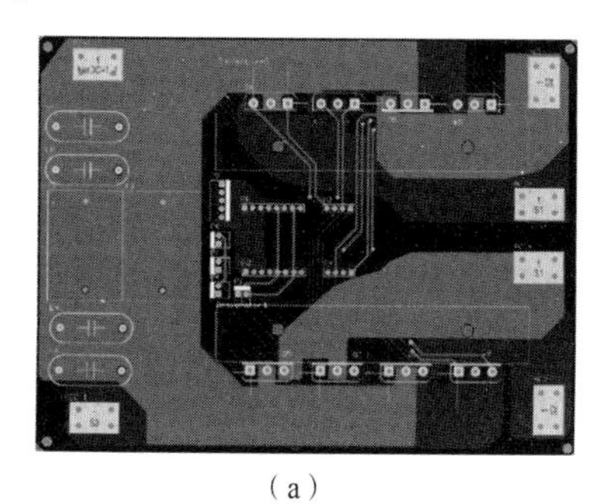

（a）

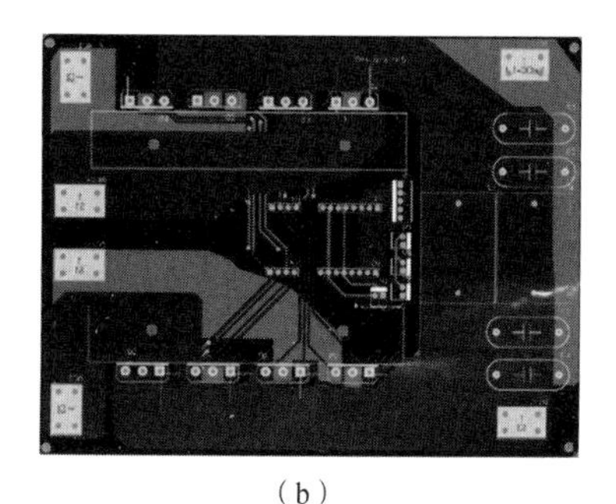

（b）

图6-38 逆变器PCB

（a）逆变器PCB正面；（b）逆变器PCB反面

逆变电路采用双路并联的形式。

由 6.3.4.1 小节可知，单纯提高开关频率不足以解决器件小型化问题，需要软开关技术来解决开关损耗问题。

电路中器件开关过程中电压、电流均不为零，出现了重叠，有显著的开关损耗，而且电压和电流变化得很快，波形出现明显的过冲，从而产生开关噪声，这样的开关过程称为硬开关，主要开关过程为硬开关的电路称为硬开关电路。开关损耗与开关频率呈线性关系，因此当硬开关电路工作频率不高时，开关损耗占损耗的比例不高，但是随着开关频率的增加，开关损耗越来越显著，这时必须采用软开关技术来降低开关损耗。

考虑到逆变器母线电压较高，为了使逆变器输出电压稳定，在逆变器母线并联电容。逆变器母线电容是逆变器电路中的一个重要组成部分，它的作用是储存电能，平滑电压波动，保证逆变器输出电压的稳定性和可靠性。逆变器母线电容的作用主要有以下几个方面。

（1）平滑电压波动。逆变器输出电压的波动会影响电子设备的正常工作，因此需要通过逆变器母线电容来平滑电压波动。当逆变器输出电压波动时，逆变器母线电容会吸收电能，使电压波动减小，从而保证逆变器输出电压的稳定性。

（2）提高逆变器效率。逆变器母线电容可以提高逆变器的效率。当逆变器输出电流变化时，逆变器母线电容可以提供短时间内的电流，从而降低逆变器的开关损耗，提高逆变器的效率。

（3）保护逆变器。逆变器母线电容可以起到保护逆变器的作用，防止母线端的电压过充和瞬时电压，削弱母线的尖峰电压。

选择的逆变器母线电容型号为 C3D2H226KB00382，该电容为金属化聚丙烯结构，有良好的电气性能，用塑料外壳封装，以阻燃环氧树脂填充，广泛应用在高性能直流滤波应用场合，其实物如图 6－39 所示。

为了使开关管能被开关信号正常控制，还需要驱动电路。驱动电路的基本任务是将信息电子电路传来的信号按照其控制目标转换为加在电力电子器件控制端和公共端之间，可以使其开通或关断的信号。对半控型器件只需提供开通控制信号，对全控型器件则既要提供开通控制信号，又要提供关断控制信号，以保证器件按要求可靠导通或关断。

图 6－39 C3D2H226KB00382 电容实物

驱动电路还要提供控制电路与主电路之间的电气隔离环节。一般采用光隔离或磁隔离。光隔离一般采用光耦合器。光隔离相较于其他隔离方式，其占空比任意可调、隔离耐压高、单向传输信号范围可从 DC 到数 MHz，因此选用 A3120 光隔离电路。光耦合器由发光二极管和光敏晶体管组成，封装在一个外壳内。其类型有普通、高速和高传输比三种。普通光耦合器的输出特性和晶体管相似，只是其电流传输比 I_c/I_p 比晶体管的电流放大倍数 β 小得多，一般只有0.1～0.3。高传输比光耦合器的 I_c/I_p 大得多。普通光耦合器的响应时间为 10 μs 左右。高速光耦合器的光敏二极管中流过的是反向电流，其响应时间短于 1.5 μs。磁隔离元件通常是脉冲变压器。当脉冲较宽时，为了避免铁芯饱和，常采用高频调制解调的方法。

光耦合器也称为光电隔离器或光电耦合器，简称光耦。光耦合器由光发射、光接收和信号放大三部分组成。光耦合器的作用是有效隔离电气上的输入和输出电路，其信号可以以光的形式传输，具有良好的抗干扰效果。由于它对输入和输出电信号具有良好的隔离效果，所以它广泛用于各种电路中。

按照驱动电路加在电力电子器件控制端和公共端之间信号的性质，可以将电力电子器件分为电流驱动型和电压驱动型两类。晶闸管虽然属于电流驱动型器件，但它是半控型器件，因此很少采用该方式。目前主流的驱动器件为电压驱动型器件，它能够在可靠开通开关管的基础上消耗更低的功率。图 6 - 40 所示为本书采用的驱动电路仿真原理图，图 6 - 41 所示为驱动电路 PCB。

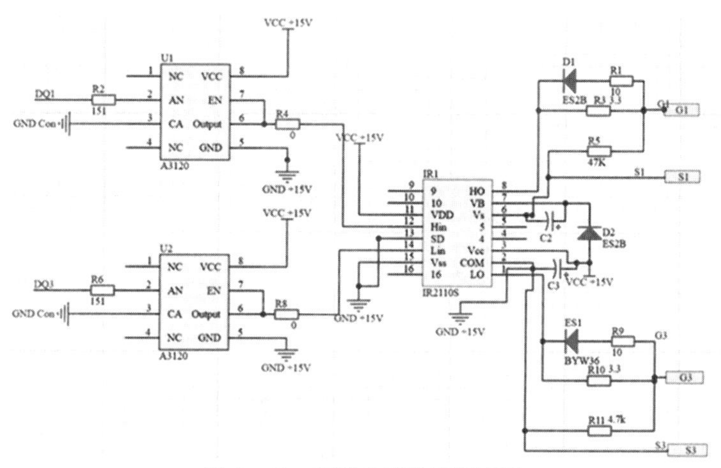

图 6 - 40　驱动电路仿真原理图

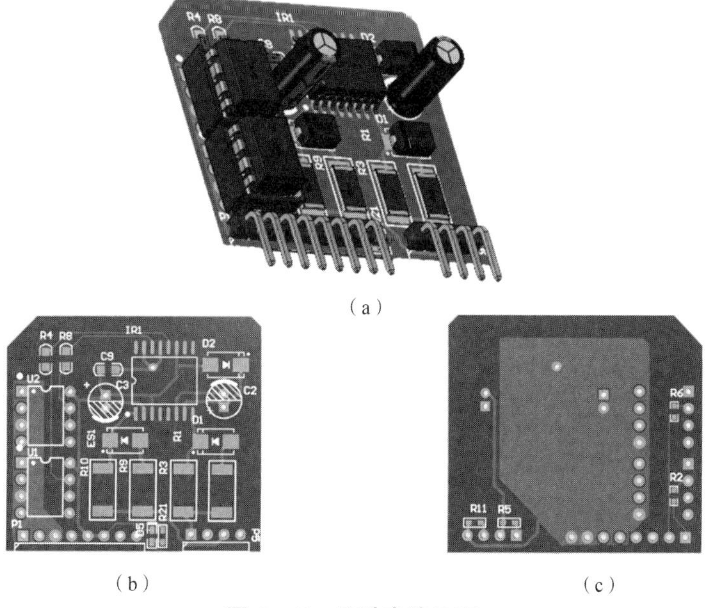

图 6 - 41　驱动电路 PCB

(a) 驱动电路 PCB 整体；(b) 驱动电路 PCB 正面；(c) 驱动电路 PCB 反面

图6－40中U1、U2为A3120光耦合器，IR1为IR2110驱动芯片。A3120光耦合器以光为媒介传输电信号，又名HCPL－3120，即HCPL－3120门驱动光电耦合器，内含GaAsP LED，通过光学耦合连接到带有功率级输出的集成电路，其最大峰值输出电流为2.5 A，最大开关频率为250 kHz，输出级的大工作电压范围提供了门控器件所需的驱动电压。它对输入、输出电信号有良好的隔离作用。因此，它在各种电路中得到了广泛的应用。目前它已成为种类最多、用途最广的光电器件之一。

在光耦合器中，输入的电信号驱动LED，使之发出一定波长的光，被光探测器接收而产生光电流，再经过进一步放大后输出。这就完成了“电—光—电”的转换，从而起到输入、输出、隔离的作用。由于光耦合器的输入、输出互相隔离，而电信号传输具有单向性等特点，因此其具有良好的电绝缘能力和抗干扰能力。它在长线传输信息中作为终端隔离元件可以大大提高信噪比。

如图6－42所示，ANODE－CATHODE引脚加正压时，VCC－VEE的值为13.5～30 V或者12～30 V皆可，在V_O端输出高电平。在引脚5和引脚8之间必须连接一个0.1 μF的旁路电容器。表6－17为A3120光耦合器真值表。

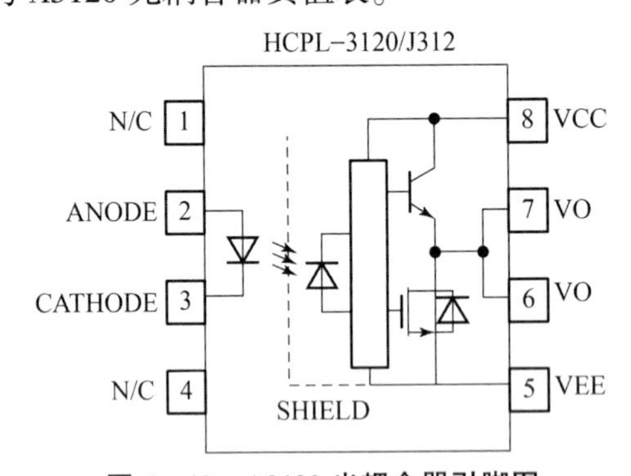

图6－42 A3120光耦合器引脚图

表6－17 A3120光耦合器真值表

LED	VCC－VEE（正极性）/V	VCC－VEE（负极性）/V	VO
灭	0～30	0～30	低电平
亮	0～11	0～9.5	低电平
亮	11～13.5	9.5～12	转换过程
亮	13.5～30	12～30	高电平

A3120光耦合器具有以下特性。

（1）最大峰值输出电流为2.5 A。

（2）最小峰值输出电流为2.0 A。

（3）在V_{CM}=1 500 V时有25 kV/μs的共模信号抑制（CMR）。

（4）最高低电平输出电压为0.5 V。

（5）V_{CC}的大工作范围为15～30 V。

（6）最高开关速度为500 ns。

（7）温度范围为 -40 ~ 100 ℃。

图6-43所示为IR2110S驱动芯片内部框架。该芯片是一种双通道、栅极驱动、高压高速功率器件的单片式集成驱动模块。它具有体积小、成本低、集成度高、响应速度高、偏值电压高、驱动能力强等特点，自推出以来，这种适于功率MOSFET、IGBT驱动的自举式集成电路在电动机调速、电源变换等功率驱动领域获得了广泛的应用。IR2110S采用先进的自举电路和电平转换技术，大大简化了逻辑电路对功率器件的控制要求，使每对MOSFET（上、下管）可以共用一片IR2110S，并且所有的IR2110S可共用一路独立电源。

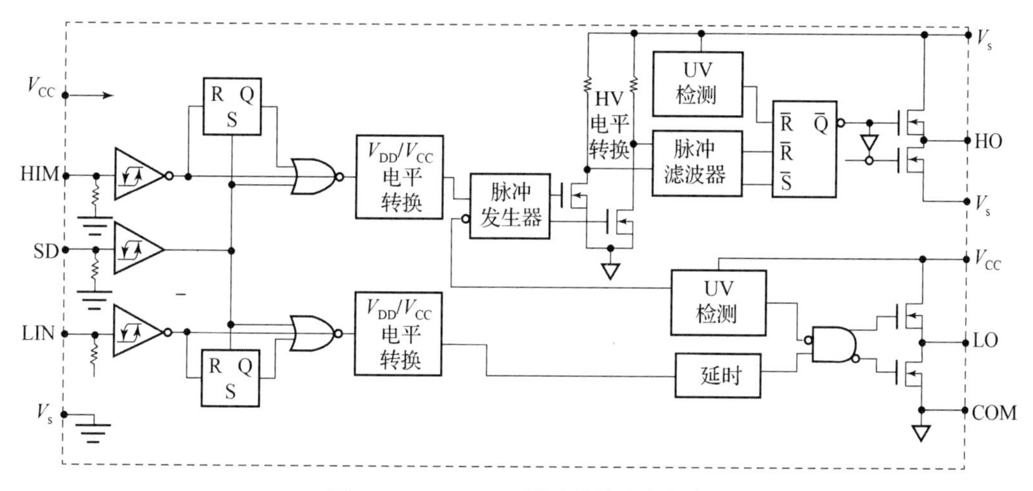

图6-43　IR2110S驱动芯片内部框架

对于典型的6管构成的三相桥式逆变器，可采用3片IR2110S驱动3个桥臂，仅需1路10 ~ 20 V电源。这样，在工程上大大减小了驱动电路的体积，减少了电源数目，简化了系统结构，提高了系统的可靠性。

IR2110S驱动半桥的电路如图6-44、图6-45所示，其中C_1、VD_1分别为自举电容和自举二极管，C_2为V_{CC}的滤波电容。假定在S_1关断期间C_1已经充到足够的电压。

当HIN引脚为高电平时，电路如图6-44所示。VM_1开通，VM_2关断，C_1加到S_1的栅极和源极之间，C_1通过VM_1、R_{g1}以及栅极和源极形成回路放电，这时C_1就相当于一个电压源，从而使S_1导通。由于LIN与HIN是一对互补输入信号，所以此时LIN为低电平，VM_3关断，VM_4导通，这时聚集在S_2栅极和源极的电荷在芯片内部通过R_{g2}迅速对地放电，死区时间的影响使S_2在S_1开通之前迅速关断。

当HIN引脚为低电平时，电路如图6-45所示。VM_1关断，VM_2导通，这时聚集在S_1栅极和源极的电荷在芯片内部通过R_{g1}迅速放电，使S_1关断。经过短暂的死区时间LIN引脚为高电平，VM_3导通，VM_4关断，使V_{CC}经过R_{g2}和S_2的栅极和源极形成回路，使S_2开通。与此同时，V_{CC}经自举二极管，C_1和S_1形成回路，对C_1进行充电，迅速为C_1补充能量，如此循环反复。

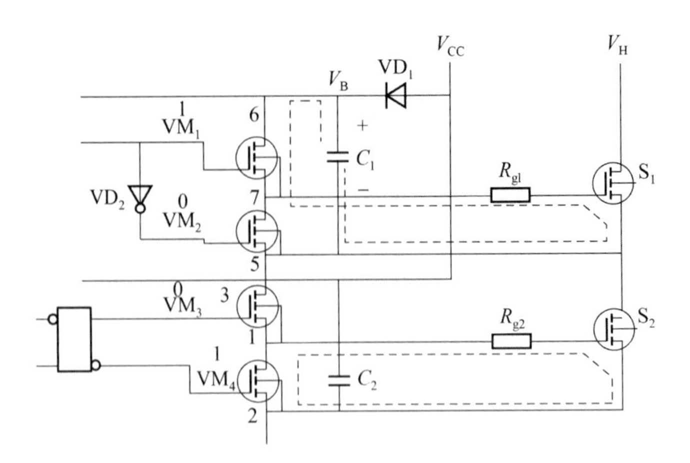

图 6-44 IR2110S 驱动半桥的电路（1）

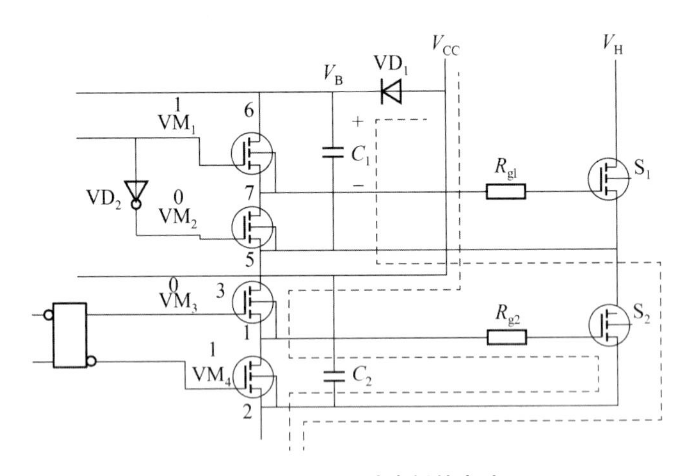

图 6-45 IR2110S 驱动半桥的电路（2）

驱动信号通过 G_1、S_1、G_2、S_2控制同一桥臂两个的 MOSFET①。同时，要注意当管子导通之后，加在二极管 VD_2两端的电压为母线电压，要考虑该二极管的耐压。

6.4.1.3 谐振补偿网络设计

当补偿电容满足谐振条件时，LCC-S 拓扑结构具有恒压输入时恒压输出的特性。与传统低阶补偿拓扑结构相比，该补偿拓扑结构具有零输入无功功率的特性，因此效率更高，且电路增益可利用补偿电感 L_m进行调节，并不受负载影响，而传统低阶补偿拓扑结构无法调节输入/输出增益。

发射端的主电路主要采用电压型全桥式软开关逆变电路，以降低电路中损耗，提高变换电路效率，鉴于 LCC-S 拓扑结构的输出恒压特性，本书采用 LCC-S 拓扑结构。下面分析补偿网络中线圈和谐振电容的选取过程。

---

① 注：G_1、S_1、G_2、S_2图中未显示。

无线能量传输系统主要包括发射和接收线圈，线圈的设计关乎系统性能的好坏。通过该系统线圈的电流为高频交流电，而当导体中通过交流电或者交变电磁场时，导体内部的电流分布不均匀，电流集中在导体的表面，越靠近导体表面，电流的密度越高，导线内部实际上电流很小，这将使导体的电阻增加，使它的损耗功率升高。因此，高频耦合结构设计应考虑线圈的趋肤效应以及邻近效应，同时降低涡流损耗和减小线圈直流内阻。趋肤效应是指当导体中有交流电或交变电磁场时，导体内部的电流分布不均匀，主要集中在导体外表面极薄的部分，随之带来的是导体的交流阻抗增加，使损耗功率增加。

为了降低涡流损耗，选用利兹线的单股线径应小于2倍趋肤深度0.42 mm。根据以上考虑，选用由1 000股单股直径为0.1 mm的利兹线绕制耦合线圈。

利兹线是由多根独立绝缘的导体绞合或编织而成的导线，主要用在高频交流电场合。多根导体绞合的导线可以减小集肤效应。因此，为了减小集肤效应，选用利兹线作为耦合线圈的材料。

相关设计详见6.3.2.1小节，这里不再赘述。

6.4.1.4　辅助电源设计

1. 主辅助电源电路

逆变器的直流母线电压为48 V，首先利用图6－46所示的电路将48 V降到12 V，为整个系统提供电源输入。

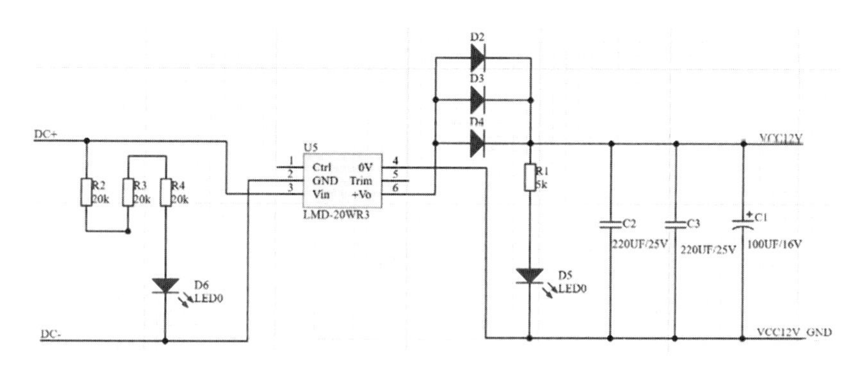

图6－46　48 V转12 V电源电路（仿真）

2. 驱动电源电路

为了给逆变器的驱动器供电，同时将强电和弱电进行隔离，需要设计图6－47所示的隔离供电电路。

3. 控制器供电电源电路

在整个控制器的供电电路设计中需要兼顾运放等的供电，需要多路电源供电，因此设计了如图6－20、图6－21和图6－48所示的供电电路。

逆变器的直流母线电压为600 V，选用金升阳的PV15－27B15R2和VRB1212YMD－20 WR3供电模块给驱动芯片供电，该模块可将600 V降到15 V，为整个系统提供电源输入。

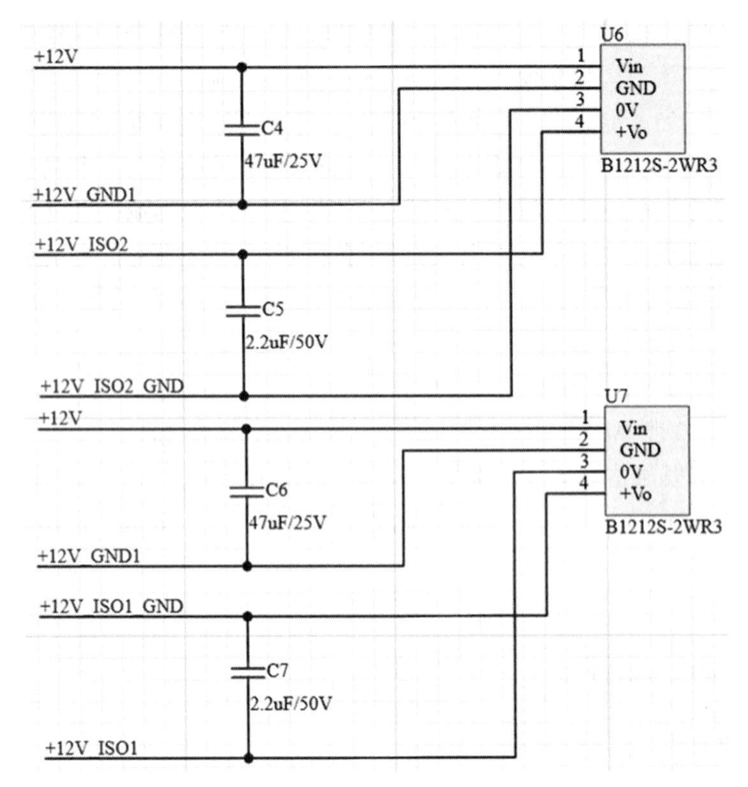

图 6-47　12 V 转双路 12 V 隔离供电电路（仿真）

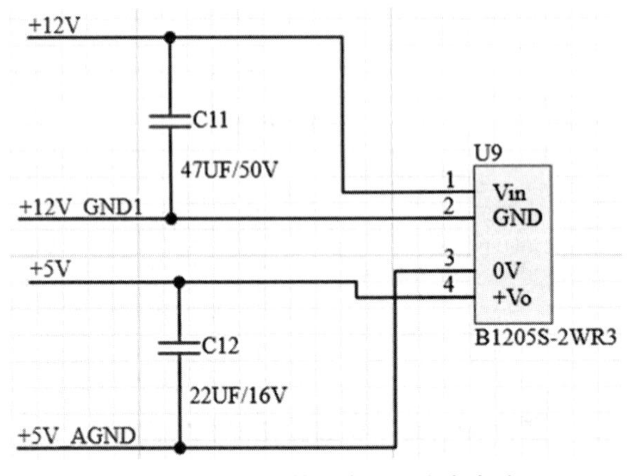

图 6-48　12 V 转隔离 5 V 供电电路

6.4.2　无线能量传输系统接收端硬件电路设计

6.4.2.1　总体设计方案

整流滤波电路设计要求如下。

（1）整流二极管：C3D16060D/600 V。

（2）滤波电容：560 μF/450 V ×2 串联。

（3）输出电压：490 V。

（4）工作频率：85 kHz。

6.4.2.2　高频整流电路设计

具体可参考 6.3.3.1 小节、6.3.4.2 小节，这里不再赘述。

6.4.2.3　DC－DC 变换器设计

buck－boost 变换器具有较大的输出电压范围，这可以使接收线圈的位置更灵活，综合考虑体积、可靠性等因素，最终选择 buck－boost 变换器作为电平匹配电路。

DC－DC 变换器主要由功率主电路、采样电路、控制电路、外部通信电路 4 个电路组成，接下来分析前 3 个电路的设计思路。

1. 功率主电路设计

为了满足整流桥后匹配负载电压的需求，加入 DC－DC 变换器。在上述分析中通过对比各类变换器，选择 buck－boost 变换器作为电平匹配电路。其仿真原理图如图 6－49 所示。buck－boost 变换器 PCB 模型如图 6－50 所示。buck－boost 变换器 PCB 图如图 6－51 所示。

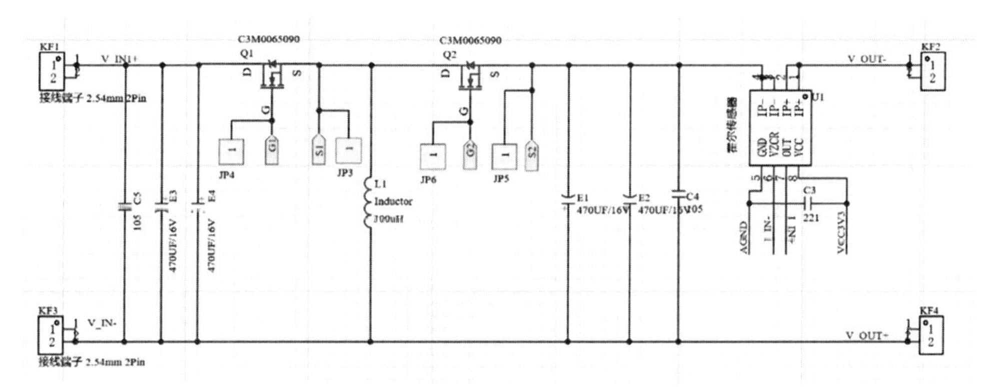

图 6－49　buck－boost 变换器仿真原理图

图 6－50　buck－boost 变换器 PCB 模型

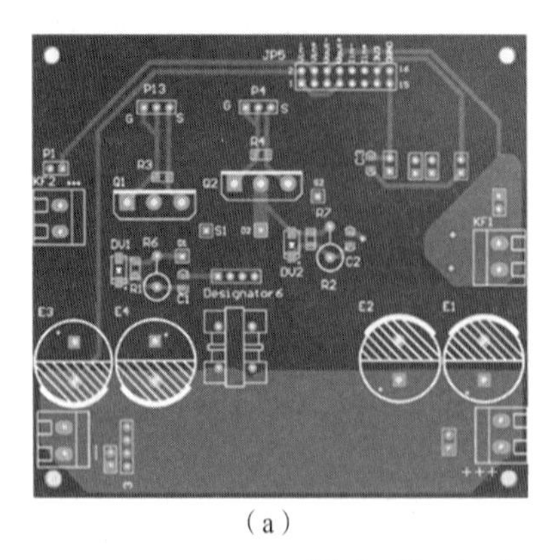

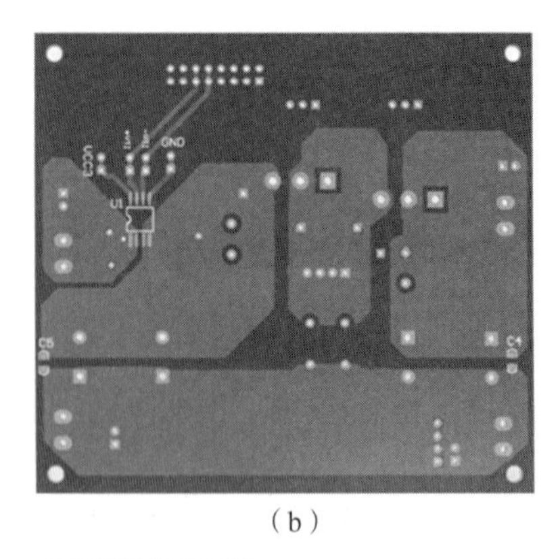

（a） （b）

图 6－51 buck－boost 变换器 PCB 图

（a）PCB 正面；（b）PCB 反面

2. 采样电路设计

为了实现对 DC－DC 变换器输出电压和输出电流的闭环控制，需要对 buck－boost 变换器的电压和电流进行采样。

设计的电压采样电路如图 6－52 所示，其采用差分放大电路，将实际电压范围转换为 buck－boost 控制器准许的输入电压范围。选用的 LMV358 运放是一款轨到轨输入、输出电压反馈、低功耗运算放大器，拥有较宽的输入共模电压和输出摆幅，最低工作电压可达 2.1 V，最高工作电压为 5.5 V。LMV358 在每路运放约 45 μA 功耗的情况下，能提供 1.1 MHz 增益带宽积，具有极小的输入集团电流（约 10 pA 级）。

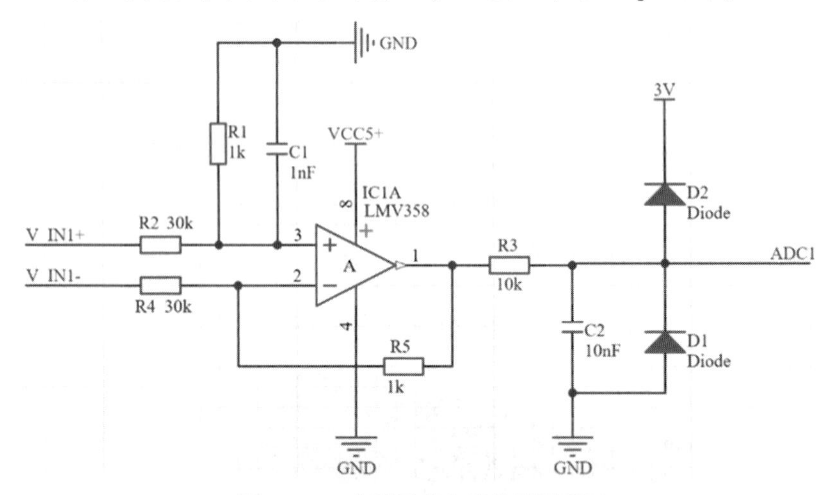

图 6－52 电压采样电路仿真原理图

当需要不同缩放比例的电压采样电路时，仅需改变电阻值即可。

在 Multisim 中搭建的电压采样电路仿真模型，如图 6－53 所示，当输入电压信号为 30 V 时，电压采样电路输出为 1 V，满足 DSP 的 ADC 输入电压范围要求。

电流采样电路采用霍尔传感器将电流信号转换为电压信号，再通过电压采样电路将电压信号放大后传入 DSP，得到实际电流的大小。

选用的霍尔传感器的型号为 CC6920B，其接线如图 6－54 所示。

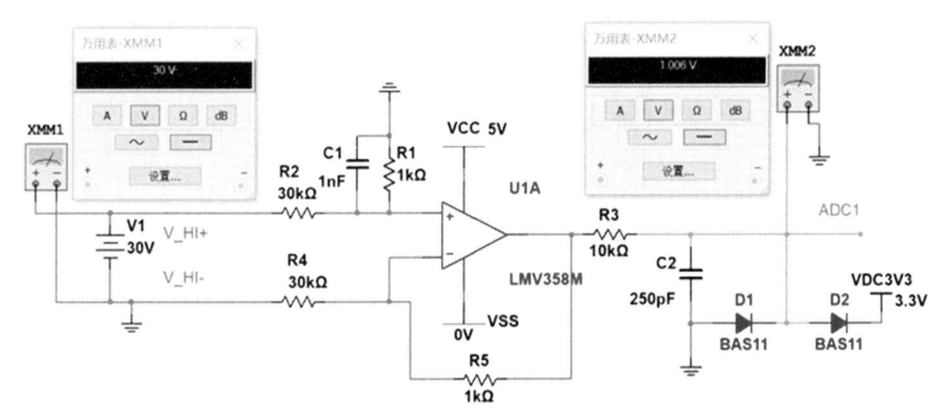

图 6-53　Multisim 电压采样电路仿真模型

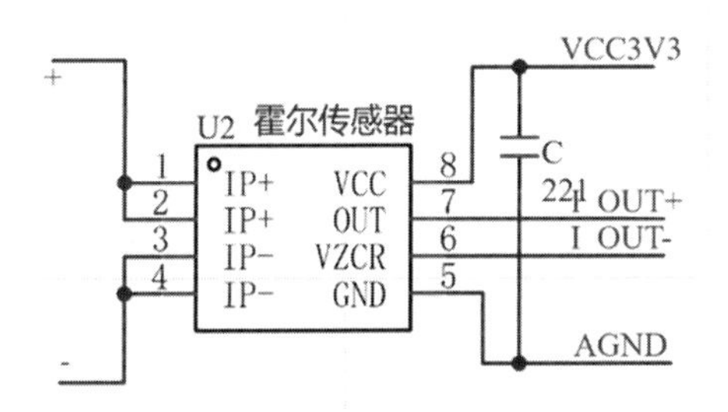

图 6-54　霍尔传感器接线

CC6920B 是一款高性能霍尔传感器，它能够有效地测量直流或交流电流，并具有精度高、线性温度稳定性出色的优点，广泛应用于工业、消费类及通信类设备。

CC6920B 内部集成了一个高精度、低噪声的线性霍尔电路和一根低阻抗的主电流导线。输入电流流经内部的 0.9 mΩ 导线，其产生的磁场在霍尔电路上感应出相应的电信号，经过内部处理电路输出电压信号。低阻抗的导线可最大限度地降低功率损耗和热散耗，内部在输入电流路径与二次侧电路之间提供了 600 V 的基本工作隔离电压和 3 500 V 绝缘耐压。线性霍尔电路采用先进的 BiCMOS 制程生产，包含了高灵敏度霍尔传感器组件、霍尔信号预放大器、共模磁场抑制电路、温度补偿单元、振荡器、动态失调消除电路和放大器输出模块。在无电流的情况下，其静态输出为 50% V_{CC}。

在电源电压为 3.3 V 的条件下，输出可以在 0.33~2.97 V 满围内随磁场线性变化，线性度可达 0.1%。CC6920B 内部集成的差分共模抑制电路可以让芯片输出不受外部干扰磁信号影响，集成的动态失调消除电路使 IC 灵敏度不受外界压力和 IC 封装应力的影响。

电流采样电路仿真原理图如图 6-55 所示。在 Multisim 中搭建的电流采样电路仿真模型如图 6-56 所示，当霍尔传感器的输入电压为 0.5 V 时，经过电流采样电路后的输出电压为 1.5 V。

电压采样电路和电流采样电路的 R3 和 C2 构成 *RC* 滤波电路，只需考虑数据精度和抗干扰性（不考虑时延或相称，可以用于高阶有源滤波器）。开关电源是一个典型的负反馈自动系统，对可靠性和动态响应有非常高的要求，用于反馈的电压或电流采样信号要求尽

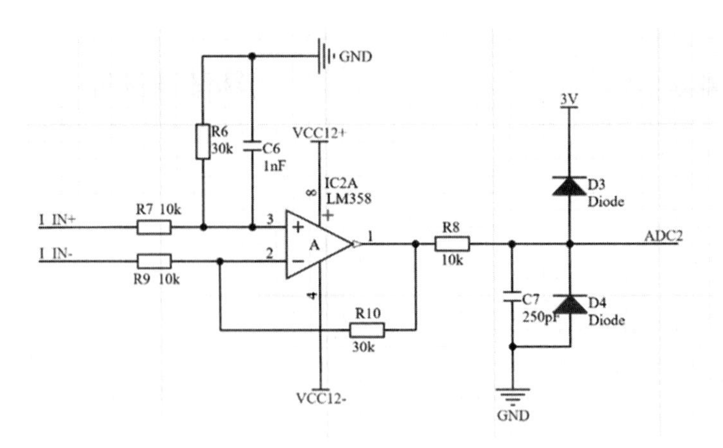

图 6－55 电流采样电路仿真原理图

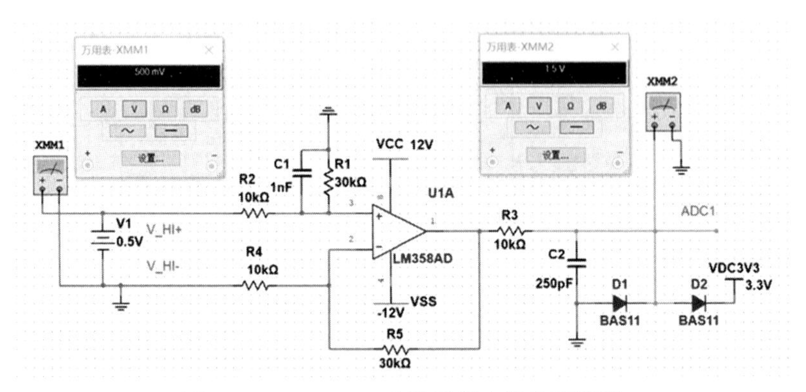

图 6－56 Multisim 电流采样电路仿真模型

量跟踪原信号，因此要求 ADC 采样滤波前后的相位差尽可能小，以获得更大的环路带宽。因此，在电源采样中一般使用一阶滤波器，最典型的就是 *RC* 滤波器。

在本次设计的电路中，*RC* 滤波器的作用就是提供一个电荷缓冲，瞬间提供电荷给内部的采样保持电容。前级 *RC* 滤波器的电容一般为采样保持电容的 20 倍（TI 手册），所采用 ADC 的采样保持电容大约为 12 pF，因此采样电路中最终采用的电容为 250 pF，电阻为 10 kΩ，时间常数为 2.5 μs。

D1 和 D2 为钳位二极管，起到保护 ADC 的作用。当输入 ADC 电压低于 －0.7 V 或高于 3.7 V 时，二极管导通，此时 ADC 输入电压将被限制在 0 V 或 3 V，起到保护 ADC 的作用。采样电路 PCB 模型如图 6－57 所示。

3. 控制电路设计

选用的控制器芯片为 TMS320F28335。为了便于安装和后期维护，将控制器芯片的大多 I/O 端口通过排针引出。该芯片具有以下特点。

（1）电路集成度高。主频最高为 150 MHz，时钟周期为 6.67 ns。

（2）高性能的 32 位 CPU。兼容多种编程语言，包括 C/C++ 等，同时支持汇编语言。

（3）快速中断处理。CPU 级中断有 12 条通道，每条通道被 PIE 利用，分成 8 份，一共有 96 条中断通道。采用 3 级中断机制，分别是外设级中断、PIE 级中断和 CPU 级中断，

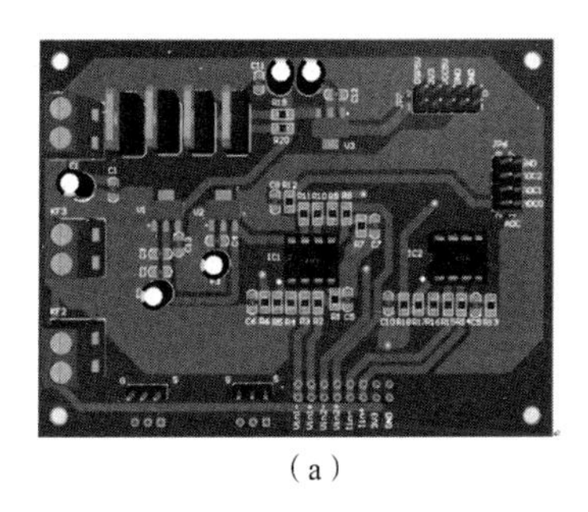

(a)

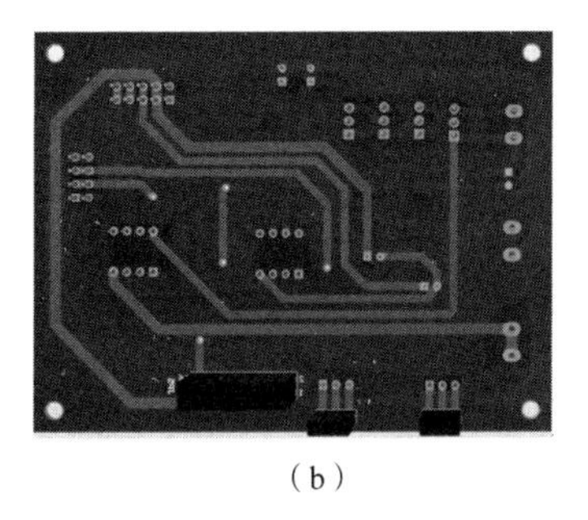

(b)

图6-57 采样电路PCB模型

(a) 采样电路PCB正面；(b) 采样电路PCB反面

最内核部分为CPU级中断，即CPU只能响应来自CPU中断线的中断请求。支持7个外部中断，每一个外部中断可以被选择为上升沿或下降沿触发，也可以被使能或禁止。

6.4.3 无线能量传输系统发射端软件程序设计

6.4.3.1 总体设计方案

无线能量传输系统发射端程序流程如图6-58所示，采用的主控芯片为TMS320F28335，

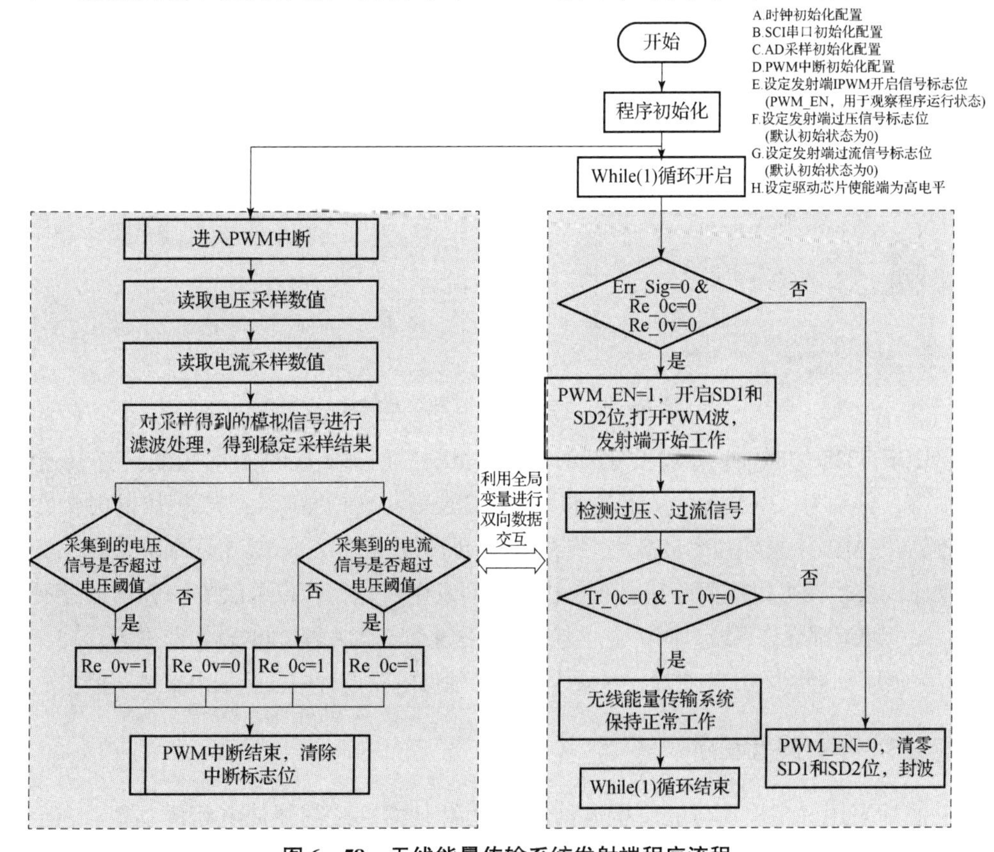

图6-58 无线能量传输系统发射端程序流程

首先需要完成控制器的初始化，包括时钟、AD 采集、GPIO 口的配置等。然后进入到 While（1）主循环开始工作，通过配合 Epwm1 中断使用，检测直流母线电压和电流是否过压、过流，若存在故障信号，则关闭 PWM 波。

6.4.3.2 时钟配置程序

在 DSP 芯片启动时，首先要进行时钟配置，如图 6－59 和图 6－60 所示，分别对整个系统时钟和外设时钟进行配置。

```
main.c    DSP2833x_SysCtrl.c
233 void InitPeripheralClocks(void)
234 {
235    EALLOW;
236
237 // HISPCP/LOSPCP prescale register settings, normally it will be set to default values
238    SysCtrlRegs.HISPCP.all = 0x0001;// 1/2 sysclk 150MHz
239    SysCtrlRegs.LOSPCP.all = 0x0002;// 1/4 sysclk 37.5MHz
240
241 // XCLKOUT to SYSCLKOUT ratio.  By default XCLKOUT = 1/4 SYSCLKOUT
242    // XTIMCLK = SYSCLKOUT/2
243    XintfRegs.XINTCNF2.bit.XTIMCLK = 1;
244    // XCLKOUT = XTIMCLK/2
245    XintfRegs.XINTCNF2.bit.CLKMODE = 1;
246    // Enable XCLKOUT
247    XintfRegs.XINTCNF2.bit.CLKOFF = 0;
248
249 // Peripheral clock enables set for the selected peripherals.
250 // If you are not using a peripheral leave the clock off
251 // to save on power.
252 //
253 // Note: not all peripherals are available on all 2833x derivates.
254 // Refer to the datasheet for your particular device.
255 //
256 // This function is not written to be an example of efficient code.
257
258    SysCtrlRegs.PCLKCR0.bit.ADCENCLK = 1;    // ADC
```

图 6－59 DSP 时钟配置程序

```
main.c    DSP2833x_SysCtrl.c
273    SysCtrlRegs.PCLKCR0.bit.I2CAENCLK = 1;    // I2C
274    SysCtrlRegs.PCLKCR0.bit.SCIAENCLK = 1;    // SCI-A
275    SysCtrlRegs.PCLKCR0.bit.SCIBENCLK = 1;    // SCI-B
276    SysCtrlRegs.PCLKCR0.bit.SCICENCLK = 1;    // SCI-C
277    SysCtrlRegs.PCLKCR0.bit.SPIAENCLK = 1;    // SPI-A
278    SysCtrlRegs.PCLKCR0.bit.MCBSPAENCLK = 1; // McBSP-A
279    SysCtrlRegs.PCLKCR0.bit.MCBSPBENCLK = 1; // McBSP-B
280    SysCtrlRegs.PCLKCR0.bit.ECANAENCLK=1;     // eCAN-A
281    SysCtrlRegs.PCLKCR0.bit.ECANBENCLK=1;     // eCAN-B
282
283    SysCtrlRegs.PCLKCR0.bit.TBCLKSYNC = 0;    // Disable TBCLK within the ePWM
284    SysCtrlRegs.PCLKCR1.bit.EPWM1ENCLK = 1;   // ePWM1
285    SysCtrlRegs.PCLKCR1.bit.EPWM2ENCLK = 1;   // ePWM2
286    SysCtrlRegs.PCLKCR1.bit.EPWM3ENCLK = 1;   // ePWM3
287    SysCtrlRegs.PCLKCR1.bit.EPWM4ENCLK = 1;   // ePWM4
288    SysCtrlRegs.PCLKCR1.bit.EPWM5ENCLK = 1;   // ePWM5
289    SysCtrlRegs.PCLKCR1.bit.EPWM6ENCLK = 1;   // ePWM6
290    SysCtrlRegs.PCLKCR0.bit.TBCLKSYNC = 1;    // Enable TBCLK within the ePWM
```

图 6－60 DSP 外设时钟配置程序

TMS320F28335 的时钟频率在不分频时为 150 MHz，内部集成的 ADC 模块具有 16 个模拟量输入引脚，分别为 ADCINA0～ADCINA7 和 ADCINB0～ADCINB7。ADC 模块的时钟频率最高可配置为 25 MHz，采样频率最高为 12.5 MPS，即每秒最多完成 12.5 百万次采样。ADC 模块的自动序列发生器可以按两个独立的 8 状态序列发生器运行，也可以按一个 16 位序列发生器运行，每个通道都允许系统对同一个通道进行多次采样。ADC 采样的输入范围为 0～3 V，电压过高或为负压都会烧毁 DSP 芯片，在采样电路的硬件电路设计中已经加入了过压保护电路。

6.4.3.3 串口配置程序

DSP 芯片采用 SCI 模块与上位机通信，实现用上位机控制硬件电路的功能，SCI 串口初始化配置程序如图 6－61 所示。

```
main.c    DSP2833x_Sci.c ×
65 void InitSciaGpio()
66 {
67    EALLOW;
68
69 /* Enable internal pull-up for the selected pins */
70 // Pull-ups can be enabled or disabled disabled by the user.
71 // This will enable the pullups for the specified pins.
72
73     GpioCtrlRegs.GPBPUD.bit.GPIO36 = 0;    // Enable pull-up for GPIO36 (SCIRXDA)
74     GpioCtrlRegs.GPBPUD.bit.GPIO35 = 0;    // Enable pull-up for GPIO35 (SCITXDA)
75
76 /* Set qualification for selected pins to asynch only */
77 // Inputs are synchronized to SYSCLKOUT by default.
78 // This will select asynch (no qualification) for the selected pins.
79
80     GpioCtrlRegs.GPBQSEL1.bit.GPIO36 = 3;  // Asynch input GPIO28 (SCIRXDA)
81
82 /* Configure SCI-A pins using GPIO regs*/
83 // This specifies which of the possible GPIO pins will be SCI functional pins.
84
85     GpioCtrlRegs.GPBMUX1.bit.GPIO36 = 1;   // Configure GPIO36 for SCIRXDA operation
86     GpioCtrlRegs.GPBMUX1.bit.GPIO35 = 1;   // Configure GPIO35 for SCITXDA operation
```

图 6－61　SCI 串口初始化配置程序

6.4.3.4　PWM 配置程序

结合硬件设计，在驱动逆变器时需要使用 4 路 PWM 波，因此在 DSP 芯片中选择 EPwm1 A、EPwm1B、EPwm2A、EPwm2B 进行驱动。其中，EPwm1A 和 EPwm1B 为一对带有死区时间、互补的 PWM 波；EPwm2A 和 EPwm2B 为一对带有死区时间、互补的 PWM 波。相应的配置程序如图 6－62 和图 6－63 所示。

```
main.c    pwm.c ×
59 void EPWM1_Init(Uint16 tbprd)    //tbprd 为设定的频率
60 {
61     // Setup Sync初始化时基模块TB
62     EPwm1Regs.TBCTL.bit.SYNCOSEL = TB_SYNC_DISABLE;  //  Pass through   值为3 禁用EPWMxSYNCO信号
63     // Allow each timer to be sync'ed
64     EPwm1Regs.TBCTL.bit.PHSEN = TB_DISABLE;     // 值为0  禁止TBCTR加载相位
65     EPwm1Regs.TBPHS.half.TBPHS = 0;              //ePWM时基计数器的相位设为0
66     EPwm1Regs.TBCTR = 0x0000;                   // Clear counter 清零时基计数寄存器
67     EPwm1Regs.TBPRD = tbprd;                     //设定 PWM 周期为 tbprd+1 个 TBCLK 时钟周期  时基计数寄存器设为tbprd
68     EPwm1Regs.TBCTL.bit.CTRMODE = TB_COUNT_UP;    // Count up 值为0 向上计数模式
69     EPwm1Regs.TBCTL.bit.HSPCLKDIV=TB_DIV1;      //不分频即TBCLK=150M
70     EPwm1Regs.TBCTL.bit.CLKDIV=TB_DIV1;           //
71
72     // Setup shadow register load on ZERO
73     //初始化比较模式 CC
74     EPwm1Regs.CMPCTL.bit.SHDWAMODE = CC_SHADOW;  // 值为0 影子装载模式  直接装载模式  ，与影子装载相对应
75     EPwm1Regs.CMPCTL.bit.SHDWBMODE = CC_SHADOW;
76     EPwm1Regs.CMPCTL.bit.LOADAMODE = CC_CTR_ZERO; //决定CMPA或者CMPB主寄存器何时从映射寄存器中加载数据
77     EPwm1Regs.CMPCTL.bit.LOADBMODE = CC_CTR_ZERO;
78 //    // Set actions
79     EPwm1Regs.AQCTLA.bit.ZRO = AQ_SET    ;
80     EPwm1Regs.AQCTLA.bit.CAU = AQ_CLEAR    ;          // Clear PWM1A on event A, up count
81     EPwm1Regs.AQCTLB.bit.ZRO = 0    ;
82     EPwm1Regs.AQCTLB.bit.CBU = AQ_CLEAR;             // Set PWM1B on Zero
83
84   // EPwm1Regs.DBCTL.bit.IN_MODE = DBA_ALL;
85     EPwm1Regs.DBRED = DBTIME1;      //设定死区时间  该数X Tbclk  为死区时间
86     EPwm1Regs.DBFED = DBTIME1;
```

图 6－62　EPwm1 配置程序

```
main.c    pwm.c ×
98 void EPWM2_Init(Uint16 tbprd)    //tbprd 为设定的频率
99 {
100     // Setup Sync初始化时基模块TB
101     EPwm2Regs.TBCTL.bit.SYNCOSEL = TB_SYNC_DISABLE;  //  Pass through   值为3 禁用EPWMxSYNCO信号
102     // Allow each timer to be sync'ed
103     EPwm2Regs.TBCTL.bit.PHSEN = TB_DISABLE;     // 值为0  禁止TBCTR加载相位
104     EPwm2Regs.TBPHS.half.TBPHS = 0;              //ePWM时基计数器的相位设为0
105     EPwm2Regs.TBCTR = 0x0000;                   // Clear counter 清零时基计数寄存器
106     EPwm2Regs.TBPRD = tbprd;                     //设定 PWM 周期为 tbprd+1 个 TBCLK 时钟周期  时基计数寄存器设为tbprd
107     EPwm2Regs.TBCTL.bit.CTRMODE = TB_COUNT_UP;    // Count up 值为0 向上计数模式
108     EPwm2Regs.TBCTL.bit.HSPCLKDIV=TB_DIV1;      //不分频即TBCLK=150M
109     EPwm2Regs.TBCTL.bit.CLKDIV=TB_DIV1;           //
110
111     // Setup shadow register load on ZERO
112     //初始化比较模式 CC
113     EPwm2Regs.CMPCTL.bit.SHDWAMODE = CC_SHADOW;  // 值为0 影子装载模式  直接装载模式  ，与影子装载相对应
114     EPwm2Regs.CMPCTL.bit.SHDWBMODE = CC_SHADOW;
115     EPwm2Regs.CMPCTL.bit.LOADAMODE = CC_CTR_ZERO; //决定CMPA或者CMPB主寄存器何时从映射寄存器中加载数据
116     EPwm2Regs.CMPCTL.bit.LOADBMODE = CC_CTR_ZERO;
117 //    // Set actions
118     EPwm2Regs.AQCTLA.bit.ZRO = AQ_SET    ;
119     EPwm2Regs.AQCTLA.bit.CAU = AQ_CLEAR    ;          // Clear PWM2A on event A, up count
```

图 6－63　Epwm2 配置程序

6.4.3.5 AD 采样配置程序

为了对逆变器的直流母线电压、电流进行检测，利用 DSP 芯片内部的 ADC 模块。所选用的 TMS320F28335 芯片内部集成了 12 位 ADC 模块，分辨率为 1/4 096，能够识别出 0.732 mV 的电压变化，可以满足工程需要。下面对相应的通道进行配置，配置程序如图 6－64 所示。

```
main.c  adc.c
34 void Adc_init(void)
35 {
36     InitAdc();
37     AdcRegs.ADCTRL1.bit.ACQ_PS = 0x0f; //顺序采样方式
38     AdcRegs.ADCTRL3.bit.ADCCLKPS = 1;
39     AdcRegs.ADCTRL1.bit.SEQ_CASC = 1; //
40     AdcRegs.ADCCHSELSEQ1.bit.CONV00 = 0;  //A0为采样通道
41     AdcRegs.ADCTRL1.bit.CONT_RUN= 0;          //设置为非连续运行方式
42     AdcRegs.ADCTRL1.bit.SEQ_OVRD = 0;      // 使能排序覆盖
43
44     AdcRegs.ADCMAXCONV.bit.MAX_CONV1 = 0x0001;       // Setup 2 conv's on SEQ1
45
46     AdcRegs.ADCCHSELSEQ1.bit.CONV00 = 0x00; // Setup ADCINA0 as 1st SEQ1 conv.
47     AdcRegs.ADCCHSELSEQ1.bit.CONV01 = 0x01; // Setup ADCINA1 as 2nd SEQ1 conv.
48     //AdcRegs.ADCCHSELSEQ1.bit.CONV02 = 0x02; // Setup ADCINA2 as 3nd SEQ1 conv.
49
50     AdcRegs.ADCTRL2.bit.EPWM_SOCA_SEQ1 = 1;
51     AdcRegs.ADCTRL2.bit.INT_ENA_SEQ1 = 1;  // Enable SEQ1 interrupt (every EOS)
52 }
```

图 6－64 AD 采样配置程序

6.4.3.6 中断程序

DSP 中断相应的配置程序如图 6－65～图 6－67 所示。中断程序主要负责完成采样、过压/过流保护和 PWM 波软启动的功能。

```
main.c  adc.c
129 interrupt void PWM_isr(void)
130 {
131     static unsigned long int OV_delay_count = 0;
132     static unsigned long int OC_delay_count = 0;
133     static unsigned long int PWM_delay_count = 0;
134     static unsigned int PWM_softstart_flag = 0;
135     static AD_Zero_data[3] = {99, 68};       //AD校准数值，实际测得
136
137     int voltage_sample = 0;
138     int current_sample = 0;
139     while(AdcRegs.ADCST.bit.INT_SEQ1 == 0)
140     {
141         ;
142     }
143     AdcRegs.ADCST.bit.INT_SEQ1_CLR = 1;
144     voltage_sample=AdcRegs.ADCRESULT0 >> 4 - AD_Zero_data[0];
145     if(voltage_sample < 0)
146     {
147         voltage_sample = 0;
148     }
149     current_sample = AdcRegs.ADCRESULT1 >> 4 - AD_Zero_data[1];
150     if(current_sample < 0)
151     {
152         current_sample = 0;
153     }
154
```

图 6－65 中断采样初始化归零程序

```
161	//过压、过流保护
162	if(Ii_data_new > 1500)
163	{
164	    OC_delay_count++;
165	    if(OC_delay_count > 10000)  //50us x 10000 = 0.5s
166	    {
167	        Waring.Current_Overload = 1;
168	        OC_error_LED_new = 1;
169	    }
170	}
171	else
172	{
173	    OC_delay_count = 0;
174	}
175	
176	if(Ui_data_new > 5000)//
177	{
178	    OV_delay_count++;
179	    if(OV_delay_count > 40000)  // 50us x 40000 = 2s
180	    {
181	        Waring.Voltage_Overload = 1;
182	        OV_Error_LED_new = 1;
183	    }
184	}
185	else
186	{
187	    OV_delay_count = 0;
188	    Waring.Voltage_Overload = 0;
189	}
190	
```

图 6-66 中断过压、过流保护程序

```
192	//PWM软启动程序
193	if(PWM_softstart_flag == 1)
194	{
195	    PWM_delay_cout++;
196	    if(PWM_delay_count > 10)
197	    {
198	        //HV_PWM_ON; //ENABLE hardware output
199	        EPwm1Regs.CMPA.half.CMPA = 750 - PWM_delay_count;
200	        EPwm1Regs.CMPB = PWM_delay_count;
201	        EPwm2Regs.CMPA.half.CMPA = PWM_delay_count;
202	        EPwm2Regs.CMPB = 750 - PWM_delay_count;
203	    }
204	    if(PWM_delay_count > 50)
205	    {
206	        HV_PWM_ON;  // ENABLE hardware output
207	    }
208	    if(PWM_delay_count > 300)
209	    {
210	        PWM_delay_count = 0xFFFF;
211	        EPwm1Regs.CMPA.half.CMPA = 400;
212	        EPwm1Regs.CMPB = 350;
213	        EPwm2Regs.CMPA.half.CMPA=350;
214	        EPwm2Regs.CMPB = 400;
215	        HV_PWM_ON;   //ENABLE hardware output
216	    }
217	}
218	else
```

图 6-67 PWM 波软启动程序

其中 ADC 中断的触发方式是通过 EPwm3 触发，通过配置 EPwm3 的相关寄存器，可以使其发出用于产生 ADC 的起始信号 SOCA。此时，ADC 进行一次采集，ADC 采集的频率与触发其开始工作的 EPwm3 的频率有关。

6.4.4 无线能量传输系统接收端软件程序设计

6.4.4.1 设计总体方案

无线能量传输系统接收端软件设计思路和发射端比较接近，比较大的区别是发射端控制的是逆变器，而接收端控制的是 DC-DC 变换器。无线能量传输系统接收端程序流程如图 6-68 所示。

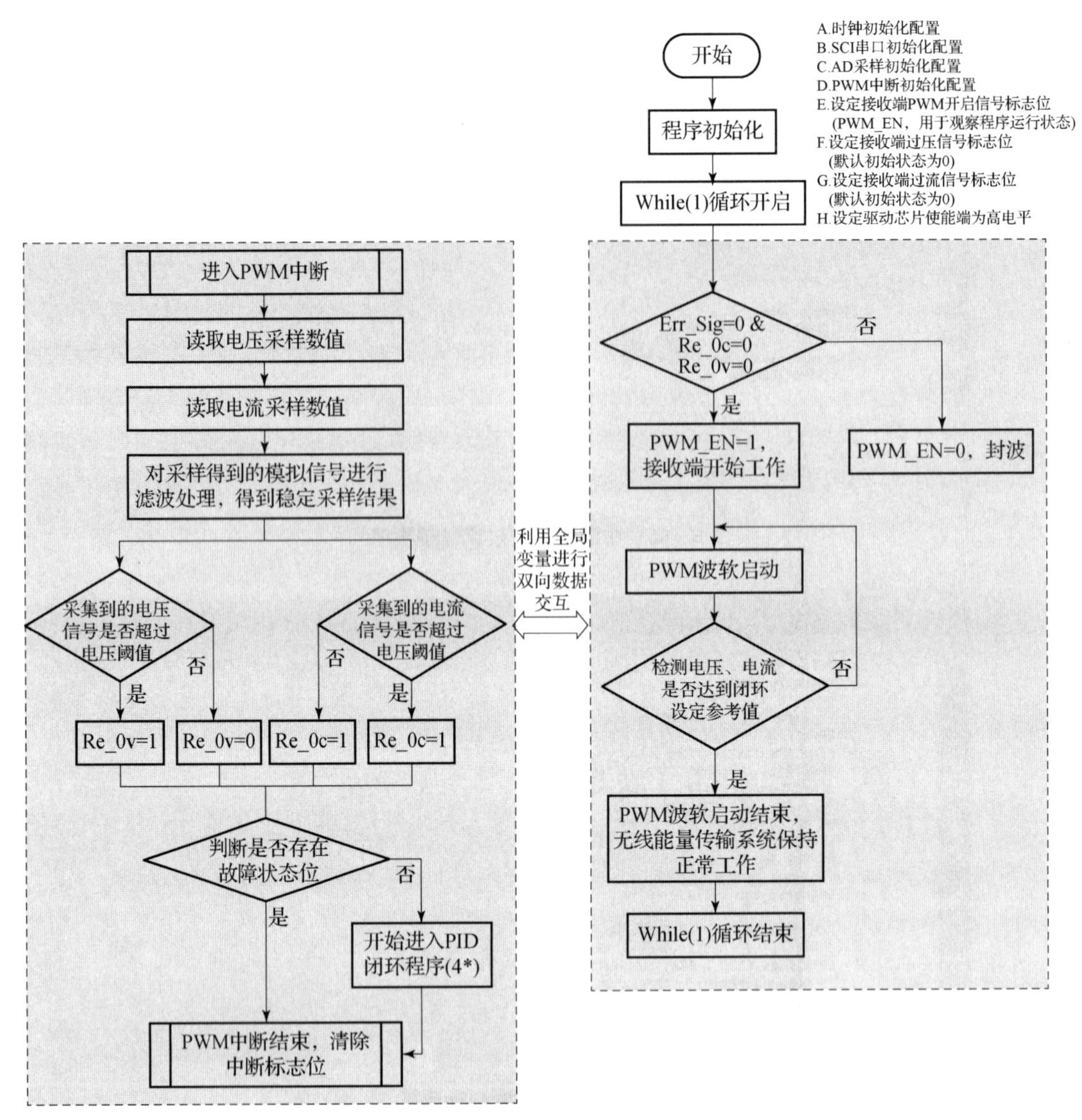

图 6－68　无线能量传输系统接收端程序流程

采用的主控芯片为 TMS320F28335，当发射端上电之后，接收端线圈会通过交变电磁场感应出电压。此时，接收端设备电源系统启动。在完成控制器初始化，包括时钟、AD 采集、GPIO 端口的配置等后，进入主循环开始工作，通过配合 EPwm3 中断的使用，检测直流母线电压和电流是否过压、过流，如果存在故障信号则关闭 PWM 波。由于接收端的时钟配置程序、PWM 配置程序和 AD 采样配置程序与发射端类似，因此这里不再赘述，着重描述中断闭环控制程序。

6.4.4.2　中断闭环控制程序

为了能够实现对负载设备的恒流/恒压充电状态的切换，需要对接收端的 DC－DC 变换器进行闭环控制。为了更准确地采集电路中的电压和电流值，在每次采集 30 个数据后，加入滤波算法。将该组数据的部分最大值和最小值去除，再对剩下的数据取平均值，然后将处理后的值传递至中断闭环控制程序中。在此采用的是经典 PID 算法，其核心思想为对采样得到的负载端电压/电流值和目标给定值进行比较，得到差值，将差值送至 PID 运算器中进行计算，输出 PWM 占空比并作用至 DC - DC 变换器的电力电子开关器件，完成一轮调速，如此往复循环。数据滤波算法程序如图 6 - 69 所示，中断采样处理程序如图 6 - 70 所示，PID 闭环控制程序如图 6 - 71 所示。

```
main.c    adc.c ×
69 Uint32 AVERAGE_VALUE(Uint16 *data)
70
71 {
72     //DELAY_US(10000);
73     Uint16 i=0;
74     Uint16 Middle_value=0;
75     Uint32 SUM=0;
76     for(i=0;i<=29;i++)
77      {
78          if(*data>=*(data+i))
79          {
80            Middle_value=*(data+i);
81            *(data+i)=*data;
82            *data=Middle_value;
83          }
84     }
85          for(i=10;i<=19;i++)
86          {
87            SUM+=*(data+i);
88          }
89          SUM =  SUM/10;
90     return SUM;
91
92 }
```

图 6 - 69　数据滤波算法程序

```
main.c    adc.c ×
228 interrupt void adc_isr(void)      //adc中断，pwm触发，可以通过控制pwm的频率来控制进入该中断的频率
229 {
230     if(VOLTAGE_SAMPLE_END == 0)
231     {
232         VOLTAGE_SAMPLE[VOLTAGE_SAMPLE_COUNT]=AdcRegs.ADCRESULT0 >> 4;
233         CURRENT_SAMPLE[VOLTAGE_SAMPLE_COUNT] = AdcRegs.ADCRESULT1 >> 4;
234         VOLTAGE_SAMPLE_COUNT++;
235         if(VOLTAGE_SAMPLE_COUNT>=30)
236         {
237             VOLTAGE_SAMPLE_COUNT = 0;
238             VOLTAGE_SAMPLE_END=1;
239         }
240     }
241     if(VOLTAGE_SAMPLE_END == 1)          //每采样一定个数点后，输出一次PID
242     {
243         VOLTAGE_SAMPLE_END = 0;
244         VOLTAGE_RESULT = AVERAGE_VALUE(VOLTAGE_SAMPLE),
245         CURRENT_RESULT = AVERAGE_VALUE(CURRENT_SAMPLE);
246         VOLTAGE2_RESULT = AVERAGE_VALUE(VOLTAGE2_SAMPLE);
247
248         voltage1 = (3.0 * VOLTAGE_RESULT  / 4095 + ADC_gong_di_xiu_zheng_dian_ya)  * k_cai_yang_vol;
249         current1 = (3.0 * CURRENT_RESULT  / 4095 + ADC_gong_di_xiu_zheng_dian_liu) * k_cai_yang_cur;
250         if(k2 == 0)
251         {
252             if(current1 > CURRENT_MAX)
253            {
254               duty = PWM_period * PID_realize(current_pid, CURRENT_MAX, current1);
255            }
256
257            else
258            {
259               duty = PWM_period * PID_realize(vol_pid, V_refer0, voltage1);
260            }
261         }
```

图 6 - 70　中断采样处理程序

```
main.c  pid.c ×
29 // 初始化PID结构体
30 void PID_Init(PID *p, float kp, float ki, float kd, float out_max, float out_min, float target_val)
31 {
32     p -> Kp = kp;
33     p -> Ki = ki;
34     p -> Kd = kd;
35     p -> err = 0.0f;
36     p -> err_1 = 0.0f;
37     p -> err_2 = 0.0f;
38     p -> target_val = target_val;
39     p -> actual_val = 0.0f;
40     p -> out = 0.0f;
41     p -> out_1 = 0.0f;
42     p -> out_max = out_max;
43     p -> out_min = out_min;
44 }
45 float PID_realize(PID *p, float target_val, float actual_val)
46 {
47     p ->target_val = target_val;     //传入目标值
48     p->actual_val = actual_val;     //传入实际值
49     p->err = p->target_val - p->actual_val;     //计算目标值与实际值的误差
50     //PID算法实现
51     float increment_out = p->Kp *( p->err - p->err_1) + p->Ki* p->err +  p->Kd*(p->err - 2*p->err_1 + p->err_2);
52     p->out = p->out_1 + increment_out;     //累加
53     p -> out_1 = p -> out;
54     p -> err_2 =  p -> err_1;
55     p -> err_1 =  p -> err;//下一次迭代
56 
57     //返回当前实际值
58     float out = p -> out;
59     return out;
60 }
```

图 6－71　PID 闭环控制程序

6.5　小结

本章开展了面向无人集群装备的线圈与补偿网络多目标优化，以及高效功率变换拓扑结构与集成方法等研究工作。具体包括：研究了满足无人集群装备供电的线圈物理参数和电气参数，以及补偿网络拓扑结构和补偿参数的设计方法，实现了传输效率、输出功率等多个重要性能指标的综合优化；研究了适用于模块化供电的功率变换器拓扑结构，分析了功率变换器的工作状态以及典型运行特征，并通过变换器集成优化实现了高效的电能变换。

在上述研究工作的基础上，本章优化设计了无线能量传输系统的线圈、发射端和接收端的硬件电路、软件控制程序。

第7章 便携式电源磁耦合无线能量传输技术

7.1 便携式电源无线充电需求

为实现便携式装备的安全可靠、高效便捷充电，无线充电系统需满足磁耦合机构尺寸小、发射/接收电路重量小的要求，通过分析系统功能及性能指标，研制包括逆变电源、磁耦合机构、接收变换器在内的系统整体架构及各功能模块，构建能量流、信息流的完整通路，建立各模块的控制与配合渠道，使系统各模块协同工作，实现智能化安全、高效、无线充电。

7.2 总体技术方案与技术路线

针对单兵系统安全可靠、高效便捷的充电需求，开展便携式电源无线充电系统研究，突破系统集成、磁耦合机构轻量化、无线充电抗偏移等关键技术，研制便携式电源无线充电装置，以考察磁耦合无线能量传输技术在士兵持续能源系统中的适应性，为便携式电源智能化能源保障提供技术依据。

综合研究逆变电源、磁耦合机构、谐振补偿拓扑结构、接收变换器、负载等多个模块的级联与匹配，提出满足系统应用要求的设计方案，通过理论计算选取合适的系统参数，经电磁热力多物理场耦合一体化仿真完成验证，证明系统方案合理可行。在满足便携式装备充电需求的基础上，提高无线充电的快速性、准确性和稳定性。

无线充电系统完整结构如图 7－1 所示。工频交流输入经功率变换和谐振补偿之后给原边线圈充电，在空间产生时变电磁场，接收线圈基于磁共振原理接收到感应电压，经过接收补偿之后进行整流滤波和 DC－DC 变换以匹配负载。这里发射端和接收端补偿电路的主要作用是通过谐振匹配，降低发射线圈和接收线圈的交流阻抗，增大发射线圈电流，降低系统无功损耗。

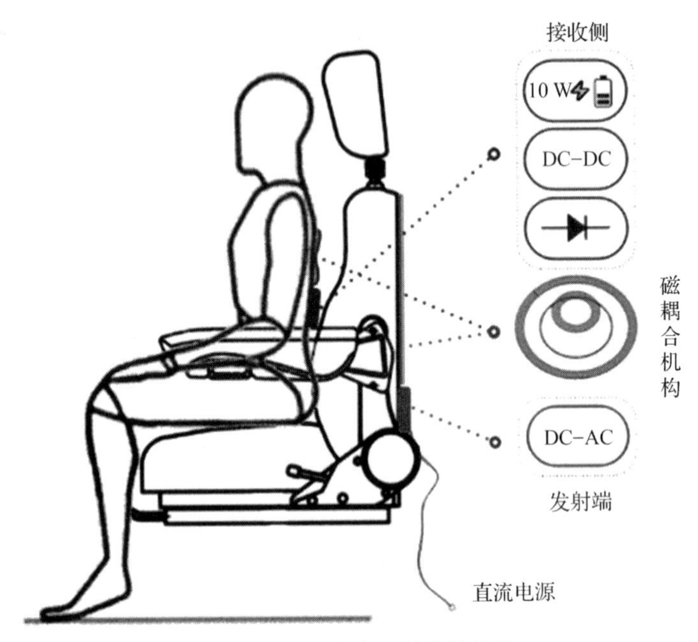

图 7－1 无线充电系统完整结构

结合便携式装备磁耦合机构尺寸小、电路质量小的应用需求，为了保证发射端结构简单、稳定性高，未采用 DC－DC 变换器，即工频整流之后接直流母线并直接进行逆变。同时，为了保证接收端简单化，副边也未采用 DC－DC 变换器，即副边线圈接收到的能量直接经整流滤波后提供给负载。控制策略上采用原边移相控制方法，为负载提供恒压充电、恒流充电等多种充电模式，同时满足快速性与可靠性需求。

7.3 关键子部件设计

7.3.1 轻量化磁耦合机构设计与研制

便携式电源无线充电系统要求磁耦合机构尺寸小、发射/接收电路轻量化，因此如何使磁耦合机构在保证传输功率的前提下降低损耗、缩小尺寸成为无线充电系统研制过程中的重点与难点。为了满足系统对功率、发射/接收线圈尺寸和发射/接收线圈及电路质量的要求，同时保证系统具有良好的稳定性、充电灵活性和电磁安全性，需要对磁耦合机构的耦合性能、小型化、侧移适应特性、结构设计与优化及电磁兼容性展开深入的研究，以达到系统对所需的功率/效率的要求。同时，在上述研究的基础上，应提出合理的磁耦合机构设计方法，并制作磁耦合机构样机，最后通过功率/效率试验来验证设计方案的有效性及设计完成的磁耦合机构的适用性。

7.3.1.1　理论计算与仿真分析

磁耦合机构是无线充电系统的核心部分，其优劣对系统功率及效率等方面的影响较大。本部分以输出功率为目标，基于无线充电系统互感耦合模型，开展轻量化磁耦合机构设计。

首先，对磁耦合机构基本参数进行筛选和确定，并初步论证方案的可行性。其次，通过理论计算得到初选出的关键参数取值范围及优化方法。再次，搭建系统“磁路 - 电路”场路，结合一体化仿真模型，验证和修正理论计算结果，探究可能存在的设计问题。最后给出对磁耦合机构进一步优化的方法以及预计达到的目标。

以下详细给出磁耦合机构设计方案。

1. 线圈类型选择

在满足系统效率要求的情况下接收线圈的尺寸应尽可能小，初步仿真结果表明，相同尺寸的圆形线圈的耦合系数大于其他形状线圈，较大的耦合系数通常意味着较高的效率，在同等效率条件下则意味着较小的线圈尺寸。因此，本方案初步确定采用圆形接收线圈。考虑系统抗偏移能力，本方案初步确定采用长方形带倒角发射线圈。

2. 线圈尺寸

考虑到发射/接收线圈尺寸、质量和系统抗偏移能力，初步确定采用发射/接收线圈不对称式设计。发射线圈边长应小于 250 mm，接收线圈直径应小于 100 mm。

3. 线径

三节串联锂电池充电电压范围为 11.1 ~ 12.6 V，在 10 W 的情况下，充电电流为 0.79 ~ 0.90 A。忽略副边整流桥损耗，换算到副边线圈，电流不超过 2 A。为了避免长时间工作时线材发热，线圈电流密度不应超过 5 A/mm^2。该线的频率特性较好，对趋肤效应的抑制效果明显，在 144 kHz 下交流内阻小。发射线圈及电路质量应小于 800 g，发射线圈质量限制较为宽松，为节约成本，选用利兹线，并采用多股并绕方式以减小线圈内阻。接收线圈及电路质量应小于 250 g，接收线圈质量限制较为严格，选用铜线，并采用双股并绕方式以减小线圈内阻。

4. 匝间距

根据前期研究结果，在相同外径的情况下，密绕线圈的耦合系数通常大于有匝间距的线圈，但适当的匝间距能有效抑制匝间邻近效应，增大品质因数，对系统效率的提升具有重要作用。前期初步确定发射/接收线圈均采用密绕方式。后期进一步优化时将考虑匝间距的选取。

5. 匝数

为了满足接收线圈及电路质量限制（小于 250 g），接收线圈不超过 125 g。发射/接收线圈匝数需根据公式和进一步仿真结果确定。

6. 磁芯类型、材料

根据接收线圈及电路质量限制，接收线圈仅添加单层纳米晶磁片，厚度为 0.3 mm。发射线圈质量限制较宽松，为了增大耦合系数和品质因数，采用软磁材料，厚度为 1 mm。发射线圈整体形状为带倒角的长方形，以满足能量传输要求。

7. 磁屏蔽

由于涡流效应，在发射线圈下方和接收线圈上方加入铝板可避免关键位置电磁辐射过大，改善磁耦合机构的电磁兼容性，但添加铝板通常会减小耦合系数和品质因数，从而降低效率，而系统工作时的电磁兼容性目前未知，故设计方案中不添加铝板。

8. 其他参数

在有限元仿真软件 Maxwell 中建立仿真模型，如图 7-2 所示。

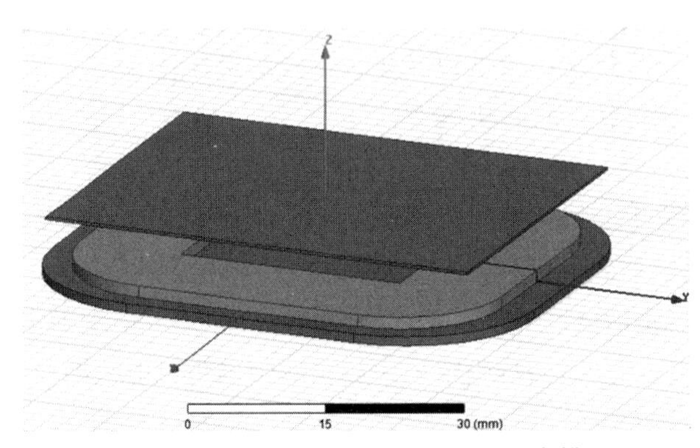

图 7-2　本系统采用的磁耦合机构仿真模型

仿真表明，互感随线宽的增大而减小，最终选取发射线圈线宽为 1 mm，接收线圈线宽为 0.6 mm。当发射线圈外侧长 50 mm、宽 44 mm，带半径为 12 mm 倒角，内侧长 26 mm、宽 20 mm，厚度为 1.3 mm，发射端软磁材料外侧长 57 mm、宽 49 mm，带半径为 15 mm 倒角，厚度为 1 mm，接收线圈外径为 34 mm，内径为 20 mm，厚度为 0.3 mm，接收端纳米晶长 50 mm、宽 40 mm，厚度为 0.3 mm 时，耦合系数具有较高水平，为 0.57。此时，发射线圈匝数为 12，接收线圈匝数为 11，发射线圈自感为 16.64 μH，接收线圈自感为 11.4 μH，二者之间的互感为 7.85 μH。

7.3.1.2　电路仿真

上小节中通过磁路仿真和理论计算初步得到磁耦合机构关键参数。本小节搭建系统电路模型，进行电路仿真，目的在于验证和精确给出相关参数取值，相关参数包括自感、互感、耦合系数、输出功率、充电电压、充电电流、逆变器输出电流、原边线圈电流、副边线圈电流、系统效率、磁耦合机构效率。

根据磁场仿真结果，有以下表达式：

$$
\begin{aligned}
M &= M_0 N_p N_s \\
L_p &= N_p^2 L_{p0} \\
L_s &= N_s^2 L_{s0}
\end{aligned} \tag{7-1}
$$

系统电路仿真模型如图 7 – 3 所示。

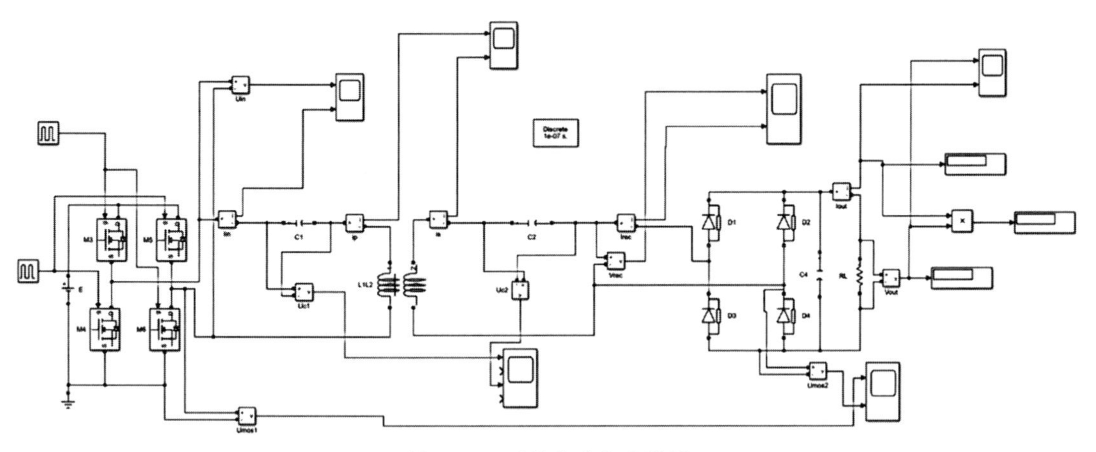

图 7 – 3　系统电路仿真模型

仿真中用电阻代替电池负载，并根据电池特性设为 12 Ω，输入其他参数，得到仿真结果如下。

当直流母线电压为 10 V 时，负载电压为 12.23 V，电流为 1.019 A，输出功率为 12.46 W，满足功率要求。

逆变器输出电压波形如图 7 – 4 所示，为 ±10 V 方波。

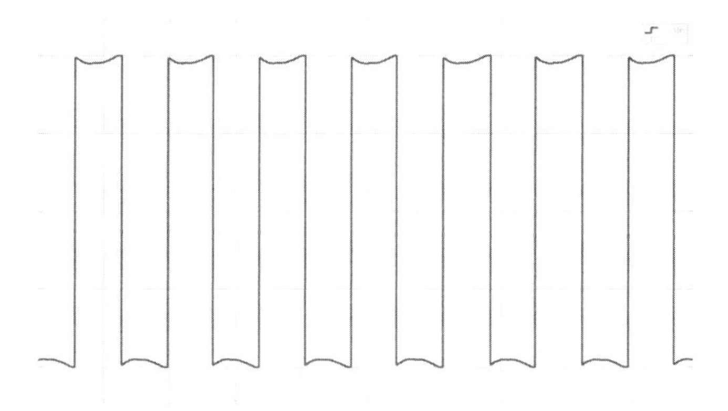

图 7 – 4　逆变器输出电压波形

逆变器输出电流波形如图 7 – 5 所示。

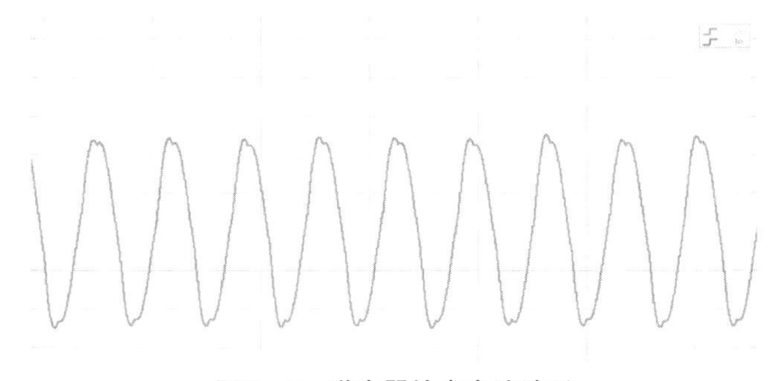

图 7 – 5　逆变器输出电流波形

原边线圈电流波形如图 7 – 6 所示。

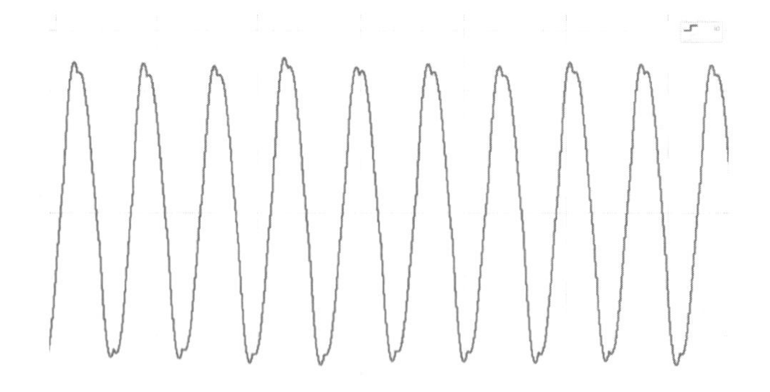

图 7 – 6 原边线圈电流波形

副边线圈电流波形如图 7 – 7 所示。

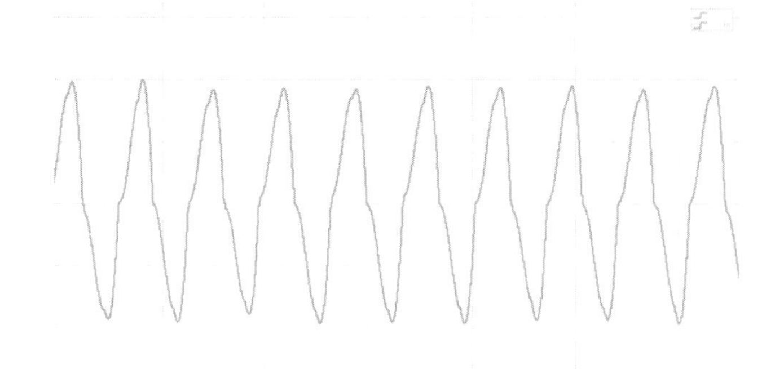

图 7 – 7 副边线圈电流波形

整流器输入电压波形如图 7 – 8 所示。

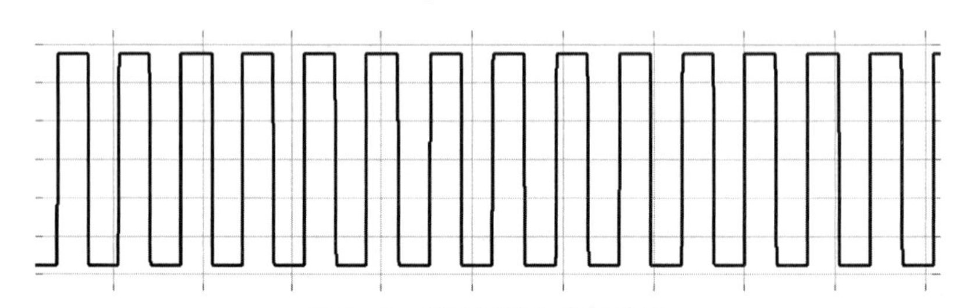

图 7 – 8 整流器输入电压波形

整流器输入电流波形如图 7 – 9 所示。

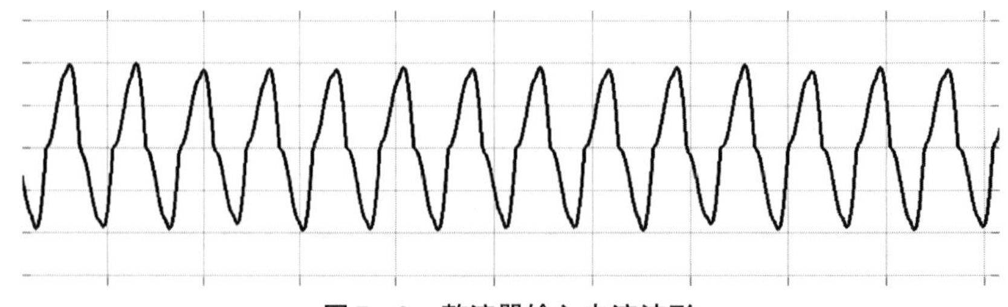

图 7 – 9 整流器输入电流波形

整流器输入电压波形如图 7－10 所示。

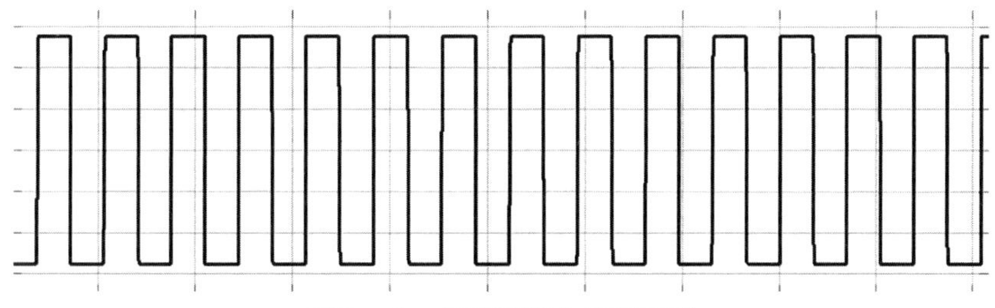

图 7－10 整流器输入电压波形

整流器输入电流波形如图 7－11 所示。

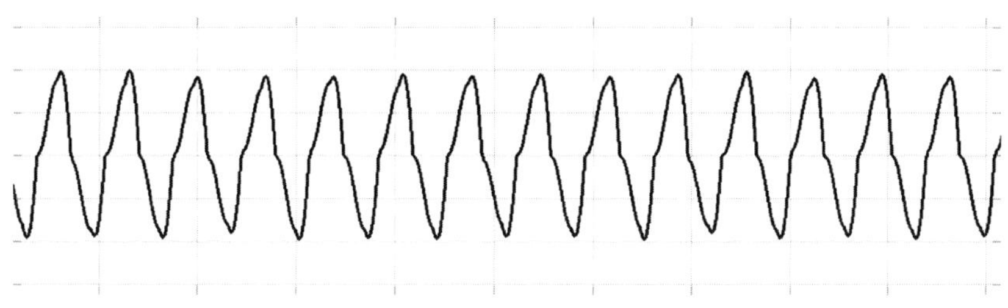

图 7－11 整流器输入电流波形

负载电压波形如图 7－12 所示。

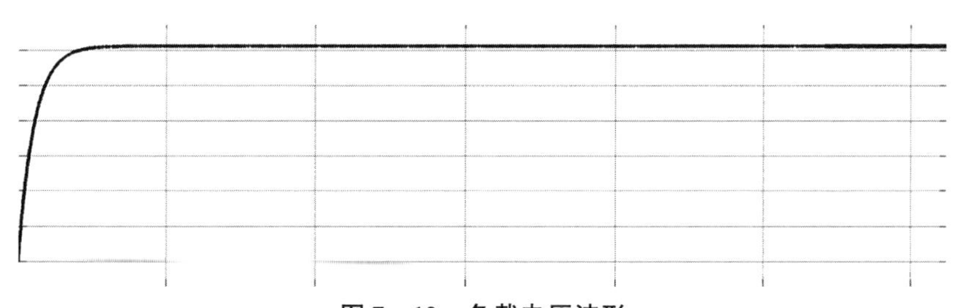

图 7－12 负载电压波形

负载电流波形如图 7－13 所示。

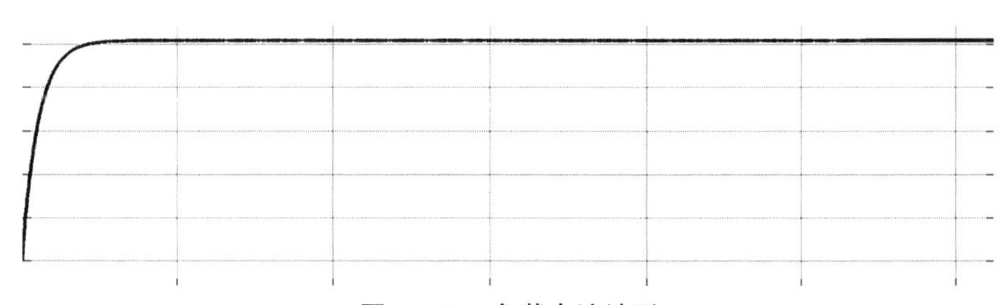

图 7－13 负载电流波形

7.3.1.3 磁耦合机构试验测试

1. 电气参数测试

绕制发射/接收线圈时已进行匝间绝缘处理。使发射/接收线圈中心正对，用 LCR 表分别测试电气参数。

2. 热参数测试

用热成像仪对磁耦合机构进行测温，环境温度约为 27 ℃。系统运行 30 min 时发射线圈最高温度为 29.3 ℃，接收线圈最高温度为 35.6 ℃，发射/接收线圈温度均不高。系统运行过程中发射/接收线圈温度上升非常缓慢，温升均不明显。

7.3.2 电路拓扑结构及逆变电源研制

7.3.2.1 主电路拓扑结构设计

图 7-14 所示为 S-S 补偿网络示意。电源电压为 U_s，内阻为 R_s，初级线圈的电阻、电感分别为 R_1，L_1，次级线圈的电阻电感分别为 R_2，L_2，R_L 为负载阻抗，M 为线圈之间的互感。C_1，C_2 分别为初级线圈和次级线圈的补偿电容，I_1 和 I_2 分别为初级线圈和次级线圈中流过的电流。

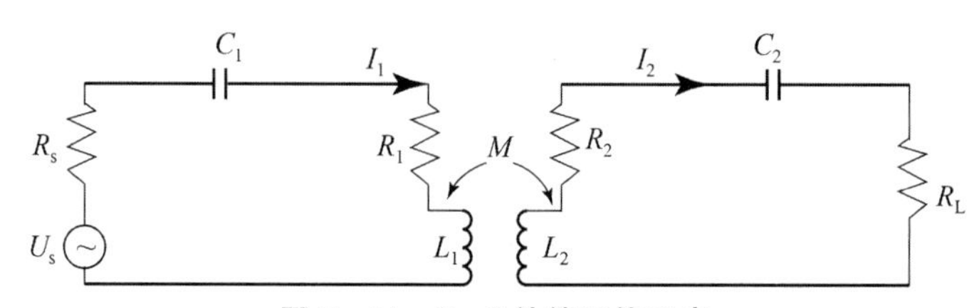

图 7-14 S-S 补偿网络示意

根据电路结构，可以列出 S-S 补偿网络的 KVL 方程：

$$\begin{aligned} \dot{I}_1 Z_1 - \mathrm{j}\omega M \dot{I}_2 &= \dot{U}_s \\ \dot{I}_2 Z_2 - \mathrm{j}\omega M \dot{I}_1 &= 0 \end{aligned} \tag{7-2}$$

其中，$Z_1 = R_s + R_1 + \mathrm{j}\omega L_1 + \frac{1}{\mathrm{j}\omega C_1}$，$Z_2 = R_L + R_2 + \mathrm{j}\omega L_2 + \frac{1}{\mathrm{j}\omega C_2}$。在谐振状态下，$\mathrm{j}\omega L_1 + \frac{1}{\mathrm{j}\omega C_1} = 0$，$\mathrm{j}\omega L_2 + \frac{1}{\mathrm{j}\omega C_2} = 0$，因此 $Z_1 = R_s + R_1$，$Z_2 = R_2 + R_L$。可以计算出：

$$\begin{aligned} \dot{I}_1 &= \frac{Z_2 \dot{U}_s}{Z_1 Z_2 + (\omega M)^2} \\ \dot{I}_2 &= \frac{\mathrm{j}\omega M \dot{U}_s}{Z_1 Z_2 + (\omega M)^2} \end{aligned} \tag{7-3}$$

系统的输出功率为

$$P_o = |\dot{I}_2|^2 R_L = \frac{(\omega M)^2}{[(R_s + R_1)(R_2 + R_L) + (\omega M)^2]^2} U_s^2 R_L \tag{7-4}$$

系统的传输效率为

$$\eta = \frac{P_o}{\mathrm{Re}[\dot{U}_s \dot{I}_s]} = \frac{(\omega M)^2 R_L}{(R_2 + R_L)[(R_s + R_1)(R_2 + R_L) + (\omega M)^2]} \tag{7-5}$$

可以看出，在线圈结构形式和电源确定的前提下，系统的输出功率和传输效率与负载有直接关系，且随着负载逐渐增大，输出功率和传输效率都是先升高后降低，因此可以选择合适的负载来提高系统的工作效率，也可以根据负载需求来选择合适的线圈。

7.3.2.2 逆变器拓扑选择与分析

关于逆变器拓扑选择与分析可参考 5.4.2.3 小节，这里不再赘述。

由于本系统采用原边控制策略，所以需要对原边拓扑结构中的电压、电流及相位进行测量，再利用控制器对副边参数进行估计，进而进行充电功率的控制。发射电路仿真原理图示意如图 7－15 所示。发射电路 PCB 如图 7－16 所示。

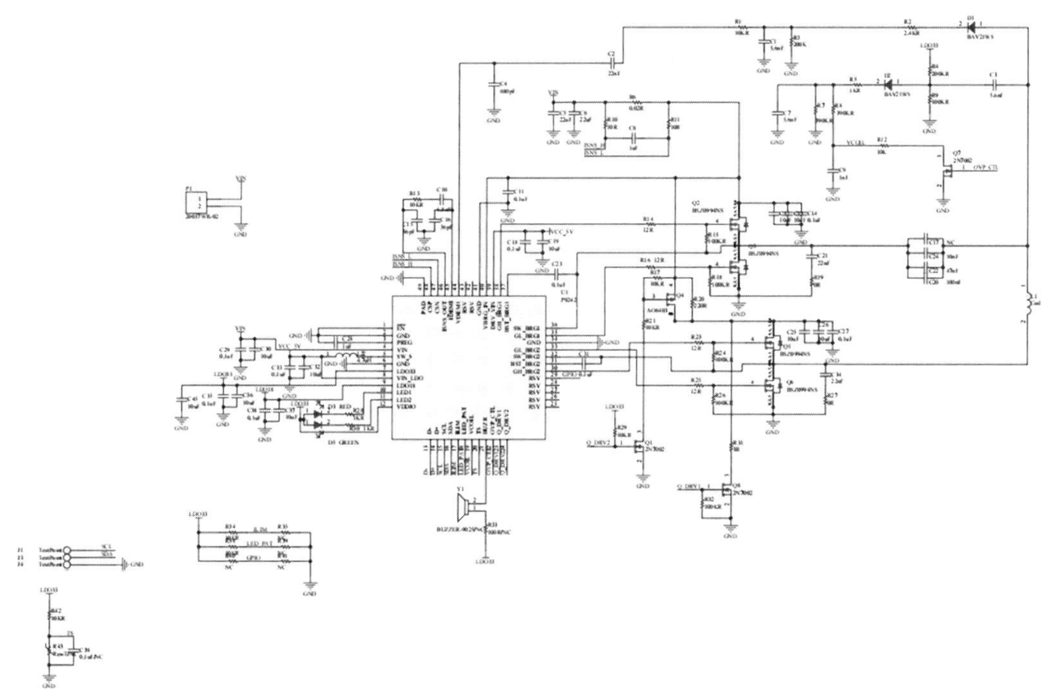

图 7－15 发射电路仿真原理图示意

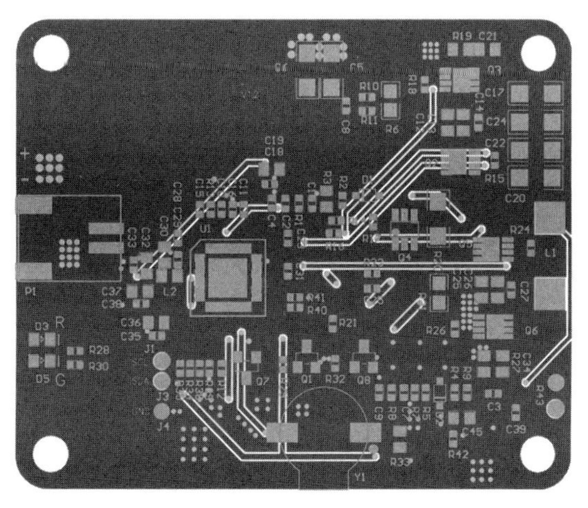

图 7－16 发射电路 PCB

7.3.2.3 功率电路设计

为了使系统在 144 kHz 工作频率下仍能够保持较高的效率，拟采用 SiC 器件作为逆变器的开关器件。

根据系统工作频率（144 kHz）以及功率传输等级（10 W）的要求选用 MOSFET 作为主开关器件。具体选择 MOSFET 型号时，可按照以下步骤来确定：首先，确定开关管的耐压、耐流值，系统最高输入电压约为 12 V，最大输入电流约为 1 A，考虑上电冲击以及器件温升，选取开关管时应保留充分余量；其次，关心开关器件的导通电阻，在其他指标合适的情况下，尽量选用导通电阻较小的开关管；最后，根据系统工作频率的要求考察开关管的上升时间、开通延迟时间、下降时间、关断延时时间等参数，以确保系统在工作时能够导通、关断顺畅，使开关管工作时开关损耗较低。最终确定的 MOSFET 参数如表 7－1 所示。

表 7－1 MOSFET 参数

具体参数	数值
漏源极耐压 V_{DS}/V	30
漏极电流最大值 I_D/A	13
导通电阻 $R_{DS(on),max}$/mΩ	7
栅极电荷 Q_{OSS}/nC	6.9
栅极电荷 Q_g/nC	5.2

7.3.2.4 逆变器控制策略及仿真验证

详见 5.4.2.6 小节，这里不再赘述。

7.3.2.5 逆变器机械结构及热设计

可参考 5.4.2.7 小节，这里不再赘述。

利用红外热成像仪测量发射电路各个部分的温度变化，如图 7－17 所示。测量结果表明，发射电路最高温度为 42.4 ℃。逆变器热稳定性能良好，长时间工作（30 min）时具有一定的可靠性。

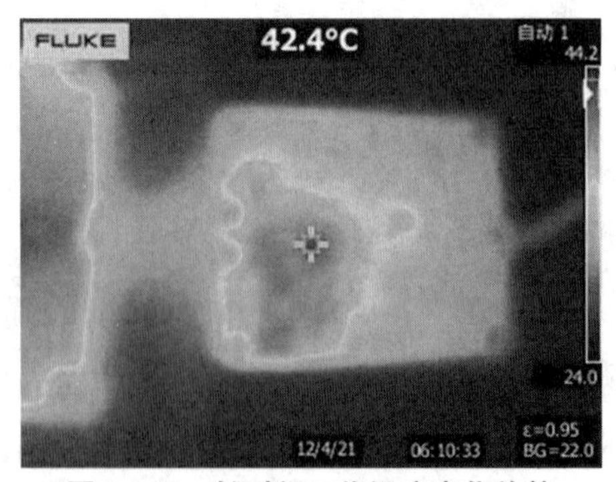

图 7－17 长时间工作温度变化趋势

7.4　系统样机研制

系统样机研制包括结构设计、材料选型、工艺实施、可靠性设计、电磁性能测试等研究，验证结构设计方案的可行性和关键技术的有效性。

在材料选型和工艺实施方面，由于磁耦合机构的效率一般不超过98%，功率PCB和线圈的发热情况不需要考虑。

在电磁兼容设计方面，由于发射端和接收端质量均受到限制，所以不能采用大量的屏蔽材料。拟采用机、电、热、EMC一体化设计思想，经由多轮仿真迭代，严格控制EMC，将电磁场屏蔽于结构内部。

由于军事应用的复杂性，单兵装备无线充电装置可能需要适应温差较大的环境。在高低温作用下，系统效率和性能会降低甚至失效，因此应采取相应的冗余设计和防护措施，主要包括：主功率电路的冗余与可靠性设计、控制电路的冗余设计以及发射与接收线圈的高可靠性设计。在进行系统设计时，尽可能采用耐高低温的材料和元器件。系统主要部件材料要尽量相同，以保证相同的线膨胀系数。采用导热系数较大的材料，以减小整个系统中不同部件的温差，保证热变形相同。同时，部件之间应保留有足够的膨胀间隙。进行系统设计时还应充分考虑极端温度下的强度及刚度变化，以保证强度、刚度满足要求。

将前述轻量化磁耦合机构、发射端电路拓扑结构和逆变电源、接收端电路设计完成后，搭建便携式电源无线充电系统样机，主要包括：发射端功率变换装置，包括逆变器、原边补偿拓扑结构、发射线圈；接收端功率变换装置，包括接收线圈、整流器、电池负载和电压电量显示表。

7.5　性能验证

7.5.1　系统性能测试

在技术方案论证初期，已经充分考虑了系统的测试性。在模块设备的研制阶段，设计人员通过做如下工作来确保各模块的可测试性。

（1）设计测试程序，配合相应的测试电路，可以对所有模块的相关功能进行自动测试，从而确保模块的方便、灵活使用。

（2）制定测试性指导大纲，它作为指导性文件，详细规定了在设备研制过程中与测试性有关的问题。

（3）制定测试性分析步骤，一是收集测试性分析所需的原始数据；二是对该原始数据进行分析，三是根据数据分析结果给出测试结果。

在传输性能测试方面，严格按照系统设计指标对试验样机进行测试。利用高精度功率分析仪对系统输出功率、传输效率进行验证，并验证样机是否能够检测到异常工况（开路、短路、过压、过流等）并及时切断电源，避免持续异常工况对元器件的损害，同时充分考虑故障模式的影响及其危害。

（1）在设备的论证与方案设计阶段，分析研究设备功能设计的缺陷和薄弱环节，为设备功能设计的改进和方案的权衡提供依据。

（2）在工程研制和定型阶段，分析、研究设备的硬件、软件、生产工艺和生存性与易损性设计的缺陷和薄弱环节，为设备的硬件、软件、生产工艺和生存性与易损性设计的改进提供依据。

（3）在样机研制阶段，分析设备使用过程中可能或实际发生的故障、原因及影响，为提高设备的可靠性，进行设备的改进、改型或新设备的研制以及使用、维修决策等提供依据。

系统性能测试结果如下。

7.5.1.1 试验测试——电子负载

为了方便功率及效率测试，首先采用电子负载代替电池进行测试。

当输入电压为直流 12 V 时，电子负载显示功率为 14.82 W，如图 7－18 所示，满足功率要求，其中电压为 11.56 V，电流为 1.28 A。

图 7－18 电子负载示数

发射线圈电流、接收线圈电流波形如图 7－19、图 7－20 所示。

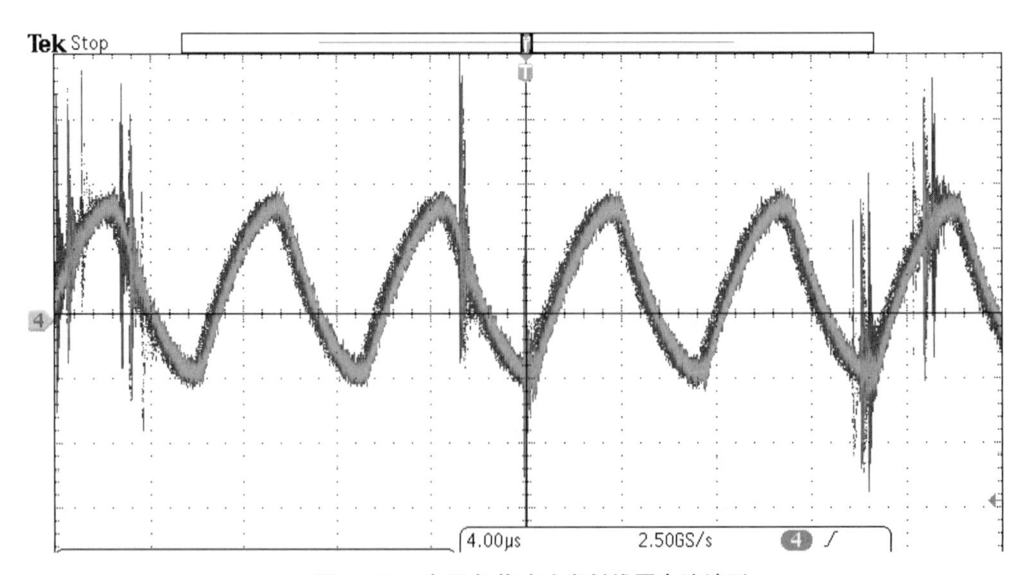

图 7－19 电子负载试验发射线圈电流波形

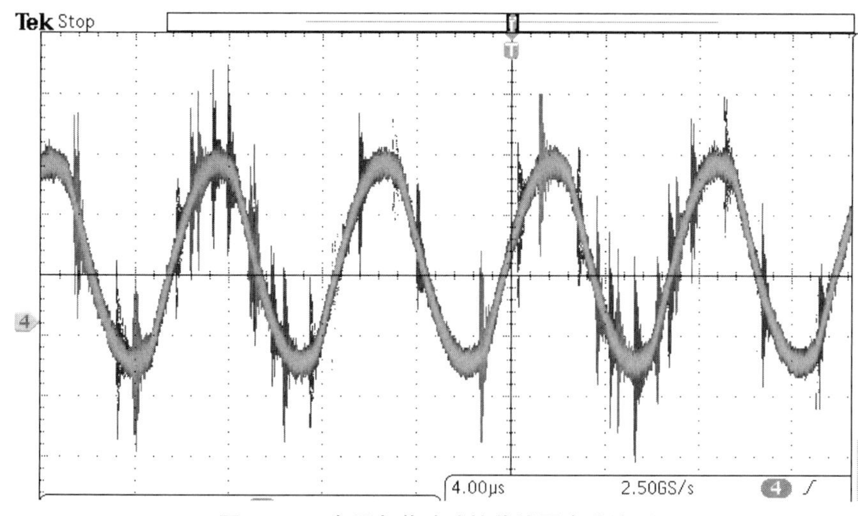

图7－20　电子负载试验接收线圈电流波形

7.5.1.2　试验测试——电池负载

以电池为负载进行试验，当输入电压为直流12 V时，电子负载显示功率为14.14 W，如图7－21所示，满足功率要求，其中电压为11.50 V，电流为1.23 A。

图7－21　电子负载示数

发射线圈电流、接收线圈电流波形如图7－22、图7－23所示。

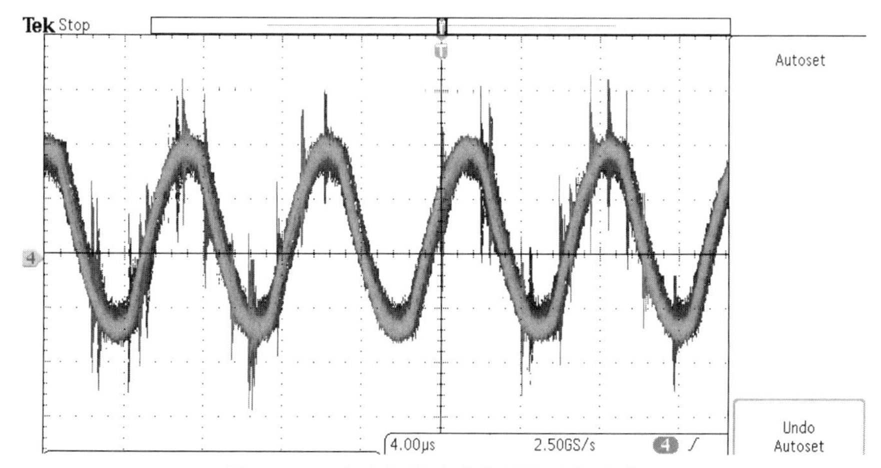

图7－22　电池负载试验发射线圈电流波形

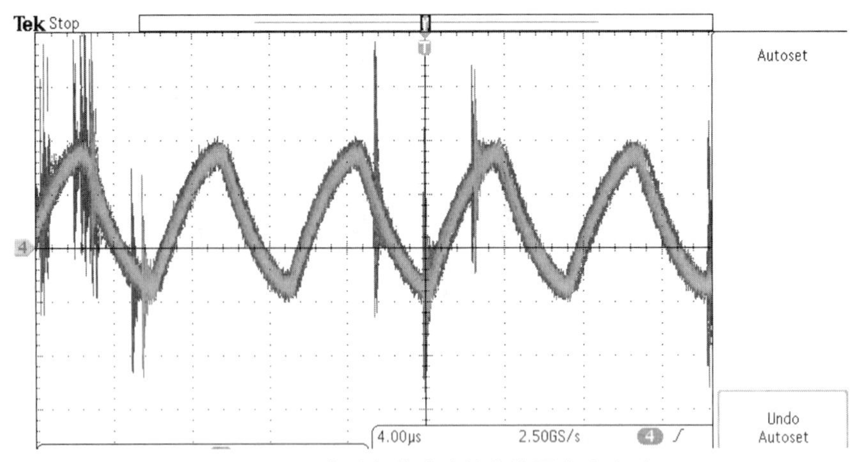

图 7－23 电池负载试验接收线圈电流波形

7.5.2 充电方式测试

测试人员身着便携式电源背心靠近座椅，以正常坐姿倚靠在座椅上时，即可开始对测试人员所携带的用电设备进行无线充电，如图 7－24 所示。

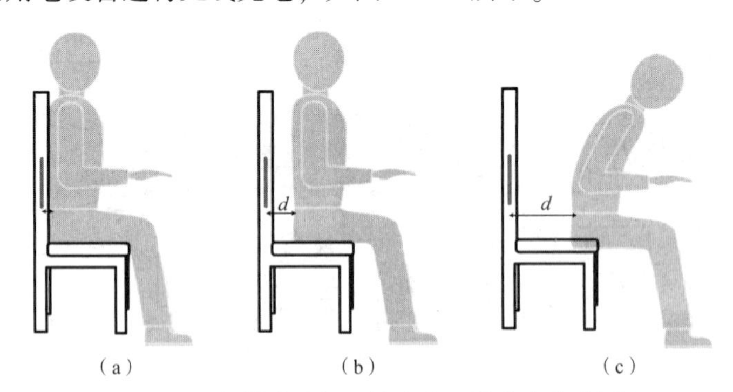

图 7－24 便携式电源无线充电系统充电方式测试

将发射装置固定在座椅侧，将接收装置插入便携式电源背心后方口袋中固定。发射、接收端接近后即可进行无线充电。充电过程可视化，在座椅侧能监控到充电过程信息。发射端具有过压、过流、过温保护功能。便携式电源无线充电系统满足电磁安全性指标，满足作战环境中的耐用性要求，在极端温度、湿度等环境条件下不受影响，且对其他设备的使用无干扰。充电方式测试结果如图 7－25 所示。

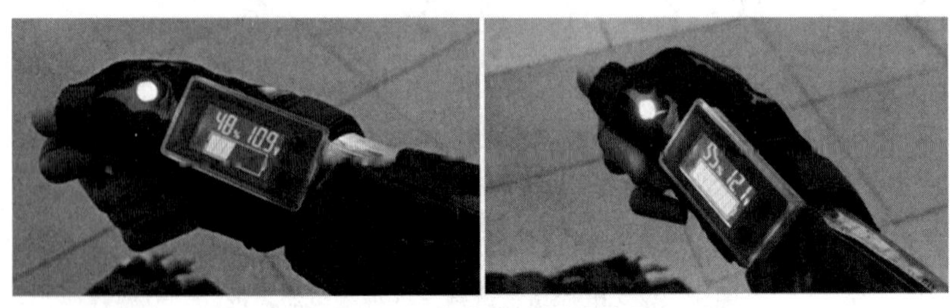

图 7－25 充电方式测试结果

7.5.3 线圈尺寸和质量测试

指标要求接收线圈尺寸≤100 mm，接收线圈及电路质量≤250 g，发射线圈尺寸≤250 mm，发射线圈及电路质量≤800 g。

利用电子秤测量发射/接收装置质量，记录数值（图7－26）。发射装置质量为148 g，小于800 g，满足质量要求；接收装置质量为120 g，小于800 g，满足质量要求。

图7－26 发射/接收装置称重

采用直尺测量发射/接收线圈尺寸，记录数值。用直尺测得发射线圈外侧长50 mm，宽44 mm，均小于250 mm，满足发射线圈尺寸要求；接收线圈外径为34 mm，内径为20 mm，均小于100 mm，满足接收线圈尺寸要求。

7.5.4 系统抗偏移能力测试

指标要求系统抗偏移能力≥10%。发射线圈外侧长50 mm，当横向偏移约为±5 mm时，输出功率基本不变，满足要求（图7－27）。

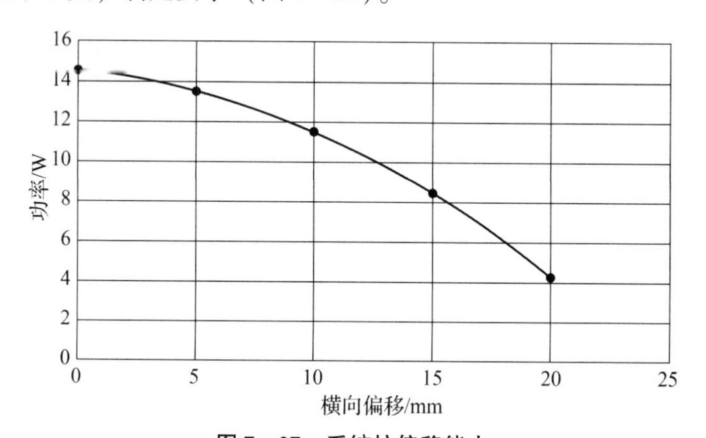

图7－27 系统抗偏移能力

第8章 水下自主航行器磁耦合无线能量传输技术

8.1 深海无线能量传输需求

海洋强国战略是国家和平发展战略的重要组成部分。作为未来水下战场的黑马，以水下自主航行器（Autonomous Underwater Vehicle，AUV）为代表的水下无人装备已成为世界各国军事研究的热点。其因具有隐蔽性强、智能化程度高、作战成本低等特点而广泛应用于深海战场侦察监视、精准打击、组网探测等领域，将对未来水下作战产生重大影响。用无人潜航器打捞电池如图8－1所示。

图8－1 用无人潜航器打捞电池

受限于储能容量有限，大部分水下无人装备均面临严重的能源补给问题。目前常用的水下能源补给方式通常依赖有缆供电和电池供电，严重限制了各种水下无人装备的长时间、隐蔽工作，而且能源补给方式单一，成本高，人力、物力消耗巨大。因为水下无人装备存在储能电池容量小、续航里程短的问题，所以现有插拔式有线充电方式已成为制约水下无人装备能源保障的瓶颈。通过开展深海无线能量传输技术与评价体系论证，研究海水介质中的无线能量传输机理，突破传能系统拓扑结构设计与频率优化控制、复杂海洋环境中自动接驳以及水下传能系统能源管理等关键技术，研制构建深海战场无线能量传输系统。在深海战场预置无线充电保障网络，水下无人装备即可根据作战任务、续航里程、坐标位置，智能化选择水下能源站点进行无线能源补给，颠覆现有水下无人装备能源保障模式，显著提升其战场隐蔽性能和作战效能。

8.1.1　提高水下无人装备的隐蔽性能

由于续航性能的限制，水下无人装备大多在非常有限的空间和时间范围内执行侦察或监控任务。现有通过母船打捞，依靠后勤人员进行充电或更换电池的能源补充形式，已成为制约水下无人装备持续隐蔽作战的瓶颈。采用无线能量传输技术，水下无人装备不需要上浮就可以进行能源补给，实现能量高效自主补充，极大地降低了战场暴露的机率，提高隐蔽作战能力。

8.1.2　增加水下无人装备的续航里程

水下无人装备的蓄电池容量有限、续航时间短，严重限制了其部署范围和机动性。水下充电站可在预定海域广泛部署，形成水下充电网络，通过无线能量传输技术将大幅延长工作时间、拓展部署范围，减少水下无人装备对储能电池或充电线缆的依赖，颠覆现有能源补给模式，实现水下无人装备自主能量补给，显著延长水下无人装备续航时间，增大其最大航程。

8.1.3　提高水下无人装备的环境适应性

现有水下无人装备插拔式充电方式，操作维护过程复杂，成本高，且插拔力较大，导致端口磨损严重、密封性变差，易产生漏电事故，可靠性和安全性不高。采用无线能源补给的方式可以使充电电源和负载电路完全隔离，能源补给端和接收端两侧的电路均可以进行独立封装，可以保证深海作战环境要求的密封性和耐压性，消除漏电的危险。

8.2　关键子部件设计

磁耦合器作为无线能量传输系统的核心部件，直接决定系统的传输性能。目前已经有很多应用于 AUV 的磁耦合器结构被提出。

补偿网络作为无线能量传输系统不可或缺的一部分，应根据设备实际应用需求进行设计。常见的补偿网络有 S－S 型、S－P 型、LCC－LCC 型和 LCC－S 型。S－S 型补偿网络结构简单且输出功率高，但互感增大时输出功率会急剧下降。S－P 型补偿网络在实际应用中难以保持谐振状态。相比于单一电容补偿拓扑，多谐振网络拓扑降低了参数灵敏度，从而实现原、副边电路解耦，避免了互感和电阻对谐振参数的影响。LCC－LCC 型补偿网络可以实现恒压或恒流输出，但是副边结构复杂且补偿电感较大，会为设备增加负担。LCC－S 型补偿网络兼有串联谐振与并联谐振各自的优点，在 *LC* 串联的基础上增添了并联在电路中的补偿电容及串联在电路中的补偿电感，能有效提高输入电压与电流的动态能力。通过补偿网络参数配置和工作频率设置可以实现恒压或恒流特性，且易于实现零电压开关，从而降低开关损耗。

由于 AUV 复杂多变的工作环境以及特殊的外形结构，现有的无线能量传输系统还存在以下问题。

（1）功率密度低。现阶段，无线能量传输系统的传输功率已经提升到 kW 量级，导致其功率密度低的主要原因是系统自身质量过大。磁耦合器接收端以及副边电路都安装在 AUV 上，此部分的功率密度是实际应用中评价系统性能的重要参数。

（2）传输效率低，抗偏移能力不足。在实际充电过程中，AUV 通常与充电平台间存在一定的间隙。磁耦合器发射端与接收端距离过大是导致系统传输效率低的主要原因。海洋中存在的洋流扰动也会对充电过程中 AUV 的姿态进行干扰，因此要求无线能量传输系统具备较强的抗偏移能力。

（3）磁耦合器与 AUV 贴合度不佳，占用过多空间，磁屏蔽效果不佳。AUV 作为精密设备，其内部空间有限，无线能量传输系统作为能源补给单元应尽量减小体积并贴合 AUV 外型。在设计上还应注意其磁屏蔽效果，避免充电过程中产生的耦合磁场对其他器件造成影响。

综合当前存在的问题，本书提出一种基于可变环形磁耦合器的 AUV 高功率密度无线能量传输系统。系统设计框架如图 8－2 所示。本书从磁耦合器设计以及网络拓扑选型两方面入手，在保证满足充电需求的前提下减小系统接收端质量，在提升系统功率密度的同时解决了抗偏移能力不足、磁屏蔽效果差等问题，为 AUV 的高效、灵活应用提供了保证。

8.2.1 磁耦合器结构设计与工作原理

为了解决上述 AUV 在包容式充电平台中充电时存在的问题，本书提出一种可变环形磁耦合器，其结构如图 8－3 所示。可变环形磁耦合器的发射器布置在 8 个圆弧外壳的外表面。每个圆弧外壳下方都有可以使其滑动的槽道。

在可变环形磁耦合器的初始状态，圆弧外壳在槽道的最外侧，可以为 AUV 提供较大的空间以使其进入充电平台。当 AUV 进入充电平台后，圆弧外壳开始收缩直到最终状态，8 个圆弧外壳正好拼接成环形并紧贴 AUV。充电完成后，可变环形磁耦合器再次恢复到初始状态，提供充足的空间让 AUV 离开充电平台。

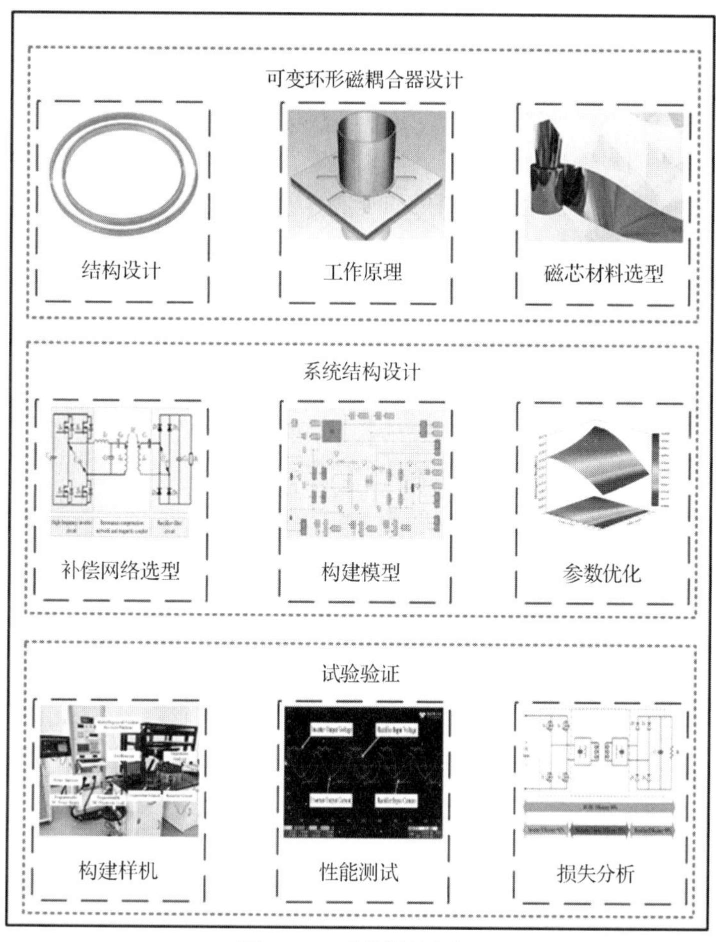

图8-2　系统设计框架

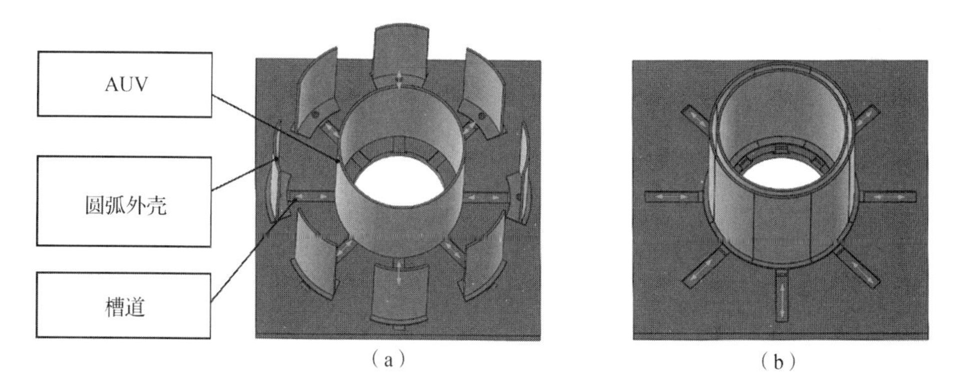

图8-3　可变环形磁耦合器

(a) 初始状态；(b) 最终状态

8.2.2　磁耦合器磁芯材料对功率密度的影响

磁耦合器是无线能量传输系统中能量转换的关键部件。线圈绕组实现了空间电磁场的构建。磁性材料具有优异的导磁性能，可以在能量传输的过程中起到聚拢磁场的作用。另外，使用磁性材料可以有效减少漏磁，有利于实现电磁兼容。

在无线能量传输技术发展的初期，研究者普遍采用铁氧体作为磁耦合器的磁芯材料。铁氧体材料具有很高的磁导率，并且价格低廉，易于购买。随着技术的发展，研究者对于磁芯材料的要求不断提升。铁氧体材料的质量和体积过大、形状不能弯曲的特点变得不可忽略。近年来，新型材料铁基纳米晶开始被应用于无线能量传输领域。铁基纳米晶材料具有十分复杂且严格的制备过程，可以根据研究者的参数需求进行个性化定制。两种材料的参数对比如表 8-1 所示。相对于铁氧体材料，铁基纳米晶材料显得更具优势。首先，铁基纳米晶材料具有更高的饱和磁感应强度以及磁导率，导磁效果好且磁芯损耗低。其次，铁基纳米晶材料的温度稳定性以及频率特性优良，适用范围广。最后，铁基纳米晶材料可以做成超薄柔软的带材，完美贴合曲面外壳。

表 8-1　铁氧体与铁基纳米晶材料的参数对比

参数	铁氧体 Mn-Zn	铁基纳米晶
饱和磁感应强度 B_s/T	0.5	1.25
矫顽力 H_c/(A·m^{-1})	8	1.5
磁导率 μ（100 kHz）	2 300	80 000
电阻率 ρ/(μΩ·cm^{-1})	$6.5*10^6$	120
居里温度 t/℃	215	570
密度 ρ/(g·cm^{-3})	5	7.2

为了比较两种磁芯材料在实际使用中的性能区别，在 Maxwell 中进行仿真对比分析。当前常见的铁基纳米晶带材厚度为 0.2 mm，铁氧体材料最薄可以做到 2 mm。在 Maxwell 中利用上文提到的磁耦合器参数，仿真结果如表 8-2 所示。根据表 8-1 可以知道，两种材料的密度相差不大，但是厚度为 0.2 mm 的铁基纳米晶材料与厚度为 2 mm 的铁氧体材料所表现的效果接近。这就意味着如果使用铁基纳米晶材料，磁芯质量仅为铁氧体材料的 0.1。总结：采用铁基纳米晶材料制作磁芯相比传统的铁氧体材料可以大幅减小磁耦合器的质量。

表 8-2　仿真结果

材料（厚度）	铁基纳米晶（0.2 mm）	铁氧体（2 mm）
发射器自感/μH	70.80	72.04
接收器自感/μH	60.42	62.99
互感/μH	36.82	38.33
发射器内阻/mΩ	17.95	16.88
接收器内阻/mΩ	15.31	13.56

8.2.3 系统建模与参数优化

本节对系统进行理论分析，在此基础上建立系统 Simulink 模型，对影响传输性能的系统参数进行仿真分析，为试验样机的搭建奠定基础。

8.2.3.1 系统理论分析与模型建立

LCC－S 型补偿网络在兼顾更优异的工作性能的同时，副边仅有少量元器件。为了减小 AUV 上接收端的质量，同时满足电池的恒压或恒流输出需求，采用 LCC－S 型补偿网络进行系统结构设计，其模型如图 8－4 所示。图中，U_{in} 为直流电源；S_1～S_4 是构成全桥逆变电路的 MOSFET 开关器件；U_{AB} 为转换后的高频交流源；L_f 为补偿电感；C_f 为补偿电容；C_p 和 C_s 为原边和副边的调谐电容；L_p 和 L_s 为原边和副边线圈的自感；M 为原边线圈和副边线圈的互感；D_1～D_4 是构成整流电路的二极管；U_{ab} 为整流后的直流源；C_L 为输出滤波电容；R_L 为等效负载电阻。

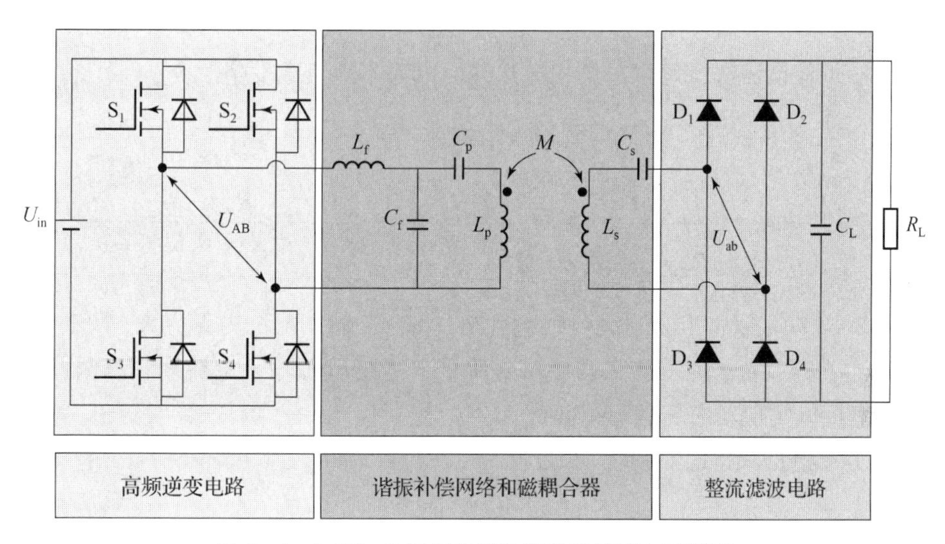

图 8－4 LCC－S 型无线能量传输系统等电路模型

系统等效电路如图 8－5 所示，图中 R_f 为补偿电感等效电阻，R_p 为原边线圈等效电阻，R_s 为副边线圈等效电阻，R_L 为负载电阻。

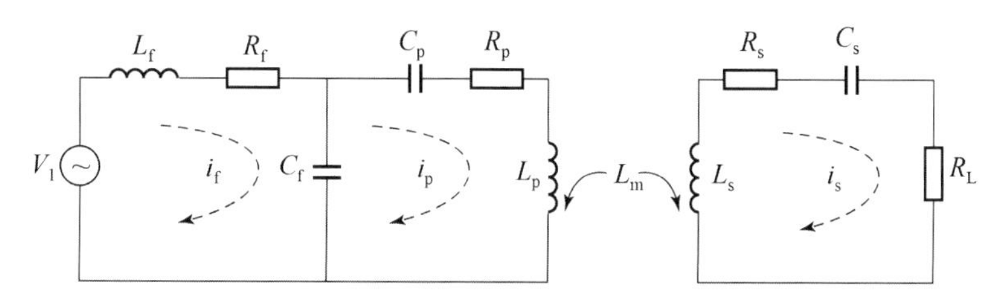

图 8－5 LCC－S 型无线能量传输系统等效电路

等效电路方程以向量形式表示如式（8－1）所示。

$$\begin{cases}V_1=\left(R_f+j\omega L_f-\dfrac{j}{\omega C_f}\right)i_f-\dfrac{1}{j\omega C_f}i_p\\0=-\dfrac{1}{j\omega C_f}i_f+\left(R_p+j\omega L_p-\dfrac{j}{\omega C_p}-\dfrac{j}{\omega C_f}\right)i_p-j\omega L_m i_s\\0=-j\omega L_m i_p+\left(R_s+R_L+j\omega L_s-\dfrac{j}{\omega C_s}\right)i_s\\V_2=R_L\cdot i_s\end{cases}\tag{8-1}$$

因为电感 L_f 尺寸很小，所以忽略 R_f。

$$\begin{cases}\omega L_f-\dfrac{1}{\omega C_f}=0\\\omega L_s-\dfrac{1}{\omega C_s}=0\end{cases}\tag{8-2}$$

将式（8－2）代入式（8－1），可以推导出

$$V_1\approx-\frac{1}{j\omega C_f}i_p\tag{8-3}$$

因此，i_p 近似恒流源，可以总结出原边线圈电流不随负载发生改变。

令 $\omega L_p-\dfrac{1}{\omega C_p}-\dfrac{1}{\omega C_f}=0$，可以得到输入阻抗为

$$R_{in}=\frac{V_1}{i_f}=R_f+\frac{\omega^2L_f^2}{\left(R_p+\dfrac{\omega^2L_m^2}{R_s+R_L}\right)}\approx\frac{\omega^2L_f^2}{R_p+\dfrac{\omega^2L_m^2}{R_s+R_L}}=\frac{R_s+R_L}{\omega^2C_f^2(R_pR_s+R_pR_L+\omega^2L_m^2)}\tag{8-4}$$

由式（8－4）可以得出，当无负载时（$R_L=\infty$），输入阻抗为无穷大，即逆变电源输入电流很小。当存在负载时，输入阻抗相对降低，逆变电源输入电流增大。因此，LCC－S 型补偿网络可以实现动态负载阻抗匹配。

当系统处于谐振状态时，有

$$\begin{cases}\omega_0L_s=\dfrac{1}{\omega_0C_s}\\\omega_0L_f=\dfrac{1}{\omega_0C_f}=\omega_0L_p-\dfrac{1}{\omega_0C_p}\end{cases}\tag{8-5}$$

将式（8－5）代入式（8－1），可以得到

$$i_p=-j\omega_0C_f\left(1-\frac{R_f}{R_f+\dfrac{1}{\omega_0^2C_f^2\left(R_p+\dfrac{\omega_0^2L_m^2}{R_s+R_L}\right)}}\right)V_1\approx-j\omega_0C_fV_1\tag{8-6}$$

$$i_f=\frac{V_1}{R_f+\dfrac{1}{\omega_0^2C_f^2\left(R_p+\dfrac{\omega_0^2L_m^2}{R_s+R_L}\right)}}\approx\frac{R_pR_s+R_pR_L+(\omega_0L_m)^2}{R_s+R_L}\omega_0^2C_f^2V_1\tag{8-7}$$

$$i_s = \frac{j\omega_0 L_m i_p}{R_s + R_L} = \frac{\omega_0^2 C_f L_m}{R_s + R_L} V_1 = \frac{L_m}{L_f (R_2 + R_L)} V_1 \tag{8-8}$$

$$v_2 = \frac{\omega_0^2 C_f L_m R_L}{R_s + R_L} V_1 \tag{8-9}$$

由式（8－8）可以得出系统输出功率的表达式（8－10），可以看出系统输出功率与负载电阻以及原边电压有关。

$$P_{out} = |i_s|^2 R_L = \frac{(\omega_0^2 C_f L_m)^2 R_L}{(R_s + R_L)^2} V_1^2 \tag{8-10}$$

由式（8－4）和式（8－7）可以得到

$$P_{in} = |i_f|^2 \mathrm{Re}(Z_{in}) = |i_f|^2 R_{in} = \frac{R_p R_s + R_p R_L + (\omega_0 L_m)^2}{R_s + R_L} \omega_0^2 C_f^2 V_1^2 \tag{8-11}$$

由式（8－10）和式（8－11），得到传输效率的表达式（8－12）。

$$\eta = \frac{P_{out}}{P_{in}} = \frac{R_L (\omega_0 L_m)^2}{(R_s + R_L)(R_p R_s + R_p R_L + (\omega_0 L_m)^2)} \tag{8-12}$$

将式（8－12）对 R_L 求导，得到传输效率最高时的最佳负载：

$$R_{L-optimum} = \sqrt{\frac{R_s}{R_p}(\omega_0 L_m)^2 + R_s^2} \tag{8-13}$$

通过上述理论分析可以得知：在无线能量传输系统的实际工作过程中，除互感 L_m 外，其余参数在系统确定后可以近似为常数，因此互感 L_m 是影响传输功率、传输效率的主要因素。存在一个最佳负载可以使系统传输效率达到最高。因此，在系统设计的前期，应根据输出功率需求进行仿真分析，得到系统最优互感的近似数值，并在此基础上预估系统的最佳负载参数值。

无线能量传输系统的 Simulink 模型由多个模块构成，元器件在系统中由电路进行连接，能量在电路、磁路中进行传递。在建立系统 Simulink 模型时进行如下假设。

（1）系统由 100 V 直流电压源进行供电，系统谐振频率为 100 kHz。

（2）模型不考虑补偿电感与原边线圈和副边线圈之间的影响。补偿电感取 30 μH，补偿电容取 84.43 nF。

（3）由经验可知线圈内阻较小，它的改变对系统性能的影响很小。假设原边线圈的内阻为 0.25 Ω，副边线圈内阻为 0.2 Ω，互感内阻为 0.3 Ω。

（4）模型不考虑系统工作过程中温度升高所导致的元器件参数值变化。

基于理论分析的结果以及上述假设，搭建无线能量传输系统 Simulink 仿真模型，如图 8－6 所示，其中包含多个数据及图形显示模块，方便用户快速读取和分析数据。

8.2.3.2　系统参数对传输性能的影响

基于搭建的 Simulink 仿真模型，对系统参数进行仿真研究。当磁耦合器耦合系数为 0.5 时，对不同互感以及不同负载时的系统性能进行仿真。互感的变化范围取 40～70 μH，负载的变化范围取 10～30 Ω。不同负载下的互感与输出功率的关系如图 8－7 所示。输出

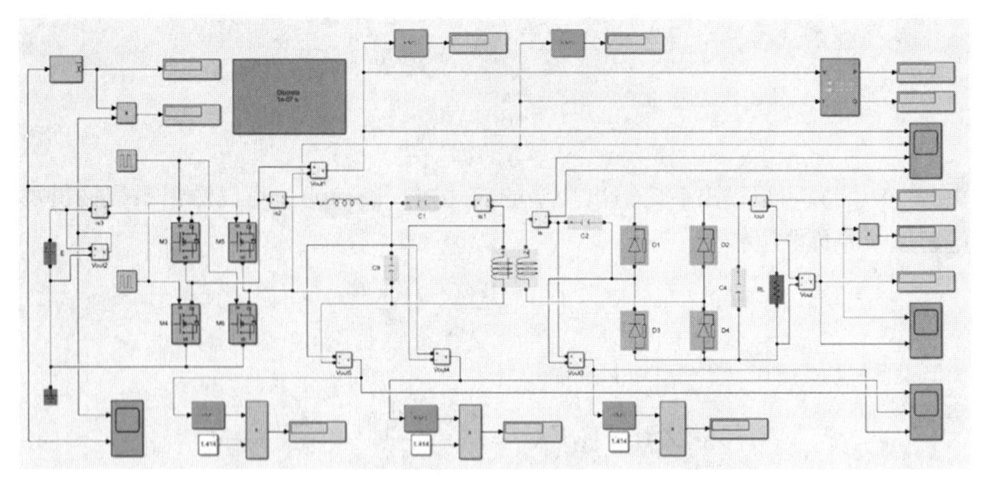

图 8-6 无线能量传输系统 Simulink 仿真模型示意

功率随着互感的增大而升高，负载增大则会降低系统输出功率。不同负载下的互感与传输效率的关系如图 8-8 所示。在谐振状态下传输效率不受互感变化的影响，基本维持恒定。当负载较小时，互感与传输效率的关系曲线波动较大。副边线圈自感的增加对于系统输出功率和传输效率的影响不大。

当前计划搭建 1 kW 的试验平台。基于上述分析结果，考虑到增大互感会使磁耦合器体积变大，在满足输出的前提下将系统互感定为 60 μH。考虑到实际应用时发射线圈和接收线圈尺寸相差不大，因此自感也应该相近。取原边线圈自感为 144 μH，副边自感为 100 μH。在此范围内负载与系统传输性能的关系如图 8-9 所示。随着负载的增加，系统输出功率随之下降。负载变化时系统传输效率的波动范围在 2% 以内。当负载为 13 Ω 时，系统传输效率最高，为 93.9%。此时，系统逆变输出电压为 75.49 V，逆变输出电流为 25.22 A，逆变输出波形如图 8-10 所示。补偿电容、原边谐振电容和副边谐振电容的电压波形如图 8-11 所示。

8.2.3.3 系统谐振匹配方法

在可变环形磁耦合器尺寸变化的过程中，发射器自感以及发射器与接收器的互感都会不断变化。如果不对这种变化进行干预，系统将不再处于谐振状态。磁耦合器的接收器存在于 AUV 上，AUV 型号确定后其自感就是固定不变的，因此只需要考虑发射线圈的自感变化。采用含有矩阵电容的初级侧补偿网络可以解决这一问题。矩阵电容通过控制阵列内电容的串联/并联关系，实现针对不同电感的谐振匹配。当前阶段，试验中使用的 AUV 只有几个固定的型号，只需提前按照固定型号所对应的参数值进行发射器的谐振匹配即可。

系统谐振匹配流程如图 8-12 所示。当 AUV 接近充电平台时会发出通信信号以告知自身信息。AUV 进入充电平台后发射器根据 AUV 型号进行尺寸收缩，同时电路切换到对应的谐振电容值。在 AUV 型号较少的情况下，可以预置对应数量的电容模块。在系统交互后根据需求使对应电容模块导通，而其他电容模块处于断开状态。

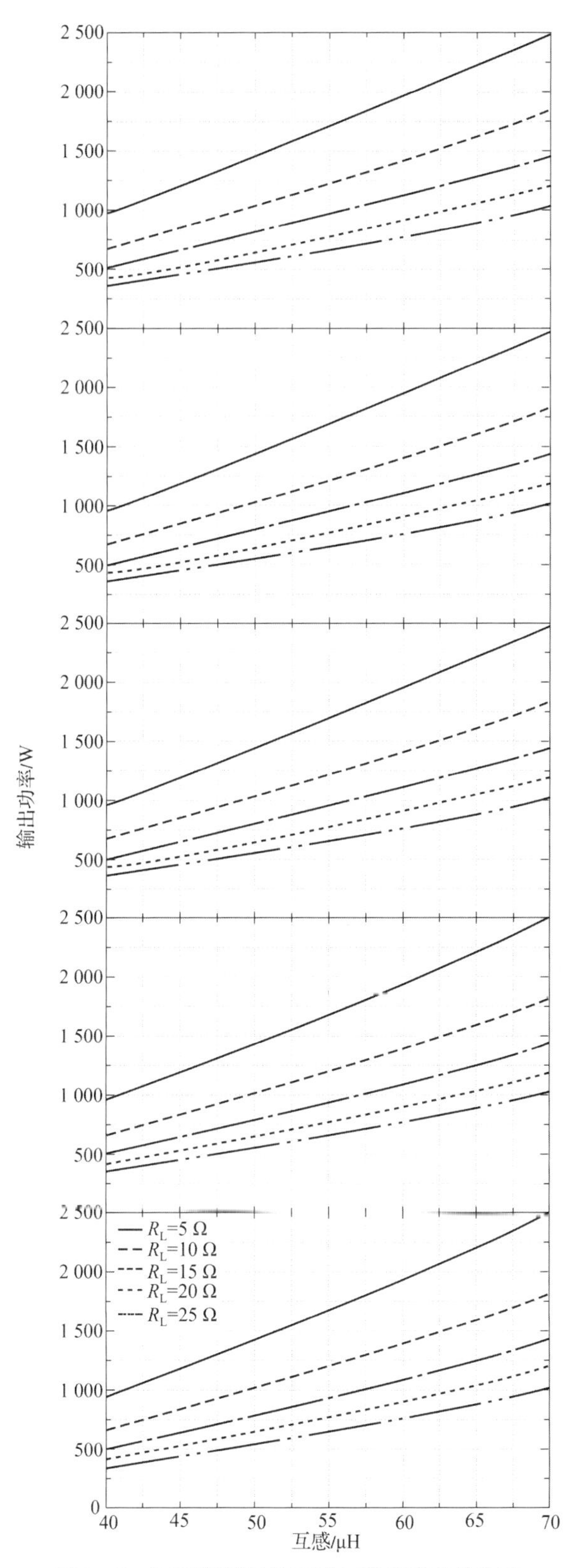

图 8-7　不同负载时的互感与输出功率的关系

（接收线圈自感从上到下分别是 60 μH、80 μH、100 μH、120 μH、140 μH）

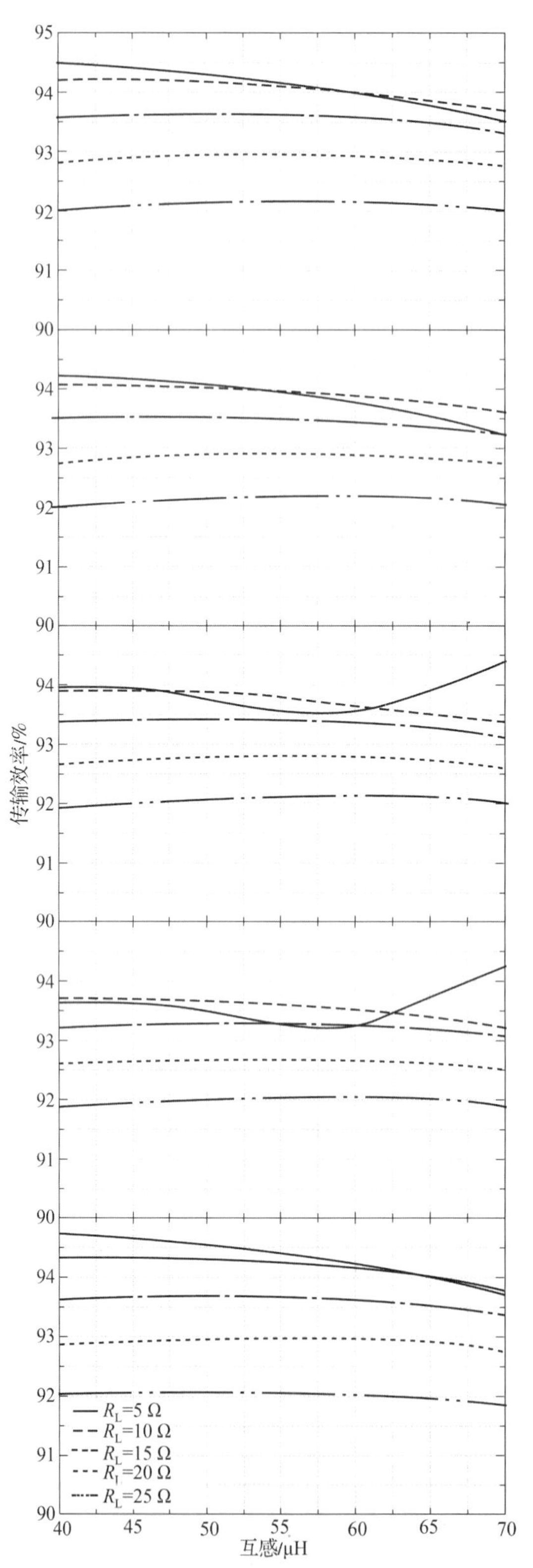

图 8－8　不同负载时的互感与传输效率的关系

（接收线圈自感从上到下分别是 **60 μH**、**80 μH**、**100 μH**、**120 μH**、**140 μH**）

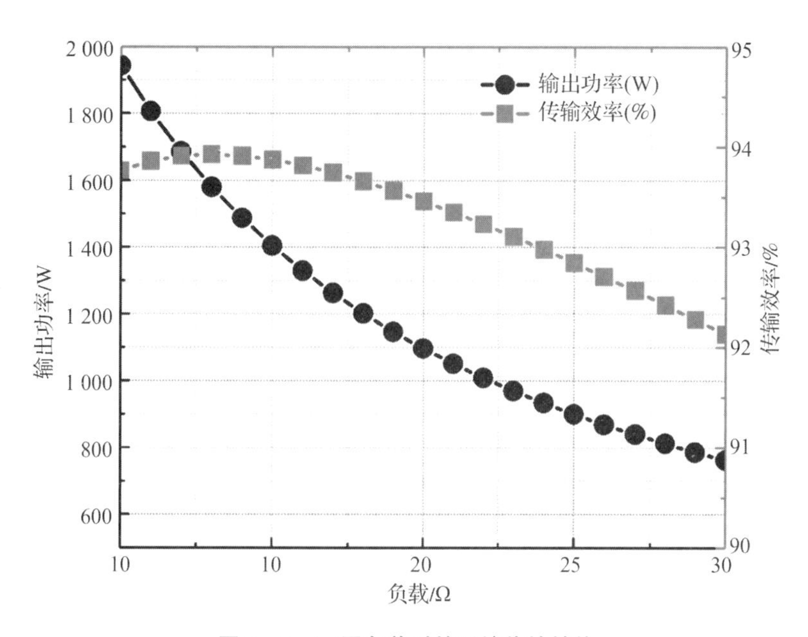

图 8－9　不同负载时的系统传输性能

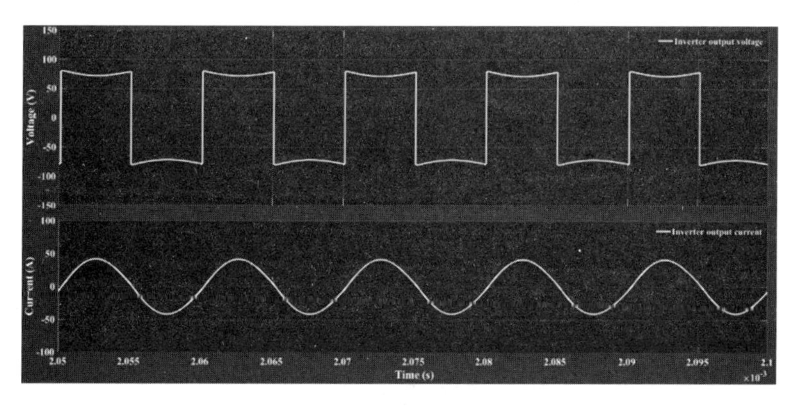

图 8－10　逆变输出电压与电流波形

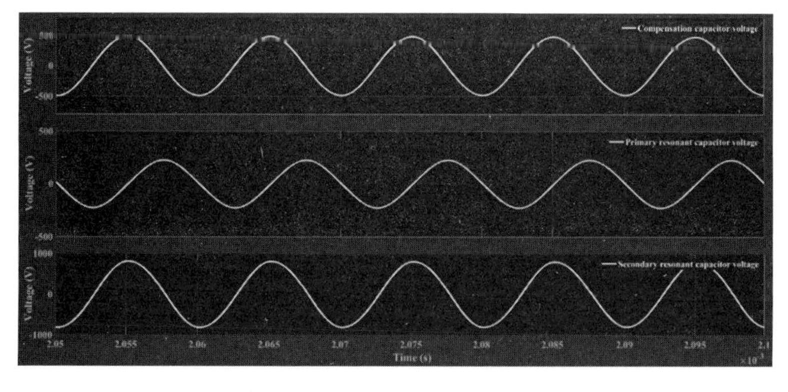

图 8－11　补偿电容、原边谐振电容和副边谐振电的电压波形

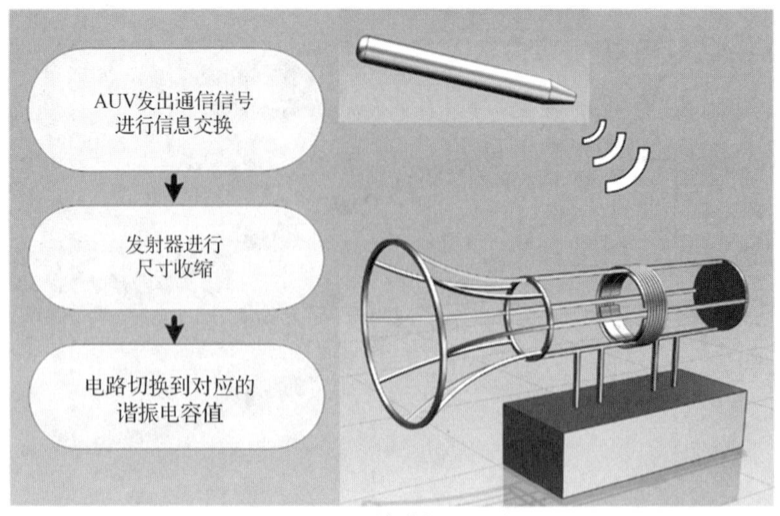

图 8-12 系统谐振匹配流程

8.3 样机研制

系统原边采用全桥逆变电路，通过 STM32 核心控制板输出用于驱动 MOSFET 的 4 路频率为 100 kHz、占空比为 50% 的方波。系统副边为了进行轻量化设计，仅包含电容以及用于高频整流的二极管。系统原边和副边 PCB 如图 8-13 所示。

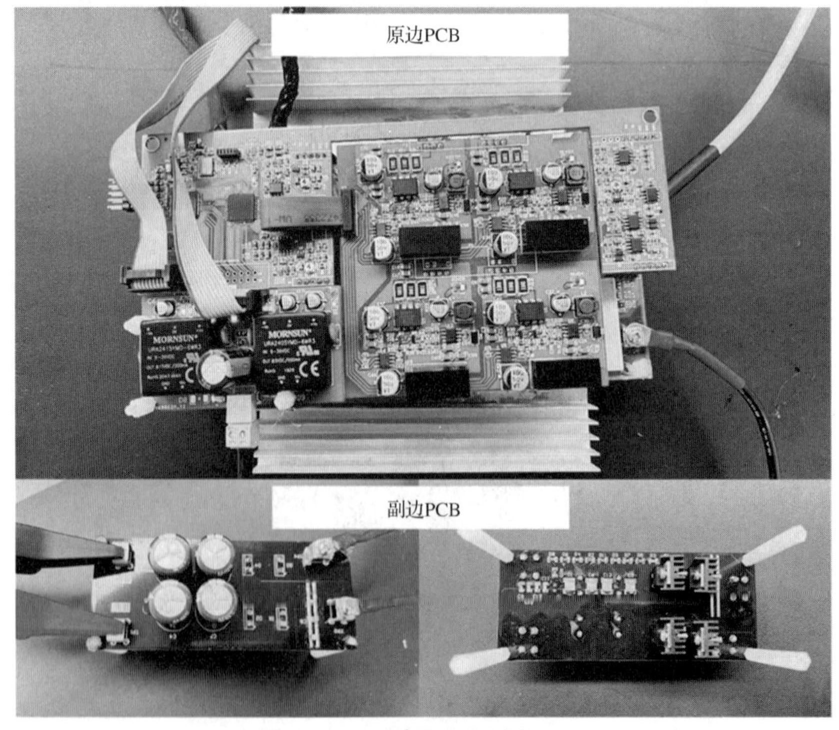

图 8-13 系统原边和副边 PCB

制作的可变环形磁耦合器如图 8－14 所示。磁耦合器发射器直径为 300 mm，接收器直径为 250 mm。当接收器居中时，两侧距离发射器各 25 mm，符合实际应用过程中因设备外壳存在而产生的间隙。发射器磁芯在线圈的外侧，接收器磁芯在线圈的内侧。通过这种布置方式，磁芯在两侧可以最大限度地起到聚拢磁场的作用。其中，利兹线的规格为 0.05 mm×1 500 股，发射端和接收端均为 15 匝。纳米晶磁芯的厚度为 0.2 mm，宽度为 60 mm。

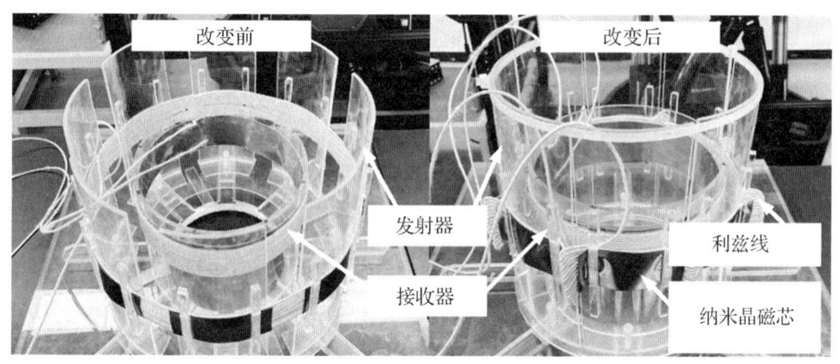

图 8－14　可变环形磁耦合器

试验环境如图 8－15 所示。当可变环形磁耦合器在最终状态进行电能传输时，电路及磁耦合器参数如表 8－3 所示。在保证磁耦合器互感满足要求的前提下，制作的发射线圈和接收线圈电感均大于仿真值。这是因为仿真过程中线圈使用的是铜材料，而实际使用的利兹线会让线圈在其他条件不变的情况下自感增大。

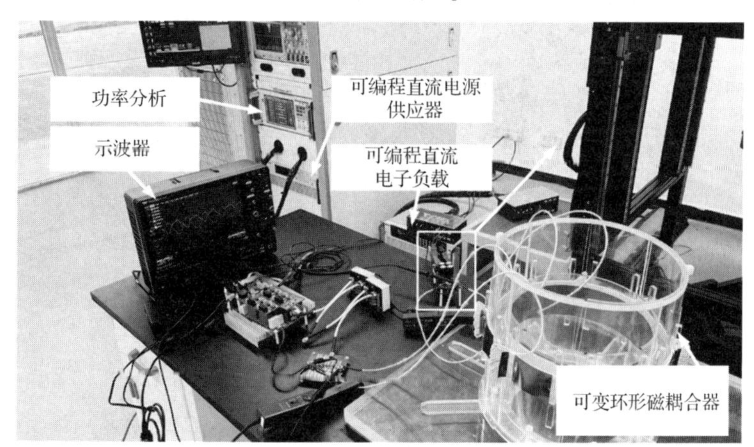

图 8－15　试验环境

表 8－3　电路及磁耦合器参数

参数	说明	数值
U_{in}/V	输入直流电压	200
f/kHz	工作频率	100
L_f/μH	原边补偿电感	30
L_p/μH	发射线圈自感	178.2

续表

参数	说明	数值
$L_s/\mu H$	接收线圈自感	151
$M/\mu H$	互感	66.25
R_L/Ω	负载电阻	15
C_f/nF	原边补偿电容	84.43
C_p/nF	原边调谐电容	16.01
C_s/nF	副边调谐电容	16.78

8.4　性能测试

对可变环形磁耦合器尺寸变化前后的传输性能进行对比，如图 8－16 所示。从图中可以看出，尺寸变化后系统输出功率相对初始状态提升 88.22 W，提升了 9%；系统传输效率

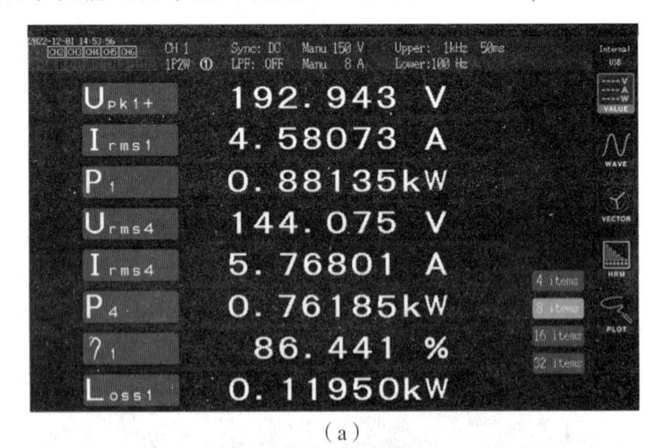

(a)

Upk1+ 193.068 V
Irms1 5.00409 A
P1 0.96157kW
Urms4 144.109 V
Irms4 5.76891 A
P4 0.83132kW
86.454 %
Loss1 0.13025kW

(b)

图 8－16　可变环形磁耦合器尺寸变化前后的传输性能对比

(a) 尺寸变化前；(b) 尺寸变化后

基本维持不变。最终状态下系统各部分电流如图 8 - 17 所示，系统各部分电压如图 8 - 18 所示。系统各部分电流、电压波形均正常，并符合仿真预期。

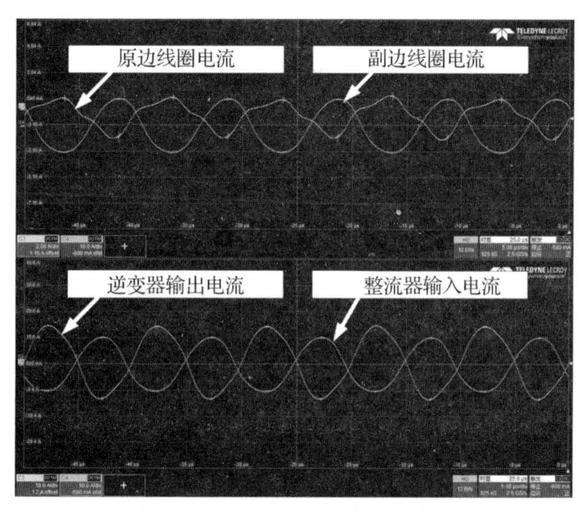

图 8 - 17　系统各部分电流波形

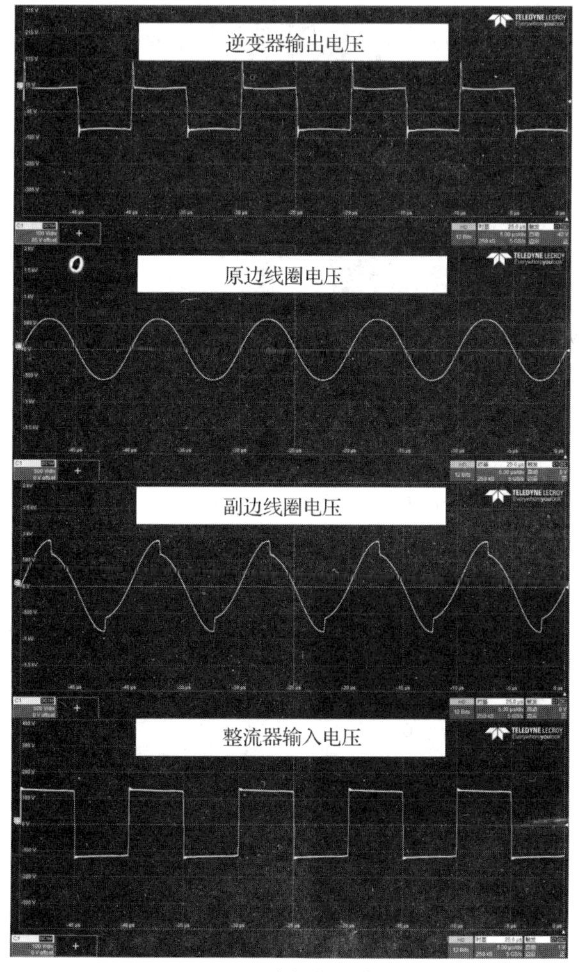

图 8 - 18　系统各部分电压波形

对于应用在 AUV 上的无线能量传输系统，因为发射器存在于充电平台上，所以只需要讨论接收器部分的功率密度。磁耦合器的接收器包含线圈、磁芯以及副边电路三部分。接收器线圈的直径为 250 mm，绕组为 15 匝。已知使用的利兹线的密度约为 30 g/m，通过计算得知接收器线圈共 353 g。纳米晶磁芯的密度为 7.2 g/cm^3，使用的纳米晶带材宽度为 60 mm，长度为 785.3 mm，厚度为 0.2 mm。通过计算得知使用的纳米晶磁芯质量为 67.9 g。副边电路部分通过高精度电子秤称量得知其质量为 100.9 g（图 8－19）。综上所述，磁耦合器接收器部分的总质量为 521.8 g。使用系统输出功率除以接收器部分的总质量可以得出系统功率密度为 1.6 W/g。

图 8－19　副边电路部分称量

通过热成像仪对系统进行检测，如图 8－20 所示。从图像中可以发现初级侧电路、次级侧电路以及磁耦合器在工作时均可以保持在较低的温度。经过证明系统散热情况良好，可以为 AUV 提供长时间、安全、可靠的电能传输。

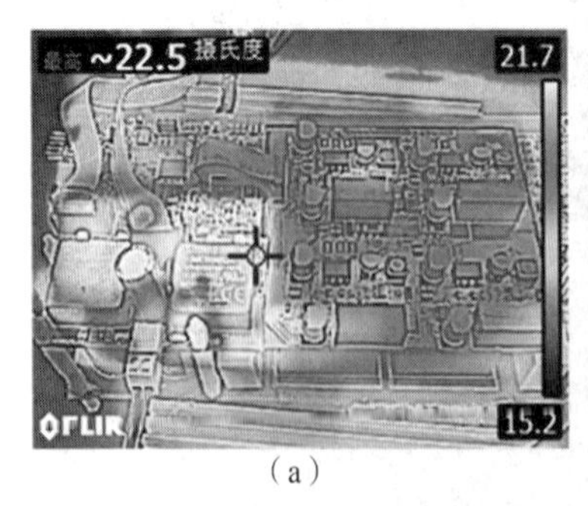

（a）

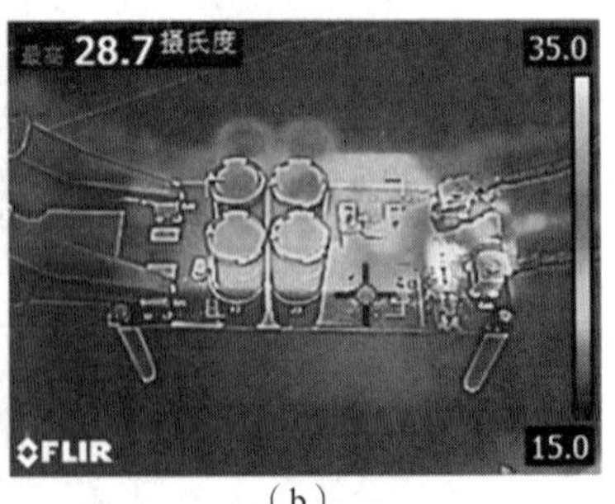

（b）

图 8－20　系统热检测

（a）初级侧电路；（b）次级侧电路

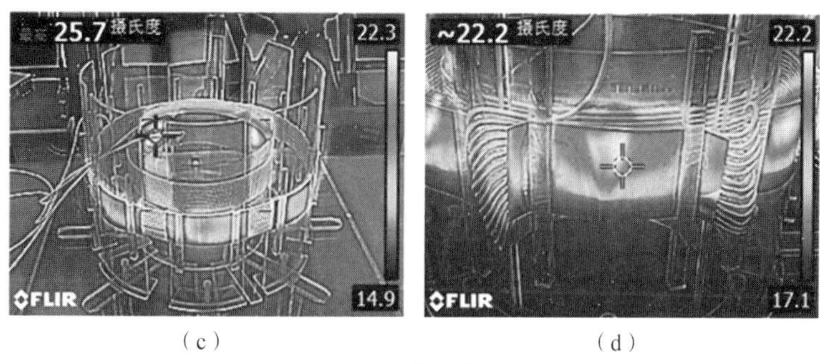

（c）　　　　　　　　　　　　（d）

图 8－20　系统热检测（续）

（c）磁耦合器初始状态；（d）磁耦合器最终状态

使用磁场测试仪在磁耦合器接收器内部进行测量，如图 8－21 所示。磁场测试仪显示磁耦合器接收器内部的磁感应强度为 0.309 mT。从测量结果可以看出磁耦合器接收器内部的磁感应强度远低于电磁兼容标准的数值，不会对 AUV 内部器件的正常工作造成影响。

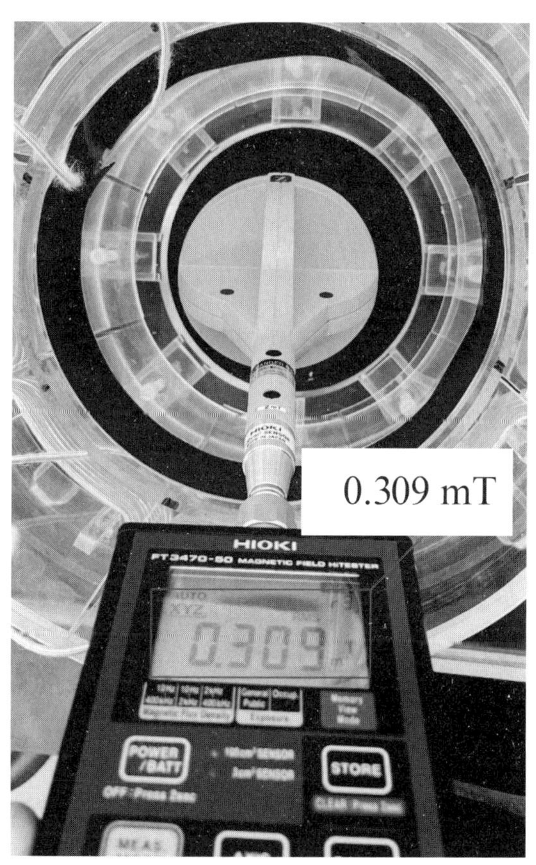

图 8－21　磁耦合器接收器内部磁感应强度测量

参考文献

[1] COVIC G A, BOYS J T. Inductive power transfer [J]. Proceedings of the IEEE, 2013, 101 (6): 1276 -1289.

[2] HUI S Y R, ZHONG W, LEE C K. A critical review of recent progress in mid - range wireless power transfer [J]. IEEE Transactions on Power Electronics, 2014, 29 (9): 4500 -4511.

[3] LIU C, HU A P, NAIR N K C. Modelling and analysis of a capacitively coupled contactless power transfer system [J]. Iet Power Electronics, 2011, 4: 808 -815.

[4] SU Y G, ZHOU W, HU A P, et al. Full - duplex communication on the shared channel of a capacitively coupled power transfer system [J]. IEEE Transactions on Power Electronics, 2017, 32 (4): 3229 -3239.

[5] ZHOU W, JIN K. Efficiency evaluation of laser diode in different driving modes for wireless power transmission [J]. IEEE Transactions on Power Electronics, 2015, 30 (11): 6237 -6244.

[6] HE T, YANG S H, ZHANG H Y, et al. High - power high - efficiency laser power transmission at 100 m using optimized multi - cell GaAs converter [J]. Chinese Physics Letters, 2014, 31 (10): 104203.

[7] STRASSNER B, CHANG K. Microwave power transmission: Historical milestones and system components [J]. Proceedings of the IEEE, 2013, 101 (6): 1379 -1396.

[8] GREEN A, BOYS J. Inductively coupled power transmission - concept, design, and application [J]. Transactions of the Institution of Professional Engineers New Zealand Electrical/mechanical/chemical Engineering, 1995, 22 (1).

[9] BEH H Z Z, COVIC G A, BOYS J T. Effects of pulse and DC charging on lithium iron

phosphate (LiFePO4) batteries [C]. 2013 IEEE Energy Conversion Congress and Exposition, 2013: 315 - 320.

[10] BOYS J T, LEE J R. Power quality with green energy, DDC, and inductively powered EV's [C]. 2011 IEEE 33rd International Telecommunications Energy Conference (INTELEC), 2011: 1 - 8.

[11] BUDHIA M, COVIC G, BOYS J. A new IPT magnetic coupler for electric vehicle charging systems [C]. IECON 2010 - 36th Annual Conference on IEEE Industrial Electronics Society, 2010: 2487 - 2492.

[12] LEE J R, BOYS J T, COVIC G A. Improved grid dynamics using a localized demand control system [J]. IEEE Transactions on Smart Grid, 2014, 5 (6): 2748 - 2756.

[13] HU A P. Modeling a contactless power supply using GSSA method [C]. 2009 IEEE International Conference on Industrial Technology, 2009: 1 - 6.

[14] LI Y L, SUN Y, DAI X, et al. Mixed - sensitivity H∞ robust control of π - type resonant IPT system [J]. Journal of South China University of Technology, 2011, 39: 12 - 19.

[15] SMEETS J P C, OVERBOOM T T, JANSEN J W, et al. Modeling framework for contactless energy transfer systems for linear actuators [J]. IEEE Transactions on Industrial Electronics, 2013, 60 (1): 391 - 399.

[16] 盛松涛，杜贵平，张波. 感应耦合式无接触电能传输系统无接触变压器模型 [C]. 2006 中国电工技术学会电力电子学会第十届学术年会，2006：1.

[17] 马皓，周雯琪. 电流型松散耦合电能传输系统的建模分析 [J]. 电工技术学报，2005 (10)：70 - 75.

[18] 杜贵平，盛松涛，张波，et al. 感应耦合式无接触电能传输系统建模及仿真 [C]. 2008 中国电工技术学会电力电子学会第十一届学术年会，2008：1.

[19] WANG C S, COVIC G A, STIELAU O H. Power transfer capability and bifurcation phenomena of loosely coupled inductive power transfer systems [J]. IEEE Transactions on Industrial Electronics, 2004, 51 (1): 148 - 157.

[20] VALTCHEV S, BORGES B V, BRANDISKY K, et al. Efficient resonant inductive coupling energy transfer using new magnetic and design criteria [C]. 2005 IEEE 36th Power Electronics Specialists Conference, 2005: 1293 - 1298.

[21] ZAHEER A, BUDHIA M, KACPRZAK D, et al. Magnetic design of a 300 W under - floor contactless power transfer system [C]. IECON 2011 - 37th Annual Conference of the IEEE Industrial Electronics Society, 2011: 1408 - 1413.

[22] AHN D, HONG S. A study on magnetic field repeater in wireless power transfer [J]. IEEE Transactions on Industrial Electronics, 2013, 60 (1): 360 - 371.

[23] KACPRZAK D, COVIC G A, BOYS J T. An improved magnetic design for inductively coupled power transfer system pickups [C]. 2005 International Power Engineering

Conference, 2005: 1133 - 1136 Vol. 2.
[24] LI H L, HU A P, COVIC G A, et al. Optimal coupling condition of IPT system for achieving maximum power transfer [J]. Electronics Letters, 2009, 45 (1): 76 - 77.
[25] 吕潇, 孙跃, 王智慧, 等. 复合谐振型感应电能传输系统分析及参数优化 [J]. 电力系统自动化, 2013, 37 (4): 119 - 124.
[26] 赵志斌, 孙跃, 周诗杰, 等. 非接触电能传输系统参数优化的改进遗传解法 [J]. 西安交通大学学报, 2012, 46 (2): 106 - 112.
[27] 赵志斌, 孙跃, 苏玉刚, 等. ICPT 系统原边恒压控制及参数遗传优化 [J]. 中国电机工程学报, 2012, 32 (15): 170 - 176 + 180.
[28] HU A P, BOYS J T, COVIC G A. Frequency analysis and computation of a current - fed resonant converter for ICPT power supplies [C]. PowerCon 2000. 2000 International Conference on Power System Technology. Proceedings (Cat. No. 00EX409), 2000: 327 - 332.
[29] BOYS J T, COVIC G A, JAMES J E, et al. FP - 4. 2 switching frequencies in inductively coupled power transfer systems [C]. 6th, International power engineering conference; IPEC 2003, 2003: 686 - 691.
[30] HU A, HUSSMANN S. A phase controlled variable inductor designed for frequency stabilization of current - fed resonant converter power supplies [C]. 6th International Power Engineering Conference (IPEC 2003), 2003.
[31] JAMES J, BOYS J, COVIC G. A variable inductor based tuning method for ICPT pickups [C]. 2005 International Power Engineering Conference, 2005: 1142 - 1146 Vol. 2.
[32] 周诗杰, 孙跃, 戴欣, 等. 电压型 CPT 系统输出品质与频率稳定性分析 [J]. 电机与控制学报, 2012, 16 (6): 25 - 29.
[33] RENGUI L, TIANYU W, YINHUA M, et al. Analysis and design of a wireless closed - loop ICPT system working at ZVS mode [C]. 2010 IEEE Vehicle Power and Propulsion Conference, 2010: 1 - 5.
[34] PIJL F V D, BAUER P, CASTILLA M. Control method for wireless inductive energy transfer systems with relatively large air gap [J]. IEEE Transactions on Industrial Electronics, 2013, 60 (1): 382 - 390.
[35] MADAWALA U K, STICHBURY J, WALKER S. Contactless power transfer with two - way communication [C]. 30th Annual Conference of IEEE Industrial Electronics Society, 2004. IECON 2004, 2004: 3071 - 3075.
[36] 孙跃, 王琛琛, 唐春森, 等. CPT 系统能量与信号混合传输技术 [J]. 电工电能新技术, 2010, 29 (4): 10 - 13 + 22.
[37] 孙跃, 杨芳勋, 戴欣. 基于改进型蚁群算法的无线电能传输网组网 [J]. 华南理工大学学报 (自然科学版), 2011, 39 (10): 146 - 151 + 164.
[38] 孙跃, 戴欣, 唐春森, 等. 分布式无线电能传输网 [C]. 中国高校电力电子与电力

传动学术年会，2010.
[39] 杨芳勋，孙跃，夏晨阳. 求解 ICPT 电源规划问题的改进混合蛙跳算法 [J]. 重庆大学学报，2012，35 (6)：105 - 111.
[40] ELLIOTT G A J, BOYS J T, GREEN A W. Magnetically coupled systems for power transfer to electric vehicles [C]. Proceedings of 1995 International Conference on Power Electronics and Drive Systems. PEDS 95, 1995: 797 - 801.
[41] WANG C S, STIELAU O H, COVIC G A. Design considerations for a contactless electric vehicle battery charger [J]. IEEE Transactions on Industrial Electronics, 2005, 52 (5): 1308 - 1314.
[42] ELLIOTT G A J, COVIC G A, KACPRZAK D, et al. A new concept: Asymmetrical pick - ups for inductively coupled power transfer monorail systems [J]. IEEE Transactions on Magnetics, 2006, 42 (10): 3389 - 3391.
[43] RAABE S, ELLIOTT G A J, COVIC G A, et al. A quadrature pickup for inductive power transfer systems [C]. 2007 2nd IEEE Conference on Industrial Electronics and Applications, 2007: 68 - 73.
[44] KISSIN M L G, COVIC G A, BOYS J T. Steady - state flat - pickup loading effects in polyphase inductive power transfer systems [J]. IEEE Transactions on Industrial Electronics, 2011, 58 (6): 2274 - 2282.
[45] COVIC G A, BOYS J T, KISSIN M L G, et al. A three - phase inductive power transfer system for roadway - powered vehicles [J]. IEEE Transactions on Industrial Electronics, 2007, 54 (6): 3370 - 3378.
[46] MADAWALA U K, THRIMAWITHANA D J. A ring inductive power transfer system [C]. 2010 IEEE International Conference on Industrial Technology, 2010: 667 - 672.
[47] KISSIN M L G, HAO H, COVIC G A. A practical multiphase IPT system for AGV and roadway applications [C]. 2010 IEEE Energy Conversion Congress and Exposition, 2010: 1844 - 1850.
[48] RAABE S, BOYS J T, COVIC G A. A high power coaxial inductive power transfer pickup [C]. 2008 IEEE Power Electronics Specialists Conference, 2008: 4320 - 4325.
[49] WU H H, BOYS J, COVIC G, et al. An AC processing pickup for IPT systems [C]. 2009 IEEE Energy Conversion Congress and Exposition, 2009: 840 - 846.
[50] KURS A, KARALIS A, MOFFATT R, et al. Wireless power transfer via strongly coupled magnetic resonances [J]. Science, 2007, 317 (5834): 83 - 86.
[51] KARALIS A, JOANNOPOULOS J D, SOLJAČĆ M. Efficient wireless non - radiative mid - range energy transfer [J]. Annals of Physics, 2008, 323 (1): 34 - 48.
[52] THRIMAWITHANA D J, MADAWALA U K, YU S. Design of a bi - directional inverter for a wireless V2G system [C]. 2010 IEEE International Conference on Sustainable Energy Technologies (ICSET), 2010: 1 - 5.

[53] MADAWALA U K, THRIMAWITHANA D J. A two - way inductive power interface for single loads [C]. 2010 IEEE International Conference on Industrial Technology, 2010: 673 - 678.

[54] CHEON S, KIM Y H, KANG S Y, et al. Circuit - model - based analysis of a wireless energy - transfer system via coupled magnetic resonances [J]. IEEE Transactions on Industrial Electronics, 2011, 58 (7): 2906 - 2914.

[55] LOW Z N, CHINGA R A, TSENG R, et al. Design and test of a high - power high - efficiency loosely coupled planar wireless power transfer system [J]. IEEE Transactions on Industrial Electronics, 2009, 56 (5): 1801 - 1812.

[56] ZAHEER M, PATEL N, HU A P. Parallel tuned contactless power pickup using saturable core reactor [C]. 2010 IEEE International Conference on Sustainable Energy Technologies (ICSET), 2010: 1 - 6.

[57] SPACKMAN D, KACPRZAK D, SYKULSKI J K. Magnetic interference in multi - pickup monorail inductively coupled power transfer systems [J]. Journal of the Japan Society of Applied Electromagnetics and Mechanics, 2007, 15.

[58] BHUTKAR R, SAPRE S. Wireless energy transfer using magnetic resonance [C]. 2009 Second International Conference on Computer and Electrical Engineering, 2009: 512 - 515.

[59] FOTOPOULOU K, FLYNN B W. Wireless power transfer in loosely coupled links: Coil misalignment model [J]. IEEE Transactions on Magnetics, 2011, 47 (2): 416 - 430.

[60] HASANZADEH S, ZADEH S V. Enhancement of overall coupling coefficient and efficiency of contactless energy transmission systems [C]. 2011 2nd Power Electronics, Drive Systems and Technologies Conference, 2011: 638 - 643.

[61] ZENKNER H, WERACHET K N. High power density and high efficient wireless energy transfer by resonance coupling [J]. ECTI - CON: The ECTI International Confernce on Electrical Engineering/Electronics, Computer, Telecommunications, 2010: 1281 - 1284.

[62] DIONIGI M, MONGIARDO M. CAD of wireless resonant energy links (WREL) realized by coils [C]. 2010 IEEE MTT - S International Microwave Symposium, 2010: 1 - 1.

[63] RAMRAKHYANI A K, MIRABBASI S, CHIAO M. Design and optimization of resonance - based efficient wireless power delivery systems for biomedical implants [J]. IEEE Transactions on Biomedical Circuits and Systems, 2011, 5 (1): 48 - 63.

[64] 张小壮. 磁耦合谐振式无线能量传输距离特性及其实验装置研究 [D]. 哈尔滨工业大学, 2009.

[65] 曲立楠. 磁耦合谐振式无线能量传输机理的研究 [D]. 哈尔滨工业大学, 2010.

[66] CHUNBO Z, KAI L, CHUNLAI Y, et al. Simulation and experimental analysis on wireless energy transfer based on magnetic resonances [C]. 2008 IEEE Vehicle Power and Propulsion Conference, 2008: 1 - 4.

[67] 朱春波, 于春来, 毛银花, 等. 磁共振无线能量传输系统损耗分析 [J]. 电工技术

学报，2012，27（4）：13－17.

[68] 于春来，朱春波，毛银花，等. 谐振式无线能量传输系统驱动源［J］. 电工技术学报，2011，26（S1）：177－181＋187.

[69] HAMAM R E, KARALIS A, JOANNOPOULOS J D, et al. Efficient weakly－radiative wireless energy transfer: An EIT－like approach［J］. Annals of Physics, 2009, 324（8）：1783－1795.

[70] CHEN L, LIU S, ZHOU Y C, et al. An optimizable circuit structure for high－efficiency wireless power transfer［J］. IEEE Transactions on Industrial Electronics, 2013, 60（1）：339－349.

[71] LEE C K, ZHONG W X, HUI S Y R. Recent progress in mid－range wireless power transfer［C］. 2012 IEEE Energy Conversion Congress and Exposition（ECCE），2012：3819－3824.

[72] ZHONG W X, LEE C K, HUI S Y. Wireless power domino－resonator systems with noncoaxial axes and circular structures［J］. IEEE Transactions on Power Electronics, 2012, 27（11）：4750－4762.

[73] ZHONG W, LEE C K, HUI S Y R. General analysis on the use of tesla's resonators in domino forms for wireless power transfer［J］. IEEE Transactions on Industrial Electronics, 2013, 60（1）：261－270.

[74] ZHANG C, ZHONG W, HUI S Y R, et al. A time－efficient methodology for visualizing time－varying magnetic flux patterns of mid－range wireless power transfer systems［C］. 2013 IEEE Energy Conversion Congress and Exposition, 2013：3623－3628.

[75] KIM J, SON H C, KIM K H, et al. Efficiency analysis of magnetic resonance wireless power transfer with intermediate resonant coil［J］. IEEE Antennas and Wireless Propagation Letters, 2011, 10：389－392.

[76] ZOU Y W, HUANG X L, TAN L L, et al. Current research situation and developing tendency about wireless power transmission［C］. 2010 International Conference on Electrical and Control Engineering, 2010：3507－3511.

[77] TAN L L, HUANG X L, LI H, et al. Study of wireless power transfer system through strongly coupled resonances［C］. 2010 International Conference on Electrical and Control Engineering, 2010：4275－4278.

[78] TAN L L, HUANG X L, HUANG H, et al. Transfer efficiency optimal control of magnetic resonance coupled system of wireless power transfer based on frequency control［J］. Science China Technological Sciences, 2011, 54：1428－1434.

[79] HAO Q, HUANG X L, TAN L L, et al. Achieving maximum power transfer of inductively coupled wireless power transfer system based on dynamic tuning control［J］. Science China－technological Sciences, 2012, 55：1886－1893.

[80] 李阳，杨庆新，闫卓，等. 磁耦合谐振式无线电能传输系统的频率特性［J］. 电机

与控制学报，2012，16（7）：7－11.
[81] 张献，杨庆新，陈海燕，等. 电磁耦合谐振式传能系统的频率分裂特性研究［J］. 中国电机工程学报，2012，32（9）：167－173＋24.
[82] 张献，杨庆新，陈海燕，等. 电磁耦合谐振式无线电能传输系统的建模、设计与实验验证［J］. 中国电机工程学报，2012，32（21）：153－158.
[83] YANG Q，ZHANG X，CHEN H，et al. Direct field－circuit coupled analysis and corresponding experiments of electromagnetic resonant coupling system［J］. IEEE Transactions on Magnetics，2012，48（11）：3961－3964.
[84] LI Y，YANG Q，CHEN H，et al. Experimental system design of wireless power transfer based on witricity technology［C］. 2011 International Conference on Control，Automation and Systems Engineering（CASE），2011：1－3.
[85] 傅文珍，张波，丘东元，等. 自谐振线圈耦合式电能无线传输的最大效率分析与设计［J］. 中国电机工程学报，2009，29（18）：21－26.
[86] 傅文珍，张波，丘东元. 频率跟踪式谐振耦合电能无线传输系统研究［J］. 变频器世界，2009（8）：7.
[87] 张青. 谐振耦合式无线输电多载系统建模及特性研究［D］. 华南理工大学，2011.
[88] 孙跃，夏晨阳，戴欣，等. 感应耦合电能传输系统互感耦合参数的分析与优化［J］. 中国电机工程学报，2010，30（33）：44－50.
[89] 孙跃，朱军峰，王智慧，等. CPT 系统输出稳压控制技术［J］. 重庆工学院学报（自然科学版），2008（3）：1－4＋8.
[90] 戴欣，周继昆，孙跃. 具有频率不确定性的 π 型谐振感应电能传输系统 H_ ∞ 控制方法［J］. 中国电机工程学报，2011，31（30）：45－53.
[91] 孙跃，王智慧，戴欣，等. 非接触电能传输系统的频率稳定性研究［J］. 电工技术学报，2005（11）：56－59.
[92] 苏玉刚，王智慧，孙跃，等. 非接触供电移相控制系统建模研究［J］. 电工技术学报，2008（7）：92－97.
[93] 孙跃，夏晨阳，戴欣，等. CPT 系统效率分析与参数优化［J］. 西南交通大学学报，2010，45（6）：836－842.
[94] TANG C S，SUN Y，SU Y G，et al. Determining multiple steady－state ZCS operating points of a switch－mode contactless power transfer system［J］. IEEE Transactions on Power Electronics，2009，24（2）：416－425.
[95] PINUELA M，YATES D C，LUCYSZYN S，et al. Maximizing DC－to－load efficiency for inductive power transfer［J］. IEEE Transactions on Power Electronics，2013，28（5）：2437－2447.
[96] 孙跃，卓勇，苏玉刚，等. 非接触电能传输系统拾取机构方向性分析［J］. 重庆大学学报（自然科学版），2007（4）：87－90＋112.
[97] 吴嘉迅，吴俊勇，张宁，等. 基于磁耦合谐振的无线能量传输的实验研究［J］. 现

代电力，2012，29（1）：24－28.
[98] 陆洪伟. 谐振式强磁耦合无线能量传输及其在民用电安全方面的应用［J］. 低压电器，2011（24）：25－29.
[99] 范明，卜庆华，唐焱. 基于谐振耦合式无线能量驱动电机系统设计［J］. 微电机，2012，45（8）：42－45.
[100] 曹玲玲，陈乾宏，任小永，等. 电动汽车高效率无线充电技术的研究进展［J］. 电工技术学报，2012，27（8）：1－13.
[101] YAO Y，ZHANG H，GENG Z. Wireless charger prototype based on strong coupled magnetic resonance［C］. Proceedings of 2011 International Conference on Electronic & Mechanical Engineering and Information Technology，2011：2252－2254.
[102] HOU P，JIA M J，FENG L，et al. An analysis of wireless power transmission based on magnetic resonance for endoscopic devices［C］. 2011 5th International Conference on Bioinformatics and Biomedical Engineering，2011：1－3.
[103] FANG X，LIU H，LI G，et al. Wireless power transfer system for capsule endoscopy based on strongly coupled magnetic resonance theory［C］. 2011 IEEE International Conference on Mechatronics and Automation，2011：232－236.
[104] LI L，LIU X. Experimental analysis of resonant frequency of non－contact energy transmission system［C］. Proceedings of the 29th Chinese Control Conference，2010：4889－4893.
[105] BRADLEY A M，FEEZOR M D，SINGH H，et al. Power systems for autonomous underwater vehicles［J］. IEEE Journal of Oceanic Engineering，2001，26（4）：526－538.
[106] KOJIYA T，SATO F，MATSUKI H，et al. Construction of non－contacting power feeding system to underwater vehicle utilizing electro magnetic induction［C］. Europe Oceans 2005，2005：709－712 Vol. 1.
[107] ASSAF T，STEFANINI C，DARIO P. Autonomous underwater biorobots：A wireless system for power transfer［J］. IEEE Robotics & Automation Magazine，2013，20（3）：26－32.
[108] PYLE D，GRANGER R，GEOGHEGAN B，et al. Leveraging a large UUV platform with a docking station to enable forward basing and persistence for light weight AUVs［C］. MTS/IEEE Oceans Conference，2012：1－8.
[109] 闫争超. 基于磁耦合谐振的水下航行器无线电能传输技术研究［D］. 西北工业大学，2020.
[110] 王司令，宋保维，段桂林，等. 水下航行器非接触式电能传输技术研究［J］. 电机与控制学报，2014，18（6）：36－41.
[111] YAN Z，ZHANG K，WEN H，et al. Research on characteristics of contactless power transmission device for autonomous underwater vehicle［C］. OCEANS 2016－Shanghai，2016：1－5.

[112] 周杰. 海水环境下非接触电能传输效率的优化研究 [D]. 浙江大学, 2014.
[113] 李泽松. 基于电磁感应原理的水下非接触式电能传输技术研究 [D]. 浙江大学, 2010.
[114] ZHOU J, LI D J, CHEN Y. Frequency selection of an inductive contactless power transmission system for ocean observing [J]. Ocean Engineering, 2013, 60 (Mar. 1): 175 - 185.
[115] 王海洋, 李德骏, 周杰, 等. 水下非接触电能传输耦合器优化设计 [J]. 中国科技论文, 2012, 7 (8): 622 - 626.
[116] 陆晴云. 应用于深海环境的非接触式电能传输系统的关键技术研究 [D]. 浙江大学, 2012.
[117] 林麟. 水下非接触电能传输装置的设计、试验与研究 [D]. 浙江大学, 2012.
[118] MCGINNIS T, HENZE C P, CONROY K. Inductive power system for autonomous underwater vehicles [C]. OCEANS 2007 Conference, 2007: 1 - 5.
[119] YOSHIOKA D, SAKAMOTO H, ISHIHARA Y, et al. Power feeding and data - transmission system using magnetic coupling for an ocean observation mooring buoy [J]. IEEE Transactions on Magnetics, 2007, 43 (6): 2663 - 2665.
[120] XU J, LI X, XIE Z, et al. Research on a multiple - receiver inductively coupled power transfer system for mooring buoy applications [J]. Energies, 2017, 10 (4): 519.
[121] FANG C, LI X, XIE Z, et al. Design and optimization of an inductively coupled power transfer system for the underwater sensors of ocean buoys [J]. Energies, 2017, 10 (1): 84.
[122] 闫美存, 王旭东, 刘金凤, 等. 非接触式励磁电源的谐振补偿分析 [J]. 电机与控制学报, 2015, 19 (3): 45 - 53.
[123] JUNAID A B, LEE Y, KIM Y. Design and implementation of autonomous wireless charging station for rotary - wing UAVs [J]. Aerospace Science and Technology, 2016, 54: 253 - 266.
[124] KIM S, COVIC G A, BOYS J T. Comparison of tripolar and circular pads for IPT charging systems [J]. IEEE Transactions on Power Electronics, 2018, 33 (7): 6093 - 6103.
[125] CAMPI T, DIONISI F, CRUCIANI S, et al. Magnetic field levels in drones equipped with wireless power transfer technology [C]. 2016 Asia - Pacific International Symposium on Electromagnetic Compatibility (APEMC), 2016: 544 - 547.
[126] 马秀娟, 武帅, 蔡春伟, 等. 应用于无人机的无线充电技术研究 [J]. 电机与控制学报, 2019, 23 (8): 1 - 9.
[127] KE D, LIU C, JIANG C, et al. Design of an effective wireless air charging system for electric unmanned aerial vehicles [C]. IECON 2017 - 43rd Annual Conference of the IEEE Industrial Electronics Society, 2017: 6949 - 6954.

[128] CAMPI T, CRUCIANI S, FELIZIANI M, et al. High efficiency and lightweight wireless charging system for drone batteries [C]. 2017 AEIT International Annual Conference, 2017: 1 -6.
[129] 刘卓然, 陈健, 林凯, 等. 国内外电动汽车发展现状与趋势 [J]. 电力建设, 2015, 36 (7): 25 -32.
[130] MOON S, KIM B C, CHO S Y, et al. Analysis and design of a wireless power transfer system with an intermediate coil for high efficiency [J]. IEEE Transactions on Industrial Electronics, 2014, 61 (11): 5861 -5870.
[131] HUI S Y R. Magnetic resonance for wireless power transfer [A Look Back] [J]. IEEE Power Electronics Magazine, 2016, 3 (1): 14 -31.
[132] KIM S, TEJEDA A, COVIC G A, et al. Analysis of mutually decoupled primary coils for IPT systems for EV charging [C]. 2016 IEEE Energy Conversion Congress and Exposition (ECCE), 2016: 1 -6.
[133] MI C C, BUJA G, CHOI S Y, et al. Advances in wireless power transfer systems for roadway - powered electric vehicles [J]. IEEE Transactions on Industrial Electronics, 2016, 63 (10): 6533 -6545.
[134] ECHOLS A, MUKHERJEE S, MICKELSEN M, et al. Communication infrastructure for dynamic wireless charging of electric vehicles [C]. 2017 IEEE Wireless Communications and Networking Conference (WCNC), 2017: 1 -6.
[135] MOON S, MOON G W. Wireless power transfer system with an asymmetric four - coil resonator for electric vehicle battery chargers [J]. IEEE Transactions on Power Electronics, 2016, 31 (10): 6844 -6854.
[136] PANTIC Z, BAI S, LUKIC S M. Inductively coupled power transfer for continuously powered electric vehicles [C]. 2009 IEEE Vehicle Power and Propulsion Conference, 2009: 1271 -1278.
[137] 黄辉, 黄学良, 谭林林, 等. 基于磁场谐振耦合的无线电力传输发射及接收装置的研究 [J]. 电工电能新技术, 2011, 30 (1): 32 -35.
[138] 黄学良, 王维, 谭林林. 磁耦合谐振式无线电能传输技术研究动态与应用展望 [J]. 电力系统自动化, 2017, 41 (2): 2 -14 +141.
[139] 谭林林, 黄学良, 赵俊锋, 等. 一种无线电能传输系统的盘式谐振器优化设计 [J]. 电工技术学报, 2013, 28 (8): 1 -6 +33.
[140] 陈利亚. 磁耦合谐振式电动汽车无线充电模型研究 [D]. 东南大学, 2015.
[141] PANTIC Z, LUKIC S M. Framework and topology for active tuning of parallel compensated receivers in power transfer systems [J]. IEEE Transactions on Power Electronics, 2012, 27 (11): 4503 -4513.
[142] ZHOU S, MI C C. Multi - paralleled LCC reactive power compensation networks and their tuning method for electric vehicle dynamic wireless charging [J]. IEEE

Transactions on Industrial Electronics, 2016, 63 (10): 6546 - 6556.

[143] ONAR O C, MILLER J M, CAMPBELL S L, et al. Oak ridge national laboratory wireless power transfer development for sustainable campus initiative [C]. 2013 IEEE Transportation Electrification Conference and Expo (ITEC), 2013: 1 - 8.

[144] IMURA T, OKABE H, HORI Y. Basic experimental study on helical antennas of wireless power transfer for electric vehicles by using magnetic resonant couplings [C]. 2009 IEEE Vehicle Power and Propulsion Conference, 2009: 936 - 940.

[145] CHEN L, NAGENDRA G R, BOYS J T, et al. Double - coupled systems for IPT roadway applications [J]. IEEE Journal of Emerging and Selected Topics in Power Electronics, 2015, 3 (1): 37 - 49.

[146] KRISHNAN S, BHUYAN S, KUMAR V P, et al. Frequency agile resonance - based wireless charging system for electric vehicles [C]. 2012 IEEE International Electric Vehicle Conference, 2012: 1 - 4.

[147] 赵兴福, 魏健. 电动汽车无线充电技术的现状与展望 [J]. 上海汽车, 2012 (6): 3 - 6 + 21.

[148] 朱俊. 电动汽车的无线充电技术 [J]. 汽车工程师, 2011 (12): 50 - 52.

[149] SAMANCHUEN T, JIRASEREEAMORNKUL K, EKKARAVARODOME C, et al. A review of wireless power transfer for electric vehicles: technologies and standards [C]. 2019 4th Technology Innovation Management and Engineering Science International Conference (TIMES - iCON), 2019: 1 - 5.

[150] 吴理豪, 张波. 电动汽车静态无线充电技术研究综述 (上篇)[J]. 电工技术学报, 2020, 35 (6): 1153 - 1165.

[151] ASSAWAWORRARIT S, YU X, FAN S. Robust wireless power transfer using a nonlinear parity - time - symmetric circuit [J]. Nature, 2017, 546 (7658): 387 - 390.

[152] GU H S, CHOI H S. Analysis of wireless power transmission characteristics for high - efficiency resonant coils [J]. IEEE Transactions on Applied Superconductivity, 2020, 30 (4): 1 - 4.

[153] JAFARI H, OLOWU T O, MAHMOUDI M, et al. Optimal design of IPT bipolar power pad for roadway - powered EV charging systems [J]. IEEE Canadian Journal of Electrical and Computer Engineering, 2021, 44 (3): 350 - 355.

[154] BARSARI V Z, THRIMAWITHANA D J, COVIC G A. An inductive coupler array for In - Motion wireless charging of electric vehicles [J]. IEEE Transactions on Power Electronics, 2021, 36 (9): 9854 - 9863.

[155] 李阳, 张雅希, 杨庆新, 等. 磁耦合谐振式无线电能传输系统最大功率效率点分析与实验验证 [J]. 电工技术学报, 2016, 31 (02): 18 - 24.

[156] 李阳, 董维豪, 杨庆新, 等. 过耦合无线电能传输功率降低机理与提高方法 [J]. 电工技术学报, 2018, 33 (14): 3177 - 3184.

[157] DIAO Y L, SHEN Y M, GAO Y G. Design of coil structure achieving uniform magnetic field distribution for wireless charging platform [C]. 2011 4th International Conference on Power Electronics Systems and Applications, 2011: 1 -5.

[158] KIM N Y, KIM K Y, KIM C W. Automated frequency tracking system for efficient mid - range magnetic resonance wireless power transfer [J]. Microwave and Optical Technology Letters, 2012, 54 (6): 1423 -1426.

[159] TECK C B, TAKEHIRO I, MASAKI K, et al. Basic study of improving efficiency of wireless power transfer via magnetic resonance coupling based on impedance matching [C]. 2010 IEEE International Symposium on Industrial Electronics, 2010: 2011 - 2016.

[160] MONTI G, ARCUTI P, TARRICONE L. Resonant inductive link for remote powering of pacemakers [J]. IEEE Transactions on Microwave Theory and Techniques, 2015, 63 (11): 3814 -3822.

[161] XIONG Q. Wireless charging device for artificial cardiac pacemaker [C]. International Conference on Information, 2015: 765 -768.

[162] CAMPI T, CRUCIANI S, PALANDRANI F, et al. Wireless power transfer charging system for AIMDs and pacemakers [J]. IEEE Transactions on Microwave Theory and Techniques, 2016, 64 (2): 633 -642.

[163] TANG S C, LUN T L T, GUO Z, et al. Intermediate range wireless power transfer with segmented coil transmitters for implantable heart pumps [J]. IEEE Transactions on Power Electronics, 2017, 32 (5): 3844 -3857.

[164] CAMPI T, CRUCIANI S, SANTIS V D, et al. Feasibility study of a wireless power transfer system applied to a leadless pacemaker [C]. 2018 IEEE Wireless Power Transfer Conference (WPTC), 2018: 1 -4.

[165] ASIF S M, IFTIKHAR A, HANSEN J W, et al. A novel RF - powered wireless pacing via a rectenna - based pacemaker and a wearable transmit - antenna array [J]. IEEE Access, 2019, 7: 1139 -1148.

[166] XING X, SINGH G, BHAMA J, et al. Wireless power transfer systems based on LCC compensated topology for left ventricular assist device (LVAD) battery charging application [J]. Journal of Low Power Electronics, 2019, 15: 144 -159.

[167] 陈海燕，高晓琳，杨庆新，等. 用于人工心脏的经皮传能系统耦合特性及补偿的研究 [J]. 电工电能新技术，2008 (2): 59 -62.

[168] 马纪梅. 人工心脏的经皮传能系统的研究 [D]. 河北工业大学，2011.

[169] XIAO C, CHENG D, WEI K. An LCC - C compensated wireless charging system for implantable cardiac pacemakers: Theory, experiment, and safety evaluation [J]. IEEE Transactions on Power Electronics, 2018, 33 (6): 4894 -4905.

[170] 刘卓，欧阳涵，邹洋，等. 基于摩擦纳米发电机的自驱动植入式电子医疗器件的研

究［J］. 中国科学：技术科学，2017，47（10）：1075－1080.

［171］马纪梅，边元森，张雪辉. 大功率植入器件经皮传能系统的温度场［J］. 科学技术与工程，2017，17（29）：285－288.

［172］王尚宇. 植入式设备无线供能系统抗偏移优化研究［D］. 辽宁工程技术大学，2021.

［173］黄明鑫. 无SAR评估条件下植入式医疗设备无线供能系统研究［D］. 辽宁工程技术大学，2021.

［174］沈锦飞. 磁共振无线充电应用技术［M］. 机械工业出版社，2020.

［175］LI Y，DONG W，YANG Q，et al. An automatic impedance matching method based on the feedforward－backpropagation neural network for a WPT system［J］. IEEE Transactions on Industrial Electronics，2019，66（5）：3963－3972.

［176］CANNON B L，HOBURG J F，STANCIL D D，et al. Magnetic resonant coupling as a potential means for wireless power transfer to multiple small receivers［J］. IEEE Transactions on Power Electronics，2009，24（7）：1819－1825.

［177］KIM N Y，KIM K Y，RYU Y H，et al. Automated adaptive frequency tracking system for efficient mid－range wireless power transfer via magnetic resonanc coupling［C］. 2012 42nd European Microwave Conference，2012：221－224.

［178］KAR D P，NAYAK P P，BHUYAN S，et al. Automatic frequency tuning wireless charging system for enhancement of efficiency［J］. Electronics Letters，2014，50（24）：1868－1870.

［179］PAGANO R，ABEDINPOUR S，RACITI A，et al. Efficiency optimization of an integrated wireless power transfer system by a genetic algorithm［C］. 2016 IEEE Applied Power Electronics Conference and Exposition（APEC），2016：3669－3676.

［180］YEO T D，KWON D，KHANG S T，et al. Design of maximum efficiency tracking control scheme for closed－loop wireless power charging system employing series resonant tank［J］. IEEE Transactions on Power Electronics，2017，32（1）：471－478.

［181］GAO Y，GINART A，FARLEY K B，et al. Uniform－gain frequency tracking of wireless EV charging for improving alignment flexibility［C］. 2016 IEEE Applied Power Electronics Conference and Exposition（APEC），2016：1737－1740.

［182］傅文珍，张波，丘东元. 基于谐振耦合的电能无线传输系统设计［J］. 机电工程，2011，28（6）：746－749.

［183］张雅希. 无线电能传输功率效率同步跟踪与控制方法研究［D］. 天津工业大学，2017.

［184］GAO Y，ZHOU C，ZHOU J，et al. Automatic frequency tuning with power－level tracking system for wireless charging of electric vehicles［C］. 2016 IEEE Vehicle Power and Propulsion Conference（VPPC），2016：1－5.

［185］马竞夫. 磁耦合谐振式无线电能传输系统特性的研究［D］. 北京化工大学，2016.

[186] 安慧林，李艳红，刘国强，等. 具有频率跟踪的谐振式无线电能传输技术研究 [J]. 电器与能效管理技术，2017 (2)：44 - 48.

[187] 朱起超，张伟，付航，等. 水下磁耦合谐振式 WPT 系统频率跟踪方法研究 [J]. 电力电子技术，2018，52 (6)：14 - 16.

[188] 刘尚江，沈艳霞. 磁耦合谐振式无线电能传输系统频率跟踪研究 [J]. 电力电子技术，2019，53 (2)：47 - 50.

[189] YANG L，LI X，LIU S，et al. Analysis and design of three - coil structure WPT system with constant output current and voltage for battery charging applications [J]. IEEE Access，2019，7：87334 - 87344.

[190] 李阳，杨庆新，闫卓，等. 无线电能有效传输距离及其影响因素分析 [J]. 电工技术学报，2013，28 (1)：106 - 112.

[191] KIM J，JEONG J. Range - adaptive wireless power transfer using multiloop and tunable matching techniques [J]. IEEE Transactions on Industrial Electronics，2015，62 (10)：6233 - 6241.

[192] QIU H，NARUSUE Y，KAWAHARA Y，et al. Digital coil：Transmitter coil with programmable radius for wireless powering robust against distance variation [C]. 2018 IEEE Wireless Power Transfer Conference (WPTC)，2018：1 - 4.

[193] NAGATSUKA Y，NOGUCHI S，KANEKO Y，et al. Contactless power transfer system for electric vehicle battery charger [C]. 25th World Battery，Hybrid and Fuel Cell Electric Vehicle Symposium and Exhibition Conference，2010.

[194] AHN C H，KIM K Y，RYU Y H，et al. A novel resonator for robust lateral - misalignment of magnetic resonance wireless power link [C]. IEEE International Symposium on Antennas & Propagation & Usnc/ursi National Radio Science Meeting，2013.

[195] CHOW J P W，CHEN N，CHUNG H S H，et al. Misalignment tolerable coil structure for biomedical applications with wireless power transfer [C]. 2013 35th Annual International Conference of the IEEE Engineering in Medicine and Biology Society (EMBC)，2013：775 - 778.

[196] BUDHIA M，BOYS J T，COVIC G A，et al. Development of a single - sided flux magnetic coupler for electric vehicle IPT charging systems [J]. IEEE Transactions on Industrial Electronics，2013，60 (1)：318 - 328.

[197] ZHU Q，GUO Y，WANG L，et al. Improving the misalignment tolerance of wireless charging system by optimizing the compensate capacitor [J]. IEEE Transactions on Industrial Electronics，2015，62 (8)：4832 - 4836.

[198] ZHUANG Y，CHEN A，XU C，et al. Range - adaptive wireless power transfer based on differential coupling using multiple bidirectional coils [J]. IEEE Transactions on Industrial Electronics，2020，67 (9)：7519 - 7528.

[199] HUANG Y, SHINOHARA N, MITANI T. Impedance matching in wireless power transfer [J]. IEEE Transactions on Microwave Theory and Techniques, 2017, 65 (2): 582 -590.

[200] BEH T C, KATO M, IMURA T, et al. Automated impedance matching system for robust wireless power transfer via magnetic resonance coupling [J]. IEEE Transactions on Industrial Electronics, 2013, 60 (9): 3689 -3698.

[201] LEE J, LIM Y S, YANG W J, et al. Wireless power transfer system adaptive to change in coil separation [J]. IEEE Transactions on Antennas and Propagation, 2014, 62 (2): 889 -897.

[202] FU M, MA C, ZHU X. A cascaded boost - buck converter for high - efficiency wireless power transfer systems [J]. IEEE Transactions on Industrial Informatics, 2014, 10 (3): 1972 -1980.

[203] SURAJIT D B, REZA A W, KUMAR N, et al. Two - side impedance matching for maximum wireless power transmission [J]. Iete Journal of Research, 2015, 62 (4): 532 -539.

[204] DUONG T P, LEE J W. A dynamically adaptable impedance - matching system for midrange wireless power transfer with misalignment [J]. Energies, 2015, 8 (8): 7593 -7617.

[205] ANOWAR T I, BARMAN S D, Wasif Reza A, et al. High efficiency resonant coupled wireless power transfer via tunable impedance matching [J]. International Journal of Electronics, 2017, 104 (10): 1607 -1625.

[206] LIU S, CHEN L, ZHOU Y, et al. A general theory to analyse and design wireless power transfer based on impedance matching [J]. International journal of electronics, 2014, 101 (10 -12): 1375 -1404.

[207] 李富林，樊绍胜，李森涛. 无线电能传输最优效率下的阻抗匹配方法研究 [J]. 电力电子技术，2015，49 (4)：105 -108.

[208] LI H, LI J, WANG K, et al. A maximum efficiency point tracking control scheme for wireless power transfer systems using magnetic resonant coupling [J]. IEEE Transactions on Power Electronics, 2015, 30 (7): 3998 -4008.

[209] LUO Y, YANG Y, CHEN S, et al. A frequency - tracking and impedance - matching combined system for robust wireless power transfer [J]. International Journal of Antennas and Propagation, 2017, 2017: 5719835.

[210] 邱利莎. 磁耦合谐振式无线电能传输的阻抗匹配研究 [D]. 湖南大学，2016.

[211] LIU M, QIAO Y, LIU S, et al. Analysis and design of a robust class $ E^2 $ DC - DC converter for megahertz wireless power transfer [J]. IEEE Transactions on Power Electronics, 2017, 32 (4): 2835 -2845.

[212] 申大得. 磁谐振式无线电能传输系统阻抗匹配网络的设计与实现 [D]. 广东工业

大学，2018.

[213] CHENG Y, QIAN G, CHEN G, et al. Sensitivity analysis of L – type impedance matching circuits for inductively coupled wireless power transfer [J]. International Journal of Applied Electromagnetics and Mechanics, 2019, 61: 1 – 11.

[214] 白敬彩，范峥，王国柱，等. 磁谐振无线电能传输负载自适应阻抗匹配研究 [J]. 工矿自动化，2020，46（3）：74 – 78.

[215] NAWAZ B, SOM C, SCHAFFELHOFER C. A novel method to calculate the efficiency of a wireless power transfer system using modified ferreira's/dowell's method [C]. 2020 IEEE Applied Power Electronics Conference and Exposition (APEC), 2020: 3132 – 3139.

[216] 刘修泉，曾昭瑞，黄平. 空心线圈电感的计算与实验分析 [J]. 工程设计学报，2008（2）：149 – 153.

[217] LEE J, NAM S. Fundamental aspects of near – field coupling small antennas for wireless power transfer [J]. IEEE Transactions on Antennas and Propagation, 2010, 58 (11): 3442 – 3449.

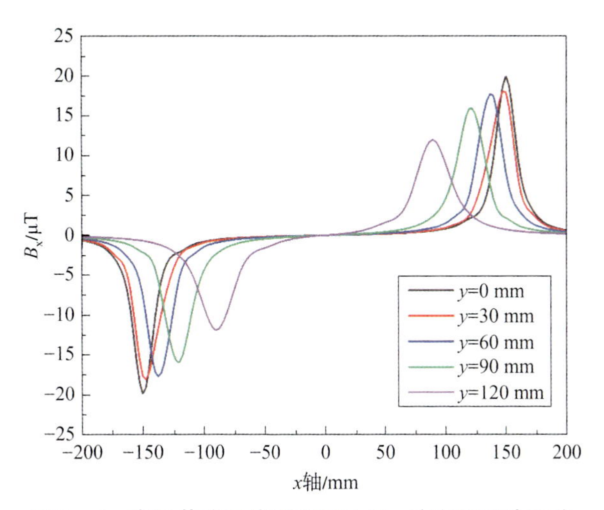

图 2－4　靠近载流圆线圈不同位置 x 方向磁感应强度

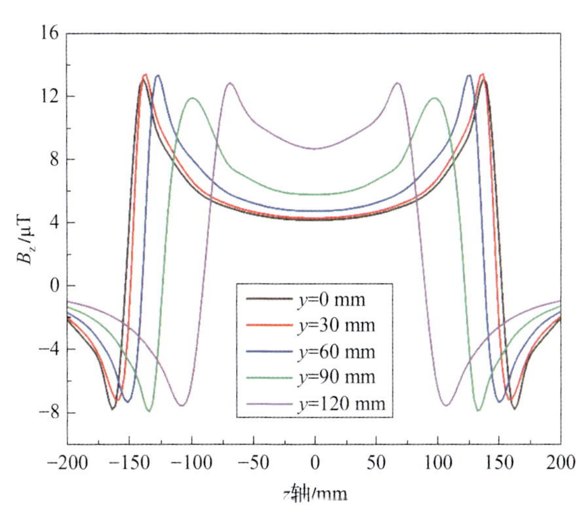

图 2－5　靠近载流圆线圈不同位置 z 方向磁感应强度

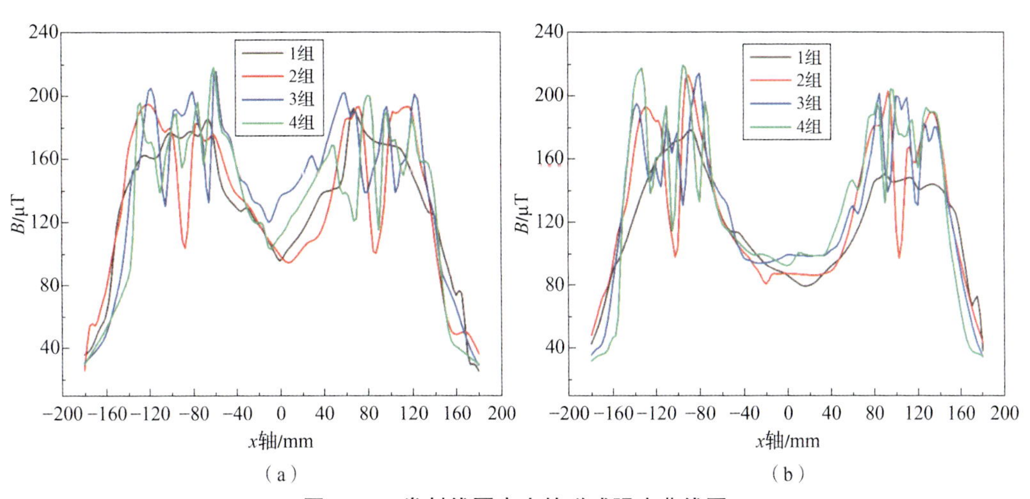

图 2－9　发射线圈产生的磁感强度曲线图

（a）$y = -105$ mm 时各发射线圈磁感应强度曲线图；（b）$x = 90$ mm 时各发射线圈磁感应强度曲线图

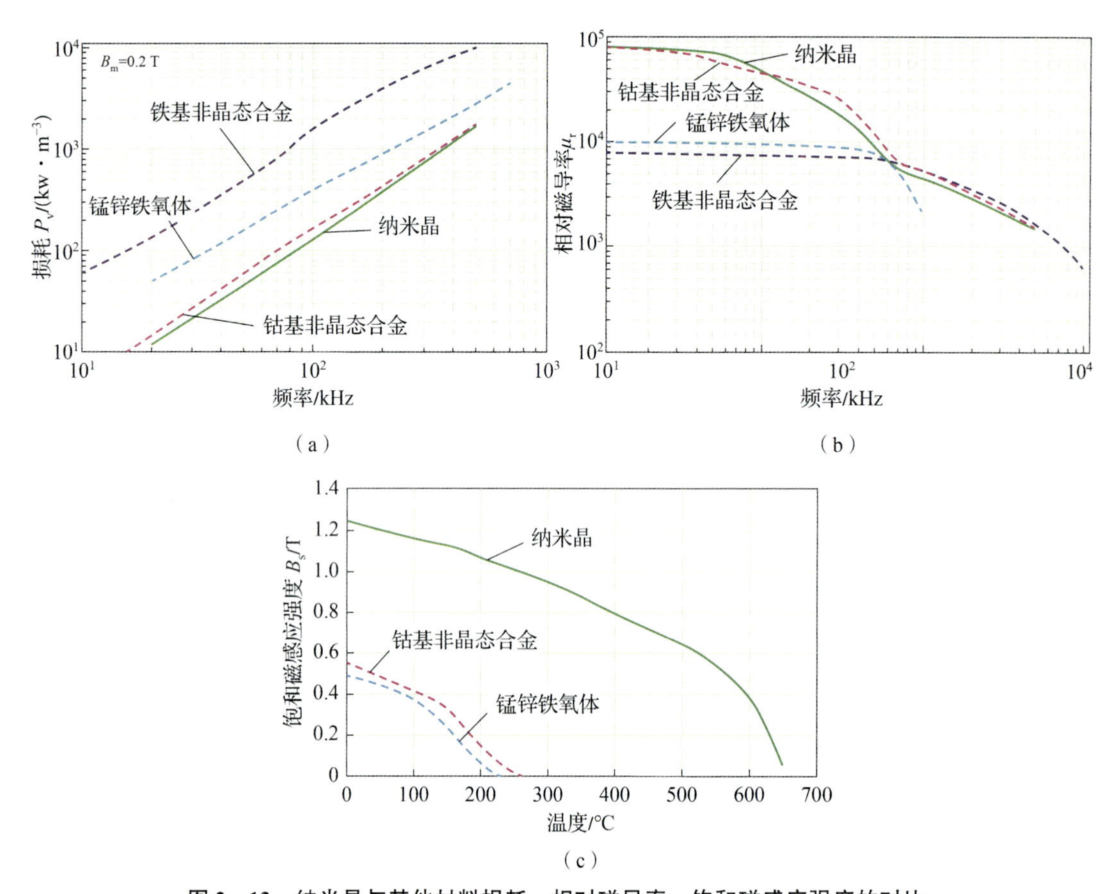

图 2-13　纳米晶与其他材料损耗、相对磁导率、饱和磁感应强度的对比

(a) 损耗-频率特性曲线；(b) 相对磁导率频率特性曲线；(c) 饱和磁感应强度-温度特性曲线

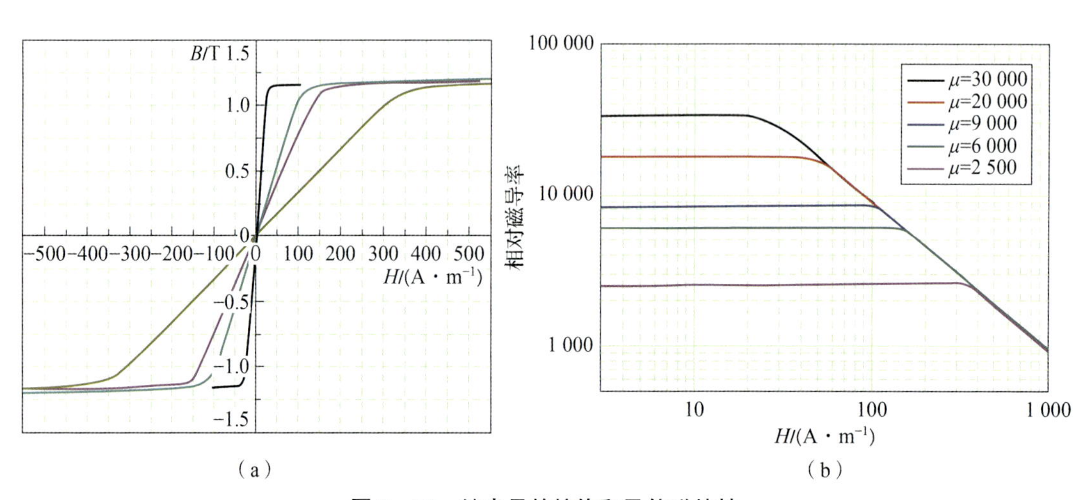

图 2-16　纳米晶的抗饱和及偏磁特性

(a) 纳米晶的磁滞回线；(b) 纳米晶的偏磁特性

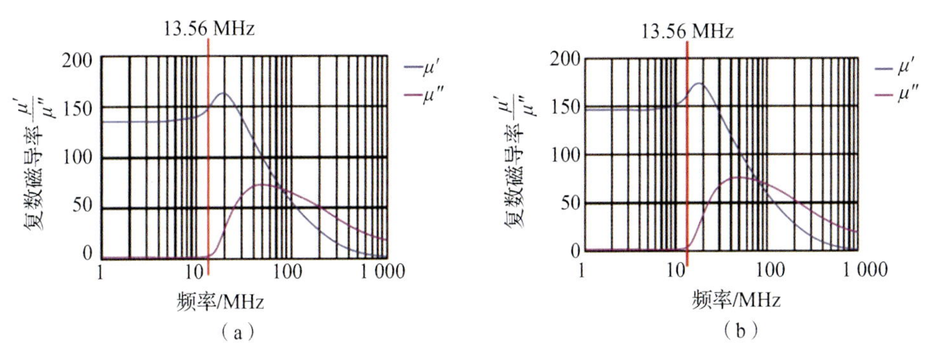

图 3－76　TRF 柔性铁氧体主要特性

(a) TRF180 磁导率频率特性；(b) TRF220 磁导率频率特性

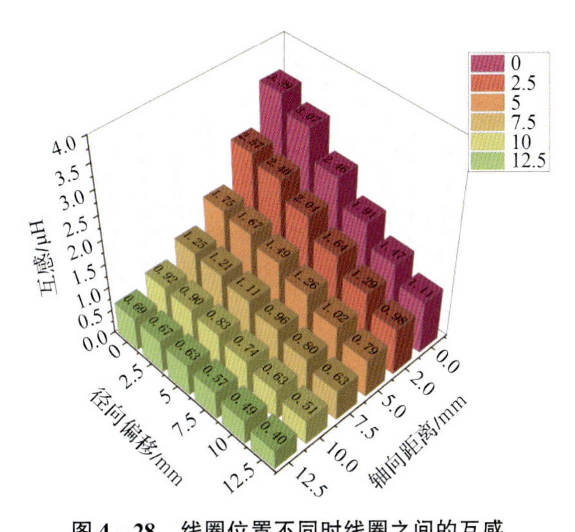

图 4－28　线圈位置不同时线圈之间的互感

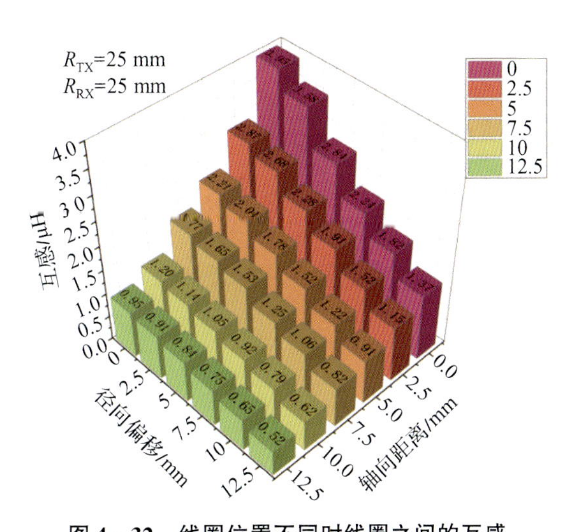

图 4－32　线圈位置不同时线圈之间的互感

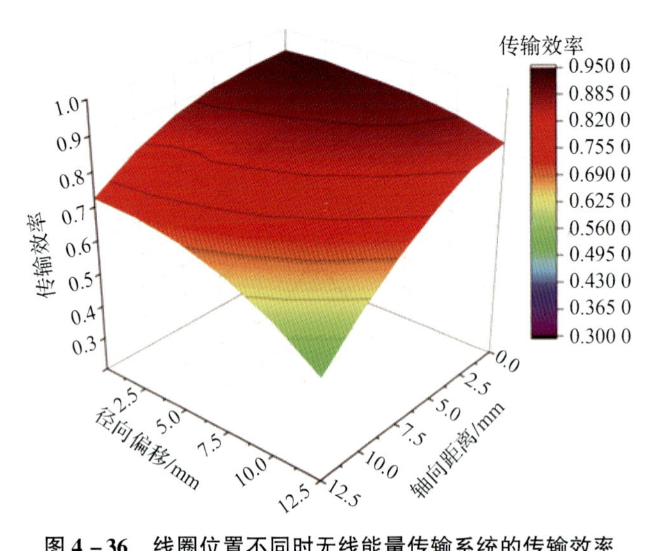

图 4-36　线圈位置不同时无线能量传输系统的传输效率

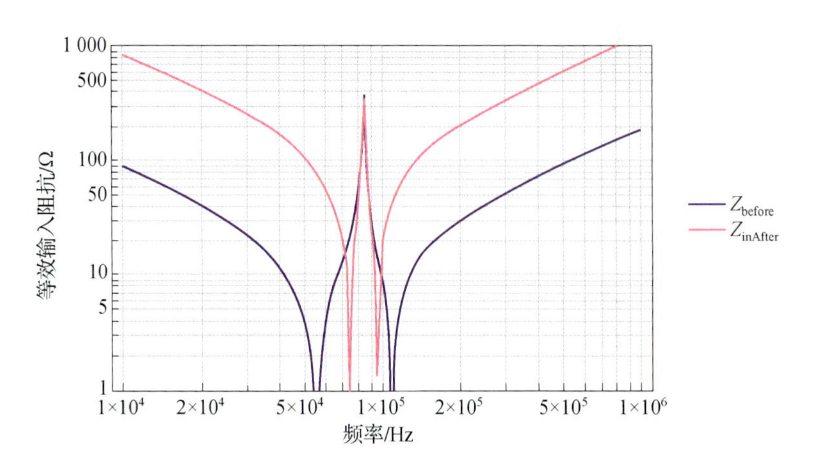

图 5-27　谐振拓扑等效输入阻抗频率特性曲线